三峡水库水沙过程变化的生态环境
效应及调控关键技术

杨文俊　林　莉　黄仁勇等　著

科 学 出 版 社

北 京

内 容 简 介

本书针对三峡水库蓄水运行后水库水沙运动和泥沙淤积特征发生显著改变，产生的一系列水生态环境效应问题，通过多学科交叉，系统分析三峡水库蓄水运行前后库区水流动力特性和泥沙淤积特性；从水库蓄水后水质参数的变化，营养物质、重金属和有机污染物赋存状况的变化等方面，分析三峡水库水沙变化所产生的水环境效应；基于水库蓄水后浮游植物、底栖动物等重点生物群落的现存量和群落特征变化，探索水沙变化的水生态效应；研发基于水沙调控的水库调度关键技术。研究成果可为三峡工程的调度运行、水库减淤、水生态环境影响评价和管理等提供科学依据。

本书可供水利工程、环境工程、环境科学、生态学等相关专业的技术人员和学生参考阅读。

图书在版编目（CIP）数据

三峡水库水沙过程变化的生态环境效应及调控关键技术/杨文俊等著.—北京：科学出版社，2022.7
ISBN 978-7-03-072299-7

Ⅰ.① 三… Ⅱ.① 杨… Ⅲ.① 三峡水利工程-水库泥沙-关系-水环境-研究 ②三峡水利工程-水库泥沙-控制-研究 Ⅳ.① TV145

中国版本图书馆 CIP 数据核字（2022）第 085369 号

责任编辑：何 念 张 湾/责任校对：杨 然
责任印制：彭 超/封面设计：无极书装

科学出版社 出版
北京东黄城根北街 16 号
邮政编码：100717
http://www.sciencep.com

武汉精一佳印刷有限公司印刷
科学出版社发行 各地新华书店经销
*
开本：787×1092 1/16
2022 年 7 月第 一 版 印张：23 1/4
2022 年 7 月第一次印刷 字数：550 000
定价：288.00 元
（如有印装质量问题，我社负责调换）

　　长江三峡工程举世瞩目，是长江保护与治理的关键性枢纽工程，水库的建设运行将改变天然河道的水沙条件，水深加大、流速变小、泥沙沉降为其必然。泥沙与水流是河流生源物质和污染物的主要载体，来自陆面的生源物质和污染物容易附着在泥沙颗粒上进入水体，泥沙输移行为的改变将显著影响这些物质在水体中的赋存状态和空间分布。对三峡水库泥沙的长期观测结果表明：入库泥沙大量减少、淤积呈藕节状和出现极细泥沙淤积状况，都是论证阶段未充分考虑到的新情况；同时，库区社会、经济的发展对水环境安全产生了显著的影响。三峡水库是我国重要的战略淡水资源库和生态环境敏感区，只有正确认识水库蓄水后水沙变化所引发的生态环境因子的累积影响及动态响应，才能妥善处理"盆"与"水"的关系，切实将三峡水库建设成长江大保护的重要生态工程。

　　近年来，宏观上有关三峡水库水生态环境效应的研究，其时间跨度和空间尺度不够，往往是季节性变化或者蓄水前后的对比，时间尺度集中在几年以内，所得结果往往具有局限性，难以说明三峡水库水生态环境因子的动态响应。以往对三峡库区泥沙和水质的研究基本上是相对独立进行的，研究污染物时通常没有系统考虑泥沙对水质的作用。微观上，国内外学者围绕水沙变化对污染物的直接静态作用等进行了大量研究，而天然状态下，水流-泥沙-污染物（生源物质）系统处于运动状态，是多作用、多过程的相互耦合，最终体现为水环境质量的变化。同时，水沙变化及其产生的水环境过程变化也会引发水库生物群落结构和演替规律的改变，对水生生物产生影响。

　　本书在国家科技支撑计划项目（2006BAB05B02、2008BAB29B08、2012BAB04B02）、国家自然科学基金项目（51279012、51479009、51579014、51109008、51109011）、水利部公益性行业科研专项项目（201501042）等的资助下，通过多学科交叉融合、一系列室内（原位）专项测试、多要素耦合数值模拟等，围绕三峡水库运行带来的水动力特征、泥沙输移和淤积行为变化所产生的生态环境效应及其调控关键技术开展攻关研究，取得的相关成果可为三峡工程的调度运行、水库减淤、水生态环境影响评价、生态环境管理等提供技术支撑，为有效减小水沙时空演替产生的生态环境影响提供科学依据。

　　本书主要内容包括四部分：①探明三峡水库蓄水运行后水动力特性、泥沙输移及淤积行为的变化规律，研发大型深水水库泥沙絮凝及干容重等室内外试验研究装置，发现水库淤积呈藕节状分布，会出现极细泥沙淤积及浮泥现象，突破以往对水库淤积形态的认识；②揭示水库水沙过程变化的水环境效应，探明氮磷营养盐、重金属及有机污染物等随水沙输移、沉降的规律，阐明水库重金属及有机污染物的生态环境风险；③探明水库水沙过程变化的水生态效应，基于水库蓄水后浮游植物、底栖动物等重点生物群落的现存量和群落特征变化,探索水库关键生物群落的演替过程,揭示水生态系统对水沙过程变化的响应机制;④研发生态环境友好的水库水沙过程调控关键技术,发明面向坝下的"生态补沙"水力调控技术。这些成果已应用于三峡水库等的水沙和生态调度实践,并丰富了环境水利和生态水利学科理论。

本书共分 13 章。第 1 章由杨文俊撰写,第 2 章由牛兰花撰写,第 3 章由周银军撰写,第 4~6 章由杨文俊、周银军撰写,第 7 章由潘雄撰写,第 8、9 章由林莉、董磊撰写,第 10 章由赵伟华、贡丹丹撰写,第 11、12 章由黄仁勇撰写,第 13 章由杨文俊、黄仁勇撰写。全书由杨文俊、林莉通读统稿。

由于本书内容涉及水利工程、环境科学、生态学多学科,作者对一些领域的研究认识水平有限,书中不妥之处在所难免,敬请广大读者批评指正。

作 者

2020 年 9 月 1 日于武汉

第 章

绪 论

1.1　问题的提出

党的十九大报告把生态文明建设放在更加突出的位置,指出生态文明建设功在当代、利在千秋,建设生态文明是中华民族永续发展的千年大计。《长江经济带发展规划纲要》提出,要把长江经济带建设成为全国生态文明建设的先行示范带,遵循的第一条原则是江湖和谐、生态文明,在保护的前提下推进发展,实现经济发展与资源环境相适应。三峡工程是中国乃至世界最大的水利枢纽工程,是长江水资源治理与开发的关键性骨干工程。三峡工程在给防洪、发电、航运和水资源利用等方面带来巨大经济效益的同时,也给三峡库区生态环境带来了广泛而深远的影响。三峡水电站建成后蓄水形成的人工湖泊即三峡水库,总面积为 1 084 km^2,范围涉及湖北和重庆地区的 21 个县市。三峡水库作为我国重要的战略淡水资源库和生态环境敏感区,其水生态环境健康事关长江经济带高质量发展,也事关流域内人民群众的福祉与健康。

20 世纪 90 年代以来,长江上游陆续建成了包括三峡水库在内的多座水库。受水库群拦沙、水土保持减沙等多种因素影响,长江上游水沙情势发生了显著改变,三峡水库入库径流量出现了一定幅度的减少,入库沙量出现了大幅度减少。水沙均为生源物质载体,三峡水库自 2003 年蓄水运用以来,库区水沙运动和泥沙淤积状况发生显著改变,使生源物质的演替过程发生变化,并产生了一系列水生态环境效应。近年来,随着水土保持效益的发挥和大型水库的蓄水运行,长江上游来沙条件出现了明显变化,多年平均来沙量的减幅达 50%以上。随着三峡水库的蓄水运行,上游来水来沙条件的变化改变了库区泥沙淤积条件,三峡泥沙问题研究的理论与实践都遇到了新的问题。

在三峡泥沙诸多问题中,淤积物基本特性的研究尤为重要,如淤积物干容重与水库淤积量的计算直接相关,依附于泥沙的氮、磷等生源物质的变化与长江中下游水生态关系密切,库区泥沙是否存在絮凝沉降是改变库区淤积物级配的重要因素等,这些都是需要深入研究的新课题。例如,计算水库的时段冲淤量主要有输沙量差值法和冲淤地形计算法,在工程实践中两种方法得出的结果经常会出现较大的差异,其关键是淤积物的干容重,这是长期困扰研究人员且还没有很好解决的难题。研究人员从基本理论阐述和实测资料分析等多方面进行了长期、系统的研究,获得了大量的研究成果,如对淤积物的初期干容重及其随时间的变化等均提出了相应的计算公式(韩其为,2003)。但淤积物的干容重影响因素复杂,河床"原样"采样困难,具体工程千差万别,致使公式中的一些参数的假定和取值还存在某些不确定性,需要全面、系统的长期实测数据加以完善,同时对比原型研究,开展干容重在大水深条件下随时间的变化规律研究,对于补充、完善、对照分析原型测量分析成果也显得十分重要。细颗粒泥沙在紊动水体中的絮凝沉降特性是泥沙运动力学的基础科学问题,也是河流工程泥沙研究中普遍面临的难题,而近年的水文监测数据也表明三峡水库入库和出库泥沙的颗粒极细。因此,理论研究和工程应用都亟须掌握紊动条件下细颗粒泥沙的絮凝沉降规律。

水库蓄水运行后库区的水流动力特性和泥沙淤积特性均会显著改变。泥沙会吸附水体中的营养物质和污染物，黏附在泥沙上的营养物质和污染物淤积以后，其物理化学特性等均会发生一定的变化，河床冲刷时还有可能使营养物质和污染物释放而产生二次污染。水库蓄水后水沙条件的变化会对水体水质参数、营养物质、重金属和有毒有机污染物等污染物质的赋存状态与分布特征产生显著影响。而库区污染物的沉积和变化会直接影响到库区与下游水生态系统中物质能量的传递，可能会对库区和下游的水生态系统产生影响，造成浮游植物、底栖动物、微生物等重点生物群落的现存量、群落结构与分布特征的改变，特别是会对食物链造成影响。因此，需要对库区淤积物中污染物和营养物质的赋存状态、赋存量，与淤积泥沙的关系，以及其所产生的生态环境效应等进行系统研究。

在上游来水来沙情势出现剧烈变化的背景下，以实测资料为基础，开展三峡水库泥沙输移特性及泥沙调度方式研究，尽可能多地排沙出库，有助于减轻调度方式优化给库区淤积带来的不利影响。"蓄清排浑"是保障长江上游大型梯级水库长期使用的泥沙调度原则，但在入库泥沙大幅减少的背景下，若不考虑水库平衡时间大幅延长的实际情况，则会失去充分发挥梯级水库综合效益的有利时机，造成资源的巨大浪费。这就需要在水库实时调度中，在"蓄清排浑"调度原则的执行中，结合水库调度方式优化，研究提出水库优化调度背景下适用于实时调度的三峡及长江上游大型梯级水库的泥沙调度方式。另外，目前对上游水库淤积泥沙的物理处理方式主要有水力学方法清淤和水下机械清淤两大类。对于水力学方法清淤方式，传统的排沙洞、排沙底孔等的排沙范围有限，仅能带走冲沙漏斗范围内的泥沙，无法实现大范围的水库库容恢复。同时，需要的下泄流量也大，相应地，损失了发电水头。而水下机械清淤技术存在工作环境要求高，且需铺设专门的输沙管道，影响其他船舶航行，容易产生磨损，维护费用较高等不足。传统的河道及水库清淤方式种类繁多，各有优劣。针对现有技术存在的不足，开展新型的清淤技术研究具有重要的科研价值和工程意义。

针对以上问题，本书通过多学科交叉，采用理论及文献资料分析、原型观测、室内（外）试验及数值模拟等手段，系统分析三峡水库水沙运动规律及泥沙淤积特性，探明水库蓄水后水沙变化产生的水生态环境效应及其发生机制，研发基于干支流河道泥沙调控的水库调度和清淤关键技术，有效减小水沙时空演替产生的生态环境影响。

1.2 国内外研究现状

1.2.1 水库壅水作用下水流流动、泥沙沉降及淤积物干容重的变化特性

三峡水库运行后，库区泥沙淤积特性发生了显著变化，相关问题如淤积物干容重与水库淤积量等的揭示是掌握其水生态环境效应的基础。库区泥沙是否存在絮凝沉降是改变泥沙淤积特性的重要因素。过去干容重研究以实测资料为主，但实测时存在大水深难

以原位取样的技术瓶颈，同时由于采样的随机性，也很难对同一点位的长期淤积历时过程进行持续观测。而三峡水库泥沙絮凝是近期出现的新现象，不同于河口等地的絮凝多与水质有关，三峡水库的泥沙絮凝与水流紊动息息相关，所以探索三峡水库水流紊动特性，并模拟库区水流紊动对细颗粒泥沙运动形式的影响是掌握库区泥沙运动规律的关键。因此，亟须研发无干扰河床淤积物采样器、大水深淤积密实和细颗粒泥沙絮凝试验装置，采用现场科学试验和室内模拟相结合的方法，探索库区泥沙絮凝机制和干容重沿时与沿程的变化特性。

三峡水库泥沙絮凝是三峡水库 175 m 试验性蓄水后发现的有别于论证阶段的新现象，对此现象的报道较多，但对其絮凝机制的研究较少，且研究泥沙絮凝与紊动的关系时，此前多考虑垂向紊动，但垂向紊动容易影响泥沙沉降特性研究的准确性。针对三峡水库不同于天然河道的流动特性，已有的研究大多采用单片振动格栅，很少有学者采用多片振动格栅进行泥沙絮凝沉降（柴朝晖 等，2011）。水库泥沙干容重此前研究较多，但始终存在原位取样的困难，研发适用于大水深、无干扰的原位取样设备解决这一传统难题，同时研发大水深、淤积密实的模拟装置，模拟不同水深（压）作用下不同浓度、不同粒径泥沙的淤积密实过程，对泥沙干容重随时间的变化进行定量研究，给出淤积密实直至稳定的时间期限，可对水库地形法测淤提供指导。

1.2.2　水库蓄水后泥沙淤积下特殊污染物所产生的水环境效应

三峡水库蓄水后演变成河道型水库，其水位大幅抬升，库容大幅增加，流速急剧降低，水体流态及悬浮物沉降条件的改变可能导致库区表层沉积物性状的改变（Dong et al.，2019）。三峡水库蓄水运用后水沙运动规律和泥沙淤积状况的改变除了影响氮、磷生源物质外，还会影响以水沙为主要载体的特殊污染物（包括重金属和有机污染物）的赋存状态，使其时空分布和迁移转化行为发生显著改变，进而影响库区水环境系统，并可能给人体和水生生物带来风险。亟须对三峡水库蓄水以来泥沙淤积下特殊污染物所产生的水环境效应进行系统研究，为水库水质安全保障提供科学依据。

水库中重金属污染物的迁移转化等水环境过程对水生态环境系统的影响问题是水库水环境安全的重要问题，传统湖泊和河流的水环境污染物的相关研究方法及评价技术是否完全适用于水库目前还不清晰。三峡水库建成蓄水后，泥沙淤积问题对水体和沉积物中的重金属有何影响也不清楚。研究三峡水库重金属污染物的水环境过程及效应既具有重要的理论意义，又具有紧迫的现实意义。目前有一些研究探索了三峡水库中某些重金属的浓度和来源，但关于三峡水库在不同水期中重金属的时空分布和赋存现状的系统研究较少，缺乏三峡库区不同区域（坝前、常年回水区、变动回水区、回水末端及主要城市江段和支流汇入口等）水体和淤积物中重金属的污染分布、变化规律及生态风险的综合分析，无法全面评价三峡水库不同水期、不同区域的重金属变化规律及赋存特征等；另外，对于三峡水库有毒有机污染物（如多环芳烃、邻苯二甲酸酯等），已有的研究通常进行单次调查和单一要素分析，缺乏系统的调查分析及系统评价，特别是目前关于三峡工程 175 m 蓄水后库区水体和淤积物中多环芳烃及邻苯二甲酸酯等有毒有机污染物的赋存现状、来源的相关报道极少，无法全面地揭示三峡水库典型有毒有机污染物的时空分布特征及其污染机理，不利于三峡库区水环境的保护和管理（Lin et al., 2018；Bing et al., 2016）。因此，开展三峡水库水体和淤积物中重金属的时空分布、赋存形态研究，系统评价三峡水库重金属的潜在生态风险，对树立三峡水库重金属污染程度的正确认知具有重要作用，也有助于理解三峡水库重金属的分布及影响机理，为未来监测三峡水库中地表水和淤积物中的重金属提供参考水平，进而对水库运行和水环境管理提供技术支撑。同时，通过全方位、系统的野外实地调查和分析，系统查明三峡水库水体和淤积物等介质中典型有毒有机污染物（如多环芳烃、邻苯二甲酸酯等）的时空分布特征，解析变化规律和来源，评价其生态风险，探索不同调度方式下的污染机理，评价其给城市安全供水和流域水生态系统健康带来的风险同样意义重大。

1.2.3 水库成库后重点生物群落的演替过程及其驱动机制

三峡水库建成运行后，水沙行为的改变将显著影响生源物质在水库中的赋存状态和环境行为，进而影响水库中生物的生长与繁殖，使库区生物群落的现存量和群落特征发生改变与演替。目前，国内外对于三峡水库建成蓄水以来泥沙淤积所产生的生态效应的认识相对片面和模糊。一方面，没有掌握三峡水库成库前的水生态基础数据，导致对本底情况认识不清晰；另一方面，已报道的关于三峡水库蓄水后生态效应的研究主要为点对点的问题研究，重点针对水文情势、泥沙淤积、水华防治、水生生物保护等单一因素和个别断面、典型支流开展，侧重于单次调查和单一要素分析，多局限于局部问题的定性分析，无法全面、系统地揭示三峡水库干流和典型支流重点生物群落的演替过程及其驱动机制，尚未形成库区蓄水以来生态环境效应的系统阐述。除此之外，现有研究缺乏关于湖库水生态演变过程的有效研究方法，这也是人们对三峡库区水生态过程认识不足的重要原因。

基于建库前、运行初期、运行至今长时间序列的野外原型观测数据，三峡干支流藻类、底栖动物、微生物和鱼类等水生生物群落的结构与分布均发生了演替，其中以藻类的变化最为显著（韩超南 等，2020）。三峡库区主要支流的营养物质含量蓄水前后变化不大，成库前支流未观测到水华现象，成库后支流局部水域则多次暴发水华，流域藻类密度大幅提升，藻类种类数与多样性指数也有所增加（蔡庆华和孙志禹，2012）。适应流水生活的硅藻比例开始下降，而蓝藻和绿藻的比例则开始有所上升（杨浩，2012）。蓄水后三峡库区底栖动物种类数在不同江段的变化有所不同，其中靠近大坝的秭归—巫山段，底栖动物种类呈减少的趋势，而重庆境内的云阳—木洞段底栖动物种类变化趋势不明显（张敏 等，2017；王宝强 等，2015）；从密度变化看，底栖动物密度在靠近大坝的秭归—巫山段从 20 世纪 80 年代至今一直维持在 300 ind./m² 左右，而重庆境内的云阳—木洞段却呈现明显的递减趋势，且减少程度较大；从生物量变化看，库区蓄水 10 年后靠近大坝的秭归—巫山段底栖动物生物量增加 1 倍多，重庆云阳—木洞段生物量也有增加趋势。三峡水库蓄水前,有关微生物群落结构方面的资料较少。水库蓄水后,季节性的水位波动提高了三峡库区微生物的丰度和多样性,研究表明水库干湿交替变动的回水区微生物丰度与多样性最高,其次是 175 m 以上的非回水区和常年回水区(Xiang et al.,2018)。

总体而言,目前对三峡水库泥沙输移产生的水生态效应缺乏科学、客观的整体性和规律性认识,亟须通过长期跟踪式原位观测及全方位立体式调查研究,系统、客观地揭示三峡水库蓄水运行前后库区干支流重点生物群落的演替过程及其驱动机制,进而形成对三峡水库泥沙输移产生生态效应的科学认知。

1.2.4　三峡水库汛期泥沙调度技术

三峡入库水沙主要集中在汛期,汛期泥沙调度方式直接关系到水库长期使用和综合效益的发挥。为提高综合效益,三峡水库开展了汛期中小洪水调度,但又相应降低了水库汛期排沙能力,建库后三峡库区泥沙特别是细沙的落淤比例明显大于论证阶段数学模型的预测结果。为兼顾排沙,在三峡水库汛期洪水调度中已开展了沙峰排沙调度试验(董炳江 等,2014)。但目前三峡水库沙峰输移的已有研究缺乏深入的规律总结,仅限于沙峰传播时间的粗略统计。实践走在了理论研究的前面,理论研究的滞后制约了沙峰调度方案的制订和排沙效果的发挥。入库沙量减少后三峡水库汛期已经不再都是"浑水",而是不同时段存在着相对的"浑"和"清",为将传统上运用于全年的"蓄清排浑"调度方式动态应用于三峡水库汛期排沙提供了良好的契机,但尚缺乏量化的调度指标和具体的调度方式。

三峡水利枢纽工程于 2003 年投入运行后,长江上游大型水电建设迅速展开,其中溪洛渡水库和向家坝水库这两座特大型水库已分别于 2013 年、2012 年开始蓄水运用,这标志着长江上游特大型梯级水库群联合蓄水拦沙已经开始发挥作用,溪洛渡水库和向家坝水库蓄水运用后将通过改变三峡水库入库水沙条件,进一步影响三峡水库的调度运用和库区淤积,并给长江中下游河道演变及治理带来深远影响(黄仁勇 等,2012)。泥沙淤积问题是影响水库长期运用与效益发挥的关键因素之一,梯级水库泥沙问题更加复杂。作为治理、开发长江水资源的特大型骨干工程,溪洛渡水库、向家坝水库、三峡水库等长江上游梯级水库综合效益的充分发挥意义重大,三峡水库、向家坝水库、溪洛渡水库蓄水运用以来,相继开展了汛末提前蓄水、汛期水位浮动、汛期中小洪水调度等优化调度实践,实际运用方式相对于设计调度方式均有所突破,汛期平均水位也比设计调度方式有所抬高,造成水库泥沙落淤比例增大,水库实际排沙比对于设计成果均相应有所减小(黄仁勇,2016)。目前,以提高综合效益为目的的水库优化调度方式与以水库长期使用为目的的"蓄清排浑"调度方式的矛盾正日益突出。长江上游梯级水库联合运用后,各水库入库泥沙都将变少、变细,水库淤积平衡时间将进一步延长,各水库调度方式都将相应出现进一步优化的空间。在此背景下,水库运用后库区泥沙输移规律、水库调度方式优化背景下如何兼顾排沙减淤等都是迫切需要研究和回答的问题,这就需要及时开展以三峡水库为核心的长江上游梯级水库汛期泥沙输移规律与泥沙调度技术研究，提出水库优化调度背景下有利于排沙减淤的水库泥沙调度方案，为长江上游梯级水库综合效益的充分和可持续发挥提供技术支撑。

1.3　本书的主要内容及成果结构

1.3.1　主要内容

1. 三峡水库蓄水后水动力特性、泥沙输移及淤积行为变化规律

基于三峡水库建库前后长时间序列的水、沙监测资料，系统分析水库蓄水运用以来水流运动特性、泥沙输移及淤积物理特性，揭示水库淤积不同于论证阶段的新规律；研发大型深水水库絮凝及干容重影响机理研究的室内外试验装置，探索水库水动力特性、泥沙沉降及淤积物干容重的变化特性。

2. 三峡水库水、沙、营养物质的动态响应过程及其水环境效应

探索三峡水库建库运行后库区泥沙淤积与氮磷营养盐的相互关系，分析水库蓄水运行后氮磷营养盐的时空分布特征及污染状况；研究水库重金属的赋存形态特征，科学评价三峡水库重金属污染的现状，并测算沉积物重金属污染累积量；探明水库不同调度方式下典型有毒有机污染物多环芳烃和邻苯二甲酸酯的分布特征及污染来源，评价其给城市安全供水和流域水生态系统健康带来的风险。

3. 三峡水库水沙过程变化的水生态效应

基于建库前（20世纪80年代）、运行初期、运行至今长时间序列的野外观测数据，研究三峡水库蓄水前后库区底栖动物、浮游植物等关键生物类群的演替规律及其驱动机制，阐释水库蓄水后库区水生态系统的响应特征，形成对三峡水库蓄水以来泥沙淤积产生的生态效应的科学认知。

4. 生态友好的水库水沙过程调控关键技术

通过理论研究和模拟计算，揭示三峡水库汛期泥沙输移机理，发展三峡水库汛期泥沙调度理论，构建干支流河道泥沙调度数学模型，提出三峡水库汛期泥沙调度技术。针对不同的淤积状况，研究提出水电站进水口廊道排沙、近淤积面封闭式腔体拉沙、汛期气动挟沙和微爆扬沙等一系列坝前"生态补沙"技术。

1.3.2　成果结构

本书由中央财政"水文测报""水质监测"等一般公共预算专项经费支持，在国家科

技支撑计划项目、国家自然科学基金项目、水利部公益性行业科研专项项目等的资助下，针对三峡水库蓄水运行后水库水沙运动和泥沙淤积状况发生显著改变，进而产生一系列水生态环境效应的问题，采用理论及文献资料分析、原型观测、室内（外）试验及数值模拟等手段，系统分析三峡水库水沙运动规律及泥沙淤积特性，探明水库泥沙淤积产生的水生态环境效应及其发生机制，开展基于干支流河道泥沙调控的水库调度关键技术研发。总体成果结构框架见图 1.3.1。

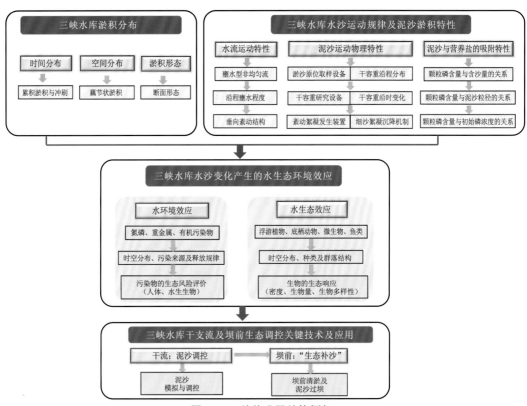

图 1.3.1　总体成果结构框架

第 2 章

三峡水库泥沙淤积分析

2.1　研　究　背　景

2.1.1　研究意义

三峡水利枢纽工程泥沙问题关系到水库寿命、库区淹没、水库变动回水区航道和港区演变，以及坝区船闸、升船机、水电站引水的正常运行，还关系到坝下游河道演变对防洪、航运、城市建设的影响等一系列重要而复杂的技术问题，泥沙问题是三峡工程论证、规划、设计、建设、调度、运行、管理的关键性技术问题之一。

长江是泥沙比较多的河流，自水库群陆续建成、运行以来，部分水库的泥沙淤积是较为严重的问题，在一定程度上水库的淤积是影响水库综合效益发挥的重要因素。因此，通过对水库泥沙运动和淤积规律的分析，对汛期洪水调度机制的研究，掌握库区泥沙淤积在空间上、时空上的分布特性，库区泥沙的运行规律，坝前段泥沙淤积的分布，尤其是左右岸电厂及地下水电站引水区域的演变，船闸上下游引航道泥沙淤积对航道水深的影响，以及淤积物的各种物理特性，及时采用"蓄清排浑""汛期洪水调度"等科学运行方式，在必要的局部区域辅助采取工程治理措施（如位于变动回水区内的重庆主城区江北果园港、青岩子段，常年回水区内的土脑子段、凤尾坝、兰竹坝、黄花城段），既能长期保留水库的大部分有效库容，又能远近结合，充分发挥水利枢纽工程的综合效益，同时还抑制了水库泥沙淤积的上延，维护了重点区域航道的运行安全，具有十分重要的意义。三峡水库自蓄水运行以来，因泥沙淤积损失的库容量为 $1.303 \times 10^8 \ \mathrm{m}^3$，占水库防洪库容（$2.215 \times 10^{10} \ \mathrm{m}^3$）的 0.59%。其中，在 145 m 高程下淤积泥沙 $1.6127 \times 10^9 \ \mathrm{m}^3$，占 175 m 高程下库区总淤积量的 92.5%，目前库区泥沙淤积绝大部分分布于水库死库容以下，水库有效库容的损失目前还较小。三峡水库 175 m 试验性蓄水后，水库泥沙淤积逐渐向上游发展，但变动回水区淤积较少，坝前泥沙淤积暂未对发电取水造成影响。研究表明，水库目前的综合调度方式科学、合理，且效益明显。

2.1.2　研究现状

长江三峡工程泥沙问题的研究工作,始于 1983 年 5 月中华人民共和国国家计划委员会主持、审批的长江三峡水利枢纽可行性研究。1984 年 1 月为比较三峡水库不同的蓄水位方案进行了论证，1986 年根据中共中央、国务院《关于长江三峡工程论证有关问题的通知》的要求，开展了泥沙专题的论证工作。而后，结合"七五""八五"计划，进行了泥沙航运问题的专题研究。"九五"计划期间，国务院三峡工程建设委员会和中国长江三峡工程开发总公司结合三峡工程进展情况，拟定了"九五""十五""十一五"三峡工程泥沙问题研究工作计划。

三峡工程泥沙问题研究成果，由水利部科技教育司及交通部三峡工程航运领导小组办公室于"七五""八五"计划期间组织、汇集，并先后出版了《三峡水利枢纽工程泥沙问题研究成果汇编（150米蓄水位方案）》（1986年12月）、《三峡工程泥沙问题研究成果汇编（160—180米蓄水位方案）》（1988年5月）、《长江三峡工程泥沙与航运关键技术研究专题研究报告集》（上、中、下册）（1993年9月）等共五辑。

"九五"计划期间，国务院三峡工程建设委员会办公室泥沙课题专家组和中国长江三峡工程开发总公司三峡工程泥沙专家组组织出版了《长江三峡工程泥沙问题研究1996—2000 第四卷 长江三峡工程上游来沙及水库泥沙问题（一）》《长江三峡工程泥沙问题研究1996—2000 第五卷 长江三峡工程上游来沙及水库泥沙问题（二）》《长江三峡工程泥沙问题研究1996—2000 第八卷 长江三峡工程"九五"泥沙研究综合分析》。其中，《长江三峡工程泥沙问题研究1996—2000 第八卷 长江三峡工程"九五"泥沙研究综合分析》指出：向家坝水库（淤积平衡年限60年）或溪洛渡水库（淤积平衡年限90年）修建后，进入三峡水库的沙量将减少6.6×10^9 t（向家坝水库，前30年）或9.0×10^9 t（溪洛渡水库，前70年），粒径变细46%（向家坝水库）或36%（溪洛渡水库）。与此相应，三峡水库的淤积也有所减少。向家坝水库在30～60年可减少三峡水库淤积2.0×10^9～3.0×10^9 t，溪洛渡水库在第30～100年可减少三峡水库淤积2.0×10^9～4.7×10^9。三峡水库变动回水区（涪陵以上）淤积将有大幅度的减少，特别是修建溪洛渡水库后，长寿以上库段在50年内基本不淤。重庆港淤积减缓，洪水位升高幅度减小。淤积50年后逢约100年一遇洪水时，洪水位可少抬高1.0～1.8 m（向家坝水库）与2.0～3.1 m（溪洛渡水库）。三峡水库坝前段淤积也向后推迟，前期出库含沙量减少。

"十五"计划期间，对于三峡工程泥沙问题的研究仍在继续，国务院三峡工程建设委员会办公室泥沙专家组和中国长江三峡工程开发总公司三峡工程泥沙专家组汇编出版了研究成果共六卷，其中关于库区泥沙淤积的研究成果包括：《长江三峡工程泥沙问题研究2001—2005（第一卷）三峡水库上游来水来沙的变化及其影响》《长江三峡工程泥沙问题研究2001—2005（第二卷）三峡水库泥沙淤积研究》《长江三峡工程泥沙问题研究2001—2005（第五卷）2007年蓄水位方案泥沙专题研究》《长江三峡工程泥沙问题研究2001—2005（第六卷）长江三峡工程"十五"泥沙研究综合分析》。由以上研究成果可知：①三峡水库蓄水运用后，入库沙量用20世纪90年代系列，水库运用50年末、100年末，库区淤积量分别为8.645×10^9～9.343×10^9 m³、1.2543×10^{10}～1.3293×10^{10} m³；②在三峡水库上游的向家坝水库、溪洛渡水库、亭子口水库建成运用后，三峡水库运用100年末库区的淤积量为1.1806×10^{10}～1.3063×10^{10} m³，水库群联合调度运用100年，对重庆朝天门以上干流库区的减淤作用较大，减少65%～84%，对变动回水区重庆朝天门—涪陵段减淤27%～30%，对嘉陵江库段的淤积减少12%～24%；③在上游水库群投入运用后，三峡水库运用50年末、100年末，三峡防洪库容分别保留2.089×10^{10}～2.188×10^{10} m³、1.998×10^{10}～2.166×10^{10} m³，防洪库容损失率为1.2%～9.8%。

"十一五"规划期间，国务院三峡工程建设委员会办公室泥沙专家组和中国长江三峡集团公司三峡工程泥沙专家组组织出版了三峡水库泥沙问题的研究成果：《长江三峡工程泥沙问题研究2006—2010 第一卷 三峡水库近期（2008—2027）入库水沙系列研究》《长江三峡工程泥沙问题研究 2006—2010 第二卷 三峡水库淤积观测成果分析与近期（2008—2027）水库淤积计算》《长江三峡工程泥沙问题研究 2006—2010 第三卷 重庆主城区河段冲淤变化与整治方案试验研究》《长江三峡工程泥沙问题研究 2006—2010 第四卷 三峡水库变动回水区河段冲淤规律分析与二维数学模型计算》《长江三峡工程泥沙问题研究 2006—2010 第八卷 三峡工程"十一五"泥沙研究综合分析》。研究成果包括：①将长江 1991～2000 年水沙系列作为研究近期（2008～2027 年）三峡水库泥沙问题的入库水沙系列，其年平均径流量为 4.196×10^{11} m^3，年平均输沙量为 4.08×10^8 t，再考虑上游干支流近期新建水库的影响，未来 10～30 年入库沙量将降至年均 1.5×10^8 t 左右。②根据原型观测资料，2003 年 6 月～2009 年 12 月，三峡水库入库悬移质泥沙 1.351×10^9 t，出库 3.79×10^8 t，干流库区淤积 9.72×10^8 t，水库年均淤积 1.39×10^8 t，排沙比为 28%，淤积主要发生在开阔河段和主槽之中。175 m 试验性蓄水以来，受水库升高的影响，变动回水区淤积量增加，水库排沙比有所减小。③采用模型计算近 20 年（2008～2027 年）三峡水库泥沙淤积，入库水沙条件取 1991～2000 年入库水沙系列加上建库（向家坝水库、溪洛渡水库等），计算的累积淤积量为 2.716×10^9 m^3 和 2.561×10^9 m^3（国务院三峡工程建设委员会办公室泥沙专家组和中国长江三峡集团公司三峡工程泥沙专家组，2013），较三峡水库上游未修建向家坝水库、溪洛渡水库等水库时分别减少淤积 42.9%、44.5%，其中变动回水区淤积减少的比例高达 60%～80%。

"十一五"规划后，关于三峡工程泥沙问题的研究仍在继续，2015 年中国长江三峡集团公司和长江水利委员会水文局的研究团队联合出版了《长江三峡工程水文泥沙观测与研究》（曹广晶和王俊，2015），内容包含：长江流域特点、三峡工程布局、水文泥沙观测与研究布局、水文泥沙观测技术与应用、三峡工程水情自动测报及预报技术研究、三峡工程水文研究（水文资料、径流、设计洪水、大江与导流明渠截流水文分析计算）、长江主要河流泥沙变化及调查研究、三峡水库进出库及坝下游水沙特性、三峡水库淤积（水库不同时期的淤积特点、库区重点河段的河道演变、三峡工程坝区的泥沙特性、三峡水库中小洪水调度对水库淤积的影响及库尾河段减淤调度试验）、坝下游河道演变等。

近年来，对三峡水库的泥沙研究每年均有分析成果，并定期公布，成果名称为"××年度三峡水库进出库水沙特性、水库淤积及坝下游河道冲刷分析"，研究成果主要是在原型观测成果基础上，对近年来三峡水库进出库水沙及河道冲淤演变、淤积物干容重、坝前段淤积机理、水库絮凝现象进行详细分析，主要结论如下。

（1）近年来观测资料表明，受三峡水库上游干支流水库建设、水土保持、河道采砂、降雨等因素的综合影响，三峡水库上游来沙量（悬移质和推移质泥沙总和）大幅减少，进入重庆段的砾卵石推移质数量极少，未出现一些专家担忧的三峡库尾推移质泥沙严重淤积的局面。随着上游干支流水电站的建设与运用，三峡入库沙量将继续维持较低水平。因此，论证与初步设计阶段，关于随着长江上游水土保持工作的开展和水库的陆续兴建，三峡水库入库沙量将呈减少趋势的结论是符合实际的。但值得注意的是，在三峡水库总体来沙量减少的同时，地震产沙进入河道的潜在威胁依然存在，流域内基本建设的产沙也不能忽视，一些支流仍有可能出现特大洪水并挟带大量泥沙入库的情况。

（2）近年来，受上游来沙减少和河道采砂等影响，三峡水库泥沙淤积明显减轻，且绝大部分泥沙淤积在水库 145 m 以下的库容内，水库有效库容损失目前还较小；涪陵以上的变动回水区总体冲刷，重点淤沙河段淤积强度大为减轻；坝前泥沙淤积未对发电取水造成影响。2003 年 6 月～2018 年 12 月，三峡水库淤积泥沙 1.7733×10^9 t，近似年均淤积泥沙 1.138×10^8 t，仅为论证阶段（数学模型采用 1961～1970 年预测成果）的 34%，水库排沙比为 24.1%，水库淤积主要集中在常年回水区。从淤积部位来看，92.5% 的泥沙淤积在 145 m 高程以下，淤积在 145～175 m 的泥沙为 1.303×10^8 m³，占总淤积量的 7.5%，占水库静防洪库容的 0.54%，且主要集中在奉节—大坝段。今后，随着三峡上游梯级水库的陆续兴建，三峡入库泥沙将会在相当长的时期内继续维持在较低水平，水库淤积进一步减缓，采用"蓄清排浑"的运用方式，水库大部分有效库容长期保留的目标是可以实现的。但要继续进行新水沙和上游水库群联合调度条件下三峡水库汛期沙峰过程排沙调度和库尾减淤调度等"蓄清排浑"新模式的研究，以进一步提高水库排沙比，并改善水库淤积部位。

2003～2018 年，坝前段 175 m（吴淞基面）以下河床深泓平均淤厚 33.5 m，最大淤厚 63.7 m。坝前泥沙淤积体目前低于坝址电厂进水口的底高程 108 m，而且淤积物颗粒很细，对发电未造成影响。右岸地下水电站运行以来，地下水电站坝前取水区域泥沙淤积较为明显，目前河床平均高程为 104.6 m，高出地下电厂排沙洞口底板高程 2.1 m，其发展趋势值得关注。

（3）三峡水库 175 m 试验性蓄水以来，受上游来水来沙、水库调度及河道采砂等综合因素影响，重庆主城区河段河道的冲淤规律发生了变化。2008 年 9 月～2018 年 12 月累积冲刷 2.073×10^7 m³，未出现论证时担忧的重庆主城区河段泥沙严重淤积的局面，也未出现砾卵石的累积性淤积。寸滩站实测资料表明，三峡水库蓄水运用后汛期水位流量关系没有出现明显变化，说明水库泥沙淤积尚未对重庆洪水位产生影响。

今后随着上游金沙江等梯级水库的陆续建成，三峡水库入库沙量继续维持在较低水平，有利于进一步减缓重庆主城区河段的泥沙淤积；但淤积仍会在局部河段发生，而且航道对局部短时淤积十分敏感，因此变动回水区的泥沙淤积碍航问题，仍应持续关注。

2.2　水　库　概　况

三峡工程于 2003 年 6 月进入围堰蓄水期，水库坝前水位按汛期 135 m、枯水期 139 m 运行；2006 年汛后初期蓄水后，坝前水位按汛期 144 m、枯水期 156 m 运行；自 2008 年汛末三峡水库进行 175 m 试验性蓄水以来，工程进入 175 m 试验性蓄水期，水库依据《三峡（正常运行期）—葛洲坝水利枢纽梯级调度规程》（2019 年修订版）调度运行，见图 2.2.1。

三峡水库 175 m 试验性蓄水后，回水末端上延至江津附近（距大坝约 660 km），变动回水区为江津—涪陵段，长约 173.4 km，占库区总长度的 26.3%；常年回水区为涪陵—大坝段，长约 486.5 km，占库区总长度的 73.7%。

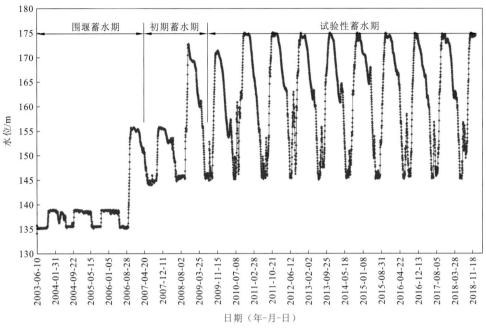

图 2.2.1 三峡水库蓄水以来坝前水位变化过程图

三峡水库总体流向自西向东。沿途接纳綦江、嘉陵江、龙溪河、乌江、渠溪河、龙河、小江、汤溪河、磨刀溪、梅溪河、大宁河、沿渡河、清港河、香溪河等众多大小支流。库区河段宽窄相间，最宽河段为三峡大坝近坝段，河宽可达 3 600 m，最窄河段河宽仅 250 m 左右，如铜锣峡段（图 2.2.2）。

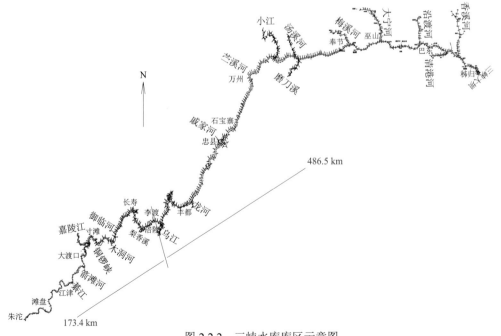

图 2.2.2 三峡水库库区示意图

本章中三峡坝前水位 145 m、175 m 采用吴淞基面，各站水位均采用冻结基面，其他除特别注明外高程均采用 1985 国家高程基准。

2.3　三峡水库入库和出库水沙特性

2.3.1　入库水沙特性

1. 径流量

在三峡工程论证阶段，入库采用寸滩站+武隆站资料，两站年均径流量之和为 3.986×10^{11} m^3。在初步设计阶段，两站年均径流量之和为 4.015×10^{11} m^3，数学模型计算和河工模型试验将长江干流寸滩站+乌江武隆站 1961～1970 年的水沙资料作为代表性的入库水沙条件，入库年均径流量为 4.196×10^{11} m^3。

近年来，入库径流量略有偏少，2003～2018 年三峡入库（朱沱站+北碚站+武隆站，下同）年均径流量为 3.6449×10^{11} m^3（图 2.3.1、表 2.3.1），寸滩站、武隆站年均径流量之和为 3.739×10^{11} m^3，较论证值减少了 2.47×10^{10} m^3，减幅为 6.2%。

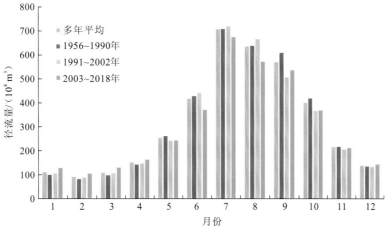

图 2.3.1　不同时段三峡入库（朱沱站+北碚站+武隆站）径流量分布图

表 2.3.1　三峡入库（朱沱站+北碚站+武隆站）多年水沙量变化统计

	项目	1月	2月	3月	4月	5月	6月	7月	8月	9月	10月	11月	12月	全年
	多年平均	110.1	91.13	109.6	151.1	254.3	417.2	705.4	633.5	568.6	399.1	216	139	3 795.03
径流量	1956～1990 年	100.4	83.25	98.67	144.4	261.5	428.9	707.5	637.5	608.5	419.5	217.3	135.6	3 843.02
/（10^8 m^3）	1991～2002 年	107.3	90.61	106.9	147.8	243.6	442.6	718.6	665.6	505.9	367.6	205.4	135.1	3 737.01
	2003～2018 年	128.5	104.8	130.9	164.1	242.6	371.4	672.6	569.9	534.7	369.4	211.7	144.3	3 644.9

项目		1月	2月	3月	4月	5月	6月	7月	8月	9月	10月	11月	12月	全年
输沙量 /（10⁴ t）	多年平均	36.5	24.6	38.3	216	1 170	4 430	12 200	9 340	6 790	2 000	340	74.5	36 659.9
	1956～1990 年	37.1	25.4	41.8	295	1 770	5 990	15 600	12 200	9 370	2 750	383	83.9	48 546.2
	1991～2002 年	41	30	36.4	194	722	4 470	11 800	9 980	5 520	1 820	421	92.5	35 126.9
	2003～2018 年	33	19.8	33.7	76.1	314	1 480	6 190	3 480	2 800	713	212	44.5	15 396.1

2. 输沙量

在三峡工程论证和初步设计阶段，采用长江干流寸滩站+武隆站资料，入库年均输沙量之和为 $4.93×10^8$ t，数学模型计算和物理模型试验将 1961～1970 年的水沙资料作为代表性的入库水沙条件，年均入库沙量为 $5.09×10^8$ t。

2003～2018 年年均入库沙量为 $1.53961×10^8$ t，寸滩站、武隆站年均输沙量之和为 $1.48×10^8$ t，较论证值减少了 70%，见表 2.3.1、图 2.3.2。

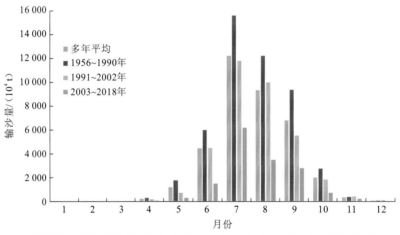

图 2.3.2　不同时段三峡入库（朱沱站+北碚站+武隆站）输沙量分布图

2.3.2　出库水沙特性

在三峡工程论证和初步设计阶段，坝址年均径流量采用宜昌站 1878～1990 年长系列均值，为 $4.510×10^{11}$ m³；输沙量则采用宜昌站 1950～1986 年均值，为 $5.26000×10^8$ t。

在此，以三峡大坝下游的黄陵庙站、宜昌站两个水文站为三峡水库的出库水沙控制站。

1. 径流量

自三峡水库蓄水运行以来，黄陵庙站、宜昌站的多年平均径流量较三峡水库蓄水前分别降低 7.0%、6.3%，年际径流量未见趋势性的改变，但年内分布则有明显的变化，主要表现为枯水期径流量增加，汛期径流量减少，水库枯水期向坝下游补水、汛期削峰滞洪的功能显现。

与三峡工程论证、初步设计阶段相比，三峡水库蓄水运行后黄陵庙站、宜昌站的径流量分别降低 9.9%、9.3%（表 2.3.2、图 2.3.3）。

表 2.3.2　三峡出库（黄陵庙站、宜昌站）多年水沙量变化统计

项目		1 月	2 月	3 月	4 月	5 月	6 月	7 月	8 月	9 月	10 月	11 月	12 月	全年
径流量 /($10^8\,\text{m}^3$)	三峡水库蓄水前	114.3	93.65	115.6	171.3	310.4	466.5	804	734.1	657	483.2	259.7	157.2	4 366.95
	宜昌站 2003～2018 年	155.5	138.7	166.8	213.1	343.7	446.4	726	621.6	532.2	344.6	238.8	165.5	4 092.9
	黄陵庙站 2003～2018 年	156	138.6	165.7	208.6	338.1	440.6	722.8	617.4	530.2	341.2	237.2	165	4 061.4
输沙量 /($10^4\,\text{t}$)	三峡水库蓄水前	55.6	29.3	81.2	449	2 110	5 230	15 500	12 400	8 630	3 450	968	198	49 101.1
	宜昌站 2003～2018 年	5.24	4.22	5.42	9.61	33	120	1 480	1 050	789	68.8	11.9	5.81	3 583
	黄陵庙站 2003～2018 年	5.38	4.24	5.54	14.5	37.3	128	1 470	1 030	765	64.7	12.4	4.6	3 541.66

注：三峡水库蓄水前径流量和输沙量资料的统计年份为 1950～2002 年。

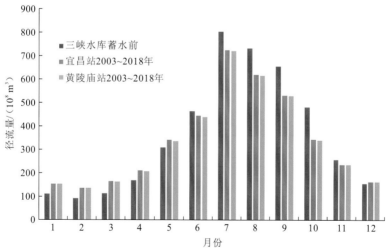

图 2.3.3　不同时段三峡出库（黄陵庙站、宜昌站）径流量分布图

2. 输沙量

自三峡水库蓄水运行以来，黄陵庙站、宜昌站多年平均输沙量仅为三峡水库蓄水前的 7.2%、7.3%，出库沙量大幅度降低。

　　与三峡工程论证、初步设计阶段相比,三峡水库蓄水运行后黄陵庙站、宜昌站的输沙量分别降低 93.3%、92.7%(表 2.3.2、图 2.3.4)。

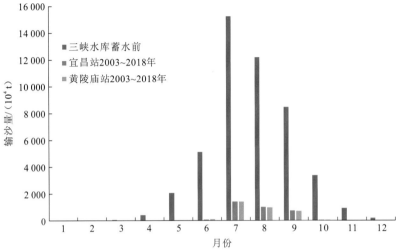

图 2.3.4　不同时段三峡出库(黄陵庙站、宜昌站)输沙量分布图

2.3.3　库区淤积沙量

　　由于三峡水库入库泥沙较初步设计值大幅减少,三峡库区泥沙淤积相应大为减轻。2003 年 6 月～2018 年 12 月,三峡入库悬移质泥沙量为 2.3355×10^9 t,出库(黄陵庙站)悬移质泥沙量为 5.622×10^8 t,不考虑三峡库区区间来沙,三峡水库淤积泥沙 1.7733×10^9 t,年均淤积泥沙约 1.138×10^8 t,仅为论证阶段(数学模型采用 1961～1970 年预测成果)的 34%,水库排沙比为 24.1%,见表 2.3.3 和图 2.3.5。

表 2.3.3　三峡水库不同时段入出库泥沙与水库淤积量

日期(年-月)	累积值			年均值			排沙比 /%
	入库沙量 /(10^8 t)	出库沙量 /(10^8 t)	淤积量 /(10^8 t)	入库沙量 /(10^8 t)	出库沙量 /(10^8 t)	淤积量 /(10^8 t)	
2003-06～2006-08	7.004	2.590	4.414	2.155	0.797	1.358	37.0
2006-09～2008-09	4.435	0.832	3.603	2.129	0.399	1.729	18.8
2008-10～2018-12	11.916	2.200	9.716	1.163	0.215	0.948	18.5
2003-06～2018-12	23.355	5.622	17.733	1.499	0.361	1.138	24.1

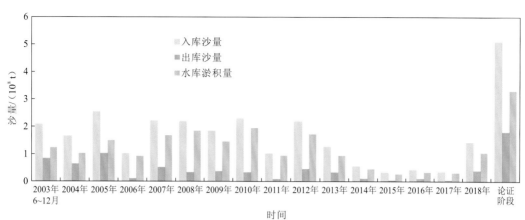

图 2.3.5 三峡水库入出库泥沙与水库淤积量

2.4 水库泥沙淤积量

2.4.1 干流泥沙淤积量

1. 淤积量

三峡工程蓄水运用以来，主要受入库沙量大幅减少、河道采砂和水库调度等影响，水库变动回水区总体表现为冲刷，泥沙淤积主要集中在涪陵以下的常年回水区。2003 年 3 月～2018 年 10 月库区干流（大坝—江津段）累积淤积泥沙 $1.5559 \times 10^9 \, \text{m}^3$，其中，变动回水区累积冲刷泥沙 $7.83 \times 10^7 \, \text{m}^3$，常年回水区泥沙淤积量为 $1.6342 \times 10^9 \, \text{m}^3$，见表 2.4.1。

表 2.4.1 三峡水库变动回水区及常年回水区泥沙冲淤量 （单位：$10^8 \, \text{m}^3$）

日期（年-月）	变动回水区				常年回水区				合计
	江津—大渡口段	大渡口—铜锣峡段	铜锣峡—涪陵段	小计	涪陵—丰都段	丰都—奉节段	奉节—大坝段	小计	
2003-03～2006-10	—	—	-0.017	-0.017	0.020	2.698	2.735	5.453	5.436
2006-10～2008-10	—	0.098	0.008	0.106	-0.003	1.294	1.104	2.395	2.501
2008-10～2018-10	-0.405	-0.282	-0.185	-0.872	0.397	5.893	2.204	8.494	7.622
2003-03～2018-10	-0.405	-0.184	-0.194	-0.783	0.414	9.885	6.043	16.342	15.559

注："—"表示冲刷，下同，冲淤量计算得到的是坝前水位为 145 m、流量为 50 000 m^3/s 的动态洪水水面线。由于江津—大渡口段、大渡口—铜锣峡段在围堰发电期、初期蓄水期未进行固定断面测量，江津—大渡口段在初期蓄水期也未进行固定断面测量，2003 年 10 月～2011 年 10 月的干流库容损失中冲淤量计算采用 2003 年、2011 年的库区地形资料，2011 年以后的库区冲淤量则全部用断面法计算得到。

2. 泥沙淤积时空分布

三峡水库围堰发电期(2003 年 3 月~2006 年 10 月),库区累积淤积泥沙 $5.436×10^8$ m^3,年均淤积量为 $1.81×10^8$ m^3,泥沙主要淤积在丰都—奉节段及奉节—大坝段,淤积强度分别为 $3.45×10^5$ $m^3/(km·a)$、$5.33×10^5$ $m^3/(km·a)$;而丰都—铜锣峡段冲淤基本平衡。该时段奉节—大坝段的淤积量占常年回水区河段总淤积量的 50.3%,丰都—奉节段的淤积量占常年回水区河段总淤积量的 49.5%。

初期运行期（2006 年 10 月~2008 年 10 月）,库区累积淤积泥沙 $2.501×10^8$ m^3,年均淤积量为 $1.25×10^8$ m^3。该时段丰都—奉节段及奉节—大坝段仍为库区泥沙主要淤积段,其中奉节—大坝段的淤积量占常年回水区河段总淤积量的 44.1%,泥沙淤积强度为 $3.23×10^5$ $m^3/(km·a)$。丰都—奉节段的淤积量占常年回水区河段总淤积量的 54.0%,泥沙淤积强度为 $2.49×10^5$ $m^3/(km·a)$。

175 m 试验性蓄水期(2008 年 10 月~2018 年 10 月),库区累积淤积泥沙 $7.622×10^8$ m^3,年均淤积量为 $7.6×10^7$ m^3。该时段奉节—大坝段的淤积量占常年回水区河段总淤积量的 28.9%,泥沙淤积强度为 $1.29×10^5$ $m^3/(km·a)$。丰都—奉节段的淤积量占常年回水区河段总淤积量的 69.4%,泥沙淤积强度为 $2.26×10^5$ $m^3/(km·a)$,河段淤积强度大于奉节—大坝段,见表 2.4.2 和图 2.4.1。

表 2.4.2　三峡水库变动回水区及常年回水区泥沙淤积强度　[单位:10^4 $m^3/(km·a)$]

	河段	江津— 大渡口段	大渡口— 铜锣峡段	铜锣峡— 涪陵段	涪陵— 丰都段	丰都— 奉节段	奉节— 大坝段	涪陵— 大坝段
	间距/km	26.5	35.5	111.4	55.1	260.3	171.1	486.5
时 段	2003~2006 年	—	—	-0.5	1.2	34.5	53.3	37.4
	2006~2008 年	—	13.8	0.4	-0.3	24.9	32.3	24.6
	2008~2018 年	-15.3	-7.9	-1.7	7.2	22.6	12.9	17.5
	2003~2018 年	-9.9	-3.3	-1.1	4.8	24.5	22.8	21.7

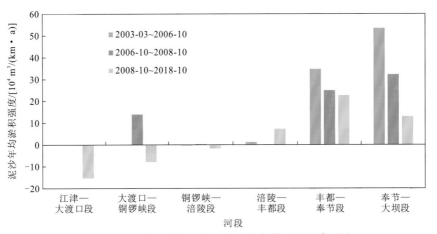

图 2.4.1　三峡水库库区各河段泥沙年均淤积强度对比

随着水库运行的进程，库区内泥沙淤积幅度在逐步减少，主要淤积段的淤积强度呈下降趋势。随着回水范围向上游延伸，奉节—丰都段泥沙淤积占总淤积量的比例在逐渐增加，且淤积强度向大于奉节—大坝段的方向发展，说明库区泥沙主淤积带在逐渐向上移。

2.4.2　支流泥沙淤积量

三峡库区支沟密布，沿程有约 66 条支流汇入三峡水库，主要的支流有 13 条，从上至下分别为嘉陵江、龙溪河、乌江、渠溪河、龙河、小江、汤溪河、磨刀溪、梅溪河、大宁河、沿渡河、清港河、香溪河，其中嘉陵江、龙溪河、乌江处于三峡水库变动回水区内。

根据库区 66 条支流的实测地形（总长度约为 910 km，分别为 2003 年、2011 年实测地形）进行冲淤计算，2003～2011 年三峡库区沿程支流累积淤积泥沙 1.80×10^8 m^3，其中 145 m 高程下的河床淤积泥沙 1.734×10^8 m^3，占支流淤积总量的 96%。从泥沙淤积分布来看，泥沙主要淤积在涪陵以下支流，涪陵—大坝段支流的淤积量为 1.688×10^8 m^3，占三峡库区各支流总淤积量的 94%，且淤积泥沙主要分布在口门附近 10.0 km 范围内，最大淤积厚度可达 20 m 左右。此外，在 145～175 m 库容范围内的支流淤积量为 6.58×10^6 m^3，占三峡库区各支流总淤积量的 3.7%。

根据库区主要支流历年测验的固定断面成果计算得到：2003 年 3 月～2017 年 11 月，库区 13 条主要支流累积淤积泥沙 1.3493×10^8 m^3，占三峡库区同期淤积总量的 9.1%，除嘉陵江段冲刷 2.41×10^6 m^3 外，其余各支流河口段均呈淤积状态，见表 2.4.3。从沿程分布来看，绝大部分泥沙淤积均集中在常年回水区内的支流（涪陵—奉节段内支流淤积泥沙 3.151×10^7 m^3，占支流总淤积量的 23%，奉节以下支流淤积泥沙 1.0297×10^8 m^3，占支流总淤积量的 76%）；涪陵以上变动回水区内支流（乌江、龙溪河、嘉陵江）仅淤积泥沙 4.5×10^5 m^3，占支流总淤积量的 1%。

表 2.4.3　三峡库区主要支流河口段断面法冲淤计算成果表　　　　（单位：10^4 m^3）

支流名称	香溪河	清港河	沿渡河	大宁河	梅溪河	磨刀溪	汤溪河	小江	龙河	渠溪河	乌江	龙溪河	嘉陵江	支流总量
河段长度/km	32.5	18.7	24.7	46.6	28.9	22.0	19.7	51.9	2.0	13.9	89.9	7.1	22.1	
2003-03～2003-10	500	1 277	341	346	89									2 553
2003-10～2004-10	-259	15	-87	125	59									-147
2004-10～2005-10	206	86	54	339	131	-79	-21	22	28	18	31			815
2005-10～2006-10	448	146	161	233	40	183	175	53	7	29	-17			1 458
2006-10～2007-10	158	100	69	400	275	253	133	253	-4	15	30	-30		1 652
2007-10～2009-11	64	203	138	387	524	181	147	293	36	73	49	-9	-100	1 986
2009-11～2010-11	77	61	36	78	58	-59	-17	149	-17	-95	84	58	79	492
2010-11～2017-11	713	80	495	1 265	866	335	266	729	9	56	102	-12	-220	4 684
2003-03～2017-11	1 907	1 968	1 207	3 173	2 042	814	683	1 499	59	96	279	7	-241	13 493

2.4.3　水库库容损失

1. 175 m、145 m 高程以下库区干流淤积量

2003 年 3 月～2018 年 10 月,175 m 高程以下库区干流累积淤积泥沙 1.51728×10^{9} m^{3},145 m 高程以下累积淤积泥沙 1.39888×10^{9} m^{3},占库区干流总淤积量的 92.2%(表 2.4.4),库区干流淤积在高程 145～175 m 静防洪库容内的泥沙为 1.184×10^{8} m^{3}。其中,江津—铜锣峡段防洪库容内冲刷泥沙 6.76×10^{7} m^{3},铜锣峡—大坝段防洪库容内淤积泥沙 1.860×10^{8} m^{3}。从占防洪库容泥沙的沿程淤积分布看,侵占防洪库容的泥沙主要淤积在涪陵—云阳段,占铜锣峡—大坝段总淤积量的 79.8%(长度占 44%)。

表 2.4.4　蓄水以来 145 m、175 m 高程以下库区干流冲淤量　　　　(单位：10^{4} m^{3})

日期（年-月）	不同高程	大坝—铜锣峡段	铜锣峡—大渡口段	大渡口—江津段	合计
2003-03～2011-10	175 m 高程以下	123 381	-186	-499	122 696
	145 m 高程以下	108 150	-59	2	108 093
2011-10～2012-10	175 m 高程以下	10 151	-177	156	10 130
	145 m 高程以下	9 247	12	16	9 275
2012-10～2013-10	175 m 高程以下	12 101	-559	-1 384	10 158
	145 m 高程以下	11 390	-124	0	11 266
2013-10～2014-10	175 m 高程以下	1 766	-428	-662	676
	145 m 高程以下	1 702	6	-2	1 706
2014-10～2015-10	175 m 高程以下	-1 170	-24	-449	-1 643
	145 m 高程以下	-676	60	1	-615
2015-10～2016-11	175 m 高程以下	2 823	-206	-1 738	879
	145 m 高程以下	2 326	16	-8	2 334
2016-11～2017-11	175 m 高程以下	1 914	-132	-191	1 591
	145 m 高程以下	1 147	5	5	1 157
2017-11～2018-10	175 m 高程以下	7 582	-276	-65	7 241
	145 m 高程以下	6 663	8	1	6 672
2003-03～2018-10	175 m 高程以下	158 548	-1 988	-4 832	151 728
	145 m 高程以下	139 949	-76	15	139 888

注：2003 年 3 月～2011 年 10 月大坝—铜锣峡段冲淤量采用《三峡水库库容复核计算》(2014 年)中地形法的计算成果,其余均采用断面法的计算成果。

2. 175 m、145 m 高程以下库区支流淤积量

175 m 高程以下，2003～2011 年三峡库区 66 条支流累积淤积泥沙 1.80×10^8 m³，其中淤积在 145 m 高程以下的泥沙为 1.734×10^8 m³。2010 年 10 月～2017 年 10 月，库区 13 条主要支流 175 m、145 m 高程以下分别淤积泥沙 4.57×10^7 m³、4.04×10^7 m³，防洪库容内淤积泥沙 5.32×10^6 m³。

因此，2003～2017 年 175 m 高程以下库区支流泥沙淤积总量为 2.257×10^8 m³，145 m 高程以下库区支流泥沙淤积总量为 2.138×10^8 m³。

3. 库容损失总量

综上分析，2003～2018 年 175 m 高程以下库区干、支流累积淤积泥沙约 1.7430×10^9 m³（干、支流分别淤积泥沙 1.51728×10^9 m³、2.257×10^8 m³）。其中，在 145 m 高程以下淤积泥沙约 1.6127×10^9 m³（干、支流分别淤积泥沙 1.39888×10^9 m³、2.138×10^8 m³），占 175 m 高程以下库区总淤积量的 92.5%；淤积在水库防洪库容内的泥沙为 1.303×10^8 m³，占 175 m 高程以下库区总淤积量的 7.5%，占水库防洪库容（2.215×10^{10} m³）的 0.59%。

因此，自三峡水库蓄水运行以来，三峡水库因泥沙淤积损失的库容量为 1.303×10^8 m³。

2.5　水库泥沙淤积形态

2.5.1　干流泥沙淤积形态

1. 横断面变化

三峡库区两岸一般由基岩组成，岸线基本稳定，断面变化主要表现为河床的垂向冲淤变化。三峡水库蓄水运用以来，库区淤积量的 94% 集中在宽谷段，且以主槽淤积为主，窄深段淤积较少或略有冲刷。

三峡库区淤积形态主要如下。

（1）主槽平淤，此淤积方式分布于库区各河段内，如近坝段（S31+1、S34）、臭盐碛段、黄花城段等（图 2.5.1）。

（2）沿湿周淤积，此淤积方式也分布于库区各河段内；此种淤积方式一般出现在宽浅型、滩槽差异较小的河段，主槽在前期很快淤平，之后淤积则沿湿周发展，如 S32+1（图 2.5.2）。

（3）以淤积一侧为主的不对称淤积，此淤积形态主要出现在弯曲型河段，以土脑子段为典型（图 2.5.3）。

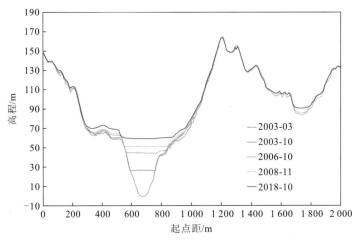

（a）近坝段 S31+1（与坝的距离 2.2 km）断面变化图

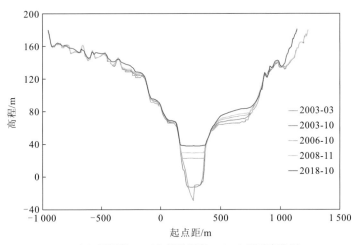

（b）近坝段 S34（与坝的距离 5.6 km）断面变化图

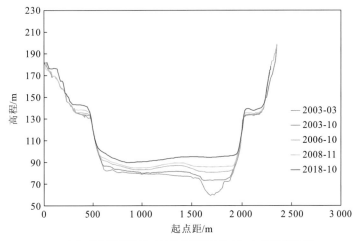

（c）臭盐碛段 S113（与坝的距离 160.1 km）断面变化图

图 2.5.1　三峡库区横断面主槽平淤形态图

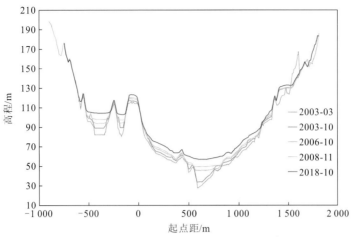

图 2.5.2　三峡库区近坝段 S32+1（与坝的距离 3.4 km）断面变化图（沿湿周淤积）

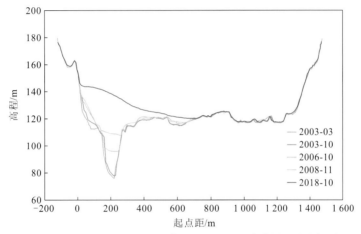

（a）黄花城段 S207（与坝的距离 360.4 km）断面变化图（不对称淤积）

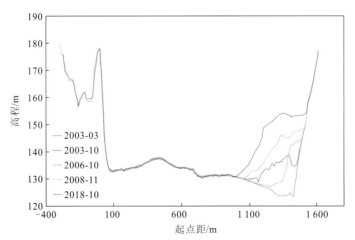

（b）土脑子段 S253（与坝的距离 458.5 km）断面变化图（不对称淤积）

图 2.5.3　三峡库区横断面不对称淤积形态图

（4）断面冲刷形态主要表现为主槽冲刷和沿湿周冲刷，一般出现在河道水面较窄的峡谷段和回水末端位置，如三峡峡谷段瞿塘峡、洛碛段等（图2.5.4）。

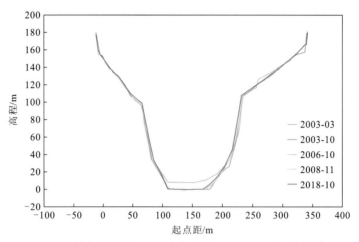

（a）峡谷段瞿塘峡S109（与坝的距离154.5 km）断面变化图

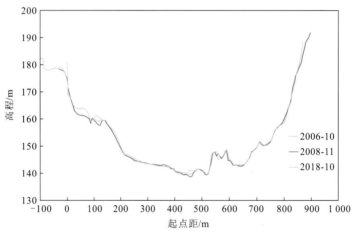

（b）回水末端洛碛段S302（与坝的距离555.0 km）断面变化图

图2.5.4　三峡库区断面冲刷形态图

2. 深泓纵剖面变化

三峡水库蓄水前，三峡库区纵剖面呈锯齿状分布，库区深泓最低点与最高点的高差达到165.7 m（大坝—李渡段，蓄水前2003年3月库区固定断面仅测至李渡）。三峡水库蓄水后，泥沙淤积使库区纵剖面发生了一定变化，最低点与最高点的高差降低3.2 m（图2.5.5和图2.5.6）。不同时期深泓呈现不同的变化特点。

2003年3月~2018年10月，大坝—李渡段深泓点平均淤积抬高7.8 m，年均淤高0.5 m，深泓抬高较大区域多集中在近坝段、香溪河宽谷段、臭盐碛段、黄花城段等宽谷河段，其中近坝段河床淤积抬高最为明显，淤高最大的深泓点为 S34（位于坝上游5.6 km），淤高66.8 m，淤后高程为37.8 m；其次为近坝段 S31+1（距坝2.2 km），深泓

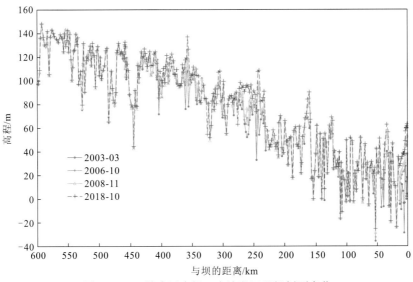

图 2.5.5　三峡库区大坝—李渡段深泓纵剖面变化

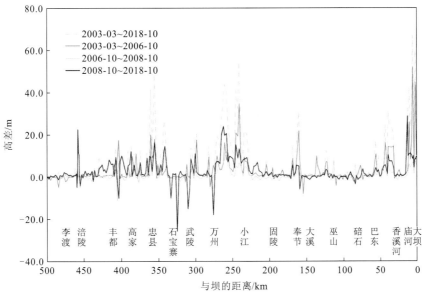

图 2.5.6　三峡库区大坝—李渡段深泓高差的沿程变化

点淤高 59.8 m,淤后高程为 59.2 m;再次为近坝段 S31(距坝 1.9 km),其深泓最大淤高为 57.9 m,淤后高程为 59.6 m。石宝寨区域局部受人工采砂的影响,深泓冲深达到 25.7 m。

水库围堰发电期(2003 年 3 月~2006 年 10 月),库区深泓平均淤高 3.7 m,年均淤高 1.0 m,深泓抬高较明显的区域为近坝段 11 km 长的河段,深泓平均淤高 26.9 km,最大断面为 S34,淤高达到 51.7 m;深泓冲深最大的断面为峡谷段的瞿塘峡 S108,深泓冲深 8.2 m。

水库初期蓄水期(2006 年 10 月~2008 年 10 月),库区深泓平均淤高 1.1 m,年均淤高 0.5 m,深泓抬高最大的断面为忠县宽谷段的 S204(距坝 2.2 km),淤高达到 14.4 m,近坝区域的深泓仍呈普遍淤高的态势,长 11 km 的河段深泓平均淤高 5.7 m。该时期库区沿程断面深泓冲深的也较多，冲刷数占到断面总数的 42%。

175 m 试验性蓄水期（2008 年 10 月～2018 年 10 月），库区深泓平均淤高 3.0 m，年均淤高 0.3 m，深泓抬高最大的断面为近坝段的 S39-2（距坝 12.7 km），淤高达到 28.6 m，近坝区域的深泓仍呈普遍淤高的态势，长 13 km 的河段深泓平均淤高 10.0 m。深泓冲深最大的断面为石宝寨区域的 S188，深泓冲深 25.7 m，应该是由人工采砂造成的。

总体上，自三峡水库蓄水运行以来，深泓多呈淤高态势，但随着水库蓄水运行进程的发展，深泓的年均淤高幅度呈逐步下降的趋势。

2.5.2　支流泥沙淤积形态

各支流口门附近的典型断面多以 U 形或偏 V 形为主。2003 年三峡水库蓄水以来，支流淤积以口门或近口门区域淤积为主，主要变化区域分布在河口以上 1～15 km 内，均以主河槽淤积为主，边滩淤积较少，淤积厚度最大出现在清港河、梅溪河和磨刀溪，最大淤积厚度均为 16.0 m，见表 2.5.1 和图 2.5.7。现状河床高程高于 145.0 m 的支流有嘉陵江、箭滩河、梨香溪、木洞河、綦江、桃花溪、杨柳溪、渔溪河、御临河。

表 2.5.1　2003 年以来主要支流入汇口典型断面淤积情况统计表

河名	与坝的距离/km	河口宽/m	河槽底高程（2017-11）/m	最大淤积厚度/m	河名	与坝的距离/km	河口宽/m	河槽底高程（2017-11）/m	最大淤积厚度/m
香溪河	30.8	780	75.9	14.4	汤溪河	225.2	300	107	17
清港河	44.4	380	86.6	16.0	小江	252	600	106.8	13.7
沿渡河	76.5	180	79.7	12.1	龙河	432	340	135.1	3.9
大宁河	123	1 600	87.5	14.8	渠溪河	460	180	139.6	5.7
梅溪河	161	350	104.3	16.0	乌江	487	500	131.6	1.5
磨刀溪	221	265	106.0	16.0	嘉陵江	612	547	147.4	-2.5

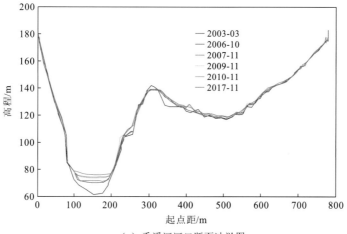

（a）香溪河河口断面冲淤图

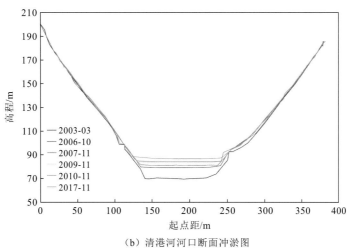

（b）清港河河口断面冲淤图

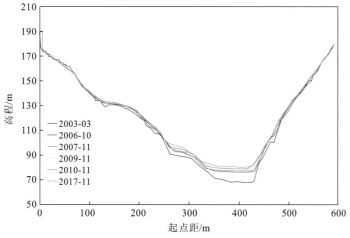

（c）沿渡河河口断面冲淤图

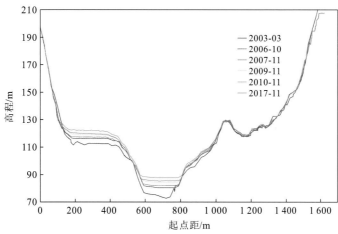

（d）大宁河河口断面冲淤图

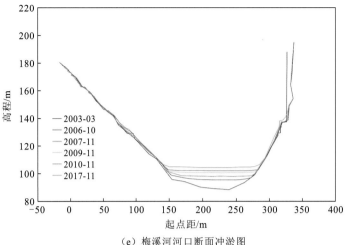

（e）梅溪河河口断面冲淤图

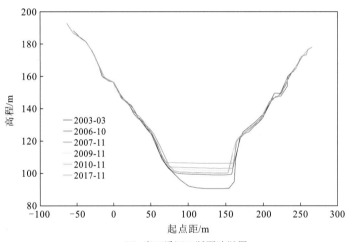

（f）磨刀溪河口断面冲淤图

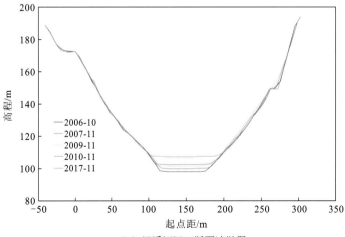

（g）汤溪河河口断面冲淤图

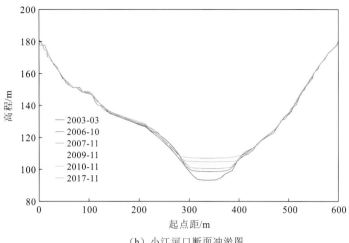

（h）小江河口断面冲淤图

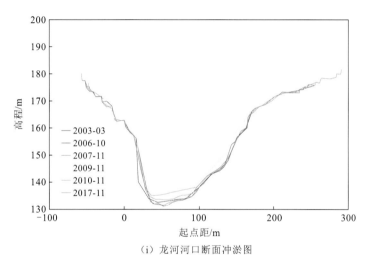

（i）龙河河口断面冲淤图

（j）渠溪河河口断面冲淤图

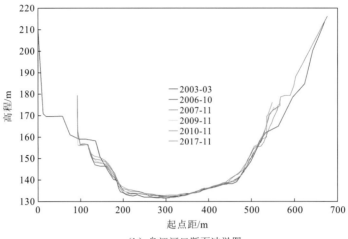

（k）乌江河口断面冲淤图

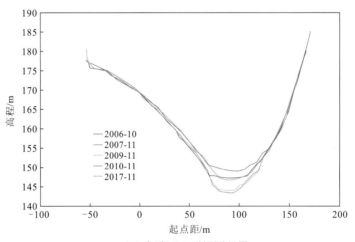

（l）龙溪河河口断面冲淤图

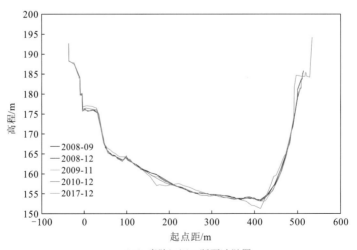

（m）嘉陵江河口断面冲淤图

图 2.5.7　三峡库区支流河口断面冲淤图

2.6　水库泥沙粒径与物理特性

2.6.1　絮凝现象

自三峡水库蓄水运行以来，在入库沙量大幅减少的同时，入库粗颗粒泥沙含量有所降低，粒径也明显偏细。寸滩站悬移质粒径为 0.010 mm，小于 1987～2002 年的 0.011 mm，粗颗粒泥沙含量也由 1987～2002 年的 10.3%减少到 5.9%，嘉陵江和乌江来沙级配变化不大。库区粗颗粒泥沙沿程分选落淤，悬移质泥沙粒径沿程变细，万县站粒径为 0.007 mm，粗颗粒泥沙含量也减小至 0.8%。出库泥沙也明显偏细，宜昌站悬移质泥沙粒径变细为 0.006 mm，见表 2.6.1 和图 2.6.1。

表 2.6.1　三峡入出库各主要控制站不同粒径级沙重百分数对比表

范围	时段	沙重百分数/%							
		朱沱站	北碚站	寸滩站	武隆站	清溪场站	万县站	黄陵庙站	宜昌站
$d \leqslant 0.031$ mm	多年平均	69.8	79.8	70.7	80.4	—	70.3	—	73.9
	2003～2018 年	73.4	82.1	77.9	82.5	81.3	88.9	88.5	86.6
0.031 mm$<d\leqslant$	多年平均	19.2	14.0	19.0	13.7	—	20.3	—	17.1
0.125 mm	2003～2018 年	18.3	13.8	16.4	14.1	15.0	10.2	8.7	8.2
$d > 0.125$ mm	多年平均	11.0	6.2	10.3	5.9	—	9.4	—	9.0
	2003～2018 年	8.3	4.1	5.7	3.4	3.7	0.8	2.8	5.2
中值粒径/mm	多年平均	0.011	0.008	0.011	0.007	—	0.011	—	0.009
	2003～2018 年	0.011	0.010	0.010	0.008	0.009	0.007	0.006	0.006

注：d 为粒径；朱沱站、北碚站、寸滩站、武隆站、万县站多年均值资料的统计年份为 1987～2002 年，宜昌站资料的统计年份为 1986～2002 年；清溪场站无 2003 年前悬移质泥沙级配资料，黄陵庙站无 2002 年前悬移质泥沙级配资料；2010～2018 年长江干流各主要测站的悬移质泥沙颗粒分析均采用激光粒度仪。

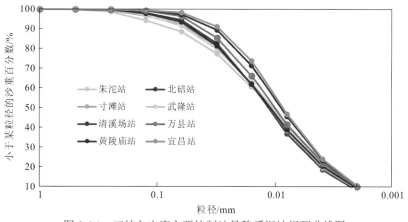

图 2.6.1　三峡入出库主要控制站悬移质泥沙级配曲线图

　　三峡水库自 2003 年蓄水运用以来,在入库泥沙大幅减少的条件下,坝前段泥沙淤积幅度较大。针对水库细颗粒泥沙淤积比大、彼此差别小、难以用不平衡输沙理论解释等问题,采用数学模型计算的出库含沙量过程与实际测验结果存在较大差异,而当引入泥沙絮凝概念再进行模拟计算时,与原型观测结果非常符合,因此初步判断坝前存在泥沙絮凝沉降现象(李云中和江玉姣,2019)。

　　为了验证库区泥沙存在絮凝沉降现象,采取了现场测试、取样和室内试验相结合的方式:①在坝前可能存在絮凝的河段现场采用 Lisst -100 测沙法(Lisst),获得泥沙粒径和沉速的量化指标,并对两者建立关系;②在实验室泥沙无絮凝沉降的条件下,采用激光粒度仪进行分析(激光法),得出泥沙粒径与沉速。

　　试验成果表明:实验室测验的泥沙由于无絮凝作用,泥沙粒径明显偏细;而现场测验的泥沙由于絮凝作用,泥沙成团,粒径明显变粗,其中细颗粒泥沙在碰撞、接触中形成絮团,粒径变粗,其粒径、平均粒径分别是无絮凝泥沙的 1.6～8.0 倍和 2.1～6.2 倍(图 2.6.2)。

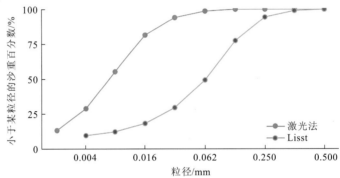

图 2.6.2　坝前段代表点泥沙颗粒级配曲线图

　　现场原型观测和室内试验对比分析及相互验证证明,三峡水库坝前存在细颗粒泥沙絮凝现象。由于絮凝作用,细颗粒泥沙形成团,粒径变粗,沉速加快。粒径越小,絮凝强度越大,絮凝强度与泥沙粒径之间存在对应关系;水流流速越小,絮凝作用越强。泥沙絮凝作用是细颗粒泥沙在库区淤积的主要原因。

2.6.2　浮泥现象

　　细颗粒泥沙与海水相互作用,在颗粒表面形成一层吸附水膜。相邻颗粒在一定条件下结合成集合体,发生絮凝作用,形成絮凝体。由于絮凝作用,细颗粒在沉积到底部时会联结成絮团,絮团之间会联结成集合体,集合体还会搭连成网架结构,形成淤积物,通常把这种淤积物称为浮泥(尹则高和曹先伟,2010)。

　　三峡水库自 2003 年 6 月蓄水后,随着水库面积和水深的增大,水流速度大大减缓,导致了泥沙的大幅度沉降,并逐渐在河底形成了一种泥沙结构(集合体、泥浆体、泥浆层、浮泥),并且与水体有明显的分界面,该泥浆面为浮泥现象。泥沙在沉降过程中,构成了泥沙容重不等的淤泥层面(王宝成 等,2006)。

如何正确判断回声测深仪水深测量回波高程，直接影响着水库河床演变淤积变化大小分析的可靠性。对此，选取了 DF-3200 双频回声测深仪在坝前大沙峰过后的短时期内对浮泥层进行动态探测试验。回声测深仪探测浮泥工作原理如图 2.6.3 所示。

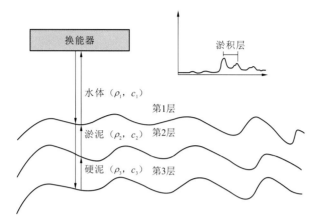

图 2.6.3　回声测深仪探测浮泥工作原理（ρ 为介质密度，c 为介质声速）

回声测深仪通过其换能器向正下方发射一束圆锥形声波，声波到达水底时一部分能量被水底反射回来，得到一个很强的回波（海底回波对应声图的水底线），一部分能量透入水底，在淤积层内继续向地层深处传播，地层内由于固体物质的散射和吸收，部分能量损耗，其中部分能量反向散射回换能器，这部分包含了地层成分的信息。

试验表明：回波探测的水下地层由不同灰度的两个界面层组成，下面一层为低频记录，是原始的地层记录，上面一层为高频回波记录，它同时包含低频回波成分，界面清晰，为水库蓄水淤泥的沉积层，反映出某一段时间内河底淤泥的厚度。

回声测深仪的工作频率为 100～200 kHz（即高频）时，信号在水下传播，辐射至河底介质密度为 0.18 t/m^3 左右的界面时即形成回波，容易获取假的河底床面高程，若是航道部门使用该假的河底床面高程，则容易将其误判为碍航床面，但其实该地层为淤泥层面或者是高含沙流体面，为非真实河床底层；当回声测深仪的工作频率为 24 kHz 左右（即低频），信号在水下传播时，可以穿透 5～6 m 的淤泥层面，其反射回波信号的河底淤泥密度为 0.5～1.08 t/m^3，表明低频测量水深结果更贴近于反映水库河床淤积变化的河底高程。

2.6.3　淤积物干容重与粒径

三峡水库蓄水运行后，库区泥沙淤积较为明显，因此于 2005～2010 年、2014 年和 2017 年分别对库区的淤积物进行了干容重取样分析。多年以来，库区（大坝—李渡段）淤积物平均干容重的变化范围为 0.830～1.160 t/m^3，中值粒径的变化范围为 0.015～13.600 mm。不同小河段的淤积物平均干容重与中值粒径各有不同。

1. 沿空间的分布特性

淤积物干容重与粒径分布有如下特点。

（1）无论三峡水库的淤积形态、来水来沙、运用方式如何，库区淤积物的平均干容重均呈现沿程（从坝前到库尾）增大的变化趋势（图2.6.4）。

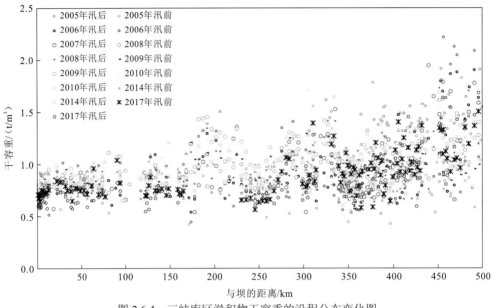

图2.6.4　三峡库区淤积物干容重的沿程分布变化图

（2）淤积物粒径的沿程分布特征基本与干容重的沿程分布规律相对应，距坝越近，粒径越细，距坝越远，粒径越粗；干容重和中值粒径的沿程变化趋势相近，但又不完全一致（图2.6.5）。

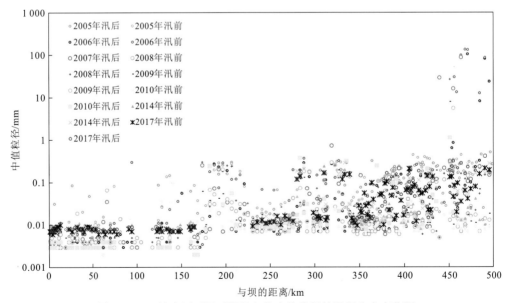

图2.6.5　三峡库区不同时期淤积物中值粒径的沿程分布变化图

（3）距坝越近，粒径变化范围越小，干容重的变化范围越小，级配组成范围越窄；距坝越远，粒径变化范围越大，干容重的变化范围越大，级配组成范围越宽。

2. 沿时空的分布特性

三峡库区汛前、汛后各河段的平均干容重、平均粒径在时空分布上没有差异，不同河段的干容重、粒径均没有明显的变化趋势（图 2.6.6、图 2.6.7）。

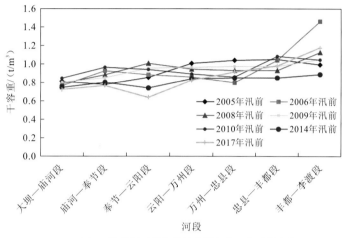

（a）三峡库区不同年份汛前淤积物干容重的变化

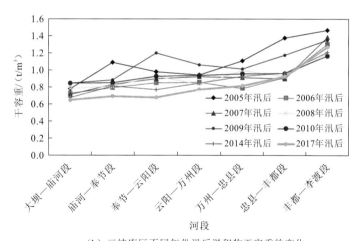

（b）三峡库区不同年份汛后淤积物干容重的变化

图 2.6.6　三峡库区不同年份汛前、汛后淤积物干容重的变化

三峡库区淤积物干容重和粒径的主要变化特征如下。

（1）从干容重年际变化图上看，库区各段的干容重年际有增有减，没有明显的单向变化趋势。

（2）越靠近坝前，年内、年际变化幅度越小，在水库末端和变动回水区，受水库运行方式的影响，测次间淤积物组成和淤积分布的变化明显，所以干容重变化较大。

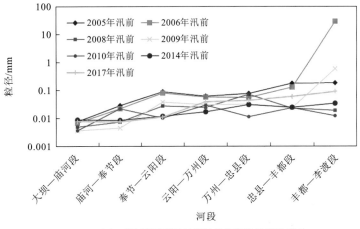

（a）三峡库区不同年份汛前淤积物粒径的变化

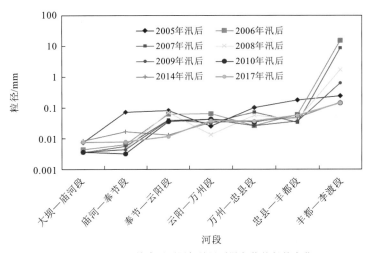

（b）三峡库区不同年份汛后淤积物粒径的变化

图 2.6.7　三峡库区不同年份汛前、汛后淤积物粒径的变化

（3）淤积物的粒径年内、年际的变化过程大致与干容重的变化过程相对应，但较干容重的变化更为复杂，在靠近大坝的河段（大坝—奉节段），随水库蓄水位的抬升，淤积物粒径细化；常年回水区（奉节—丰都段）年内、年际有增有减，粒径未表现出明显的单一的趋势性变化；在丰都以上河段淤积物粒径年内、年际变化大，也没有明显的单一的趋势性变化。

（4）坝前段（大坝—庙河段和庙河—奉节段）年际干容重和中值粒径变化较小，这主要是因为坝前段位于三峡水库的最前端，自 2003 年三峡水库蓄水以来，该河段处于三峡水库常年回水区，坝前淤积物本身粒径较小，粒径能够较好地排列，颗粒间距小，干容重年际变化小。各年近坝段（大坝—庙河段）的干容重均小于庙河—奉节段的干容重，其近坝段干容重的变化幅度也比庙河—奉节段的偏小（图 2.6.6、图 2.6.7）。

3. 干容重与粒径的关系

淤积物泥沙颗粒间存在孔隙和薄膜水，其干容重与孔隙率 e 的关系为 $\gamma_0'=\gamma_s(1-e)$（γ_0' 为淤积物干容重，γ_s 为泥沙干容重）；孔隙率 e 与淤积物的淤积时间和淤积物的种类、粒径有关，孔隙率与粒径的关系曲线一般为具有上限和下限的两条包线，其关系式可以表达为

$$e_{\text{上限}}=\frac{0.165}{d^{1/5}}+0.25 \qquad (2.6.1)$$

$$e_{\text{下限}}=\frac{0.078}{d^{1/8}}+0.25 \qquad (2.6.2)$$

式中：d 为粒径。从式（2.6.1）、式（2.6.2）中可以看出，随着粒径的减小，孔隙率增大，相应的干容重减小；同时，不同粒径的泥沙的重力属性也是影响干容重的重要因素，因此淤积物粒径直接影响干容重的大小。因为天然情况下河道淤积物为非均匀沙，所以将淤积物中值粒径作为代表粒径来研究实测干容重与粒径的关系。

理论研究和已有的试验资料表明，细颗粒的泥沙淤积物干容重小，粗颗粒的泥沙淤积物干容重较大。粒径大于 2 mm 以后，干容重的变化幅度很小，就其平均情况而言可以认为是一个常值；小于 2 mm 的泥沙淤积物的干容重变化复杂，与粒径级配组成密切相关（图 2.6.8、图 2.6.9）。

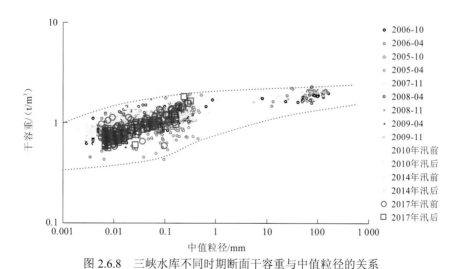

图 2.6.8　三峡水库不同时期断面干容重与中值粒径的关系

4. 库区冲淤量的匹配验证

利用 2005～2010 年、2014 年、2017 年三峡库区淤积物干容重的观测成果对三峡水库历年的输沙法和地形法的淤积计算成果进行换算（2003～2004 年的淤积物干容重采用2005 年汛前观测成果）与分析。

三峡水库泥沙输沙法冲淤计算依据的水文站是寸滩站、武隆站、清溪场站、万县站和黄陵庙站。

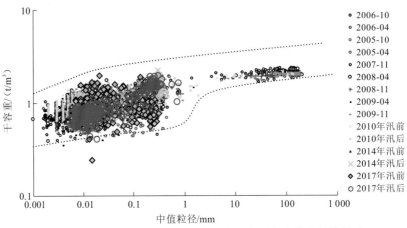

图 2.6.9　三峡水库不同时期垂线/测点干容重与中值粒径的关系

2003～2017 年采用干容重实测值对库区各河段进行输沙法和地形法换算，其中，清溪场—万州段差-14%，万州—大坝段差 3%，常年回水区清溪场—大坝段差-6%，寸滩—大坝段差-15%，从长时段来看，地形法与输沙法的计算结果基本一致，见表 2.6.2、表 2.6.3。

表 2.6.2　三峡库区寸滩—大坝段输沙法与地形法计算结果对比

年份	输沙法输沙量 / (10⁴ t)	地形法		绝对偏差（地形法-输沙法） / (10⁴ t)	相对偏差/%
		淤积量 / (10⁴ m³)	输沙量 / (10⁴ t)		
2003	13 200	19 200	18 500	5 300	40
2004	12 000	12 900	12 900	900	8
2005	17 100	9 410	9 040	-8 060	-47
2006	10 400	12 400	11 600	1 200	12
2007	17 000	10 500	10 300	-6 700	-39
2008	18 500	14 800	14 000	-4 500	-24
2009	13 800	23 200	23 500	9 700	70
2010	18 400	16 455	15 700	-2 700	-15
2011～2013	34 165	30 040	26 834	-7 331	-21
2014	4 774	1 080	196	-4 578	-96
2015～2016	6 677	1 292	212	-6 465	-97
2017	3 287	2 162	1 358	-1 929	-59
2003～2017	169 303	153 439	144 140	-25 163	-15

表 2.6.3　三峡库区各河段输沙法与地形法计算结果对比

年份	寸滩—清溪场段				清溪场—万州段				万州—大坝段			
	输沙法输沙量 /(10⁴ t)	地形法		相对偏差 /%	输沙法输沙量 /(10⁴ t)	地形法		相对偏差 /%	输沙法输沙量 /(10⁴ t)	地形法		相对偏差 /%
		淤积量 /(10⁴ m³)	输沙量 /(10⁴ t)			淤积量 /(10⁴ m³)	输沙量 /(10⁴ t)			淤积量 /(10⁴ m³)	输沙量 /(10⁴ t)	
2003	—	—	—	—	4 700	4 640	5 450	16	7 540	14 600	13 000	72
2004	—	—	—	—	3 700	4 960	5 820	57	6 530	7 910	7 040	8
2005	—	—	—	—	4 900	2 330	2 740	−44	10 200	7 080	6 300	−38
2006	—	—	—	—	4 790	5 400	5 680	19	3 939	7 020	5 880	49
2007	340	458	824	142	9 600	4 520	4 830	−50	7 010	5 510	4 660	−34
2008	2 786	577	878	−68	8 400	4 510	4 600	−45	7 280	9 700	8 490	17
2009	−756	−364	−468	−38	7 700	11 600	12 700	65	6 900	12 000	11 300	64
2010	2 260	2 390	2 647	17	7 900	6 999	6 800	−14	8 220	7 066	6 300	−23
2011~2013	2 728	−1 649	−1 481	−154	16 916	17 813	16 634	−2	14 521	13 876	11 681	−20
2014	214	−1 381	−1 759	−922	3 270	676	606	−81	1 290	1 785	1 349	5
2015~2016	336	−1 573	−2 036	−706	4 550	1 517	1 166	−74	1 791	1 348	1 082	−40
2017	570	−102	−140	−125	1 960	859	469	−76	757	1 405	1 029	36
2003~2017	8 478	−1 644	−1 535	−118	78 386	65 824	67 495	−14	75 978	89 300	78 111	3

注：2003~2004 年干容重采用 2005 年成果，2011~2013 年干容重采用 2010 年、2014 年干容重的平均值，2015~2016 年干容重采用 2014 年、2017 年干容重的平均值。

从各年计算结果来看，不同年份地形法相对于输沙法的计算结果偏差仍较大。例如，寸滩—清溪场段两种方法的计算结果相差几倍，分析认为河段采砂量增大是主要原因之一，因为自 2011 年起铜锣峡—涪陵段采砂量较以往增大明显，根据调查可知 2013 年长江干流涪陵—南岸段共计采砂约 8.69×10^6 t，由于采砂量的大大增加，河段内输沙法和地形法计算的结果在定量上往往相差较大，甚至在定性上出现了反向。

2017 年，输沙法计算得到寸滩—大坝段淤积泥沙 3.287×10^7 t，地形法计算得到的河段淤积量为 2.162×10^7 m³，换算成重量后泥沙量为 1.358×10^7 t，同时由云阳—铜锣峡段采砂引起的地形变化量约为 1.963×10^7 m³，换算成重量约为 2.124×10^7 t，所以考虑采砂影响，地形法计算得到的寸滩—大坝段淤积的泥沙约为 3.482×10^7 t，此值与输沙法的计算结果相差仅 5.9%，相差不大。

历年库区各断面和各测点（垂线）干容重与中值粒径的相关关系显示，三峡水库干容重与中值粒径的关系有如下特征。

（1）在三峡水库不同的运行期，其淤积形态、来水来沙、运用方式等都有所不同，但库区淤积物干容重均呈随粒径增大（减小）而增大（减小）的相关趋势，与理论推算的结果一致。

（2）三峡水库淤积物干容重与中值粒径不是单一的线性相关关系，一般为具有上限和下限的两条包线，粒径越小，包线的范围越宽，干容重的变化范围越大；淤积物粒径越粗，包线的范围越窄，干容重的变化范围越小。

2.7　坝前段淤积及机理

2.7.1　坝前淤积及形态

1. 泥沙淤积及分布

自三峡水库蓄水运行以来，库区泥沙淤积强度最大的区域为三峡大坝坝前段（大坝—庙河段，全长 15.1 km）。

2003 年 3 月～2018 年 11 月坝前段全河槽高水条件下河床总淤积量达到 $1.532\,3 \times 10^8\ m^3$，年均淤积量为 $1.022 \times 10^7\ m^3$，淤积强度为 $6.77 \times 10^5\ m^3/$（km·a）；河段以主河槽的淤积为主，其中 90 m 高程以下河槽总淤积量为 $1.144\,1 \times 10^{16}\ m^3$，占总淤积量的 74.7%（表 2.7.1、图 2.7.1）。

表 2.7.1　2003～2018 年三峡水库坝前近坝河段淤积量统计表　　　（单位：$10^4\ m^3$）

河段		S30+1～S33		S33～S38		S38～S40-1		S30+1～S40-1	
间距/km		2.996		7.966		3.339		14.301	
高程/m		90	135 (156,175)	90	135 (156,175)	90	135 (156,175)	90	135 (156,175)
135～139 m 水库围堰发电期	2003-03～2006-10	2 227	2 772	2 768	3 439	179	299	5 174	6 510
145～156 m 水库初期蓄水运行期	2006-10～2008-11	727	1 091	997	1 377	98	145	1 822	2 613
175 m 试验性蓄水运行期	2008-11～2017-11	1 222	1 846	1 551	2 453	294	363	3 067	4 662
	2016-12～2017-10	95	194	177	330	21	94	293	618
	2017-10～2018-11	421	589	528	533	429	415	1 378	1 538
	2008-11～2018-11	1 643	2 435	2 079	2 987	723	778	4 445	6 200
自蓄水以来	2003-03～2018-11	4 597	6 298	5 844	7 803	1 000	1 222	11 441	15 323

注：坝前近坝河段的淤积量统计从 S30+1 开始，不包含大坝—S30+1 段（长 816 m）。135～139 m 水库围堰发电期淤积量计算的高水水位为 135 m，表中 135 统计值为 135 m 高程以下的淤积量；进入 145～156 m 水库初期蓄水运行期后，2006年 10 月～2008 年 11 月高水水位为 156 m，表中 156 m 统计值为 156 m 高程以下的淤积量；进入 175 m 试验性蓄水运行期后，高水水位为 175 m，表中 175 m 统计值为 175 m 高程以下的淤积量。

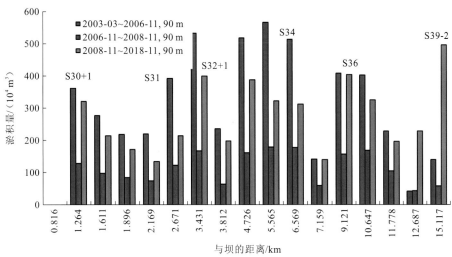

图 2.7.1　不同时段坝前段淤积量（蓄满）的沿程分布

时空分布如下。

135～139 m 水库围堰发电期：该时段为坝前段泥沙淤积的主要时段，淤积量达到 $6.510×10^7$ m³，年均淤积 $2.170×10^7$ m³，淤积强度为 $1.437×10^6$ m³/（km·a），其中 90 m 高程以下主河槽的淤积量达到 $5.174×10^7$ m³，占该时段总淤积量的 79%。

145～156 m 水库初期蓄水运行期：该时段河段淤积量为 $2.613×10^7$ m³，年均淤积量为 $1.307×10^7$ m³，淤积强度为 $8.65×10^5$ m³/（km·a），年均淤积量及强度呈下降趋势，其中 90 m 高程以下主河槽的淤积量达到 $1.822×10^7$ m³，占该时段总淤积量的 70%。

175 m 试验性蓄水运行期：2008 年汛后，受上游梯级水库陆续运行、来沙减少及水库泥沙淤积分布发生变化的影响，坝前近坝河段泥沙淤积量明显减少，该时段年均淤积量为 $6.20×10^6$ m³，淤积强度减至 $4.11×10^5$ m³/（km·a），其中 90 m 高程以下主河槽的淤积量达到 $4.445×10^6$ m³，占该时段总淤积量的 72%。

随着水库蓄水进程的发展，坝前段泥沙淤积幅度及强度均呈逐步减小的趋势，尤其是河段的泥沙淤积强度从 135～139 m 水库围堰发电期的 $1.437×10^6$ m³/（km·a）锐减至 175 m 试验性蓄水运行期的 $4.11×10^5$ m³/（km·a）；但河段一直以 90 m 以下主河槽的累积淤积为主，表明坝前段因泥沙淤积损失的库容 70%以上为 145 m 死库容以下的区域。

2. 泥沙淤积形态

1）纵向形态变化

2003 年 3 月～2018 年 11 月坝前段深泓累积性淤高，深泓平均淤厚 37.3 m，其中淤积厚度最大的为 S34（距离大坝 5.565 km），深泓淤高达到 66.8 m（图 2.7.2、图 2.7.3）。水库不同运行期深泓的变化特点各不相同。

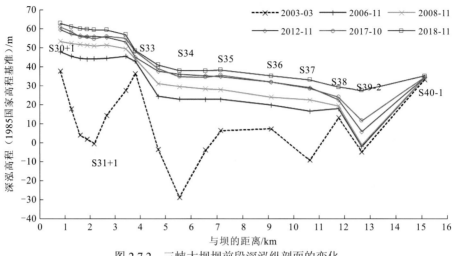

图 2.7.2　三峡大坝坝前段深泓纵剖面的变化

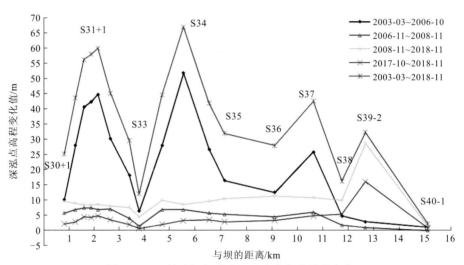

图 2.7.3　三峡大坝坝前段深泓点高程的沿程变化

在 135～139 m 水库围堰发电期，河段深泓呈明显的累积性淤积，河段深泓平均淤高22.9 m，年均淤高7.6 m；145～156 m 水库初期蓄水运行期，河段的深泓平均淤高4.8 m，年均淤积幅度则为 2.4 m；175 m 试验性蓄水运行期，2008～2017 年河段的深泓平均淤高 9.6 m，年均淤积幅度则为 1.0 m。

2）横向形态变化

坝前段横断面总体以主槽的淤积为主要特征（图 2.7.4），坝前越低的区域，淤积幅度越大。

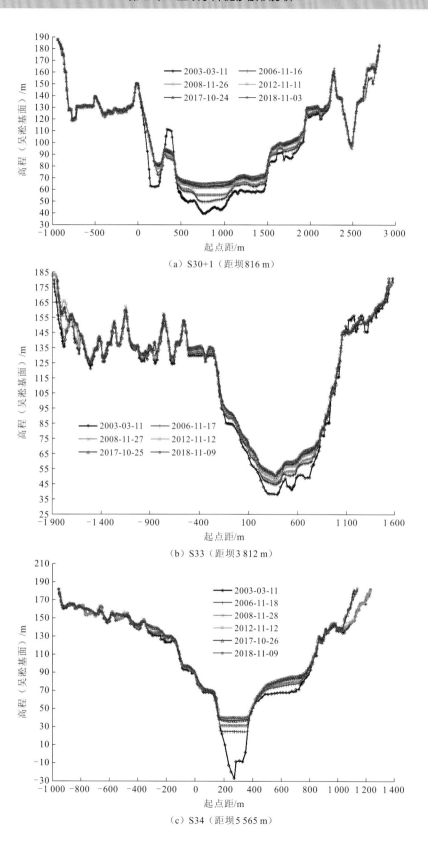

（a）S30+1（距坝816 m）

（b）S33（距坝3 812 m）

（c）S34（距坝5 565 m）

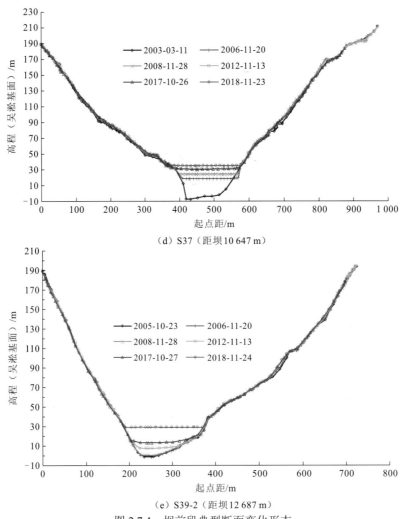

（d）S37（距坝 10 647 m）

（e）S39-2（距坝 12 687 m）

图 2.7.4　坝前段典型断面变化形态

2.7.2　水流泥沙特性

1. 观测布置

（1）2004 年 8～9 月，共开展了 4 次观测（8 月和 9 月各 2 次）。其中，8 月主要在坝前 3 km 范围内布置了 4 个断面（YZ101、YZ102、YZ103、YZ104）。通过初步分析，对 9 月观测断面及垂线布置进行了适当的调整，将观测范围扩大到庙河专用水文断面，全长约 13 km，布设了 5 个观测断面（YZ101、YZ103、YZ104、YZ105、YZ110）。

（2）2005 年为进一步了解和研究坝前泥沙分布，将观测范围进一步扩大至秭归归州，全长约 39.3 km，共布设了 6 个观测断面（YZ103、YZ110、S41、S45、S49、S52），观测了 3 次，时间分别为 7 月 8 日、7 月 12 日、8 月 7 日。2005 年观测断面的详细位置布置见表 2.7.2 及图 2.7.5。

表 2.7.2　异重流观测断面位置

观测断面	YZ101	YZ102	YZ103	YZ104	YZ110	S41	S45	S49	S52
与坝的距离/km	0.13	0.59	1.98	2.80	12.69	18.06	25.97	31.63	39.29

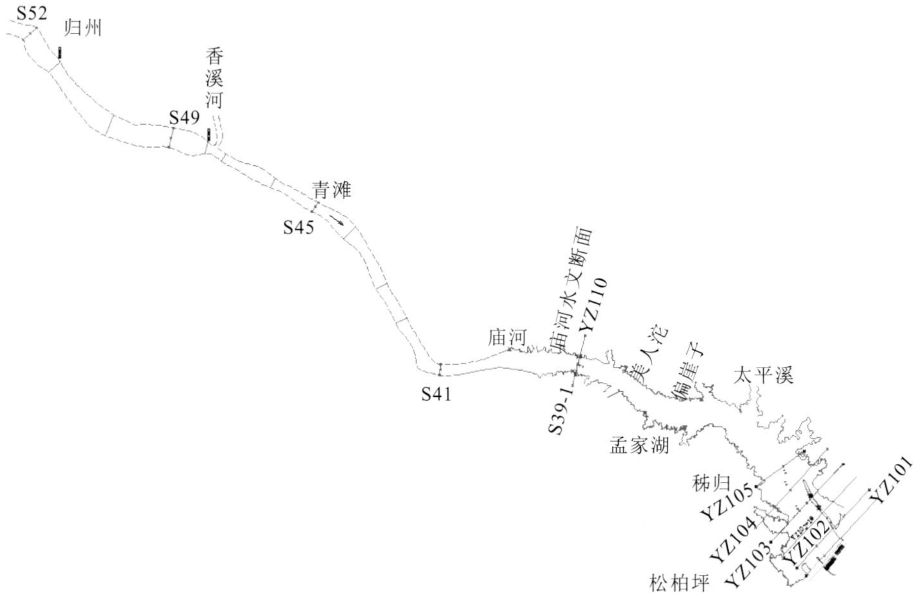

图 2.7.5　三峡水库坝前挟沙浑水运行状态观测断面布置图

2. 2004 年测验

含沙量分布：2004 年 8 月 14 日，坝前中泓水流含沙分层较明显，含沙量基本上随着水深的增大而增大。

测验时坝前浑水与清水已经相混，形成了浑水水库，水面含沙量达到一定的值，但远小于水下层，靠近河底的层面含沙量最大，是水面层含沙量的 2.4～5.3 倍。其中，水面最小含沙量为 0.019 kg/m³，河底最大含沙量为 0.478 kg/m³。

9 月 12 日，坝前主流线的含沙量分层更加明显，水面含沙量远小于河底或中部的含沙量，垂线含沙量最大值与最小值之比的范围为 1.2～16.0。测点最大含沙量为 2.58 kg/m³，该测点接近河底；测点最小含沙量为 0.136 kg/m³，该测点靠近水面。其中，坝前 YZ101～YZ105 断面的含沙量随着水深的增大而增大。YZ110 断面则是水面与河底的含沙量小，中部含沙量大，各层含沙量较为接近，分层不明显。9 月 15 日，处于洪水削落期，水流含沙量大大降低，实测测点最大含沙量为 0.838 kg/m³，测点最小含沙量为 0.065 kg/m³，其含沙量分布形态与 9 月 12 日相似。

流速分布：8 月中旬施测的坝前水流流速分布为，水面与河底流速较小，在水深为 30～50 m（高程为 85～100 m，吴淞基面）范围内，垂线流速达到最大值，且水流越靠近大坝，流速越大，这种现象是泄洪闸深孔泄水引起的，泄洪闸深孔高程为 90～

104.53 m（长江水利委员会，1997），即位于水下 30～45 m，与垂线上最大流速出现的位置是一致的。

图 2.7.6 为 8 月 14 日所测断面含沙量、流速的沿程变化图。坝前水流已经形成浑水水库，为异重流潜入并扩散后的形态分布。

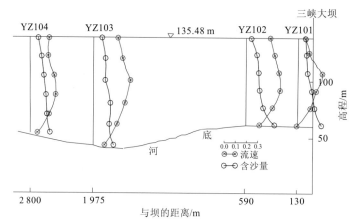

图 2.7.6　2004 年 8 月 14 日坝前流速及含沙量的沿程变化图

9 月施测的两次坝前流速分布资料表明，水流流速在靠近大坝的 YZ101、YZ102 断面受大坝泄洪的影响，在水深 20～45 m 处达到最大，见图 2.7.7。

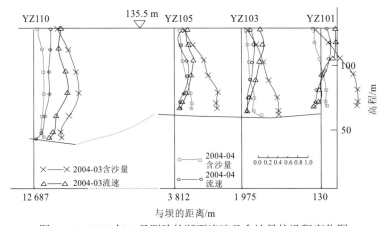

图 2.7.7　2004 年 9 月测验的断面流速及含沙量的沿程变化图

9 月 12 日，庙河断面含沙量与流速的分布呈现水面和河底小、中层大的特点，具有典型的水库异重流分布特征，而以下库段含沙量逐步演变为沿水深增加，且越靠近坝前，变化幅度越大。

3. 2005 年测验

含沙量分布：2005 年 7 月 8～12 日正处于本年第一次洪峰、沙峰形成期，流量从 27 800 m³/s 增加到 48 000 m³/s，实测资料显示，坝前段含沙量分层较明显，尤其是深泓垂线的含沙量分层最为明显，含沙量基本上是随着水深的增大而增大，但有少量垂线含沙量为中部大，水面与水底小。

　　在进行水流泥沙测验时坝前浑水与清水已经相混，形成了浑水水库，水面水流有一定的含沙量，但远小于水下层，最大含沙量基本出现在靠近河底的层面或高程为 $85\sim100\,\mathrm{m}$ 的区域，是水面层含沙量的 $1.1\sim8.0$ 倍。其中，水面最小含沙量为 $0.044\,\mathrm{kg/m^3}$，河底最大含沙量为 $1.01\,\mathrm{kg/m^3}$（图 2.7.8）。

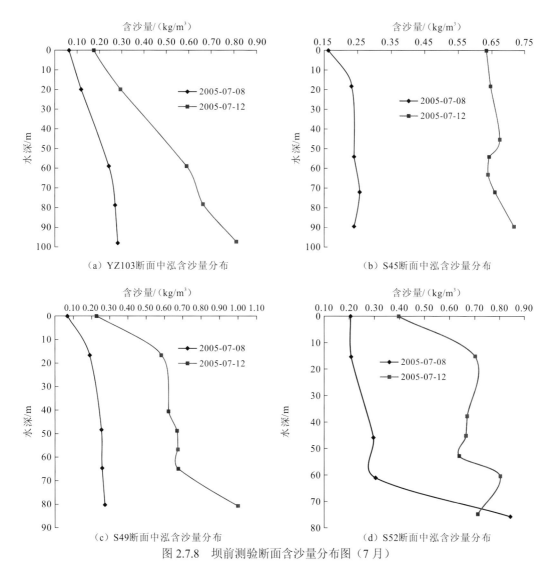

图 2.7.8　坝前测验断面含沙量分布图（7 月）

　　2005 年 8 月 7 日，处于第二次洪峰削落期，水流中含沙量虽然不大，但分层仍然比较明显，最大含沙量分布于近河底层，最小含沙点含沙量为 $0.053\,\mathrm{kg/m^3}$，最大含沙点含沙量为 $0.514\,\mathrm{kg/m^3}$，其中垂线最大含沙量与最小含沙量之比为 $1.1\sim8.9$（图 2.7.9）。

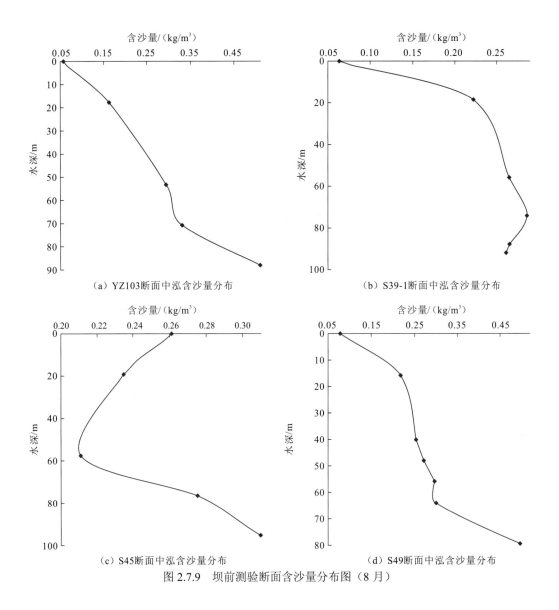

图 2.7.9 坝前测验断面含沙量分布图（8 月）

流速分布：三峡水库坝前水流垂线的流速分布形态不一，有的垂线水面流速最大，有的垂线中部流速最大，水面与水底层流速小，但最大流速基本未出现在近河底层（图 2.7.10）。

受大坝汛期泄水影响，距离大坝较近的 YZ103 断面垂线的最大流速一般出现在水深为 20~45 m 的位置，与大坝深孔位置的高度基本一致。而离大坝稍远的断面垂线的最大流速出现在水深为 50~80 m 的位置，而离大坝最远的 S52 断面在大流量时最大流速出现在水面，最大流速点与含沙量最大点的位置不一致。

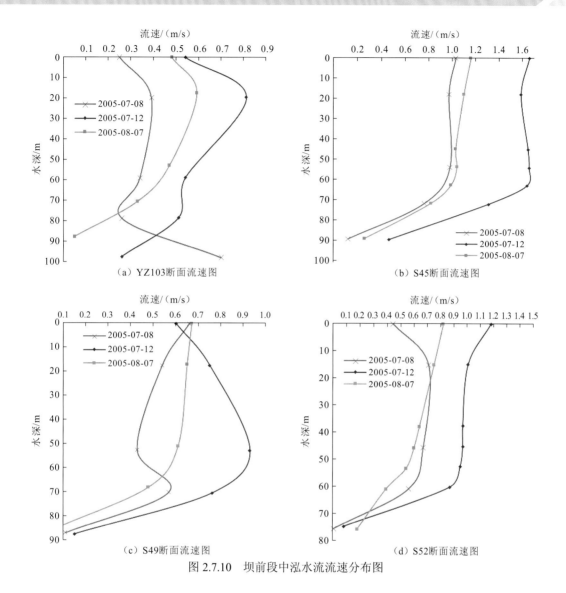

（a）YZ103断面流速图　　　　　（b）S45断面流速图

（c）S49断面流速图　　　　　（d）S52断面流速图

图 2.7.10　坝前段中泓水流流速分布图

　　泥沙颗粒级配分析：由于水库水流对泥沙有沿程分选的作用，在入库时较粗的泥沙因水流挟沙能力沿程减弱而先落淤，较细的泥沙则会随水流在库内运动，并沿程淤积（韩其为，2003）。

　　分析 2005 年实测资料可知：7 月 8 日流量为 27 800 m³/s，坝前段泥沙中值粒径为 0.004 mm，最大粒径为 0.125 mm，其中粒径小于 0.01 mm 的泥沙占 76.0%；7 月 12 日流量为 41 400 m³/s，由于洪水流量增大，坝前库段泥沙变粗，中值粒径为 0.005 mm，最大粒径为 0.250 mm，其中粒径小于 0.01 mm 的泥沙占 72.0%；8 月 7 日流量为 27 700 m³/s，河段泥沙中值粒径为 0.004 mm，最大粒径为 0.125 mm，其中小于 0.01 mm 的泥沙占 73.8%，见表 2.7.3、图 2.7.11。

表 2.7.3　坝前泥沙颗粒级配统计

日期 （年-月-日）	粒径级配/mm								最大粒径 /mm	中值粒径 /mm
	0.002	0.004	0.008	0.016	0.031	0.062	0.125	0.250		
2005-07-08	33.4	50.5	70.2	85.5	94.0	99.1	100.0		0.125	0.004
2005-07-12	29.0	44.9	66.2	81.9	92.5	99.7	100.0	100.0	0.250	0.005
2005-08-07	45.6	68.3	82.7	93.6	99.6	99.8	100.0		0.125	0.004

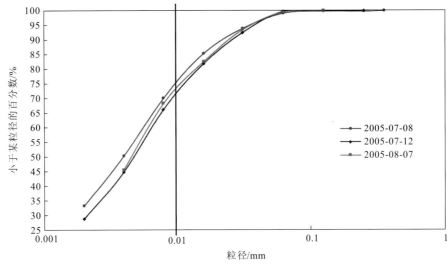

图 2.7.11　坝前段泥沙颗粒级配

4. 水流特性分析

1）庙河断面水沙关系分析

采用输沙率与流量的关系反映三峡水库坝前挟沙能力，见图 2.7.12（图中 1998 年为黄陵庙站资料）。2005 年因水库蓄水，坝前挟沙能力较蓄水前大大减弱。例如，10 000 m³/s 时，蓄水前后平均输沙率分别为 1.2 t/s 和 0.17 t/s（断面平均含沙量分别为 0.12 kg/m³ 和 0.017 kg/m³）；再如，40 000 m³/s 时，蓄水前后平均输沙率分别为 88.3 t/s 和 24.4 t/s（断面平均含沙量分别为 2.21 kg/m³ 和 0.61 kg/m³）。

2）坝前段淤积

进入三峡水库的洪水过程是不恒定的，在坝前产生的异重流也是不恒定的。这种不恒定使坝前流量、含沙量等不断发生变化。根据坝前水流泥沙及流速分布特性，三峡水库坝前异重流是一种低含沙量的异重流，加之坝前段河底平均纵坡降仅为 1.8‰（图 2.7.13），坝前水流发生的异重流很难成为类似于高含沙量的典型异重流，但仍具有异重流的某些水流特性，引起局部库段及航道的淤积，这种非典型异重流一般表现为中层或底层水流的含沙量及流速较表层大。

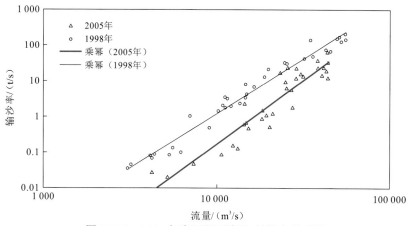

图 2.7.12　2005 年庙河断面流量-输沙率关系图

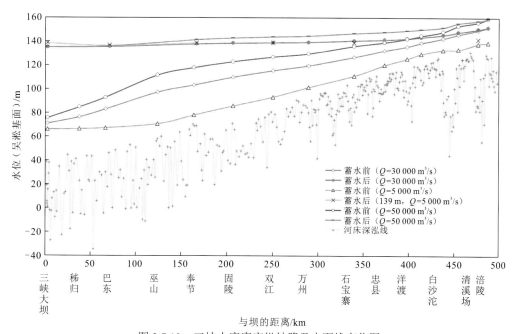

图 2.7.13　三峡水库库底纵坡降及水面线变化图

坝前庙河以上河段较窄，135 m 水位线下河宽一般在 320～800 m，而庙河以下河段河宽则在 700～2 200 m，水流下行至坝前宽阔段后，流速会减小很多，当水流含沙量达到一定量时，这种库段放宽使流速突然变小或水深突然变大，加上深孔（位于 90 m 高程处）泄洪闸泄洪，为异重流淤积创造了一定的条件。

表 2.7.1 列出了自水库蓄水运行以来近坝段 15 km 的淤积量分布情况。其中，坝前约 7 km 的区域为主要淤积范围，且以平淤 90 m 以下的河槽为特点（图 2.7.4），2003 年 90 m 高程以下淤积量占总淤积量的 76.0%，2004 年则占 86.5%。2003～2005 年 90 m 高程以下淤积量达 5.850×10^7 m³，占 135 m 高程以下淤积总量 6.824×10^7 m³ 的 85.7%，其深泓纵剖面的淤积也非常明显（图 2.7.2、图 2.7.3）。

3）测验期坝上、坝下输沙率比

水库异重流的特点之一是，在异重流形成期间水库排沙比较大。2005 年 7 月 8 日坝上庙河实测输沙率为 5.12 t/s，坝下黄陵庙实测输沙率为 4.23 t/s，坝下、坝上输沙率之比达到 82.6%；2005 年 7 月 12 日坝上庙河实测输沙率为 25.5 t/s，坝下黄陵庙实测输沙率为 23.6 t/s，坝下、坝上输沙率之比达到 92.5%；2005 年 8 月 7 日坝上庙河实测输沙率为 8.38 t/s，坝下黄陵庙实测输沙率为 6.32 t/s，坝下、坝上输沙率之比达到 75.4%；庙河 7 月、8 月月平均输沙率为 14.4 t/s、23.0 t/s，黄陵庙 7 月、8 月月平均输沙率为 11.3 t/s、19.7 t/s，7 月、8 月坝下、坝上实测平均输沙率之比分别达到 78.5%、85.7%。水库上下游输沙比显示，三峡水库坝前挟沙浑水具有异重流排沙比大的特性。

4）异重流形成条件分析

形成异重流的条件主要包括：浑水中要有一定的含沙量；泥沙中要有大部分细沙；要有一定的单宽流量。

根据水槽试验，以及一些水库实际资料的验证，对于异重流潜入条件，其水流流速 U_0、含沙量 S、入潜水深 h_0 满足以下关系式（韩其为和李云中，2001）：

$$\frac{U_0^2}{\eta_g g h_0} = 0.6 \qquad (2.7.1)$$

式中：η_g 为重力修正系数，$\eta_g = 0.000\,63\,S$。再引入单宽流量 q，则式（2.7.1）经整理后为

$$h_0 = 6.46 \left(\frac{q^2}{S} \right)^{1/3} \qquad (2.7.2)$$

由式（2.7.2）得

$$S = 6.46^3 \cdot \frac{q^2}{h_0^3} \qquad (2.7.3)$$

由式（2.7.3）可知，在单宽流量 q、入潜水深 h_0 得到保证的前提下，水库水流含沙量必须达到一定的量，才能形成异重流。实测资料显示，135 m 水位下坝前水深小于 148 m，7 月 8 日、7 月 12 日、8 月 7 日坝前段中泓水流单宽流量分别为 50.2 m³/（s·m）、92.1 m³/（s·m）、54.2 m³/（s·m）。根据实测资料计算得出：

（1）7 月 8 日，实测流量为 26 800 m³/s，计算的单宽流量 q 为 50.2 m³/（s·m），实测河段中泓平均含沙量为 0.220 kg/m³，依据式（2.7.2）计算的异重流入潜水深 h_0 为 145.6 m，目前坝前库段有局部水域的水深满足此条件，因此可能出现局部异重流现象。

（2）7 月 12 日，实测流量为 41 500 m³/s，计算的单宽流量 q 为 92.1 m³/（s·m），实测河段中泓平均含沙量为 0.618 kg/m³，依据式（2.7.2）计算的异重流入潜水深 154.7 m，目前坝前库段实测最大水深为 148 m，水深不满足此条件，因此不能形成异重流。

（3）8 月 7 日，实测流量为 25 200 m³/s，计算的单宽流量 q 为 54.2 m³/（s·m），实测河段中泓平均含沙量为 0.253 kg/m³，依据式（2.7.2）计算的异重流入潜水深 146.3 m，目前坝前库段有局部水域的水深满足此条件，因此可能出现局部异重流现象。

（4）三峡水库蓄水后，出现的最大流量为 2004 年 9 月的 60 000 m³/s 左右，2005 年最大流量为 48 000 m³/s 左右，计算的最大单宽流量在 100 m³/（s·m）左右，最大含沙量达 1.5 kg/m³，坝前最大水深为 148 m，库底纵坡降约为 1.8‰，根据上述计算分析，在坝前有形成异重流的密度差条件（含沙量）、能量条件（单宽流量）和水力条件（水深及纵坡降）。但由于坝前水沙过程为不恒定流，所形成的异重流是局部的且是非恒定的，又由于坝前库底纵坡降较小，以及主流深泓纵剖面呈锯齿形态，异重流的运动难以持续，容易遭到破坏，故三峡水库坝前段还不能出现较典型的、较有规律的、持续的异重流运动现象。

2.7.3　坝前段淤积机理研究

韩其为和李云中（2001）在三峡水库淤积平衡后坝区附近过水面积预估研究中，对坝区河段冲淤相对平衡后的平衡面积进行过专门研究，由平衡坡降和曼宁公式得出平衡面积（第一造床流量）公式：

$$A_C = 0.027\,9 \frac{J_k^{0.5} Q_1}{n_1 \omega^{0.664} \overline{S}^{0.616}} \left(\frac{Q_1}{Q} \right)^{0.616} \tag{2.7.4}$$

从而推算出平衡面积与保留面积的关系式，即

$$A = \left(\frac{n}{n_1} \right)^{0.6} \left(\frac{Q}{Q_1} \right)^{0.6} \left(\frac{J_k}{J} \right)^{0.3} \left(\frac{B}{B_1} \right)^{0.4} A_C = \beta \left(\frac{B}{B_1} \right)^{0.4} A_C \tag{2.7.5}$$

$$\beta = \left(\frac{n}{n_1} \right)^{0.6} \left(\frac{Q}{Q_1} \right)^{0.6} \left(\frac{J_k}{J} \right)^{0.3} \tag{2.7.6}$$

式中：A 为某流量下的保留面积；n 为某流量下的河段糙率；Q 为某一级流量；Q_1 为第一造床流量；J 为某流量下的水面坡降；ω 为泥沙沉速（悬移质）；$\overline{S}$ 为河段平均含沙量；β 为与流量有关的常数；B 为河宽；B_1 为平衡河宽，取 896 m；A_C 为平衡面积；J_k 为平衡坡降；n_1 为平衡条件糙率。经计算，对于三峡水库，取值为 $A_C = 16\,905$ m²，$J_k = 6.93 \times 10^{-5}$，$n_1 = 0.034\,7$，$Q_1 = 28\,740$ m³/s。

计算流量为 30 000 m³/s 和 60 000 m³/s，由式（2.7.6）计算得出 β（取三峡水库一、二围堰期平均值）分别为 1.04 和 1.295；在不同河宽条件下，根据式（2.7.5）计算坝前的保留面积，并与实测面积对比，其关系见图 2.7.14。

无论是流量 30 000 m³/s，还是流量 60 000 m³/s，其计算保留面积均远小于目前的实测保留面积，实测保留面积是平衡条件下计算保留面积的 3～5 倍。正是由于三峡水库蓄水初期坝前段过水面积过大，淤积远未达到平衡，而水流挟沙能力又很小，坝前库段泥沙淤积是必然的。

以三峡水库 135 m 运用初期为例，坝前过水面积超过 6×10^4 m² 且水面宽超过 1 000 m 的，主要位于坝前 5 km 范围内，见图 2.7.15。因此，该段也是淤积率最大的库段，这与上述理论分析是十分吻合的。

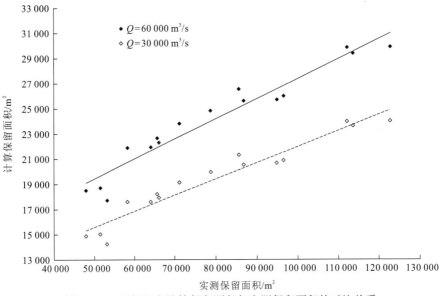

图 2.7.14　近坝河段计算保留面积与实测保留面积的对比关系

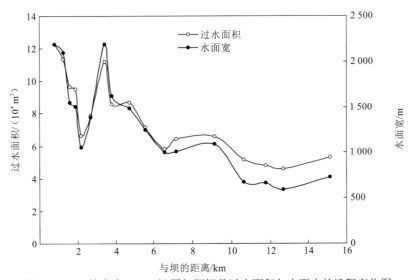

图 2.7.15　三峡水库 135 m 运用初期坝前过水面积与水面宽的沿程变化图

因为坝前水流泥沙粒径极细，绝大部分为黏土和细粉土，受重力沉降作用形成的近床面的泥浆层，干容重很小，孔隙率较大，水下休止角也很小，甚至接近于 0°（张瑞瑾，1998），所以泥沙在横断面上几乎呈水平直线形态的淤积分布，这也是坝前泥沙呈现平淤深槽特征的重要原因。

2.8　水库淤积特点

2003 年 6 月三峡水库蓄水运用以来，库区干流泥沙淤积主要呈现出以下特点。

（1）三峡水库泥沙淤积以主槽淤积为主；深泓剖面仍呈锯齿状分布。

三峡水库流经丘陵和高山峡谷之间，库区河道蜿蜒曲折、宽窄相间、滩沱交替；峡谷与宽谷交替出现，江面宽窄悬殊，宽谷河段岸坡平坦，阶地发育，时有碛坝出现，峡谷段江面狭窄，谷坡陡峭，基岩裸露。

从水库固定断面观测资料来看，水库泥沙淤积大多集中在分汊段、宽谷段内，断面形态以 U 形、W 形为主，主要有主槽平淤、沿湿周淤积、弯道或汊道段主槽淤积三种形式。其中，沿湿周淤积主要出现在坝前段，且也以主槽淤积为主；峡谷段和回水末端断面以 V 形为主，蓄水后河床略有冲刷。此外，受弯道平面形态的影响，弯道断面的流速分布不均，泥沙主要落淤在弯道凸岸下段有缓流区或回流区的边滩，此淤积方式主要分布于长寿至云阳的弯道河段内。

受构造运动和岩性变化影响，三峡水库库区河道地势起伏较大。蓄水以来，三峡水库库区纵剖面有所变化，甚至在局部河段范围有大幅抬高（如坝前段、臭盐碛、忠县三弯等），但这种变化并没有改变三峡库区河道深泓呈锯齿状分布的基本形态，其主要原因是：水库蓄水后入库沙量较以前大幅度减少、库区泥沙淤积较少，特别是三峡水库为典型的山区河道型水库，蓄水前深泓高差较大，蓄水后汛期大流量时库区河段特别是库区中上段仍有较大流速，淤积的泥沙较少。

（2）水库泥沙大多淤积在常年回水区内的宽谷段、弯道段。

三峡水库自 2003 年 6 月蓄水以来，库区干流大坝—铜锣峡段的泥沙淤积总量约为 $1.614\,84\times10^9\,\mathrm{m}^3$，而泥沙主要淤积在涪陵以下的常年回水区内，涪陵—李渡段仅淤积 $2.62\times10^6\,\mathrm{m}^3$，李渡—铜锣峡段冲刷 $2.201\times10^7\,\mathrm{m}^3$。水库未出现普遍性的河床淤积，淤积大多集中在宽谷段、弯道段内，窄深段淤积较少，甚至出现冲刷。

从库区沿程淤积强度来看，2003 年 3 月～2018 年 10 月淤积强度较大的依次为大坝—庙河段（长 15.1 km）$6.82\times10^5\,\mathrm{m}^3/(\mathrm{km\cdot a})$、白帝城—关刀峡段（长 14.2 km）$5.00\times10^5\,\mathrm{m}^3/(\mathrm{km\cdot a})$、万州—忠县段（长 81.2 km）$3.10\times10^5\,\mathrm{m}^3/(\mathrm{km\cdot a})$、云阳—万州段（长 66.7 km）$3.02\times10^5\,\mathrm{m}^3/(\mathrm{km\cdot a})$、忠县—丰都段（长 58.8 km）$2.77\times10^5\,\mathrm{m}^3/(\mathrm{km\cdot a})$、秭归—官渡口段（长 45.8 km）$2.32\times10^5\,\mathrm{m}^3/(\mathrm{km\cdot a})$，这些河段均为宽谷段、弯道段，其河段总长 281.8 km，占常年回水区长的 57.9%，但其淤积量占常年回水区总淤积量的 85.9%。

（3）水库绝大部分泥沙淤积在 145 m 以下河床内。在三峡工程围堰发电期和初期蓄水期，水库泥沙均淤积于 145 m 以下的河床，三峡水库 175 m 试验性蓄水后，145 m 以上河床开始出现少量淤积。2003 年蓄水以来，大坝—江津段共淤积 $1.555\,9\times10^9\,\mathrm{m}^3$，175 m 高程以下淤积 $1.553\,4\times10^9\,\mathrm{m}^3$，145 m 高程以下淤积 $1.546\,1\times10^9\,\mathrm{m}^3$，占总淤积量的 99.4%，其中大坝—涪陵段 145 m 高程以下共淤积 $1.563\,0\times10^9\,\mathrm{m}^3$，涪陵—江津段 145 m

高程以下冲刷 $1.69 \times 10^7 \, \text{m}^3$，淤积主要发生在涪陵以下河段。

（4）三峡水库 175 m 试验性蓄水后，水库回水范围向上游延伸，库区泥沙淤积也逐渐向上游发展。近年来，受上游来沙持续减少及采砂影响，变动回水区淤积量有所减少。

在三峡工程围堰发电期，丰都—李渡段冲淤基本平衡，丰都—奉节段年均淤积泥沙 $8.993 \times 10^7 \, \text{m}^3$，占常年回水区河段总淤积量的 49.4%，奉节—大坝段年均淤积量为 $9.117 \times 10^7 \, \text{m}^3$，其淤积量占常年回水区河段总淤积量的 50.2%。

在初期运行期，丰都—铜锣峡段年均淤积泥沙 $5.20 \times 10^6 \, \text{m}^3$，丰都—奉节段年均淤积泥沙 $6.470 \times 10^7 \, \text{m}^3$，其淤积量占常年回水区河段总淤积量的 54.0%，奉节—大坝段年均淤积量为 $5.520 \times 10^7 \, \text{m}^3$，其淤积量占常年回水区河段总淤积量的 46.1%。

2008 年汛末三峡水库进行试验性蓄水后至 2018 年 10 月，铜锣峡—丰都段年均淤积泥沙 $1.14 \times 10^6 \, \text{m}^3$，丰都—奉节段年均淤积泥沙 $5.893 \times 10^7 \, \text{m}^3$，其淤积量占常年回水区河段总淤积量的 69.4%，占库区总淤积量的 71.8%，奉节—大坝段年均淤积泥沙 $2.204 \times 10^7 \, \text{m}^3$，其淤积量占常年回水区河段总淤积量的 26.0%。

随着回水范围向上游延伸，奉节—丰都段泥沙淤积占总淤积量的比例逐渐增加，大坝—奉节段泥沙淤积占总淤积量的比例则逐渐减小，库区泥沙淤积逐渐向上游发展。

（5）2003 年三峡水库蓄水以来，沿程各支流以口门或近口门区域的淤积为主，其变化区域分布在河口以上 1~15 km，基本以 145 m 以下的主河槽淤积为主，边滩淤积较少，有明显泥沙淤积的支流多位于库区常年回水区，主槽最大淤积厚度约为 16.0 m。

（6）三峡水库蓄水运行以来，在入库沙量大幅减少的同时，入库粗颗粒泥沙含量有所降低，库区沿程泥沙粒径也明显偏细。试验成果证明，三峡水库存在细颗粒泥沙絮凝现象。由于絮凝作用，细颗粒泥沙形成絮团，粒径变粗，沉速变大。粒径越小，絮凝强度越大，絮凝强度与泥沙粒径之间存在对应关系；水流流速越小，絮凝作用越强。因此，泥沙絮凝作用是细颗粒泥沙在库区淤积的主要原因。

2.9　本　章　小　结

（1）三峡工程蓄水运用以来，受上游来沙减少、水库调度、河道采砂等影响，水库泥沙淤积大为减轻。2003 年 6 月~2018 年 12 月，三峡水库淤积泥沙 $1.773\,3 \times 10^9 \, \text{t}$，年均淤积泥沙近似 $1.138 \times 10^8 \, \text{t}$，仅为论证阶段（数学模型采用 1961~1970 年预测成果）的 34%，水库排沙比为 24.1%。

（2）2003 年 3 月~2018 年 10 月库区干流（大坝—江津段）累积淤积泥沙 $1.555\,9 \times 10^9 \, \text{m}^3$，其中变动回水区累积冲刷泥沙 $7.83 \times 10^7 \, \text{m}^3$，常年回水区泥沙淤积量为 $1.634\,2 \times 10^9 \, \text{m}^3$。库区绝大部分泥沙淤积在水库 145 m 以下的库容内，淤积在 145~175 m 的泥沙 $1.303 \times 10^8 \, \text{m}^3$，占总淤积量的 7.5%，占水库静防洪库容的 0.59%，水库有效库容损失较小。

（3）三峡水库蓄水以来，大坝—铜锣峡段泥沙淤积量多集中在宽谷段，河床横向变化有主槽平淤、沿湿周淤积及弯道处的不对称淤积，在河道水面较窄的峡谷段和回水末端的断面一般出现主槽和湿周的冲刷。

（4）随着三峡水库蓄水进程的发展，坝前水位抬高，水库淤积的纵向分布发生变化，库区泥沙淤积逐渐向上游发展，泥沙主要淤积带从大坝—奉节段上移至奉节—丰都段。但库区泥沙淤积强度呈逐步下降的趋势。

（5）蓄水以来，三峡库区纵剖面有一定程度的变化，局部河段范围有较明显的变化，如坝前段深泓最大淤高达到 66.8 m，但这种变化并没有改变三峡库区河道深泓的基本形态，河道纵剖面仍然呈锯齿状分布，原因主要包括：一是水库蓄水运行历时尚短；二是近年来入库泥沙明显减少；三是三峡水库为典型的河道型水库，汛期大流量时水流仍有较大流速，导致泥沙淤积幅度不大。

（6）三峡水库蓄水运行以来，在入库沙量大幅减少的同时，入库粗颗粒泥沙含量也有所降低，库区沿程泥沙粒径明显偏细。试验成果及外业测验表明，三峡水库存在细颗粒泥沙絮凝及浮泥的物理现象。

由于絮凝作用，细颗粒泥沙形成絮团，粒径变粗，沉速变大。粒径越小，絮凝强度越大，絮凝强度与泥沙粒径之间存在对应关系；水流流速越小，絮凝作用越强。因此，泥沙絮凝作用是细颗粒泥沙在库区淤积的主要原因。

由于细颗粒泥沙的浮泥现象，浮泥层与水体间有明显的分界面，在库区进行地形或者固定断面测量时回声测深仪会出现信号误判的现象，即回声测深仪捕捉错误的河底反射信号，从而直接影响水库河床演变、淤积变化大小分析的可靠性。测量试验证明，在库区晚出现浮泥现象的区域采用双频回声测深仪，低频测量水深结果更贴近于反映水库河床淤积变化的河底高程，也能消除浮泥产生的河底信号误判现象。

（7）泥沙在水库内有沿程分选落淤的规律，淤积物的干容重呈现由大坝向上游河段逐渐增大的特点，坝前段平均干容重最小，泥沙粒径自上而下变小，表现为越靠近坝前，泥沙颗粒越细，泥沙淤积物的干容重与粒径呈正比例关系，泥沙粒径越小，干容重越小。

（8）自三峡水库蓄水运行以来，坝前段为库区泥沙淤积强度最大的河段之一，其淤积形态表现出泥沙平淤深槽的主要特征。此外，由于坝前水沙过程为不恒定流，高含沙水流在特定条件下可形成局部非恒定的异重流，又由于坝前库底纵坡降较小，以及主流深泓纵剖面呈锯齿形态，异重流的运动难以持续，容易遭到破坏，故三峡水库坝前段还不能出现较典型的、较有规律的、持续的异重流运动现象。

第 3 章

三峡水库水沙运动规律
及泥沙淤积物理特性

3.1　研究背景

3.1.1　研究意义

泥沙冲淤离不开水流条件的变化。河道型水库蓄水具有明显的壅水特性，使其水流不同于一般的河道（天然）水流。水深的沿程增大，水流结构（包括流速分布、紊动分布等）的重新调整，将导致泥沙运动状态的改变。而一般的泥沙运动方程多基于均匀流条件下的试验及理论构建，对于库区泥沙运动分析及预测而言，弄清壅水条件下的非均匀流的水流特性显然是十分重要的前提工作。为此，本章以声学多普勒流速剖面仪（acoustic Doppler current profiler，ADCP）为基本测量仪器，通过专门的实测资料对三峡库区上段的水流特性进行分析，包括三维流速和紊动强度的大小及分布，希望能为壅水水流特性、三峡库区宽谷段泥沙运动规律研究提供基础。

3.1.2　研究现状

天然情况下，河流一般为非均匀流，由于非均匀流水深、能坡等因素的沿程变化，其水流特性与均匀流有所区别。而现阶段大多数水力学及河流动力学的主要公式都基于均匀流，其对非均匀流尤其是非均匀性较大的水流的适用性有待检验。

对非均匀流水流特性的研究手段主要有水槽试验、实测资料分析及数学模型计算。

明渠非均匀流可分为两大类：加速流与减速流。水槽试验中主要通过控制沿程水深的变化来达到流速沿程变化，从而形成非均匀流的目的。水深沿程增加为减速流，水深沿程减小为加速流。恒定条件下形成加速流与减速流主要有两种方法：将底面制成一定坡度，在此基础上调节进口流量与尾门水位；平坡条件下改变明渠沿程宽度来使水深沿程变化。20 世纪 60 年代，学者利用热膜测速仪对非均匀流进行研究，80 年代开始使用声学多普勒测速仪（acoustic Doppler velocimetry，ADV）及激光多普勒测速仪（laser Doppler velocimeter，LDV），量测手段发生了质的变化。应用这些先进的量测手段，各国学者对明渠水流开展了精细的试验研究，对非均匀流的认识不断深入，并取得了一定的成果。

在流速分布方面，一般认为明渠非均匀流纵向方向的流速分布也存在分区结构（Cardoso et al.，1991），可分为内区与外区，内区（$0<y/h<0.2$）符合对数分布，外区（$y/h>0.2$）符合对数-尾流分布（其中 y 指测点与河底的垂向距离，h 指测点所在垂线水深）。Balachandar 等（2002）及万俊等（2010）利用 LDV 研究发现在内区中也存在三层：黏性底层、过渡层和对数层。在粗糙壁面及高雷诺数情况下，有不少学者认为在内区使用对数律将会有理论上的问题（Katul et al.，2002），因而对数律在粗糙壁面有适用范围，太接近壁面也不适用。以上研究表明，一般情况下，在内区可以用对数律对流速分布进行描述，对于水深过浅的粗糙明渠，使用对数律，则容易出现误差。

在紊动强度分布方面，Nezu 和 Rodi（1986）提出了明渠均匀流在三个方向相对紊动强度沿水深的分布公式：

$$\frac{\sigma_u}{U_*} = D_u \exp(-C_k\xi), \quad \frac{\sigma_v}{U_*} = D_v \exp(-C_k\xi), \quad \frac{\sigma_w}{U_*} = D_w \exp(-C_k\xi) \tag{3.1.1}$$

式中：σ_u、σ_v、σ_w 分别为纵向、横向、垂向的脉动流速的均方根（紊动强度）；U_* 为剪切流速；ξ 为相对水深；D_u、D_v、D_w、C_k 为经验性系数，与雷诺数和弗劳德数无关，且前三者之间的关系为 $D_u = 1.82D_v = 1.41D_w$。

Song 和 Chiew（2001）与何建京和王惠民（2003）通过试验观察得到的非均匀流紊动强度的垂线分布与均匀流相似，三个方向的紊动强度 $\sigma_u > \sigma_v > \sigma_w$，非均匀流的紊动强度分布也满足式（3.1.1）的关系，且 $D_u = 2D_v = 4D_w/3$。因为在内区存在黏滞性的影响，且在该区域紊动猝发现象使得内区紊动处于非稳定状态，所以紊动强度公式在内区不适用。Yang（2008）指出，非均匀流中的垂向流速分布近似于均匀分布，对纵向流速分布及垂向紊动强度有明显影响。

对于三峡库区的水流特性，在建库前的天然河道情况下，卢金友（1990）曾对其纵向流速的垂线分布及横向分布进行了研究，给出了改进后的流速分布公式。陈静和陈中原（2005）利用 ADCP 对库区纵剖面流速进行了测试，研究了流速大小与河道地形的关系。在建库后，更多的研究者开始关注库区水流特性的变化，分析其对库区水质、航道条件的影响，孟春红（2007）、尹小玲和刘青泉（2009）通过实地调查和实测资料分析，对三峡水库初期围堰蓄水期的纵向流速、泥沙运动及水质变化进行了分析；龙天渝（2011）、李健等（2012）基于实验室模拟的方法研究了三峡库区低流速河段流速对蓝藻、绿藻、硅藻垂直分布的影响；伍文俊和余新明（2010）则对库区不同特征流速下的水深、流速变化进行了分析，研究了成库后的航道条件变化及趋势。但上述研究多针对纵向流速，对流速的三维性及紊动强度变化研究较少，值得指出的是，在三峡工程泥沙研究计划中，三峡工程泥沙专家组组织有关单位研究并构建了库区部分重点河段的水沙平面二维模型，对其泥沙运动及水流特性进行了分析和预测，但并未深入研究库区水流的垂向流速分布及其非均匀流特性。

3.2　典型断面壅水程度判断

2011 年 9 月上旬对三峡水库上段沿程七个断面（图 3.2.1）深泓处的垂线流速分布进行了观测。观测条件见表 3.2.1。

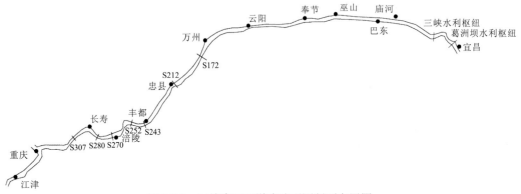

图 3.2.1　三峡库区河道流速观测断面布置图

表 3.2.1　观测断面基本情况

断面编号	S172	S212	S243	S252	S270	S280	S307
施测时间（月-日）	09-06	09-06	09-05	09-05	09-08	09-08	09-08
测时水位/m	149.91	150.05	150.00	150.24	155.28	155.91	156.28
坝前水位/m	149.53	149.46	149.28	149.26	150.06	150.08	150.11
断面处流量/（m³/s）	12 000	12 000	12 000	12 000	13 600	13 600	13 600
断面水面宽度/m	721.2	699.9	924.7	856.8	527.3	858.7	491.4
施测垂线水深/m	66.61	54.25	38.00	31.04	42.78	26.91	23.68
断面平均流速/（m/s）	0.36	0.48	0.59	0.67	1.05	1.10	1.90
壅水程度系数 β	2.27	1.92	1.63	1.57	1.40	1.34	1.08

注：高程采用吴淞（冻结）基面。

图 3.2.1 中七个断面，以乌江汇合口（涪陵）为界，S172、S212、S243、S252 四个断面的流量基本相同，具有较好的同步性，同样 S270、S280、S307 三个断面也具有较好的同步性。七个断面均为单一河型断面，S172、S212、S270、S307 为顺直单一段，S243、S252、S280 为微弯过渡段。

前人一般将非均匀流水深与其相应的均匀流水深之比（h/h_0）作为其非均匀性的判别指标。本次观测主要在三峡库区壅水河段，取壅水程度系数 $\beta = h/h_0$，h 为壅水条件下的水深，h_0 特指三峡水库蓄水前同流量下的水深，以表征其壅水程度。表 3.2.1 给出了各断面的壅水情况。

可见，汛末 S307 断面基本位于天然状态，其他六个断面均处于壅水状态，且沿程壅水程度逐渐增加。

3.3　流速分布特性

1. 三维流速沿垂线的分布概况

图 3.3.1 为其中四个断面三维流速的垂线分布图。从图 3.3.1 中可以看出，纵向流速较大，而横向流速和垂向流速大致相当。垂向流速分布最均匀，横向流速存在不同程度的环流。

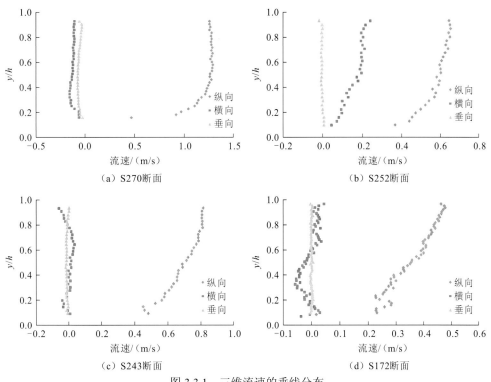

（a）S270断面　　　　　　　　　　（b）S252断面

（c）S243断面　　　　　　　　　　（d）S172断面

图 3.3.1　三维流速的垂线分布

2. 各方向流速沿垂线的分布规律

图 3.3.2 为施测垂线的纵向流速分布。从图 3.3.2 中可以看出，沿程七个断面垂线流速的分布大体相似，沿水深呈对数分布。其中，断面 S212、S307 的流速分布在床面附近符合对数分布规律，远离床面区域偏离对数分布规律，最大流速出现在水面以下。根据资料复核过程，两断面下游附近均有深泓拐点，可能是因为下游深泓最高点控制着河道的边滩高程，水流漫滩后过水断面面积突然增大，导致流速减小，因而在滩槽交界面处会出现流速变化趋势的拐点。因此，可以认为，在不受地形突变影响下，库区上段纵向流速的垂线分布大致沿水深呈对数分布。

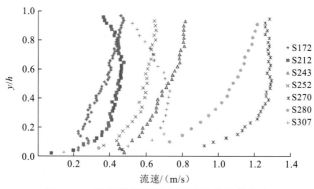

图 3.3.2　沿程各断面纵向流速沿垂线的分布

　　图 3.3.3 为各断面横向流速沿垂线的分布（流速流向左岸为正，流向右岸为负）。由图 3.3.3 可见，S243、S252、S270、S280、S307 断面均具有横向环流，因处于弯道段或入汇口附近，S252、S270、S280 断面横向流速较大，表底流速指向明显相反；因壅水程度较大，流速减小，S172、S212 断面横向流速较小，且河道顺直，其环流特征也不明显。图 3.3.4 给出了各断面垂向流速的分布（流速流向向上为正，向下为负），垂向流速除 S307 断面外，其余基本为负值，尤其表现在位于乌江入汇口上游侧的 S270 断面。库区回水范围内，大部分断面向下的垂向流速，将给泥沙沉降带来明显的促进作用。

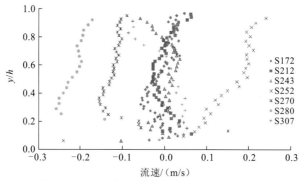

图 3.3.3　沿程各断面横向流速沿垂线的分布

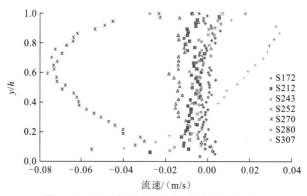

图 3.3.4　沿程各断面垂向流速沿垂线的分布

3.4 水流紊动强度分布

1. 三维紊动强度沿垂线的分布概况

由 ADCP 实测了各断面深泓处垂线的脉动流速分布，各点的采样时间为 16 min，采样频率为 62.5 次/min，每条垂线共 1 000 组数据。图 3.4.1 为四个断面的水流紊动强度沿垂线的分布图。从图 3.4.1 中可以看出，纵向和横向水流紊动强度较大，两者处于同一数量级，其垂线分布形态相似，在底部最大，在水面附近都有增大的趋势，这是由于其受到了自由水面波动的影响。垂向水流紊动强度较小，其垂线分布最均匀。

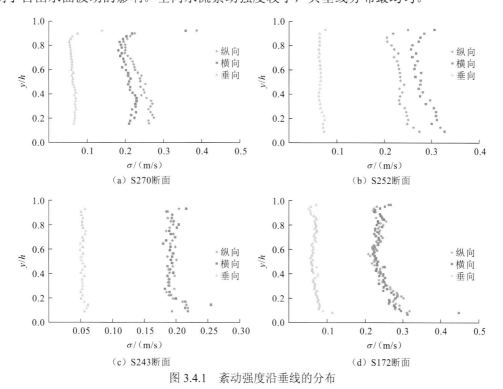

图 3.4.1 紊动强度沿垂线的分布

2. 各方向相对紊动强度沿垂线的分布

图 3.4.2～图 3.4.4 为各断面施测垂线相对紊动强度的分布，u^* 为本次测量工况对应的剪切流速，由实测流速拟合得到。

从图 3.4.4 中可以看出，相对紊动强度沿水深有下大上小的趋势。本书利用 Nezu 和 Rodi（1986）的均匀流公式，参考建库前各断面同流量下的平均实测水深，给出了其建库前计算的相对紊动强度分布并作为对比，沿程各断面纵向与横向水流的相对紊动强度较建库前的计算数据要大，三个方向水流的相对紊动强度沿水深的分布都相对均匀，尤其是垂向水流的相对紊动强度沿水深分布的均匀程度与建库前的条件相差最大，且沿程随着壅水程度的增大，相对紊动强度有增大的趋势。

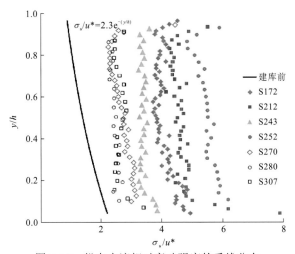

图 3.4.2 纵向水流相对紊动强度的垂线分布

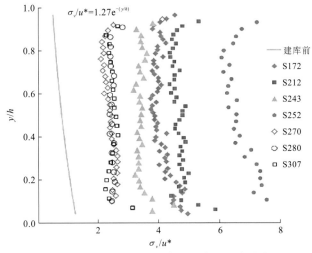

图 3.4.3 横向水流相对紊动强度的垂线分布

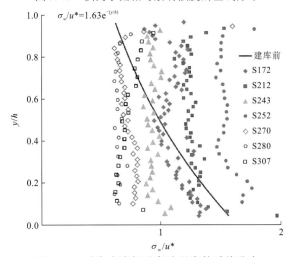

图 3.4.4 垂向水流相对紊动强度的垂线分布

3.5　本 章 小 结

本章通过对三峡水库库区上段壅水型非均匀流进行实测分析,掌握了三峡水库成库蓄水后水流的运动特性。

(1)三峡库区河道沿程形成壅水,各断面流速的分布规律基本一致,纵向流速较大,且基本有沿程减小的趋势,横向流速与垂向流速较小且大致相当。库区纵向流速沿垂线的分布大致呈沿水深的对数分布;横向流速受地形影响明显,除顺直且流速较小河段以外,多数河段存在横向环流;垂向流速的分布最为均匀,方向向下,有一定的促进泥沙沉降的作用。

(2)三峡库区蓄水后,纵向和横向的水流紊动强度较大,两者处于同一数量级,垂向水流紊动强度较小,且均大致有越靠近坝前越大的趋势。库区内相对紊动强度的垂线分布比较均匀,纵向与横向紊动强度的垂线分布形态为在底部最大,在水面逐渐减小;垂向水流紊动强度的垂线分布也较均匀。

(3)如对建库前同流量各断面实测水深推算的紊动强度分布进行对比,库区壅水型非均匀流在垂向流速及垂向紊动强度上与一般天然河道的流动存在较大差别,垂向紊动强度相对均匀,弯道段横向紊动极为明显,这将给泥沙运动,尤其是悬移质泥沙含沙量沿垂线的分布带来明显影响。

第 4 章

干容重原位采样设备研发
及库区泥沙干容重特性

4.1　研　究　背　景

4.1.1　研究意义

三峡淤积物基本特性的研究是计算水库淤积量，揭示依附于泥沙的氮、磷等污染物质的变化与长江中下游水生态关系的基础。其中，泥沙絮凝沉降是改变库区淤积物级配的重要因素，而浮泥的流变特性也将直接影响通航，这些都是需要深入研究的新课题。韩其为（2003）从基本理论阐述和实测资料分析等多方面进行了长期、系统的研究，获得了大量的研究成果，如对淤积物的初期干容重及其随时间的变化等均提出了相应的计算公式。但由于淤积物的干容重的影响因素复杂，河床原样采样困难，具体工程千差万别，公式中的一些参数的假定和取值还存在某些不确定性，需要全面、系统的长期实测数据加以完善。同时，对比原型研究，开展了干容重在大水深条件下随时间的变化规律研究，对于补充、完善、对照原型测量分析成果也显得十分重要。

综上所述，本章拟研发无干扰河床淤积物采样器，采用室内分析和现场科学试验相结合的方法，对三峡库区泥沙淤积规律、泥沙物理特性、大水压力下的泥沙干容重变化规律等进行研究，为三峡工程的水库调度运行、水库减淤、水环境治理等提供技术支撑。

4.1.2　研究现状

作者查阅了大量国内外有关采样器研发的文献，并对其进行了总结分析。以下简要介绍有代表性的 4 种采样器。

1）河床质采样器（长江水利委员会水文局三峡水文水资源勘测局）

采样器为内径为 52 mm、外径为 60 mm 的钢管，头部为直径为 94 mm 的旋转采样头，采样头外直径为 120 mm。初始状态为通孔，弹簧拉紧，用锁针锁住。采样体自由砸入河床后，沉放重锤，砸在触发支杆上后拉起锁针，在弹簧的拉动下采样头旋转 90°，封住采样头通孔，拉上测量船后旋转采样头，采集沙样 100 cm^3。

加长差压管 1.5 m，两个取样孔间距 75 cm，每个孔长 300 mm、宽 30 mm。带 35 mm 孔球阀一个。

主发电机：220 kW、380 V、3 相。辅发电机：40 kW、220 V、2 相。

该型采样器的不足在于：钻入河床的深度有限（最大约 800 mm），当触发杆埋进沙面以下时，重锤即难以下砸触发杆，拉起锁针。

2）深水水库低扰动取样器（黄河水利科学研究院）

黄河水利科学研究院杨勇等研制的取样器的采样管为多节 2～3 m 长的螺扣连接的 110 mm 直径钢管，内层衬筒为 80 mm 直径的有机玻璃管，下端刀口的内径为 79 mm。

取样器用起吊装置将取样系统悬吊在设定的采样位置，缓慢下沉取样系统，当取样器下放到与库区底部还有一段距离时，重锤先触及床面，触发释放机构，松开主缆，取样器在自重作用下插入库底淤积泥沙中，最大设计深度为 10 m。

该取样器靠自重插入河床，深度不可控；刀口内径小于衬筒内径，虽然可以减小沙样在衬筒内的摩擦阻力，但沙样在衬筒内会有一定的分散，使干容重的测量精度降低。

3）维克轻便型高频震动钻机（加拿大）

维克轻便型高频震动钻机采用高频震动方式钻进，能够快速钻进土壤、沉积物或软岩。其将 4.8 kW 的汽油机作为动力，震动头产生每分钟 120～200 Hz 的震动，当震动频率与地层的自然谐振频率叠合时，能把极大的能量直接传递给钻头。高频震动作用使钻头以切削、剪切、断裂的方式钻进地层中，甚至还会引起周围土粒的液化，让钻进变得非常容易。可以选配下部封口的橘皮闭合装置。

此设备的主要问题：高频震动会使沙样变形，甚至液化；细长钻杆的内壁摩擦力集中传递到采样筒进口断面，挤压沙样使之变形。因此，该设备不适合准确采样以测定淤积物的干容重。

4）Kajak 柱状采泥器（丹麦 KC-Denmark 公司）

Kajak 柱状采泥器用于从泥泞底质或半硬底质采集柱状样品，该采泥器既可通过缆绳操作，又可通过手工操作。所有的部件都由不锈钢组成。采泥器也可以配备不锈钢取样管。一个内嵌的聚丙烯（polypropylene，PP）班轮可以插入不锈钢取样管内，方便大量样品的储存。该不锈钢取样管底部安装了橘皮闭合装置，防止样品从管底漏出。取样管内径 46 mm，3 根 2 m 长的取样管连接的最大深度为 6 m，靠配重砸入河床，深度不可控。

上述 4 种类型的采样器均采用了橘皮闭合装置，沙样进入采样筒时受到弹性钢片的扰动，沙样的整体结构变形，将影响干容重的测量精度。

4.2　深水河床淤积物原位取样设备研发

4.2.1　直压式探杆环刀取样器

1. 直压式探杆环刀取样器设计

设计一种新型的浅水（水深小于 30 m）河床淤积物浅层取样器，取样器壳体的横截面为矩形，头部为楔形，两侧加翼板，取样器上端连接钢管探杆，从船上的操作平台给探杆施加下压力，将取样器缓慢压入床沙中。在取样器壳体内水平安装液压推进器，前部安装取样环刀，如图 4.2.1 所示。其中的关键技术问题：①测量探杆垂向作用力效果分析；②测量探杆、测量船操作平台与作业环境的适应性研究；③环刀取样保真效果研究。

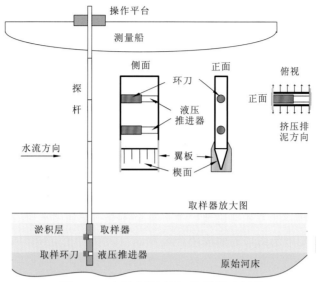

图 4.2.1 直压式探杆环刀取样器示意图

该取样器采用探杆连接取样环刀,在操作平台上加压使环刀插入床面,实施河床质取样,系统由操作平台、驱动系统、探杆和取样环刀等组成。直压式探杆环刀取样器示意图见图 4.2.1。

具体设计如下。

1)操作平台

操作平台无动力,由测量船拖行,停靠在测量船边,到达设计采样点后锚定。用卷扬机下放探杆和采样体,接触床面后放松卷扬机钢缆,将探杆上端对准下压齿条,微调船位使探杆垂直,重新锚定船位。操作平台的浮体和上部平台的设计见图 4.2.2、图 4.2.3。

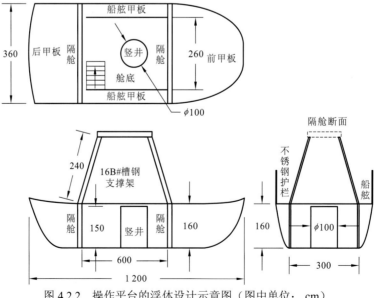

图 4.2.2 操作平台的浮体设计示意图(图中单位:cm)

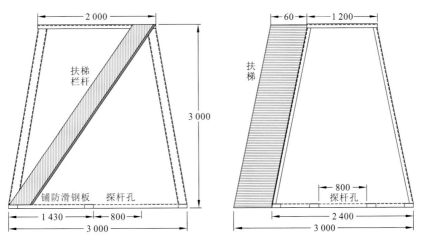

（a）上部平台立面图（图中单位：mm）

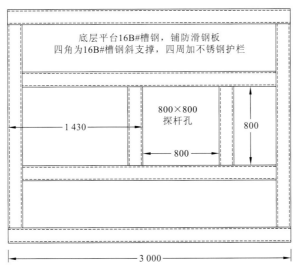

（b）上部平台平面图（图中单位：mm）

（c）上部平台组装照片

（d）齿条加压构件照片

图 4.2.3　上部平台示意图及实物图

说明：探杆通过操作平台上的竖井伸入河床，竖井通水位置应可调整；操作平台的浮体吃水 1.2 m 的排水量约为 35 m^3；浮体设前、中、后三个舱，各舱隔断密封，甲板四周加不锈钢护栏；中舱为工作舱，无甲板，设扶梯上下；前、后甲板留进人窗；16B#槽钢支撑架在两个方向向上倾斜，上部为操作平台。

2）驱动系统

驱动系统为齿轮传动结构，用手柄操作。手柄前推，传动轮与下压齿轮配合后启动电机，驱动有效行程为 2 m 的齿条下行，将采样体压入床面。齿条到达下位时，停止电机；反转电机，提升齿条至上位，加一节 2 m 探杆，重复上述操作步骤，将取样环刀压至设计位置（0～10 m）。

遇大江行船产生大浪时，船体上浮，齿条自动脱离探杆，立即停止电机，手柄空位（居中），待船体平稳后再继续下压。

驱动系统的设计图见图 4.2.4 和图 4.2.5。

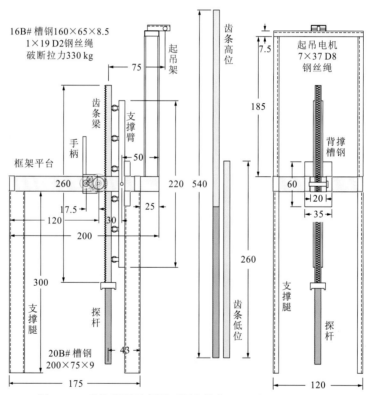

图 4.2.4　系统装配示意图（图中单位：mm）

3）探杆

探杆为 80 mm×80 mm×5 mm 的不锈钢方管，每根长 2 000 mm，卯榫配合接头，一方沿长度开口，将悬吊钢缆、电缆线、控制线卧入后用不锈钢板封堵开口。探杆设计图见图 4.2.6～图 4.2.8。

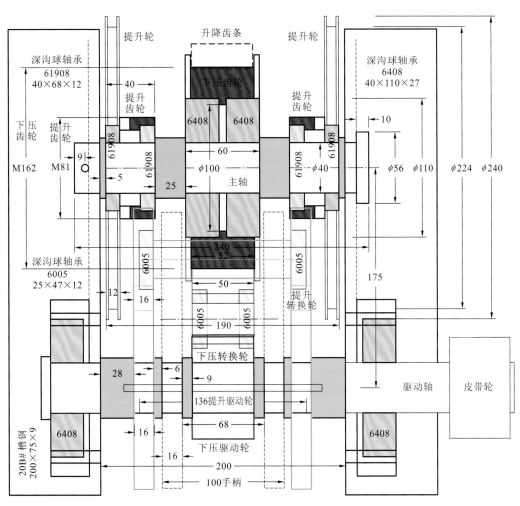

图 4.2.5　驱动系统装配图（图中单位：mm）

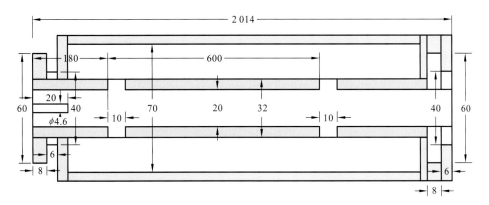

图 4.2.6　探杆结构（图中单位：mm）

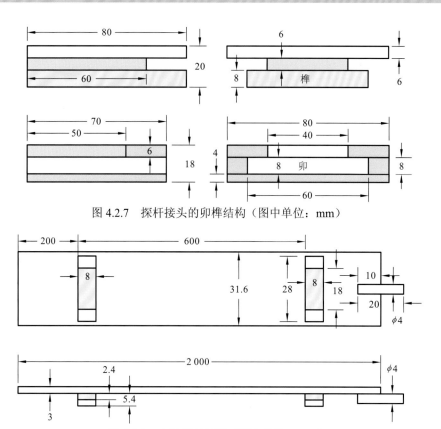

图 4.2.7 探杆接头的卯榫结构（图中单位：mm）

图 4.2.8 电缆线封堵板（图中单位：mm）

4）取样环刀

环刀壳体压入沙层采样点后，环刀由电机推出、缩回来采样；手动实现环刀口的开启和封闭。环刀电机的功率为 200 W，取样器壳体由内框和电机支撑，壳体下板与前后侧板点焊，壳体上板由螺杆固定，可拆卸。取样环刀设计见图 4.2.9 和图 4.2.10。

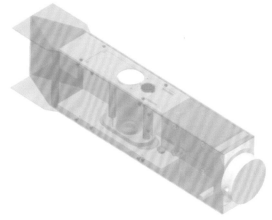

（a）取样环刀三维效果

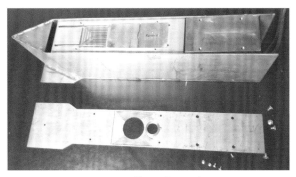

（b）取样环刀外形照片

图 4.2.9　取样环刀三维效果和实物图

环刀电机驱动蜗轮，通过链条带动环刀螺杆旋转，使环刀座和环刀往复运动，实现采样。环刀封口板的初始状态为开启，环刀口由尼龙塞封堵；尼龙塞用卡板定位，当采样体到位、开始推出环刀时卡板弹回；沙样挤压尼龙塞退入环刀底部；环刀封口板弹出，封住环刀口；提升采样体，完成采样。

环刀各部件组成分述：内框前侧板用 4 块板构成内框，安装环刀、电机及驱动系统；环刀封口板和尼龙塞卡板均采用压力弹簧；环刀电机蜗轮、蜗杆固定在环刀电机轴上，由传动轴用链条驱动链轮轴转动，使环刀往复运动；环刀后部螺孔与环刀座连接，可以旋转取出；环刀座的平面外形为椭圆，中心孔在环刀缩回时排出内部水体；前侧板中部开环刀孔和压盖孔，后侧板无孔；压盖即操作尼龙塞卡板；环刀孔铣卧台粘贴 1 mm 厚橡胶皮，防止环刀外环缝隙堵塞和环刀口盖板伸出。

尼龙塞的作用：初始状态时尼龙塞卡板将其卡住，于环刀口前端与壳体前侧板齐平，到设定采样点后弹回卡板，推出环刀，尼龙塞退回环刀内；尼龙塞在沙压力下往后退，保证沙样不与环刀内的水体掺混；采样完成后取下环刀，从后部推尼龙塞，排出沙样。

环刀驱动采用了电机-链轮-螺杆模式的驱动系统，环刀和螺杆平行布置，采样体横向主体长度为环刀的长度，有效地缩减了采样体的体积。

2. 与现有产品的比较

采样深度和样品保真是河床质采样器性能的控制性指标，在前述现有的 4 种代表性采样器中，各指标如下。

采样深度：河床质采样器的采样深度在 1 m 以内，深水水库低扰动取样器的最大采样深度为 5 m，维克轻便型高频震动钻机将直径为 55.5～88.9 mm、长为 1.52 m 的单根采样管连接后，高频震动钻进的最大深度为 60 m，Kajak 柱状采泥器的最大采样深度为 6 m，靠配重砸入河床，深度难以控制（方德胜 等，2011）。

样品保真：河床质采样器采用强力弹簧拉动采样体旋转 90° 的封口模式，样品两端承受快速切割变形；其他三类采样器采用橘皮闭合装置，对样品扰动很大；维克轻便型高频震动钻机是唯一可进行深层采样的设备，但其高频震动会改变样品的结构，沙样还必须克服几十米的沙样与采样筒内壁的摩擦力才能进入采样筒，即沙样已严重挤压变形。各采样器的样品均需从采样筒内推出取样，将再次挤压变形。

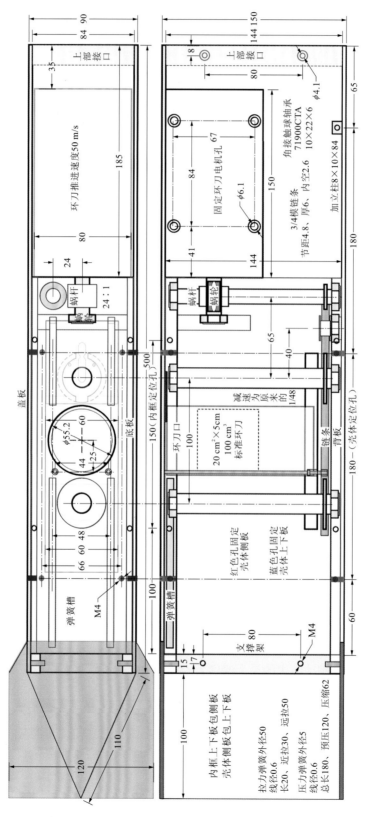

图 4.2.10　总体布置（图中单位：mm）

提出的直压式探杆环刀取样器设计的水下深度为 40 m，淤泥质河床的采样厚度为 0～5 m，沙质河床的采样厚度为 0～2 m，采样深度可精确确定。当取样系统缓慢下压并将取样器缓慢推出时，取样器壁面与泥沙的相对运动速度很低，由此产生的剪切力很小，可以保证采集的沙样不变形，达到陆地标准环刀采样的精度，实现真正的原位保真样品的采集。

4.2.2　自重作用下旋转进占取样

1. 自重作用下旋转进占采样器设计

针对深水区域（水深>30 m）淤积物深厚层取样的采样器，包括动力系统、传动杆系统、采样筒系统及三维定位测量系统等，其基本原理为借助采样系统自重力和低速旋转剪切力的共同作用取样，如图 4.2.11 所示。其中的关键技术问题：①淤积物样品在横截面方向的变形问题；②淤积物样品沿取样管的纵向变形问题；③取样设施动力操作、连接杆系及采样筒系统的协调性工艺技术研发；④采样筒底部橡胶套环及其液（气）压系统设计。

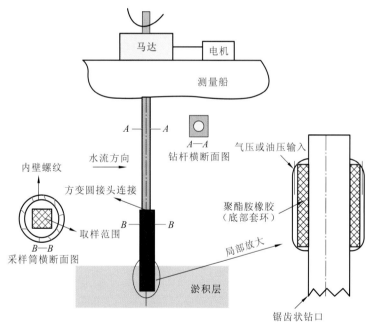

图 4.2.11　自重作用下旋转进占采样器示意图

该采样器在探杆头部安装采样筒，在工作船上转动探杆，使采样筒在钻杆系统自重和转盘低速转动的共同作用下钻入河床取样，主要包括操作平台、动力系统、传动杆系统和采样筒系统（图 4.2.11）。

具体设计如下。

1）操作平台

操作平台无动力，由测量船拖行，安装在测量船的一侧，到设计采样点后锚定。将动力系统吊装到操作平台后用地脚螺栓固定，再用吊车吊装采样筒和方钻杆，待钻杆接触床面后，将上下两个方钻杆的方补心装入，微调船位使探杆垂直，重新锚定船位。操作平台上部用链条连接提升系统，其自身的滑轨安装在提升系统的导轨之内，整个操作平台可以用链条控制其上升和下降。操作平台的设计见图4.2.12。

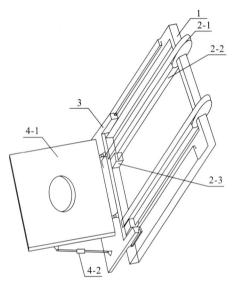

图 4.2.12　可升降操作平台结构示意图

1 为带导轨门架；2-1 为链轮，2-2 为链条，2-3 为液压缸 A；
3 为带滑轨侧板；4-1 为操作平台，4-2 为支撑杆（带液压缸 B）

2）动力系统

动力系统为框架式结构，采用齿轮传动结构，用离合器手柄控制其转动。将钻杆装入上下平台孔内，并装入方补心，推动离合器手柄，使离合器两个锯齿啮合，启动电机开始钻进。待方钻杆接头处钻进下平台时，断开离合器，加一节方钻杆，取出下平台钻孔方补心，调节图4.2.13中操作平台提升系统，使整个操作平台上升至接头上部，装入方补心后推动离合器手柄继续钻进，重复上述操作，直至采样至设计位置。动力系统设计如图4.2.13～图4.2.18所示。

其对运行环境的适应性如下。

（1）本动力系统采用整体框架式结构，使用前用吊车整体吊装至操作平台，用地脚螺栓固定在操作平台上，待取样完毕，可以整体吊走动力系统，收起操作平台。

（2）遇到大江行船产生大浪时，操作平台上的水平传感器会输出水平位置信息到水平传感器控制柜，控制柜与液压控制系统相连，根据水平位置信息来控制操作平台下方液压缸的升降，最终使得操作平台处于水平位置；若仍不奏效，可以直接松开离合器操作手柄，断开连接，拔出方补心，停止工作。

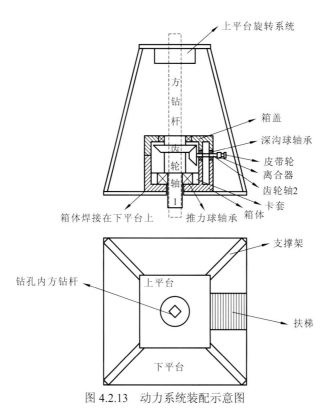

图 4.2.13　动力系统装配示意图

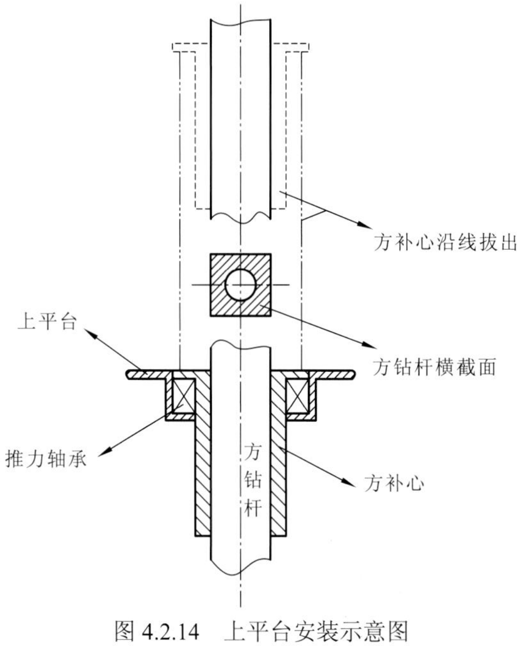

图 4.2.14　上平台安装示意图

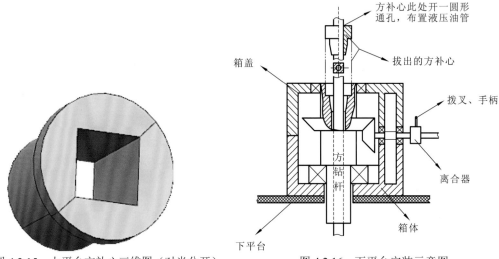

图 4.2.15　上平台方补心三维图（对半分开）　　　　图 4.2.16　下平台安装示意图

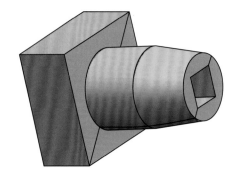

图 4.2.17　下平台方补心三维图（对半分开）

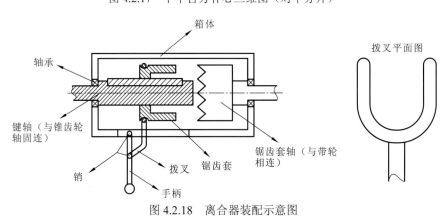

图 4.2.18　离合器装配示意图

（3）动力系统采用上下平台和方补心来固定，保证钻杆竖直向下钻进（防止钻杆与水平面成一定角度后继续钻进）。如果钻杆系统与水平面成一定角度钻进，操作平台上的水平传感器会显示操作平台不在水平面上，此时可以立刻停止钻进。

（4）齿轮传动机构也可以选用石油转盘，如图 4.2.19 所示，其传动原理和上述相似，可根据需求大小选用合适型号，焊接在框架上，其输入端同样接离合器。

图 4.2.19　石油转盘

3）传动杆系统

传动杆参照石油行业标准《方钻杆》（SY/T 6509—2012）自行设计，两端有接头，用内外螺纹配合连接，使用时配合方补心置于钻探孔内。另外，方钻杆本身自重很大，可以靠自重来提供所需钻压。方钻杆结构如图 4.2.20 所示。

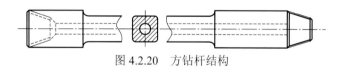

图 4.2.20　方钻杆结构

4）采样筒系统

采样筒系统主要包括转接头、内筒及内筒接头、外筒及外筒接头和钻头。外筒及钻头在方钻杆提供的钻压和转盘提供的扭矩的作用下，旋转进入淤积物，淤积物样品进入内筒，而内筒不随外筒一起转动。待钻进完毕后，船上油泵向钻头内注入液压油，钻头内的橡胶会膨胀，从钻头内壁孔中凸出，夹住样品后可以提钻。采样筒设计见图 4.2.21～图 4.2.27。

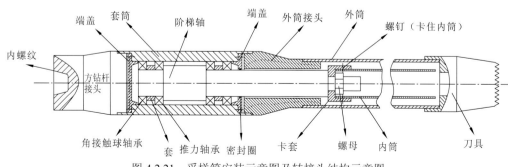

图 4.2.21　采样筒安装示意图及转接头结构示意图

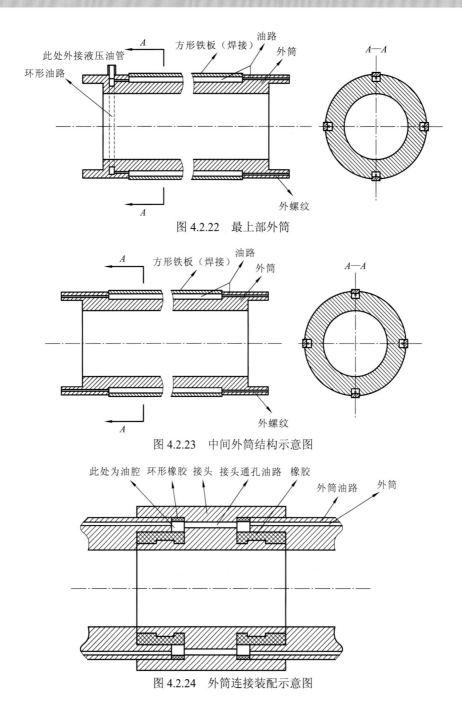

图 4.2.22　最上部外筒

图 4.2.23　中间外筒结构示意图

图 4.2.24　外筒连接装配示意图

　　方钻杆通过转接头带动采样筒外筒和钻头转动，进占取样，转接头内装有轴承，内筒轴安装在轴承上，内筒不随外筒一起转动，淤积物样品进入内筒后可以得到保护。待取样结束后，船上油泵向钻头体内抽入液压油，液压油使钻头内橡胶环向外膨胀，压住淤积物样品，提升采样筒，完成采样。

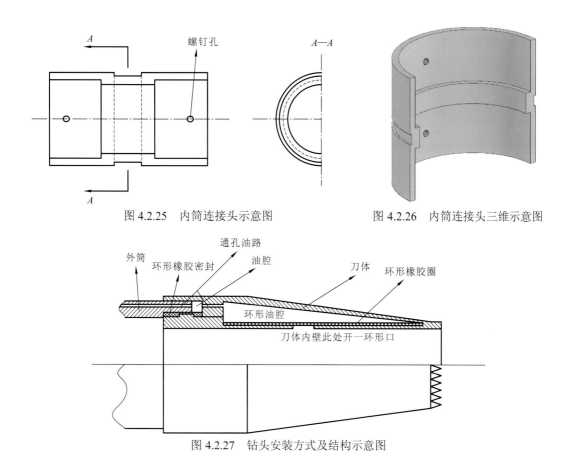

图 4.2.25　内筒连接头示意图　　　　图 4.2.26　内筒连接头三维示意图

图 4.2.27　钻头安装方式及结构示意图

外筒采用螺纹连接方式连接于转接头，最上部外筒上端有液压油管接口，用液压油管接船上油泵，液压油管穿过下平台方补心上的通孔至最上部外筒接口，取样时随钻杆一起钻进，防止其在水下缠绕在一起。外筒接头之间有橡胶圈，橡胶有弹性，可以卡紧外筒，同时也能够起到密封作用，形成油腔。外筒的外壁开几个轴向的槽，再用铁皮焊接上，形成一个空腔，而两端处需要攻螺纹，用钻头钻几个孔使其与空腔形成通孔。液压油通过接口进入外筒壁内的通孔，而外筒连接头的两端与外筒形成圆环形槽和几个壁内通孔，液压油经过外筒壁内通孔至圆环形槽内，再进入接头通孔至下一个外筒内。

内筒采用聚氯乙烯（polyvinyl chloride，PVC）管，将 PVC 管沿轴线分成两半，形成半合管。安装时，将半合管放在内筒接头内，用螺钉固定，防止轴向窜动，将两半贴合在一起，最后用具有弹性的束缚带绑在内筒接头的槽内。半合管的作用主要是防止淤积物样品受到除钻头钻进以外的其他扰动。

钻头连接方式和外筒套一样，内有一环形空腔，待钻进结束后，向内抽入液压油，使腔内的环形橡胶圈通过钻头内壁环形口向外膨胀，进而压住淤积物样品，而且可以根据抽入油量大小来控制夹紧力大小。下钻之前，将整个液压油路内注满液压油，防止钻头环形油腔内的环形橡胶圈在水压力下向内收缩。另外，如果能够用水代替液压油，就尽量用水，因为提钻上岸后液压油还需回收，而水可以直接让其自动流出。

2. 自重作用下旋转进占采样器可行性分析

1）钻头的设计计算与选型

钻头外径初定 190 mm，端部为锯齿形，分成两部分。第一部分为钻头体，采用普通碳钢机加工而成。第二部分为端部锯齿，采用硬质合金制成，厚度为 6 mm，河床淤积物层的研磨性较高但硬度不高，而硬质合金具有高硬度、高强度、高耐磨性、耐热、韧性好等特点，尤其在硬度和耐磨性方面比较适合河床淤积物的钻取，但是硬质合金脆性大，不适合切削加工成整体钻头，所以制成锯齿状后焊接在钻头体上。

2）内筒及外筒的设计计算与选型

采样器采样筒的外筒选用普通无缝钢管来加工，考虑到钻头初定外径、取样过程的受力情况、采样筒内布置内筒及外筒壁内加工油路，查阅普通无缝钢管的标准，选择外径 $D=180$ mm、内径 $d=160$ mm 的普通无缝钢管作为外筒，其密度为 41.92 kg/m³，并加工成每节 6 m 长，共 5 节，最后在每节外筒的两端加工外螺纹。内筒选用 PVC 管加工而成，根据外筒的尺寸规格，参考标准《给水用硬聚氯乙烯（PVC-U）管材》（GB/T 10002.1—2006）确定内筒的外径 $D=140$ mm，壁厚 $t=5.4$ mm，即其内径 $d=129.2$ mm，每根长度为 6 m，其密度为 3.4 kg/m³。为保证钻头的面积比尽量小，在兼顾内筒内径的情况下，取钻头的内径为 $d=128$ mm，钻头主要尺寸如图 4.2.28 所示。

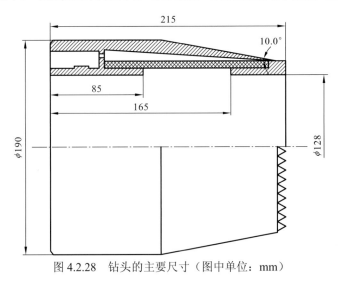

图 4.2.28　钻头的主要尺寸（图中单位：mm）

3）方钻杆的设计计算与选型

本河床淤积物采样器在取样的过程中受到各种作用力的影响，在不同的工作条件和工作状态下各部位所受的载荷都不一样，其受力分析模型如图 4.2.29 所示。不管何种河床淤积物采样器，在进入淤积物层的过程中都需要一定的下压力，即钻压，该采样器的钻压来源于采样器的自重 G。在钻头钻进淤积物层的过程中，钻头与外围淤积物之间产

生挤压力 N_1，与内部淤积物样品之间产生挤压力 N_2，钻头端口排土压力为 N_3，同时钻头钻进淤积物层向下运动时分别在外围接触面与内部淤积物样品接触面上产生摩擦力 f_1、f_2，排土面产生的摩擦力为 f_3。

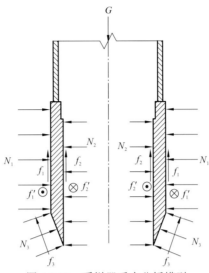

图 4.2.29　采样器受力分析模型

查阅有关文献可知,三峡库区沉积物的岩性为黏土质粉砂,以粉砂为主,平均占61%,其次是黏土,约占38%,而砂含量很低,平均约占1%,选取其有效干容重 $\gamma=18\ \mathrm{kN/m^3}$,浮容重 $\gamma_{浮}=8\ \mathrm{kN/m^3}$,内聚力 $c=10\ \mathrm{kPa}$,内摩擦角 $\varphi=25°$。根据相关资料,以砂土与钢的摩擦为例,其摩擦系数 μ 的取值范围很宽,在 $0.3\sim0.8$,本算例中取 $\mu=0.35$。

钻头钻进淤积物层的过程中,外部淤积物作用在钻头上的压力逐渐增大,当达到外部淤积物的被动极限平衡状态后,外部淤积物会出现滑动而排挤开外部淤积物。土力学中的朗肯被动土压力公式为

$$\sigma = \gamma z K_{\mathrm{p}} + 2c\sqrt{K_{\mathrm{p}}} \tag{4.2.1}$$

式中：γ 为淤积物的有效干容重；z 为钻进深度；K_{p} 为朗肯被动土压力系数，$K_{\mathrm{p}}=\tan^2(45°+\varphi/2)$，$\varphi$ 为淤积物的内摩擦角；c 为淤积物的内聚力。

由此可知，外部淤积物对钻头的摩擦力为

$$f_1 = \mu N_1 = \mu \int_{l-\Delta h}^{l} 2\pi R_0 \sigma \mathrm{d}z = 2\pi R_0 \mu \int_{l-\Delta h}^{l} \left[\gamma z \tan^2\left(45° + \frac{\varphi}{2}\right) + 2c\tan\left(45° + \frac{\varphi}{2}\right) \right] \mathrm{d}z \tag{4.2.2}$$
$$= 823.18l + 1\,228.75\,(\mathrm{N})$$

式中：μ 为淤积物与钻头间的摩擦系数；l 为取样总深度；Δh 为钻头外部轴向长度；R_0 为钻头外径。

钻头切入淤积物层时，淤积物样品对钻头产生静止侧压力。土力学中的静止侧压力计算公式为

$$\sigma_0 = K_0 \gamma z \tag{4.2.3}$$

式中：K_0 为静止土压力系数，$K_0 = 1 - \sin\varphi$，φ 为淤积物的内摩擦角；γ 为淤积物的有效干容重；z 为钻进深度。

由此可知，内部淤积物样品对钻头的摩擦力为

$$f_2 = \mu N_2 = \mu \int_{l-h}^{l} 2\pi R_i \sigma_0 dz = \mu\pi R_i (1 - \sin\varphi)\gamma z(2lh - h^2) = 97.47l - 7.3 \,(\text{N}) \tag{4.2.4}$$

式中：R_i 为钻头内径；l 为取样总深度；h 为钻头内部轴向长度。

钻头受到的总摩擦力：

$$f = f_1 + f_2 = 823.18l + 1\,228.75 + 97.47l - 7.3 = 920.65l + 1\,221.45 \,(\text{N}) \tag{4.2.5}$$

忽略两个接头的影响，采样筒内筒和外筒总重约为

$$G_q = (3.4 \times 30 + 41.92 \times 30) \times 9.8 = 13\,322.08 \,(\text{N}) \tag{4.2.6}$$

当取样深度 $l = 30$ m 时，$f = 28\,840.95$ N，则所需最小钻压为

$$P = f - G_q = 15\,516.87 \,(\text{N}) \tag{4.2.7}$$

参照《方钻杆》（SY/T 6509—2012）和《钻杆规范》（ANSI/API Spec 5DP）计算出 30～150 m 水深条件下所需方钻杆的主要参数，如表 4.2.1 所示，方钻杆总长 $L = 7\,000$ mm，方钻杆采用合金钢热轧后壁管或锻造坯料机械加工成型，在加工螺纹或者管体前应进行全截面正火和调质热处理，其螺纹及内、外螺纹台肩面应进行镀铜或磷化处理，优先选用镀铜处理，加工好的方钻杆的力学性能要求为屈服强度 $\sigma_s \geqslant 758$ MPa，抗拉强度 $\sigma_b \geqslant 965$ MPa。

表 4.2.1　方钻杆主要参数

水深/m	外径/mm	内径/mm	根数	单根质量/kg	抗扭截面系数 W_t/(10^{-5} m^3)	横截面积/(10^{-6} m^2)
30	168.3	88.9	5	290	22.8	7 955.3
40	182.2	88.9	6	250	29.9	10 757.7
50	158.8	69.9	7	210	23.6	8 771.3
60	152.4	76.2	8	190	18.4	7 052.5
70	152.4	82.6	10	180	16.1	6 252.3
80	127	54	12	170	12.4	5 772.3
90	127	65.1	13	150	10.3	4 736.0
100	111.1	41.3	15	130	8.79	4 832.0
110	102.8	50.8	16	120	6.22	3 462.7
120	102.8	54	17	115	5.74	3 201.3
130	102.8	54	19	115	5.74	3 201.3
140	102.8	54	20	115	5.74	3 201.3
150	85.7	42.5	22	80	3.10	2 117.0

根据上述初步计算，在 30 m 左右水深处，设计的方钻杆满足所需钻压大小。如果水深更大，可采用更多根较细的方钻杆连接以满足深度和钻压的需求。另外，如果提供的钻压不够，可以在方钻杆上加配重。

4）卡取压力计算

钻头内布置成腔体并装有橡胶套来卡取淤积物样品，需要抽入液压油或水来压出橡胶套，从而夹紧淤积物样品。为了使淤积物样品能够成功夹断，橡胶套与淤积物样品之间的静摩擦力 F_f 必须大于淤积物样品的自重 $G_{淤}$，即

$$\mu_1 p S \geqslant G_{淤} \tag{4.2.8}$$

式中：μ_1 为橡胶套与淤积物样品之间的静摩擦系数，考虑橡胶与湿混凝土之间的静摩擦系数在 0.5～0.8，选择 μ_1 为 0.5；p 为腔内的压力，由船上操作员控制；S 为橡胶套与淤积泥沙的相互作用面积，由图 4.2.28 中钻头的尺寸计算得知 $S = 3.216\,99 \times 10^{-2}\,\mathrm{m}^2$。

将各数据代入式（4.2.8）得

$$p \geqslant \frac{\pi \times 18 \times 1\,000 \times 0.064^2 \times 30}{0.5 \times 32\,169.9 \times 10^{-6}} = 0.432\,(\mathrm{MPa}) \tag{4.2.9}$$

因此，卡取淤积物样品所需的最小压力为 0.432 MPa，待钻进完成后，通过船上油泵向钻头内抽入液压油至最小压力即可。

5）采样器压杆稳定校核

采样器钻进淤积物的过程可近似视为采样器下端固定在淤积物内，上端固定在转盘内，即固定约束，但轴向相对移动。并且整个采样器是由采样筒和方钻杆构成的，很难合成计算。本章利用材料学中的压杆稳定计算方式，分别假设整个采样器均为外筒和均为方钻杆两种情况计算其临界压力。

通过对两种情况下的采样器进行分析计算，得出不同钻进深度时采样器的工作安全系数 n 均比较大，最小为 37.06，能够满足压杆稳定要求，在正常钻进取样过程中不会出现失稳现象。

6）数值模拟

为了模拟、分析实际情况下钻孔回转取样过程中，采样器侧壁回转对样品的扰动情况，特别是不同采样器内径及不同回转速度对试样的扰动，采用三维颗粒流计算软件 PFC3D 进行了计算。

（1）数值计算流程。

采用一种简化的典型级配来反映土体试样的颗粒特征，级配曲线如图 4.2.30 所示，最大颗粒直径为 2.5 mm，最小颗粒直径为 1.8 mm，试样为直径为 20 cm、高为 5 cm 的圆柱体，试样内摩擦角取 25°，颗粒密度取 2.7 g/cm³，假设颗粒不可压缩侧壁与土体单元的摩擦系数为 0.2。颗粒尺寸与试样尺寸不在一个数量级内，可有效避免尺寸效应对计算的影响。

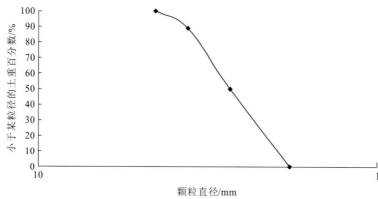

图 4.2.30　颗粒流数值模型试样级配曲线

本次计算分析从采样器内径和采样器回转速度两个方面展开，了解其对采样器内试样的扰动情况。

（2）计算成果分析。

首先，介绍相同采样器内径、不同回转速度下试样的扰动情况。

采样器内径固定为 20 cm，参考目前常规设备钻杆回转速度范围，分析转速由 30 r/min 增至 2 880 r/min 过程中对内部试样的扰动情况，每种速度下采样筒均回转 10 圈。

由计算成果不难看出，随着转速的增加，试样中央部位未扰动土样的面积百分比呈上升趋势，对不同回转速度下试样未扰动面积百分比进行了统计，见图 4.2.31。可以看出，转速超过 720 r/min 后，未扰动试样面积百分比提高速度有所降低，从经济角度来讲，720～1 440 r/min 较为合理。

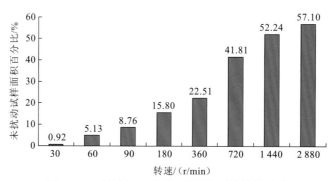

图 4.2.31　转速与未扰动试样面积百分比的关系

然后，介绍相同回转速度、不同采样器内径条件下的试样扰动。

回转速度取 720 r/min，采样器内径由 10 cm 增至 30 cm，同时对采样器内径与未扰动试样面积百分比的关系进行了统计（图 4.2.32）。可以看出，未扰动试样面积百分比与采样器内径之间并非呈单调变化关系，在以内径 5 cm 为增量的分析中，20 cm 内径是最优方案。

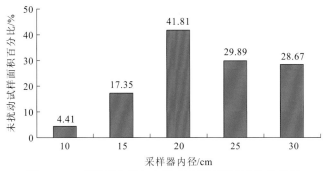

图 4.2.32　采样器内径与未扰动试样面积百分比的关系

综合来看，一定范围内，适当增大采样器内径可以有效提高采集试样的质量，20 cm 左右内径已经能够达到采集原状试样的目的，在采样器回转速度方面，考虑机械功率及经济，尽量增加采样器转速可以提高采集试样的质量，以 720 r/min 以上为宜。

7）方案可行性论证

经过上述结构设计及分析，进行以下讨论。

（1）设计了初选钻头的外径，通过设计计算选出了外筒和内筒的型号，参照标准自行设计了一套方钻杆，计算出卡取样品所需的最小压力。最后分析采样器在全为方钻杆和全为外筒两种情况下的压杆稳定，得出采样器在取样过程中不会失稳的结论。

（2）选取了适当的淤积物参数，采用计算机软件进行数值分析，得出采样器内径与回转速度对取样扰动影响的理论结果，并得出了最佳的采样器内径和回转速度。

（3）该采样系统的动力系统通过补心装置给传动杆系统提供扭矩，并未固连于传动杆系统，而传动杆系统固连于采样筒系统；动力系统由离合器控制钻进启闭，取出动力系统内的方补心就可以使传动杆系统独立于动力系统，操作方便；动力系统为方钻杆，其具有一定的自重来提供钻进钻压，减少了动力装备；采样筒系统分内、外筒，通过转接装置连接，外筒的主要作用是提供扭矩，内筒不转动，用来保护淤积物样品，因此整个采样系统比较合理。但是该采样器拟用于深水采样，探杆在水中转动，会产生一定的惯性离心力，使其产生一定的挠度，若在 30 m 以内，此挠度较小，对采样筒竖直钻进影响不大。但随着水深增加，探杆加长，转动产生的离心力越大，探杆挠度越大，采样筒有可能斜着钻进淤积物层，会影响取样质量。需要设计一种水下探杆扶正系统，并且分析整个探杆的振动模态。

（4）液压油路嵌在外管壁内，整个液压油路能够达到密封要求，可根据夹紧力大小来控制液压油量，从而达到卡取淤积物样品的目的，根据课题要求，淤积物为沙质河床，理论上具有一定的可行性，但如果遇到的是淤泥质河床，该卡取方式不太合适。此外，钻头内设计了液压油腔，钻进时钻头的强度会受到一定的影响，可考虑让整个液压卡取装置独立于钻头。

（5）即使上述结构中使用水平传感器调整操作平台，使之处于水平位置并且使用离合器控制钻杆钻进，但当遇到大的波浪使船剧烈晃动时，钻杆整体还是与船体相连的，会使钻杆弯曲变形，可设计一种根据需要可以自动调节夹紧或松开的方补心，以保证船剧烈晃动时让探杆与船体分离。

综合上述分析，该采样器理论上可用于 30 m 以上的深水取样，沙质河床的采样深度可达 30 m。但该设计方案还需通过试验做进一步调整和改进，实现在保证取样效果的前提下减少深水时整个系统的振动、传动杆系统和动力系统在恶劣环境下能快速分离、取样过程更加安全和高效等目标。

4.2.3　钢缆悬挂配重取样系统

1. 钢缆悬挂配重取样系统优化设计

1）总体布置

参考国内外代表性的采样器和积累的经验，提出了钢缆悬挂配重取样系统方案。在水深小于 300 m 的范围内采用悬挂钢缆将采样体沉放到河床上。优化后的采样体主要包括电机和减速机、链锤构件、采样筒、下部封口构件和水压计（深度）等。系统总体布置如图 4.2.33 所示。配重平台为直径为 2.0 m 的圆形铅制构件。套筒固定安装在配重平台中心，套筒内嵌两排齿条，钻筒由 500 m 深水电机驱动旋转并沿套筒内的齿条向下钻进，采样筒与钻筒同心、同步下降但不旋转。钻筒和采样筒缓慢下降，沙样滑入采样筒，每下降 0.5 m，在采样筒下口往沙样中注射示迹颜料。钻进到设定位置，封闭采样筒下口，将钻筒和采样筒抽回至套筒内，吊起配重平台和采样系统，取出采样筒，将采样筒剖分为两半，测量示迹颜料的位置，测算沙样的压缩率，按设定的间隔提取沙样并进行各种分析。

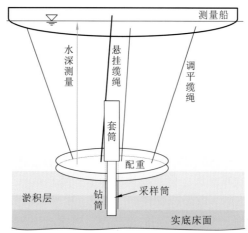

图 4.2.33　系统总体布置示意图

该取样系统拟应用于三峡水库不同淤积成因条件下的库尾、变动回水区及坝前区域，从浅水到 300 m 水深数量级（原理上水深不受限制）的河床淤积物采样；适用于粒径小于 20 mm 的淤泥质、沙质和砾石河床。

电机带动链条拉起重锤，触发后砸在承台上，驱动采样体下钻，直到设定的采样深度。实际的水下采样深度用压力传感器倒置测量水压力（水深）来确定。从结构设计角度，实际采样床面以下深度最大可达 20 m，但考虑到测量环境等影响因素，该装置能确保在无板结沙质河床采样深度 6 m、浮泥质河床采样深度 12 m 内高保真采样。直流电机功率为 120 W，转速为 3 000 PMR（50 r/s）；减速机减速比为 1∶100，输出转速 $n'=0.5$ r/s。额定扭矩为 44 N·m，选择电机功率 $P'=120$ W，扭矩 $T=P'/(2\pi n')=28.6$（N·m）。传动链轮直径为 44 mm。线速度为 69 mm/s；重锤直径为 80 mm，长 160 mm，两端各 10 mm 为不锈钢，中部为铅，重量为 8.33 kg。链轮半径（力臂）为 0.022 m，需要扭矩 81.7×0.022＝1.80（N·m），电机扭矩为其 16 倍。重锤系统采用关节轴承整体悬挂，重锤底部中空，在外壳内可以适当偏斜。采用重锤自动校正偏斜，只砸在偏高一侧，始终处于校正的状态，可在下钻过程中实时纠偏。整体布置见图 4.2.34。

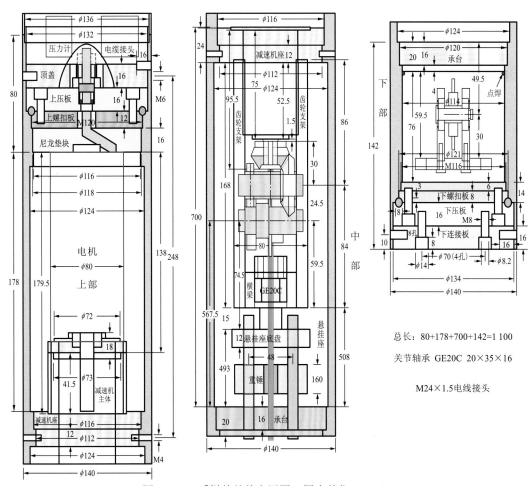

图 4.2.34　采样体整体布置图（图中单位：mm）

2）链锤驱动部件设计

图 4.2.35～图 4.2.52 为各零部件设计图。

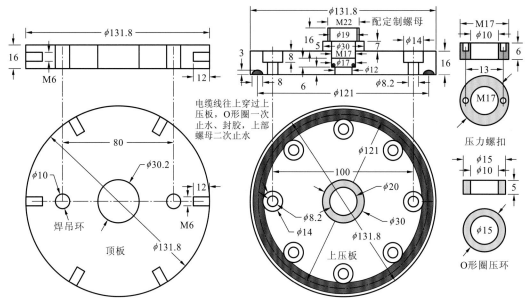

图 4.2.35 顶板和上压板（图中单位：mm）

顶板与外壳螺杆固定；中部两个孔焊吊环，承受全系统的重量。上压板加工止水环，螺杆压紧 O 形圈防水；

中心有出线孔，加 O 形止水环和止水螺母

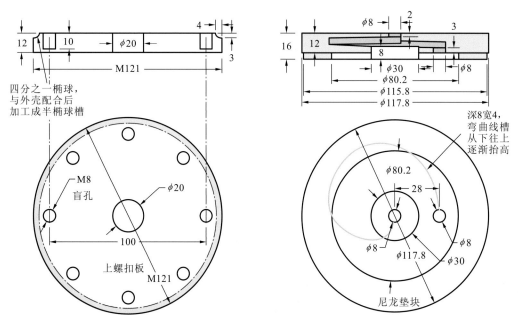

图 4.2.36 上螺扣板（不锈钢）和尼龙垫块（图中单位：mm）

上螺扣板与外壳螺扣锁紧后加工 O 形圈止水槽，放入 $\phi 121$ mm×8 mm 的 O 形圈后用上压板螺杆压紧止水；中孔为电缆孔。

上螺扣板上表面涂胶，与上压板黏合为一体防水。尼龙垫块卡在电机上部，电缆线在弯曲线槽内盘绕后填胶防水，增加电

缆线的渗透路径。电缆线穿过上螺扣板，在上压板上部用压环止水

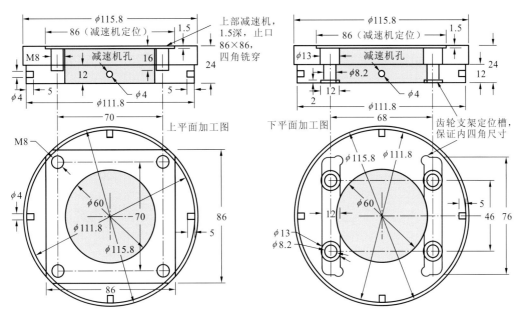

图 4.2.37　电机和减速机基座（不锈钢制作）（图中单位：mm）

用横向螺杆将基座与外壳固定，外壳螺扣长 14 mm，定位螺杆长 8 mm（进 5 mm，余 3 mm）。电机和减速机用螺杆连接为一体后固定在基座上，减速机中心下出轴固定伞齿轮。下部悬挂齿轮支架，安装伞齿轮、直齿轮和链轮。76 mm×12 mm 定位槽内四角应保证尺寸，外四角为 R3 mm 圆弧

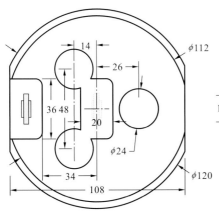

承台竖直从上往下穿过减速机基座112孔后，在中部124腔中转平，在承台基座上由厚2的111.8台与下部112腔定位和焊接。

滑轨孔直径24，容许单边最大偏斜6；留链条空位长36，宽20；链条吊杆长18，链条宽6，长边空9，不会卡住吊杆，短边空7，链条不会擦边

电机、减速机、传动齿轮悬挂座、滑轨及链条装配后，从上往下穿进外壳上段，穿过承台，在滑轨下端安放滑轨下平台，连接链条，最后用滑轨下平台卡簧定位

图 4.2.38　承台（不锈钢制作）（图中单位：mm）

承台与外壳焊接时应注意方位，图左的缺口为外链条通道，应与齿轮支架固定的链轮外链条的方位一致

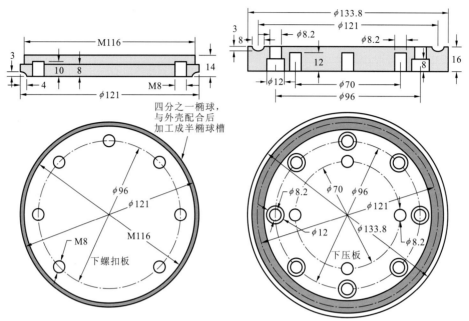

图 4.2.39　下螺扣板和下压板（不锈钢制作）（图中单位：mm）

下螺扣板与外壳配合后整体加工半椭球槽；15 mm 长 M8 螺杆头直径 11.8 mm，台高 6.5 mm

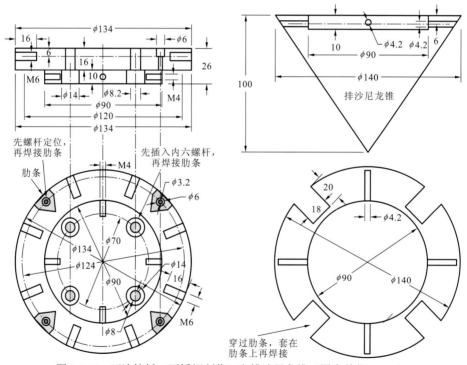

图 4.2.40　下连接板（不锈钢制作）和排沙尼龙锥（图中单位：mm）

下连接板向上通过 M8 螺杆固定在下压板上，先插入 M8 内六螺杆，再焊接肋条，避免排沙尼龙锥遮挡而插不进螺杆。横向 8 个 M6 螺杆与外壳连接，肋条上端以 M3 螺杆定位后焊牢固。排沙尼龙锥套在肋条上，横向 M4 螺杆固定在下连接板的下凸台上。采样筒上部开敞，泥沙进入采样筒后从上端由排沙尼龙锥排向外侧，尽可能减少泥沙在采样筒内的压缩而保持沙样不变形

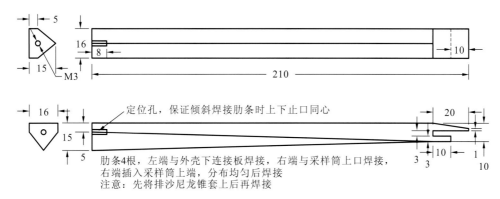

图 4.2.41　连接肋条（不锈钢制作）（图中单位：mm）

肋条上端以 M3 螺杆定位后焊牢固。排沙尼龙锥套在肋条上，横向 M4 螺杆固定在下连接板的下凸台上

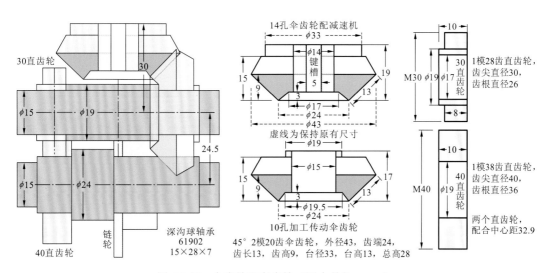

图 4.2.42　伞齿轮和直齿轮（图中单位：mm）

齿轮与齿轮轴焊接定位。垂直伞齿轮上端与减速机轴台顶紧

04C-1链条节距6.35，厚6.0，宽7.9（+1，对称宽10），内空3.2

04C-1链轮22齿：齿尖直径47，齿根直径41，厚3，单边台直径35，带链外径50，链内空38.4，重锤中心距外链内侧41，链条中心距44

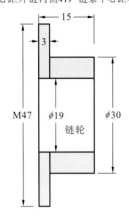

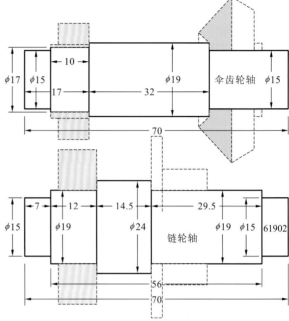

图 4.2.43　链轮和轴（图中单位：mm）

链轮与齿轮轴焊接定位

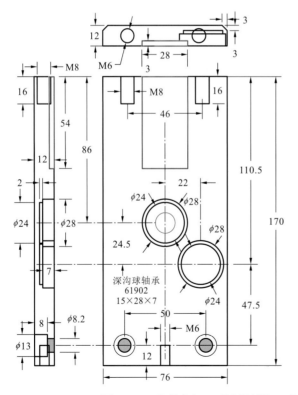

上部与电机座定位槽沉头螺杆固定

关节轴承 GE30C　30×47×22

下部关节轴承座悬挂重锤系统

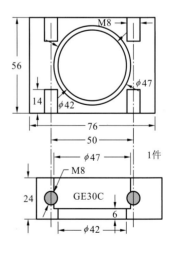

图 4.2.44　齿轮支架（不锈钢制作）（图中单位：mm）

两个侧板，一块底板，螺杆连接成支撑架；先装配集成后再固定在电机座上

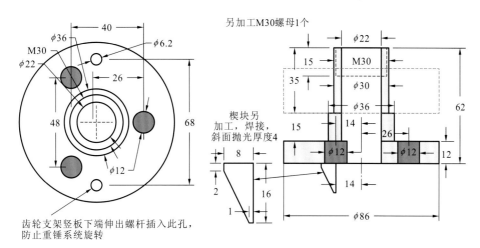

图 4.2.45　悬挂座（不锈钢制作）（图中单位：mm）

上部插入电机座的关节轴承中，用 M30 螺母固定，下部 3 个孔穿过 12 mm 滑轨；楔块为释放重锤的触发体

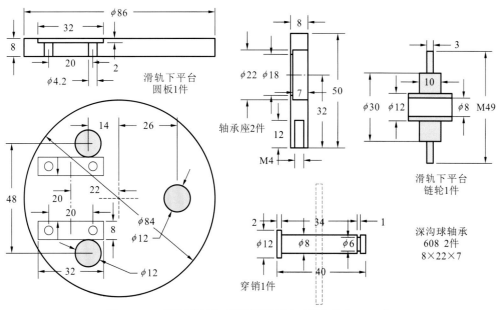

图 4.2.46　滑轨下平台（不锈钢制作）（图中单位：mm）

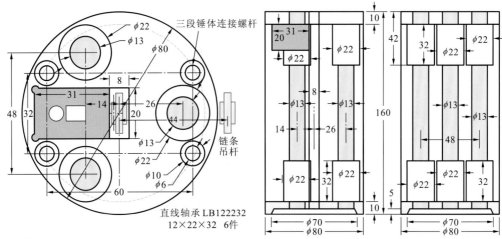

图 4.2.47　重锤设计图（图中单位：mm）

重锤由三段组成，由 4 根 M6 螺杆固定成为整体。中段为铅，上下段为不锈钢。在中段设置线轴承以控制滑轨，中段上部预留触发构件空位。链条吊杆卡住触发构件右侧的悬挂叉以提升重锤，接近悬挂座时楔块插入 8 mm×6 mm 方孔中，将滑块向左推，链条吊杆脱离悬挂叉，重锤下砸

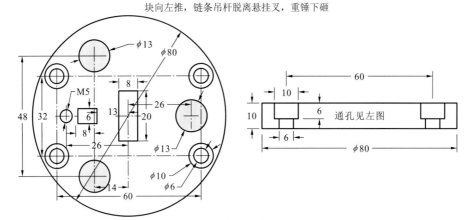

图 4.2.48　重锤上段（不锈钢制作）（图中单位：mm）
左图中的通孔按图示平面尺寸加工，右图未画出

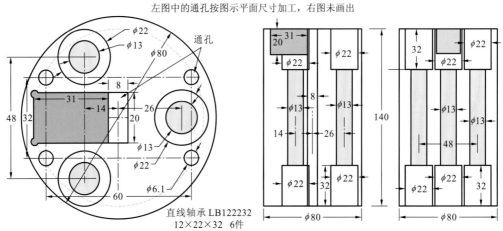

图 4.2.49　重锤中段（材料为铅体）（图中单位：mm）
左图中 4 个 6.1 mm 直径通孔按图示平面尺寸加工

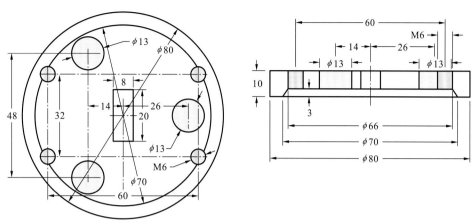

图 4.2.50　重锤下段（不锈钢制作）（图中单位：mm）

4 根 157 mm 长的 M6 连接螺杆需另外加工

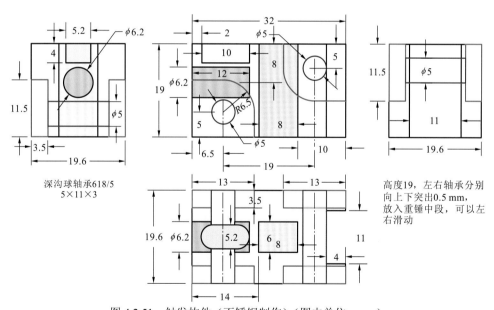

深沟球轴承618/5
5×11×3

高度19，左右轴承分别
向上下突出0.5 mm，
放入重锤中段，可以左
右滑动

图 4.2.51　触发构件（不锈钢制作）（图中单位：mm）

左上矩形槽为触发构件向右滑动的限位，由重锤上段伸出的 M5 螺杆控制。左右滑动行程 5 mm

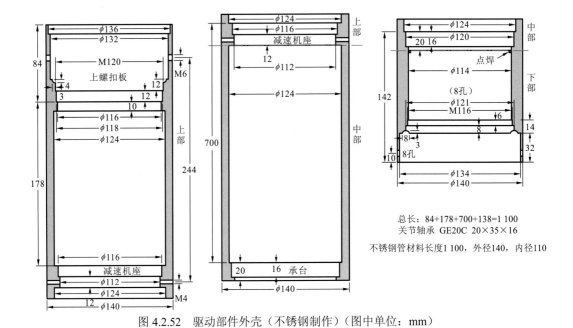

总长：84+178+700+138=1 100
关节轴承 GE20C 20×35×16

不锈钢管材料长度1 100，外径140，内径110

图 4.2.52　驱动部件外壳（不锈钢制作）（图中单位：mm）

3）采样筒部件设计

单层采样筒设计如图 4.2.53～图 4.2.56 所示。

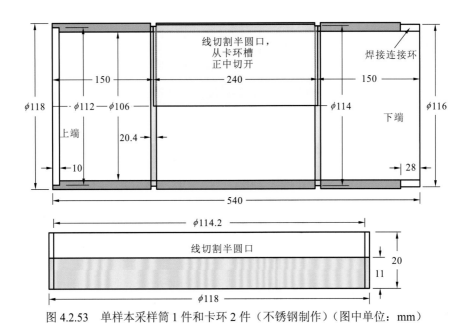

图 4.2.53　单样本采样筒 1 件和卡环 2 件（不锈钢制作）（图中单位：mm）

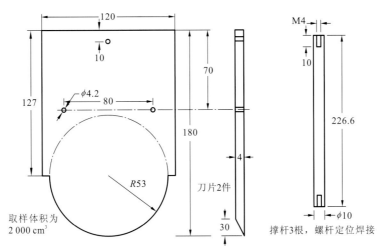

图 4.2.54　采样器（不锈钢制作）（图中单位：mm）

（a）开

（b）闭

图 4.2.55　封口部件

图 4.2.56　压力（水深）传感器

4）采样筒下部封口部件设计

采用 6 组封口片实现水平封口，每组 3 片，每片厚 0.8 mm，预留空间高度 3 mm；

封口片安装在 10 mm 厚的基座上，用扭力弹簧外推封口；下片卡块带动 3 片封口片回位后用触发块卡住。触发环上部为触发块，由电磁铁下拉和压力弹簧上顶组合驱动，上下位移 1 mm。压力弹簧上顶 1 mm，使触发块卡住封口片，采样结束、上提时，启动电磁铁以下拉触发环，使触发块下移 1 mm，释放封口片。电缆供电至采样筒上部，采样筒为正极，在采样筒下部设导电环，通过水体接收上部与水体接触的负极。导电环内衬为尼龙，外部为铜环，铜环外部接触水体，与采样筒绝缘。封口部件设计如图 4.2.55 所示。

5）采样深度测量

在采样体在水中下放及插入河床的过程中可能会发生一定的偏斜，测深法难以测定采样点的深度，超声法也不易穿过沙层。为此，在采样体中安装压力（水深）传感器（图 4.2.56）以测量总静水压力。传感器的感压面垂直向下安装在采样器的壳体中，感压元件只感应清水的压力而不会承受床沙的附加压力。

2. 可行性论证及试用状况

主要性能指标如下。

采样深度：保证在三峡水库最大水深（150 m）的缓流区库底，无板结沙质河床的采样深度最大设计值为 6 m，浮泥质河床的采样深度最大设计值为 12 m（比合同要求的深度显著增加）。

样品保真：采样筒底部采用封口片横向弹出的方式瞬间封闭采样筒下口，不扰动沙样；沙样在 1.0～2.4 m 长（比合同设计的 6 m 缩短）的采样筒内与采样筒内壁摩擦，到采样筒上端由锥体排出，相对于维克轻便型高频震动钻机，沙样承受的挤压力有限，可以保证沙样基本不变形；在采样筒上开仓采样比传统的挤出采样独具优势。

可行性论证结论：该设计与现有的 4 种采样器相比具有明显优势，在三峡水库条件下，沙质河床的采样深度可达 6 m，浮泥质河床的采样深度可达 12 m，能够满足三峡水库淤积物取样的需求，可作为进一步研发采样器的基础。

4.3　库区淤积泥沙干容重特性

统计三峡水库实测断面平均干容重的历年成果发现，大坝—李渡段实测干容重呈现出坝前向上游河段逐渐增大的现象，坝前河段平均干容重最小，这符合泥沙在水库内沿程分选的规律，即自上而下粒径变小，表现为越靠近坝前，泥沙颗粒越细，而泥沙淤积物的干容重与粒径是正比例关系，泥沙粒径越小，干容重越小。2017 年三峡水库干容重的主要特征值如下。

（1）大坝—李渡段 2017 年汛前淤积物中值粒径的变化范围为 0.006～0.214 mm，平均中值粒径为 0.039 mm，干容重的变化范围为 0.568～1.505 t/m³，平均干容重为 0.897 t/m³；汛后淤积物中值粒径的变化范围为 0.007～0.319 mm，平均中值粒径为 0.041 mm，干容重的变化范围为 0.550～1.804 t/m³，平均干容重为 0.837 t/m³。

（2）常年回水区下段（大坝—丰都段）2017 年汛前淤积物中值粒径的变化范围为 0.006～0.210 mm，平均中值粒径为 0.031 mm，干容重的变化范围为 0.568～1.403 t/m³，平均干容重为 0.866 t/m³；汛后淤积物中值粒径的变化范围为 0.007～0.187 mm，平均中值粒径为 0.029 mm，干容重的变化范围为 0.550～1.456 t/m³，平均干容重为 0.778 t/m³。

（3）常年回水区上段（丰都—李渡段）2017 年汛前淤积物中值粒径的变化范围为 0.020～0.214 mm，平均中值粒径为 0.093 mm，干容重的变化范围为 0.928～1.505 t/m³，平均干容重为 1.176 t/m³；汛后淤积物中值粒径的变化范围为 0.018～0.319 mm，平均中值粒径为 0.147 mm，干容重的变化范围为 0.807～1.804 t/m³，平均干容重为 1.273 t/m³。

2017 年汛前干容重与历年比较，万州以下河段全部表现为偏小，万州以上河段无明显变化趋势，而汛前的中值粒径无明显的变化趋势；2017 年汛后干容重偏小明显，中值粒径均较其他年份有增有减，整体呈现偏小趋势（图 4.3.1）。三峡水库 2005～2010 年、2014 年和 2017 年各河段淤积物干容重与中值粒径的沿程变化见图 4.3.2，可以看到淤积物干容重和中值粒径都随着与大坝距离的增大呈增大趋势。

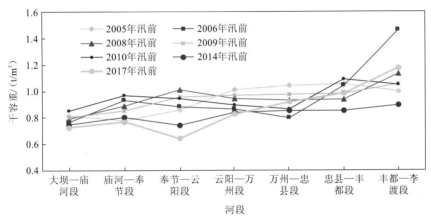

（a）三峡库区汛前不同时期淤积物干容重的变化

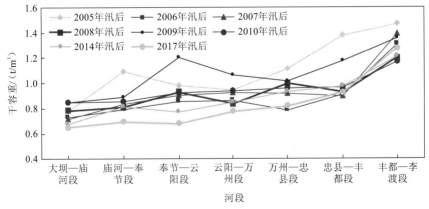

（b）三峡库区汛后不同时期淤积物干容重的变化

图 4.3.1　三峡库区不同时期淤积物干容重的变化

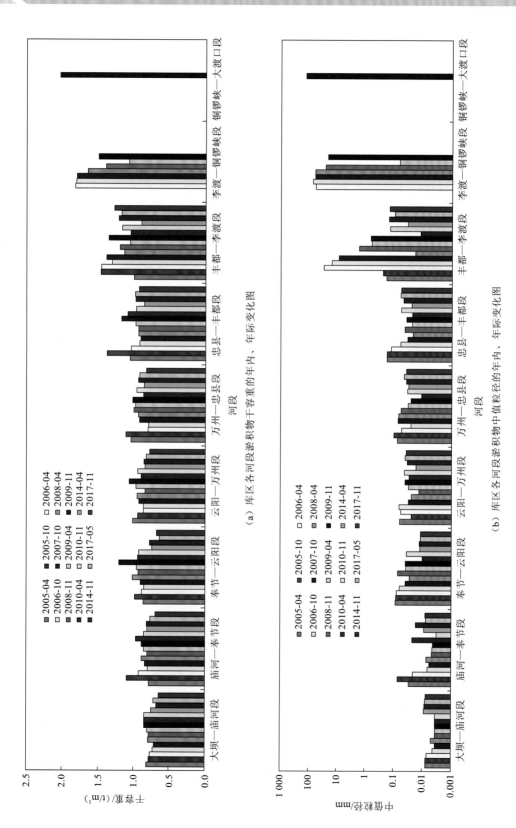

(a) 库区各河段淤积物干容重的年内、年际变化图

(b) 库区各河段淤积物中值粒径的年内、年际变化图

图 4.3.2 库区各河段淤积物干容重和中值粒径的变化图

4.4　三峡库区河床淤积物采样分析

4.4.1　采样条件

2017 年 5 月 21 日～6 月 1 日在三峡库区进行了河床质的现场采样。采样位置见图 4.4.1，图 4.4.2 为现场采样的场景。

图 4.4.1　采样位置示意图

图 4.4.2　现场采样场景

采样点在 S34+1 断面附近，距大坝约 6.5 km。为减少船行波对采样过程的影响，采样点均在避开主航道的两岸。共采集了 13 个沙样，基础数据见表 4.4.1，按采样时间编号。部分沙样的照片见图 4.4.3～图 4.4.6。环刀横截面面积 20 cm^2，泥深为采集点离河床表面的深度。

表 4.4.1　三峡库区河床质采样基础数据

编号	地名	左右岸	距岸/m	水深/m	泥深/m	样长/cm
521-1	宜昌市汽车滚装运输管理处	干流右	60	2.5	0.60	7.0
523-1	宜昌市汽车滚装运输管理处	干流右	100	19.0	1.05	7.0
525-1	宜昌市汽车滚装运输管理处	干流右	100	11.0	2.15	7.0
530-1	宜昌市汽车滚装运输管理处	干流右	130	16.2	0.72	7.0
530-2	宜昌市汽车滚装运输管理处	干流右	120	17.4	1.70	3.5
531-1	宜昌市汽车滚装运输管理处	干流右	140	12.5	0.56	5.0
531-2	宜昌市汽车滚装运输管理处	干流右	140	12.5	1.62	2.8
531-3	宜昌市汽车滚装运输管理处	干流右	140	12.5	3.39	7.0
601-1	大沙坝	干流右	150	12.7	1.07	7.0
601-2	大沙坝	干流右	150	12.5	3.62	8.0
601-3	大沙坝	口门右	180	23.0	0.65	7.0
601-4	大沙坝	口门右	180	22.0	3.49	7.0
601-5	大沙坝	口门中	450	39.7	2.59	8.0

图 4.4.3　沙样 521-1 照片

图 4.4.4　沙样 530-1 照片

图 4.4.5　沙样 531-3 照片

图 4.4.6　沙样 601-5 照片

从采集的沙样的照片可以看出，采集过程中，对沙样的影响很小，其形状规则、完整，实现了预期的目标。

4.4.2　采样成果

将采集的沙样烘干、称重，得出干容重，委托清华大学分析中心进行化学成分分析得出沙样中的含氮量和含磷量，见表 4.4.2。将沙样用 0.2 mm 孔径的标准筛进行筛分，大于 0.2 mm 的部分再用标准筛细分，小于 0.2 mm 的部分用颗分仪测定级配，综合后得出颗粒级配曲线。可以看出，干容重有随泥深增加而增加的趋势。

表 4.4.2　沙样分析成果

编号	重量/g	体积/cm³	泥深/m	干容重/（g/cm³）	含氮量/（mg/g）	含磷量/（mg/g）
521-1	182.65	140	0.60	1.319	0.93	0.95
523-1	120.19	140	1.05	0.859	1.03	0.95
525-1	110.82	140	2.15	0.792	0.98	0.89

续表

编号	重量/g	体积/cm³	泥深/m	干容重/（g/cm³）	含氮量/（mg/g）	含磷量/（mg/g）
530-1	159.52	140	0.72	1.139	0.97	0.88
530-2	76.58	70	1.70	1.094	1.10	0.98
531-1	77.87	100	0.56	0.779	1.14	1.06
531-2	83.11	96	1.62	0.866	1.00	1.09
531-3	120.94	140	3.39	0.864	1.11	0.96
601-1	112.37	140	1.07	0.803	1.31	0.97
601-2	147.48	160	3.62	0.922	1.18	0.98
601-3	105.81	140	0.65	0.756	0.94	0.82
601-4	122.86	140	3.49	0.892	1.06	0.86
601-5	142.78	160	2.59	0.892	1.01	0.75
均值				0.921	1.07	0.93

4.5 本 章 小 结

本章研发了无干扰河床淤积物采样器，对直压式探杆环刀采样模式、自重作用下旋转进占采样模式进行了设计和分析，研究了库区泥沙淤积规律、泥沙物理特性，以及大水压力下泥沙干容重的变化规律。

（1）考虑大水深下淤积物原位取样的困难，先后研发并比较了 3 类原位取样设备，优化后制成了 2 套采样器，即直压式探杆环刀取样器和钢缆悬挂配重取样系统，分别适用于 30 m 内和 300 m 量级大水深的原位取样。直压式探杆环刀取样器设计的水下深度为 40 m，淤泥质河床采样厚度为 0～5 m，沙质河床采样厚度为 0～2 m，采集的沙样不变形；自重作用下旋转进占采样器可用于 30 m 以上深水取样，沙质河床采样深度可达 30 m。钢缆悬挂配重取样系统的优化方案在沙质河床的采样深度可达 6 m，在浮泥质河床的采样深度可达 12 m，且可保证样品基本不变形，能够满足三峡水库淤积物取样的需求，建议在初步论证设计的基础上进行采样器研发。

（2）应用优化设计后的直压式探杆环刀取样器在三峡库区进行了河床淤积物采样分析，发现整个常年回水区干容重的变化范围为 0.550～1.804 t/m³，平均干容重为 0.837 t/m³，其中常年回水区下段（大坝—丰都段）干容重的变化范围为 0.550～1.456 t/m³，平均干容重为 0.778 t/m³；常年回水区上段（丰都—李渡段）干容重的变化范围为 0.807～1.804 t/m³，平均干容重为 1.273 t/m³，淤积物干容重和中值粒径都随着与大坝距离的增大呈增大趋势。

第 5 章

三峡库区淤积物干容重
变化规律试验

5.1　研　究　背　景

5.1.1　研究意义

随着三峡水库的蓄水运行,上游来水来沙条件的变化改变了库区泥沙淤积的基础条件,三峡水库泥沙问题研究的理论与实践都遇到了新的问题:细颗粒黏性泥沙的絮凝过程能否在库区发生?水深大于 100 m 或更深时,淤积物干容重的变化规律会不会有所改变?这些都是值得探讨的问题。

库区泥沙是否存在絮凝沉降是改变库区淤积物级配的重要因素。细颗粒黏性泥沙的絮凝主要发生在长江口,而库区建成后,库区内淤积物的粒径普遍很细,只有研究了三峡库区细颗粒泥沙絮凝的条件及其影响因素,才能尽量避免这一过程的发生,使水库能够长期健康、稳定地运行,且能对水库运行寿命的评估提供一定的参考。

在水库淤沙研究中,淤积物的干容重(或者干密度)是重要的物理参数,它影响着淤积物重量和体积的换算、细颗粒淤积物密实后体积的变化、淤积泥沙的起动流速、水流挟沙能力的变化,以及河工模型相似比尺的设计等,在目前,它仍然是研究水库冲淤等问题时需要重点确定的关键参数之一。

另外,我国正在兴建坝高达 300 m 量级的大型水利工程,如锦屏一级水电站(305 m)已于 2013 年 8 月 30 日实现了首批两台 $6.0×10^5$ kW 机组的投产发电,小湾水电站(292 m)已于 2010 年底投产发电,白鹤滩水电站(289 m)已于 2018 年实现了首批机组发电等,它们均具有较大的预留淤积库容。2015 年竣工的溪洛渡水电站,最大坝高 278 m,正常蓄水位 600 m,坝址岩基最低高程 336 m,水库初期淤积物承受的水深(压力)均超过 260 m。这一大批水利工程的建设给淤积物干容重变化的研究提出了新的挑战,研究大水深条件下干容重的变化规律就显得尤为重要。

三峡水库泥沙淤积问题的研究是关系三峡工程长期、稳定运行的关键问题,也关系到水库及坝下游生态系统的安全与健康。

5.1.2　研究现状

1) 组成泥沙的粒径

一般来说,淤积物的初期干容重受泥沙粒径的影响较大。泥沙的中值粒径越小、级配越不均匀,其干密度越小,随时间变化的幅度越大;而组成越均匀、粒径越大的泥沙,干密度越大,且更接近其极限值。出现上述变化规律的原因在于,组成越不均匀、粒径越小的泥沙在沉积过程中会出现蜂窝状结构,空隙较大,因而干密度较小,同时具有较大的压缩性。长江流域规划办公室在 20 世纪 70 年代对丹江口水库的淤积泥沙进行分析时发现，淤积物的干容重与淤积物中值粒径有着较为密切的关系；Lara 和 Pemberton（1963）收集了 1300 多组水库淤积物干容重的资料，并采用回归分析求得了混合沙淤积物的初期干容重，为

$$\gamma_0' = a_c P_{1,c} + a_m P_{1,m} + a_s P_{1,s} \tag{5.1.1}$$

式中：$P_{1,c}$、$P_{1,m}$、$P_{1,s}$ 分别为黏土（粒径 $D \leqslant 0.004$ mm）、粉土（0.004 mm $< D \leqslant 0.062$ mm）和砂土（$D > 0.062$ mm）的质量分数；a_c、a_m、a_s 分别为与淤积物暴露度有关的参数。韩其为（2003）认为，实际上 a_c、a_m、a_s 为淤积物分别是黏土、粉土和粉沙时均匀沙的干容重。而同类型的公式 Lane 和 Koelzer（1943）与 Koelzer 和 Lara（1958）之前已经用过。程龙渊和席占平（1993）利用式（5.1.1）的结构形式分析了黄河三门峡水库的淤积资料并建立了经验公式，取得了与实测资料吻合度较高的结果。Heinemann（1962）则利用 Sabetha 湖实测的资料详细分析了淤积物干容重在横向和纵向上的变化。

韩其为等（1981）对式（5.1.1）提出质疑后详细推导了式（5.1.1）的正确形式：

$$\gamma_0' = \begin{cases} 1.41\left(\dfrac{D}{D + 4\delta_1}\right), & D \leqslant D_1 \\ 1.89 - 0.472\exp\left(-0.095\dfrac{D - D_1}{D_1}\right), & D > D_1 \end{cases} \tag{5.1.2}$$

式中：δ_1 为薄膜水厚度；$D_1 = 1$ mm，为粗细颗粒有无密实问题的临界值。式（5.1.2）的计算结果与 Koelzer 和 Lara（1958）提供的细颗粒资料及韩其为等（1981）的室内观测资料吻合较好。

胡煜煦（1985）分析了山东多个水库的淤积泥沙干容重分布，认为淤积泥沙的干容重变幅较大，其主要影响因素是淤积泥沙粒径，粒径变幅的大小决定了干容重变幅的大小。同时，粒径在库内的分布规律决定了干容重在库内的分布规律；粒径级配对干容重也有一定的影响，中值粒径小于 0.05 mm 时则更为显著。同一个中值粒径，当粒径级配相差不大时，干容重就较接近，当粒径级配相差较大时，级配均匀的干容重要小些，不均匀的则大一些。浦承松等（2010）对试验资料和 10 个水库的观测资料分析认为，干容重与中值粒径的大小有关，泥沙粒径越细，受其影响越大。当中值粒径大于 5 mm 时，无论其不均匀系数如何变化，其对泥沙干容重的影响已经可以忽略。王兵等（2010）收集了不同文献提供的 13 套共 126 组实测资料，点绘了淤积物中值粒径与干容重的变化关系，结果表明淤积物的干容重随粒径的增加而增加，但在中值粒径大于 1 mm 以后，淤积物的干容重随粒径的增加变化很小。张耀哲和王敬昌（2004）通过理论及实测资料分析建立了泥沙淤积物不同时期干容重的计算公式，其中考虑了 $\sqrt[3]{d_{50}}$（d_{50} 为中值粒径）的影响，并通过综合系数 $\eta = 1 - 2\sqrt[3]{d_{50}}$ 来反映。另外，Walter（1972）还研究了丛林区域不同组成物质的水库淤积物的干容重问题。

2）淤积历时

淤积历时主要影响淤积物密实过程中的干容重。尽管这方面的理论研究较多，但实

测资料还不多。几乎所有的研究都认为淤积物的干容重随淤积历时的增加而变大，即淤积物会逐渐趋于密实。因为淤积物密实过程的研究还很不够，所以在研究水库淤积时，如果淤积年限很长，那么直接采用稳定干容重（钱宁和谢鉴衡，1989）。

Lane 和 Koelzer（1943）最先给出了淤积物密实过程中干容重随时间变化的经验计算公式，为

$$\gamma' = \gamma_1 + B\lg t \tag{5.1.3}$$

式中：γ_1 为淤积物经过一年的干容重；t 为淤积时间，以年计；B 为常数。γ_1 和 B 主要与粒径及水库调度方式有关，Lane 和 Koelzer（1943）还给出了上述参数的建议值。对式（5.1.3）积分，求得了从第 1 年至第 t 年淤积物的平均干容重，为

$$\gamma'_m = \gamma_1 + 0.438B\left(\frac{t}{t-1}\ln t - 1\right) \tag{5.1.4}$$

经过多方对比，建议采用 Task 会议资料给出的初期干容重的值。但 Borujeni 等（2009）利用式（5.1.3）分析 Dez 水库的实测资料时却获得了较好的结果。

方宗岱和尹学良（1958）的试验资料表明，如果其他条件不变，淤积物干容重与时间仅仅在初期较短时间内存在相关关系，密实度随时间的延长迅速增加，经过一定时间后，干容重的变化甚微。但不少水库实测资料分析表明，细颗粒泥沙的干容重达到稳定需要很长的时间，而室内试验因淤积厚度很小，过一段时间即趋于稳定，这是因为压实作用微小。

韩其为等（1981）认为 Lane 和 Koelzer（1943）的公式也不完善。韩其为（1997）根据饱水土压密理论研究了水库淤积物的密实问题，得到了一套包括淤积物固结密实和干容重分布及其随时间变化的一系列成果：

$$\frac{1}{\gamma'_1} = \frac{1}{\gamma'_{1,1}} - A_1\lg\frac{t}{t_1} \tag{5.1.5}$$

式中：γ'_1、$\gamma'_{1,1}$ 分别为 t 和 t_1 时的底部干容重；A_1 为常数。

张耀哲和王敬昌（2004）认为，淤积密实过程中的干容重应与初始干容重、稳定干容重、淤积年限及淤积物粒径等有关，其在引入浑限空隙率 ε_0 和淤积稳定年限 t_d 的概念后，给出了淤积物密实过程中的干容重计算公式，表明淤积密实过程中的泥沙干容重等于其初始干容重加上稳定干容重与初始干容重的差值和时间衰减函数的乘积。

3）淤积物埋深

淤积物埋深越大，或者说淤积厚度越大，承受的压力也就越大。长江流域规划办公室丹江水文总站（1975）对丹江口水库的实测资料进行分析后得出了细沙淤积物的干容重与淤积厚度的关系式：

$$\gamma'_h = \gamma'_0 + K\lg h \tag{5.1.6}$$

式中：h 为泥面以下的淤积厚度；γ'_0 为淤积物的初期干容重；γ'_h 为泥面以下 h 深度范围内的平均干容重；K 为压实系数。

式（5.1.6）的结构形式与 Lane 和 Koelzer（1943）给出的干容重随时间变化的结构形式基本相同。

韩其为（1997）推导了淤积物干容重分布的公式，并且以丹江口水库和连云港的实测资料为验证，得出了平均干容重的位置距河底 $0.632h$ 的结论。

4）水深

黏性细沙板结以后，形成各向异性压力分布，板结层下的淤积物会受到水压的影响，因此，水深会影响淤积物干容重的变化。

本章的重要内容之一就是在实验室模拟大水深状况，观察干容重的变化规律。

5）淤积物的稳定干容重

随着淤积年限的增加，淤积物会逐渐压密，其干容重也逐年增加，直至不发生变化，即达到稳定干容重。稳定干容重不仅受粒径和淤积厚度的影响，而且受淤积年数的影响，极限时间难以定义，成果不易获得。限于资料，目前关于淤积物稳定干容重的研究成果还不多。韩其为（1997）认为，稳定干容重应该分为两种情况讨论：一种是，一般条件下，水库或河道淤积物处于一定淤积厚度（10～20 m）、淤积时间不超过 30 年时，在水下达到的稳定干容重；另一种是，淤积厚度更厚、密实时间更长以后，达到的不能再密实的稳定干容重。并且他分别推导了上述两种情况的稳定干容重的计算公式，综合以前的资料分析给出了不同淤积物的稳定干容重的取值范围。

5.2　大水压干容重观测试验装置改进

5.2.1　原试验装置

拟参考胡江等（2015）的发明专利成果，开展干容重的试验研究，考虑到安全、可靠等因素，对淤积密实发生模拟装置进行分析与改进，并提出新方案。

该方案包括壳体和摄像系统，壳体内并列固定有一排竖向设置的试验筒，每个试验筒后方竖向设置有数个并列的 U 形加压管，U 形加压管上端首尾依次连通，形成呈倒 S 形延伸的管道，每个试验筒连同其后方的 U 形加压管构成一个试验单元；每个试验单元中，U 形加压管上端均连通设置有注水管，试验筒上端连通设置有加料管；壳体一侧还设置有加压管，加压管与该侧的第一个试验单元的第一个 U 形加压管的进口侧上端连接，并通过管道与第一个试验筒连通；前一个试验单元的最后一个 U 形加压管的出口侧上端通过管道与下一个试验单元的加料管连通，同时还通过管道与下一个试验单元的第一个 U 形加压管的进口侧上端连通，最后一个试验单元的最后一个 U 形加压管的出口侧上端与大气连通；每个试验单元中，试验筒前方表面和 U 形加压管后方表面均沿整个高度方向设置有用于摄像的观察缝隙且采用透明材料密封该观察缝隙；所述摄像系统包括正对壳体前方和后方设置的两个相机，以及和两个相机相连的计算机。试验装置示意图见图 5.2.1。

该方案包括 10 个试验单元，每个试验单元高 1 000 mm 左右，宽 140 mm 左右，试验筒直径 120 mm 左右，并具有 3 个 U 形加压管。这样，可以直接模拟 300 m 水压力下不同深度的水库泥沙淤积物的干容重随时间的变化过程。

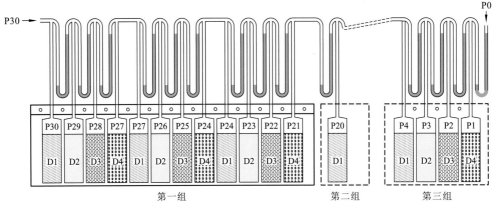

图 5.2.1　试验装置示意图

P0~P30 为压强；D1~D4 为粒径

该方案的缺点如下。

（1）加压过程比较复杂。加压时需确定水银柱高度，加注样品后调节压力比较麻烦。

（2）难实现自动控制。该试验需要长期观察，若不能实现自动控制，会给设备的长期稳定运行带来不便。

（3）水银有一定毒性，安全性差。水银是液态重金属，如果产生泄漏，会对试验员的安全构成较大威胁，同时会对环境产生影响。

（4）局部泄漏会对全局产生影响。在长期的观测过程中，泄漏难免发生。系统为一个整体，局部泄漏发生时会对整个系统产生影响，导致试验整体失败。

（5）密封面过大会加大密封难度，易产生泄漏点。试验模拟 300 m 水深，压力较大，采用平面密封会加大密封面的加工难度，密封面过大会使试验过程中发生泄漏的风险加大。

5.2.2　对原试验装置的改进

本试验的关键技术难点有三个：高水压、长期稳定运行及试验的观测。为确保试验能正常运行，试验前期对试验方案的优化做了大量准备工作。

（1）加压装置：原方案采用水银加压，危险性高，局部泄漏会对全局产生影响，给试验带来不可逆的后果。在长期试验过程中发生泄漏的可能性很大，泄漏后对环境造成很大影响，需采用其他加压方案。经过多方比对，最终决定从空压机加压和高压水泵加压两种方案中选择一种作为试验的加压装置。后来考虑到将水作为加压媒介有安全性较强、泄漏点明显的优点，最终决定用高压水泵进行加压，选用 JB520 高压陶瓷柱塞泵，最高能提供 9 MPa 的压力，满足试验要求。

（2）控制系统：加压装置改变后，原水银柱控制方案无法实施。需采用新的控制系统来控制系统的内压力。鉴于本试验装置与工业制冷设备有很高的相似度（高压，有压差），最终借鉴工业制冷方案，采用阀门进行压力控制，即用压力传感器检测系统内各部分压力情况，将压力变化反馈给控制柜后再由控制柜控制电磁阀开闭，从而实现压力控制。在试验准备阶段的操作过程中发现，电磁阀喉径小而系统内压差大，细小杂质进入电磁阀后导致电磁阀关闭不严，使压力单元持续升压，不能保证压力稳定。为解决这个问题，在高压水泵进水口及每个电磁阀前加装过滤器以过滤杂质，保证电磁阀能够正常关闭，使系统能够正常运行。

（3）透明试验筒：透明试验筒是整个试验的核心部分。原方案采用在优质铸造碳钢管上铣槽，再以优质钢化玻璃覆盖的平面密封形式。该方案的缺点为密封面过大，平面密封不可靠，很难保证在长期试验过程中不发生泄漏。通过对多家玻璃生产厂家进行调研，最终选定南通某厂家生产的内径为 200 mm、厚为 20 mm、长为 1 000 mm、能耐压 4 MPa 的高耐压有机玻璃试验筒进行试验。筒体一体化成型，仅需考虑筒体上下两端的密封问题。有机玻璃与钢材线膨胀率的差异过大，若采用平面密封形式，温度变化时易发生危险。采购玻璃筒时，要求厂家在玻璃筒两端安装玻璃法兰，法兰与筒体之间用特殊的耐高压胶水粘连，安装时再在两端分别安装优质碳钢法兰盖，法兰密封比平面密封更加可靠。但是在耐压试验中，当试验压力升高至 2 MPa 时，玻璃法兰盖开裂，发生泄漏。分析认为开裂原因为法兰紧固件加力不均匀，引起玻璃法兰受力不均。实际操作中，无法保证紧固件加力完全一致，该方案不可行。最终决定采用 O 形圈密封方式，有机玻璃管插入法兰盖，法兰盖内开槽，放入 O 形圈，槽内放置 O 形圈密封。有机玻璃管与法兰盖间预留 10 mm 间隙，防止温度升高、有机玻璃与钢材形变不同而产生危险。

5.2.3　改进后的试验装置

总体试验装置如图 5.2.2 所示，控制系统如图 5.2.3 所示。

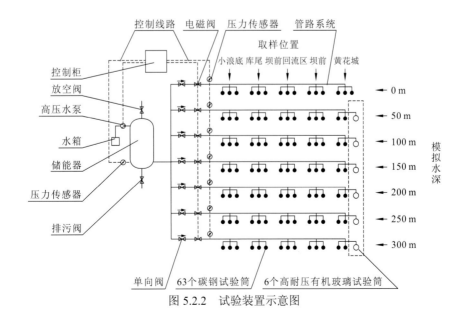

图 5.2.2　试验装置示意图

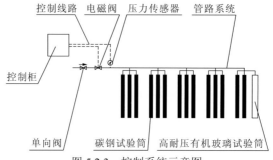

图 5.2.3　控制系统示意图

该装置通过阀门控制，能够由阀门和传感器实现自动控制，形成几个独立的压力单元。当某个压力单元出现泄漏时，只会对压力单元内部产生影响，影响范围较小。装置中没有有毒、有害物质，相对安全。各压力单元由传感器和阀门控制，容易调节。

具体包含如下 4 个部分。

（1）给水给压装置。

高压水泵可以给储能器提供 4 MPa 的水压，是整个系统的压力供给单元；水箱连接高压水泵进水管，给系统提供清洁的水源，见图 5.2.4。

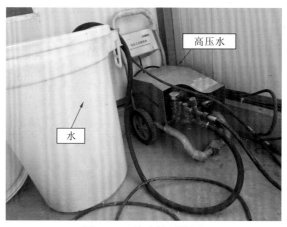

图 5.2.4　给水给压装置

（2）控制系统：控制柜、压力传感器、电磁阀、膨胀阀、截止阀及控制线路。

控制系统是整套装置的中枢，它的作用在于使系统的各个部分的压力都长期处于能够满足试验需求的状态。

控制柜（图 5.2.5）又是控制系统的中枢，它一方面接受压力传感器提供的压力信号，并根据压力信号启停电磁阀以保证各压力单元的压力稳定，另一方面通过 7 块数显压力表让试验操作者能够知道储能器及各压力单元的实时压力情况。

压力传感器（图 5.2.6）将各压力单元内的压力转换成电信号，并将信号反馈给控制柜，监视系统内各部分的压力。

<table>
<tr><td>图 5.2.5　控制柜</td><td>图 5.2.6　储能器示意图</td></tr>
</table>

电磁阀（图 5.2.6）接收控制柜的电信号，控制管路的开闭。

膨胀阀（图 5.2.6）可在阀门前后形成压差，防止压力单元给压过快从而对试验产生影响。

截止阀（图 5.2.6）安装于各压力单元与储能器之间及各试验筒与压力单元之间，当系统局部产生泄漏或压力异常时，关闭截止阀，阻断异常部分与系统的联系，修复异常后打开截止阀，将其重新接入系统。

控制线路（图 5.2.2）连接控制柜与各阀门。

（3）储能装置：储能器及各压力单元。

储能器（图 5.2.6）为一个体积约为 20 L 的高承压容器，其主体由直径为 429 mm 的碳钢试验筒和直径为 429 mm 的椭圆形碳钢封头焊接而成。储能器进水口连接高压水泵，出水口连接各压力单元。储能器用于给系统提供稳定压力，避免高压水泵因频繁启停缩短使用寿命；压力单元（图 5.2.7）共 6 个，由直径为 108 mm 的碳钢管和两端封板焊接而成。压力单元进水口连接储能器，多个出水口分别连接对应的试验筒。

图 5.2.7　碳钢试验筒示意图

图 5.2.8 高耐压有机玻璃试验筒

（4）试验筒：碳钢试验筒及高耐压有机玻璃试验筒。

碳钢试验筒（图 5.2.7）共 63 个，筒体由直径为 108 mm 的碳钢管制成，长 1 000 mm，筒体下端焊接碳钢封板，上端焊接 DN100 法兰，参考《钢制管法兰（PN 系列）》（HG/T 20592—2009）制作。法兰盖上开有小孔，焊接接头连接水管。法兰和法兰盖的密封面均选用 RF 形式平面密封，垫片选用 4 mm 厚聚四氟乙烯垫片。

高耐压有机玻璃试验筒（图 5.2.8）共 6 个，内径 200 mm，厚 20 mm，长 1 000 mm，试验筒上端设置法兰盖加料口，法兰盖连接加水管，筒体底部为未开孔法兰盖，上下法兰盖内侧均开有凹槽，凹槽内放置 O 形密封圈。法兰盖间由 4 根拉杆连接。

5.3 试验工况及步骤

5.3.1 试验样品选取

本试验选取 6 种样品进行试验，试验样品的选取以三峡库区原型沙为主，辅以一组小浪底样品进行对照试验。各组试验泥沙样品的级配见图 5.3.1。

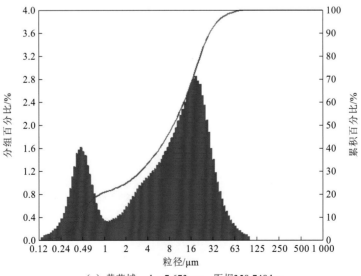

（a）黄花城，d_{50}=7.673 μm，距坝358.748 km

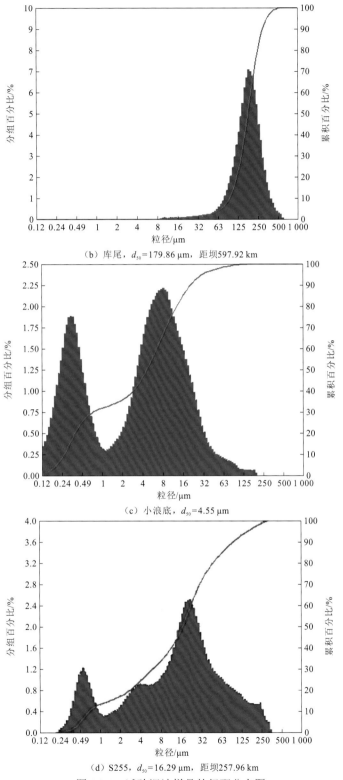

（b）库尾，$d_{50}=179.86\ \mu m$，距坝597.92 km

（c）小浪底，$d_{50}=4.55\ \mu m$

（d）S255，$d_{50}=16.29\ \mu m$，距坝257.96 km

图 5.3.1　试验泥沙样品的级配分布图

5.3.2　试验步骤

本章共进行了两次试验，包括低浓度样品试验和高浓度样品试验。

1）低浓度样品试验

第一次试验按照不同样品分为 5 组，其中坝前和黄花城样品做 7 种水深的试验，坝前回水区、库尾和小浪底样品只做 3 种水深的试验，试验步骤如下。

第一步：仪器调试及试压。

试验开始前需要对试验装置的电气系统和阀门系统进行调试，确保所有仪表和阀门都能够正常使用。

由于本试验周期很长，在调试完成后需对装置进行整体试压，确保试验装置能够长期稳定运行。整体试压持续一周，试压过程中发生过三次泄漏情况，其中两次是高耐压有机玻璃试验筒泄漏，一次是碳钢试验筒泄漏。

高耐压有机玻璃试验筒发生泄漏的原因在于，O 形密封圈处残留细小杂质，导致其密封失败，高压液体从杂质处产生泄漏。泄漏发生后关掉该试验筒与系统整体连接的阀门，并对其进行局部泄压，拆掉法兰盖，清理杂质后，重新对密封面涂抹黄油，重新安装后将该试验筒接入系统，重新加压。

碳钢试验筒泄漏的原因在于，法兰密封面上的螺丝未拧紧，拧紧螺丝后泄漏停止。

第二步：配比合适浓度的试验泥浆。

从原型取回的样品为水沙混合物，配比前需对样品的含水量进行测量，即从每个样品中取少量样品进行烘干，测定其含水量，见表 5.3.1。

表 5.3.1　样品含水量测量

样品	重量/g						样品含水量/%
	空托盘	湿样+托盘	干样+托盘	干沙	水	湿沙	
小浪底	263.65	391.65	329.11	65.46	62.54	128.00	48.86
坝前	263.96	362.60	301.63	37.67	60.97	98.64	61.81
库尾	242.88	420.45	374.60	132.72	44.85	177.57	24.26
坝前回水区	272.83	376.89	319.88	47.05	57.01	104.06	54.79
黄花城	260.52	372.94	313.03	52.51	59.91	112.42	53.29

根据表 5.3.1 的结果将适量的样品和从库区取回的原样水放入搅沙桶，搅沙桶为一端切开的油桶，桶内放置一台大功率潜水搅沙泵和一台小功率潜水抽水泵。样品加入完成后，打开搅沙泵进行搅拌，搅拌均匀后打开抽水泵往试验筒中加注泥浆，泥浆加注前后分别从搅沙桶中取一小瓶样品用来测量泥浆含沙量，见表 5.3.2。

表 5.3.2　含沙量测量结果及偏差

样品		含沙量/（kg/m³）		含沙量均值/（kg/m³）	两次测量的偏差/%
		加注前	加注后		
小浪底		187.05	193.05	190.05	1.58
坝前		130.51	119.44	124.98	2.56
坝前回水区		97.82	89.18	93.50	4.62
库尾		29.80	14.10	21.98	34~76
黄花城	高耐压有机玻璃试验筒	116.21	111.39	113.80	2.10
	碳钢试验筒	103.12	96.78	99.95	3.17

　　从表 5.3.2 中可以发现，除了库尾泥沙由于沉速过快，两次测量差异很大以外，其余误差都在 5%以内，搅沙比较均匀。

　　第三步：将搅拌均匀的泥浆灌入试验筒内，将试验筒密封好后接入系统，加压，试验开始。

　　第四步：开始试验，并对高耐压有机玻璃试验筒和碳钢试验筒进行观测。

2）高浓度样品试验

　　第二次试验只使用 6 个高耐压有机玻璃试验筒进行，泥浆含沙量提升到搅沙桶能搅动的最大值。坝前回水区（$d_{50}=2.25\ \mu m$）样品含沙量为 472.02 kg/m³，S255（$d_{50}=16.29\ \mu m$）样品含沙量为 624.50 kg/m³。两组样品分别装入 0、150 m 和 300 m 三个高耐压有机玻璃试验筒。

5.4　试验结果分析

5.4.1　低浓度样品试验结果

　　通过高耐压有机玻璃试验筒中试验泥浆的充注量和含沙量，可以将淤积物高度转化为淤积物干容重。

　　单个试验筒内淤积物的总质量为

$$m = S\pi a d^2 / 4 \tag{5.4.1}$$

淤积物干容重为

$$\gamma = \frac{m}{V} = \frac{Sa}{h} \tag{5.4.2}$$

式中：S 为样品含沙量，kg/m³；a 为充注高度，m；d 为试验筒内径，m；V 为淤积物体积，m³。代入数据后结果见图 5.4.1。

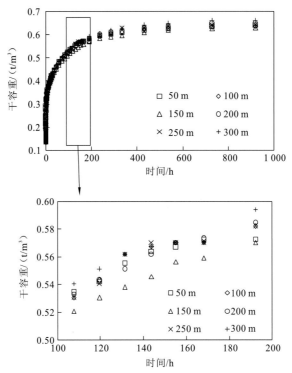

图 5.4.1　低浓度样品干容重随时间的变化过程

对连续 20 天观测的 6 个透明压力筒中的淤积物在沉降密实过程中的标尺读数进行记录分析，如图 5.4.2 所示，为比较 6 种水深条件下的密实过程，纵坐标取密实过程中水沙界面高度的变化幅度值。由此可见，淤积物的密实主要集中发生在头 40 h，密实速率从 70.0 cm/h 快速下降至 0.2 cm/h 以下。之后，逐渐趋于平稳。

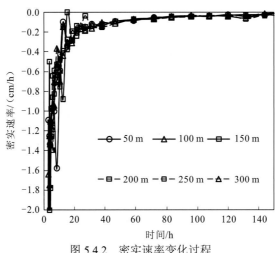

图 5.4.2　密实速率变化过程

如图 5.4.3 所示，淤积物密实的初始阶段，0.53 h、2.27 h 和 2.85 h 的密实速率表明压力越大，密实速率越大，但水压达到 150 m 时，压力对密实速率的影响才显现。而图 5.4.4 中 21.4 h、38.0 h、46.7 h 和 58.5 h 的密实速率变化已经很小且无明显趋势，读数误差较大，难以说明水压力对密实速率的影响程度。

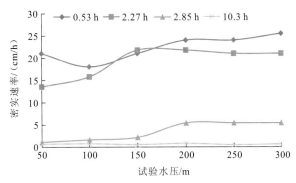

图 5.4.3　压力对密实速率的影响（0.53～10.3 h）

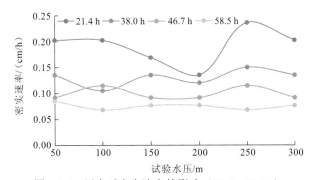

图 5.4.4　压力对密实速率的影响（21.4～58.5 h）

在大水压力（水深超过 150 m）条件下，压力将加速底泥的密实过程。如图 5.4.1 所示，300 m、250 m 和 200 m 水深条件下，干容重的增大过程明显比其他组次的增大过程要快，而 150 m 水深的组次试验干容重最小，这可能是由受试验装置初始加压时间影响或读数误差造成的。总体趋势表明，大水压力将加速密实过程，即加速干容重的增大过程，随着密实过程的发展，6 组压力筒内泥沙干容重的差异将不明显。

对三峡库区黄花城泥沙样品进行 6 个组次的低浓度、大水深压力试验，对干容重变化进行 20 天的连续观测，研究初步表明：

（1）泥沙颗粒的沉降过程为动力学过程，发生速率很快，观测试验从 2016 年 9 月 20 日 9:00 开始，到 2016 年 9 月 24 日 20:10 结束，试验筒颜色已无明显区别，密实过程由淤积物自重引起，发生速率很慢。可以认为，配比浓度较稀时，密实过程在 40 h 以内为初始阶段，密实速率较高，之后密实速率为毫米每小时量级，且密实速率计算受标尺读数误差的影响较大，计算精度下降。

（2）当水深超过 150 m 后，水压力将明显提高河床泥沙的密实速率，加速干容重的增大过程。随着密实过程的发展，6 组试验筒中的泥沙的干容重差异将不明显。由此可见，水压力仅对初期的低浓度密实过程有显著影响。

机理解释见图 5.4.5，细泥沙颗粒周围的薄膜水形成的极性化学键具有很强的黏结力，会形成一个能承受水压的受力面，传递水压至下层泥沙颗粒；而较粗颗粒不能形成受力面，压力分散，不能传递大水压力至下层泥沙颗粒。

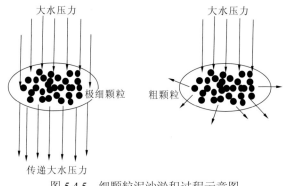

图 5.4.5　细颗粒泥沙淤积过程示意图

5.4.2　高浓度样品试验结果

坝前回水区（$d_{50} = 2.25\ \mu m$）样品含沙量 $S_1 = 472.02\ kg/m^3$，S255 样品含沙量 $S_2 = 624.50\ kg/m^3$，试验筒内径 $d = 200\ mm$，加注样品高度为 $a = 0.9\ m$，高浓度样品观测的是淤积面与上法兰盖的距离，需对式（5.4.2）进行修改，得式（5.4.3），其中 H 为上下法兰盖的距离，代入数值后的结果见图 5.4.6。

单个试验筒内淤积物的干容重：

$$\gamma = \frac{m}{V} = \frac{S\pi ad^2 / 4}{(H-h)\pi d^2 / 4} = \frac{aS}{H-h} \tag{5.4.3}$$

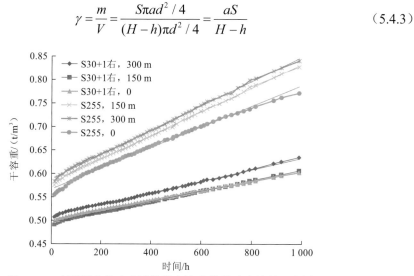

图 5.4.6　高耐压有机玻璃试验筒高浓度样品试验结果示意图

5.4.3　干容重变化率与浓度的关系

与图 5.4.1 相比，图 5.4.7 中干容重的变化曲线更接近直线，该现象或许是由泥浆配比浓度的差异导致的。根据干容重可以算出干容重的变化率。从图 5.4.7 中可以发现，试验的前 200 h,低浓度样品试验的干容重变化率比高浓度样品试验的要大得多。由此可见，样品的配比浓度对干容重初期变化率有显著影响。

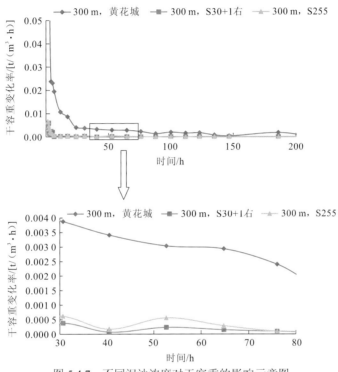

图 5.4.7　不同泥沙浓度对干容重的影响示意图

5.4.4　干容重变化率与水深的关系

图 5.4.8 为 S30+1 右样品中三种压力条件下干容重变化率与时间的关系，图 5.4.9 为 S255 样品中三种压力条件下干容重变化率与时间的关系。从图 5.4.9 可以看出，干容重变化率与水深的关系不明显。细颗粒样品的干容重变化率在试验初期非常大。

5.4.5　干容重变化率与粒径的关系

S30+1 右（$d_{50}=2.25\ \mu m$）样品含沙量为 472.02 kg/m³，S255（$d_{50}=16.29\ \mu m$）样品含沙量为 624.50 kg/m³。如图 5.4.6 所示，将两种样品在不同水深下的干容重变化拟合成直线方程，见表 5.4.1，从表 5.4.1 可以发现，由 S30+1 右不同水深的样品干容重变化率

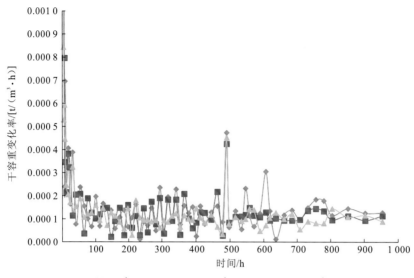

图 5.4.8　S30+1 右样品干容重变化率随时间的变化示意图

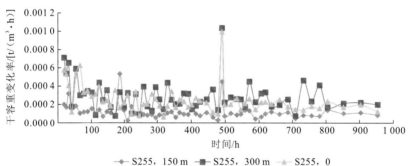

图 5.4.9　S255 样品干容重变化率随时间的变化示意图

拟合出的直线方程的斜率都为 0.0001，小于 S255 样品。这说明 S255 样品的干容重变化率较大。从图 5.4.8 和图 5.4.9 的比较发现，S255 样品的干容重变化率较大。

表 5.4.1　两种样品在不同水深下的拟合直线方程

样品	模拟水深/m	拟合直线方程
S30+1 右样品	0	$y = 0.000\,1x + 0.501\,7$
	150	$y = 0.000\,1x + 0.494\,2$
	300	$y = 0.000\,1x + 0.508\,2$
S255 样品	0	$y = 0.000\,2x + 0.566$
	150	$y = 0.000\,3x + 0.578\,6$
	300	$y = 0.000\,3x + 0.587\,5$

5.5　本 章 小 结

在现有国内专利基础上改进研发了大水深干容重长期观测试验装置（大水深淤积密实发生模拟装置），并应用该装置研究了三峡库区淤积物干容重的变化规律。

（1）针对试验过程高水压（300 m 量级水深）、长期稳定运行（缓慢密实过程）及试验观测的难点，创新设计了含分段压力水头自动补偿控制设施和高耐压有机玻璃试验筒的大水深淤积密实发生模拟装置。

（2）采用研发的装置对不同水深、不同级配及不同历时条件下淤积泥沙的干容重变化进行了研究，发现三峡库区蓄水后泥沙颗粒的沉积过程为动力学过程，发生速率很快。泥沙浓度较稀时，密实过程在 40 h 以内为初始阶段，密实速率较快，之后密实速率降低为毫米每小时量级。当水深为 150 m 时，其初始密实速率可达 70.0 cm/h，经历 200 h 后，干容重趋于稳定。水深超过 150 m 后，水压将明显提高河床泥沙的密实速率，加速干容重的增大过程。样本的粒径对干容重的初期变化率有显著影响，相对粗的泥沙，沉积密实速率更快，同样粒径、不同水深作用下，密实稳定后的干容重差异不大。

第 6 章

三峡库区细颗粒沙絮凝沉降观测试验

6.1　研 究 背 景

6.1.1　研究意义

细颗粒泥沙絮凝主要发生在水库或者港口的淤积过程中。三峡大坝的初期运行中，忠县河段 2003～2010 年局部最大淤积厚度达 47 m，年平均淤积厚度近 7 m，对该地区进行现场测量、分析后发现，回流区的床沙中值粒径为 0.005～0.01 mm，主流区的床沙中值粒径基本为 0.01～0.04 mm。细颗粒泥沙在库内的大量淤积表明存在絮凝沉降（现场采样也观测到明显的絮凝现象），致使淤积粒径偏细，与此前研究有所不同，需要深入开展其絮凝沉降的研究（李文杰 等，2015）。不考虑类似河口、海岸等地区的水质因素，引起内河细沙絮凝的主要因素一般认为是水体紊动，因此开展细颗粒泥沙在紊动水体中的絮凝沉降研究（杨铁笙 等，2003），对三峡库区淤积规律的认识，水库运行调度方案的合理调整，以及库区航道的整治等都具有重大的实际应用价值，研究水流紊动对于确定细颗粒泥沙沉速也具有重大的理论意义（王兴奎 等，2002）。

6.1.2　研究现状

1. 国外研究现状

絮凝是黏性泥沙最重要的特性之一。20 世纪 50～60 年代起，开始出现针对泥沙絮凝现象的观测与研究（Einstein and Krone，1962；Schofield and Samson，1954）。最初，主要在盐淡水交汇的河口环境进行絮凝现象的研究（Manning et al.，2006；van Leussen，1999；Eisma，1986）。随着观测技术的进步和研究区域的扩大，在海洋高盐度环境及河流湖泊等淡水环境中都发现了明显的泥沙絮凝过程（Pardo et al.，2015；Guo and He，2011；Williams et al.，2007；Droppo and Ongley，1994；Lick and Lick，1988），对泥沙絮凝的研究工作也逐渐得到更加广泛和深入的开展。絮凝包括颗粒的聚合和分散两个过程，两者同时发生并处于动态变化过程当中（钱宁和万兆惠，2003；van Olphen，1977）。聚合与分散过程的相对速率决定了絮团粒径的增大或减小，当聚合过程占主导时，絮团粒径倾向于增大，反之，絮团减小；而当聚合与分散的速率基本相同时，絮凝达到该条件下的平衡状态。Murray（1970）通过振动试验认为水流紊动导致泥沙颗粒沉速降低。Nielsen（1993）的试验认为，紊动较小反而降低颗粒沉速，紊动较大才能增加泥沙沉速。水流紊动对泥沙沉速的影响过程比较复杂，Dyer（1989）通过紊动剪切力来描述对絮团粒径的影响，Manning 和 Dyer（2002）也对紊动剪切力对沉速的影响做了很多试验，Leussen（1994）在沉速公式中加入扩散系数来描述紊动造成的影响。Verney 等（2009）用室内仪器模拟河口低紊动环境，通过调节紊动强度研究河口的絮凝沉降，发现紊动强度是影响絮凝的主要因素之一。Manning 等（2010，2007）通过分析 Severn 河口絮状物的特点，发现泥沙絮凝改变了细颗粒的行为规律，水流紊动程度不同导致絮凝的程度也不同，在观察的基础上，用小水槽和图像观测系统 Labs FLOC 研究了河口絮凝的沉降特性，试验结果表明水流紊动强度和泥沙浓度的耦合作用控制着泥沙的沉降速度。

2. 国内研究现状

我国许多大型河口、港口都会伴随各种泥沙问题，如长江口、钱塘江、连云港及黄河的泥沙、水库异重流都属于黏性细颗粒泥沙的范围，不但有物理上的形态变化，而且有化学反应发生，这就导致了无论是理论研究还是试验观察都存在很大的困难，对黏性泥沙沉降规律的研究目前仍处于探索阶段。国内许多研究者也越来越重视细颗粒泥沙絮凝问题，河道演变过程中受到泥沙絮凝的影响，在水库中发生淤积，缩减库容。张德茹和梁志勇（1994）对原型沙配原型水进行了试验，发现非均匀细颗粒泥沙絮凝度随粒径的增大有一个衰减的趋势。关许为等（1996）通过室内模拟试验发现，随着盐度的提高，絮凝作用有增强的趋势，且泥沙絮凝作用伴随着解絮作用。蒋国俊等（2002）运用灰色模型理论对影响细颗粒泥沙絮凝沉降的主要因素进行了相关分析，并把其分为阈值型和连续型两种影响因素，其中水温是具有双重特性的影响因素。杨铁笙等（2003）从双电层理论和胶体稳定性理论出发，总结了对絮团尺寸、沉降速度、密度等的研究成果，并介绍了絮凝的分形生长模型。黄建维（1989）根据泥沙在盐水中的沉降试验，将絮凝过程划分为四个阶段：絮凝沉降段、制约沉降段、群体沉降段、密实段。丁武泉等（2010）通过吸管法试验发现土壤颗粒表面的电位决定了泥沙沉降速度，表面电位越大，沉降速度越小。柴朝晖等（2011）通过对絮凝体进行电镜观察来分析分形维数与絮体孔隙的关系，并认为絮凝分形维数越大，絮体孔隙面积越大，沉降速度越小。

6.2　紊动条件下泥沙絮凝试验设备研发

6.2.1　沉降试验系统

对絮凝现象的观测一直是量测技术难题。主要存在以下两方面的难点：一是能够产生絮凝的泥沙粒径在微米量级，对量测手段的空间分辨能力要求很高；二是絮凝只在一定的物理和化学条件下产生，并且絮团结构脆弱松散，扰动后容易破坏，因此只能进行原位观测。

这两个难点给絮凝观测带来了极大困难。一般的极高分辨率测量方法由于设备精密、结构复杂，无法实现原位观测，故大多采用原位采样后送到实验室进行分析的模式。但对于絮凝现象而言，原位采样和处理的过程会改变絮团结构，造成测量结果不准确。

本章针对絮凝沉降试验平台专门开发了原位观测絮凝现象的量测系统。设备的基本原理是利用微距摄影技术和现代计算机图像技术实现对微小颗粒的捕捉、对粒径和颗粒迁移速度的测量。微距摄影技术通过缩小物距和增加像距，可以增大在感光元件上所成的像。像的大小与物体实际大小之比为放大率。微距摄影的放大率一般要大于 1，即所成像比实际物体大。实际操作中，在镜头与相机感光元件之间增加可调节长度的皮腔以实现像距的增加，将测量系统靠近被摄物体实现物距的减小。

微距摄影增加了放大率，但是景深随之减小，进入相机的光量也减少。景深是指在所有相机参数固定后能够获得清晰图像时被摄物体前后可移动的距离范围。当被摄物体处于景深范围内时，能够在感光元件上成清晰图像，而偏离景深范围时，将呈现虚化的图像。当减小物距 L 时，景深与物距 L 的平方成正比。因此，微距摄影中远小于常规摄影的物距将带来景深的剧烈减小。因此，实际拍摄的泥沙图像将存在大量离焦颗粒。离焦图像的尺寸、形状均不能反映真实泥沙颗粒的情况，只有准确对焦的图像才能用来提取颗粒的粒径等几何参数。因此，在提取图像中的颗粒之后，系统采用了对焦算法将离焦颗粒剔除。由于微距摄影拍摄的实际范围比普通摄影小很多，进入感光元件的光量比普通摄影急剧减少。因此，一般微距摄影都必须采用补光措施。本系统采用环形发光二极管（light emitting diode，LED）灯和摄影补光灯对拍摄位置进行补光。

目前，采用振动格栅研究泥沙絮凝沉降的试验较少，且大多集中为单片振动格栅，采用多片振动格栅进行泥沙絮凝沉降，还从来没有学者进行过试验研究。另外，目前的研究主要采用垂向振动格栅，而垂向振动容易影响泥沙沉降特性的准确性。因此，本试验采用多片横向振动格栅进行泥沙沉降试验研究，分析其泥沙絮凝沉速与水体紊动的关系。

本章在细颗粒泥沙沉降试验过程中，采用的试验仪器设备主要包括水箱、振动格栅系统、絮凝沉降观测系统。采用横向振动格栅设计思路，消除重力作用带来的影响。在水箱底部安放两台低功率水泵，加入一定浓度的细颗粒泥沙后，通过水泵将水中的泥沙搅拌均匀，再利用电机带动多片振动格栅振动，使水体产生紊动。在遮光条件下，对水箱中泥沙颗粒的絮凝沉降过程进行测量，并且确保不会给紊动水体带来人为因素的影响。

试验整套系统由水箱、4 片横向振动格栅、步进式调频驱动电机、高清相机摄像系统组成。本套系统可以在不同振幅和不同振动频率下，研究水体的不同紊动强度对细颗粒泥沙絮凝沉降的影响，并且完成细颗粒泥沙絮凝特性的测量，如絮团尺寸和沉速。沉降筒安装布置图如图 6.2.1 和图 6.2.2 所示。

图 6.2.1　试验仪器布置图

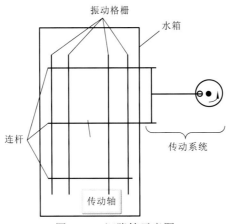

图 6.2.2　沉降筒示意图

1. 沉降筒

水箱为黏性细颗粒泥沙的絮凝沉降试验研究提供了试验空间，水箱高 2.4 m，横断面为 1.0 m×0.8 m 的矩形，水箱的四个侧面均由铝板与玻璃相互嵌套组成，且铝板外面均采用电镀的方式进行保护。在不进行试验时，水箱内侧铝板尽量避免暴露在空气中，以防铝板与空气接触生成氧化铝薄膜；沉降筒上部为敞口，底部为铝板，在底板中央设有泄水孔，方便冲洗水箱。为减小沉降筒内水面波动的影响，在水箱上端布置振动格栅，对水体进行消能。同时，在水箱下方修建底面直径为 1.5 m、深为 1.5 m 的水池以利泄水。

采用水箱进行泥沙沉降试验时，温度应尽量保持在 20℃，同时在试验过程中进行遮光处理，以保证相机拍摄图片的清晰程度。水箱主要由左右侧板、前后面板、中隔板及底板组成，不同面板位置的尺寸、材质、主要用途及安装介绍如下。

1）左侧板

左侧板嵌在底板和面板槽中，净宽 80 cm，高 240 cm，采用螺杆固定，计 1 件。面板框架材料为铝合金，面板开 6 个窗口，安装厚度为 0.8 cm 的钢化玻璃，窗口开口位置和尺寸布置，以及玻璃尺寸详见图 6.2.3。玻璃面板两侧共布置 6 个直径一致的小圆孔，用于安装支撑滑轨固定件的螺杆。

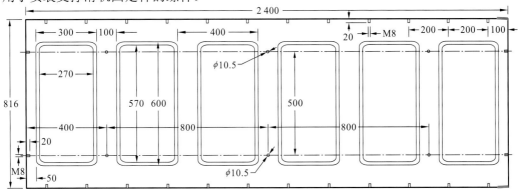

图 6.2.3　左侧板（图中单位：mm）

2）右侧板

右侧板嵌在底板和面板槽中，并且用螺杆固定，采用铝合金面板框架采样，面板开 10 个窗口，安装厚度为 0.8 cm 的钢化玻璃，窗口开口位置及尺寸详见图 6.2.4。与左侧板的材料保持一致，面板整体采用铝合金材料。为了考察振动格栅传动系统的工作情况，在面板中部开窗口以布置玻璃面板，便于观察。

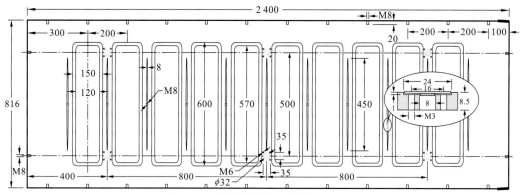

图 6.2.4　右侧板（图中单位：mm）

面板两侧布置 6 个直径为 0.85 cm 的孔以螺杆穿过加长环与水平轴连接。11 条槽四周铣 1 mm 深、24 mm 宽、466 mm 长的平台，安装隔沙膜，作为压条使用，避免水箱在振动格栅振动条件下发生漏水；另外，周边打 6 个孔。

3）前后面板

前后面板两边铣槽镶在左右侧板上，下部嵌入底板槽，用 2 个 M8 螺杆固定，共 2件。前后面板外框架材料为铝合金，中间开窗并安装有 1 cm 左右厚的钢化玻璃。窗口开口位置和尺寸，以及玻璃尺寸详见图 6.2.5。

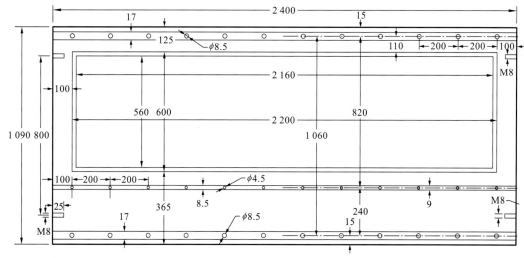

图 6.2.5　前后面板（图中单位：mm）

　　配合左右侧板，前后面板的框架材料仍采用铝合金，同时在前面面板的中间位置安装相机和微光源，方便采集颗粒沉降时的图像，因此需在前后面板中部开窗口以布置玻璃面板，便于絮凝沉降观测系统的整体工作。相机安装在沉降筒内水深一半的位置。

4）中隔板

　　中隔板嵌在面板和底板槽中，采用螺杆固定，用于隔离电机驱动系统与泥沙沉降试验区域，计 1 件（图 6.2.6）。中部开有 6 个直径为 4.5 cm 的孔，并配有穿过振动系统的水平驱动套。中隔板材料为铝合金。

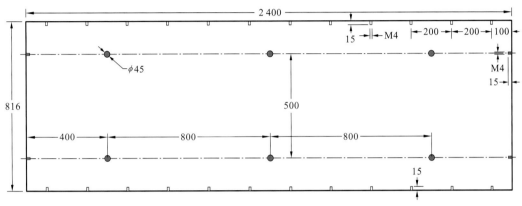

图 6.2.6　中隔板（图中单位：mm）

　　水箱右侧板处安装了整套振动格栅的传动系统，为了避免传动系统对水体紊动过程中的泥沙絮凝沉降造成不必要的影响，在水箱中部安装中隔板，以隔开传动系统与试验水体。

5）底板

　　将四个侧面板与中隔板插入底板浅槽中定位。将碳钢作为底板材料，计 1 件。底板中心位置设有直径为 5 cm 的排水孔，用来排泄水箱中的含沙水体。底板布置情况如图 6.2.7 所示。

6）钢化玻璃

　　因为玻璃下料尺寸大 1~2 mm，所以采用铣边的形式使之达到标准尺寸。四角圆弧与面板和侧板的圆弧保持一致。玻璃铣边时在上下两面垫板，以防玻璃的棱边被损坏。加工成型后进行钢化处理。左右侧板与前后面板所嵌玻璃尺寸及数量如图 6.2.8 所示。

2. 振动格栅

　　为了给在沉降筒内产生紊动水体提供条件，通过振动格栅的振幅和振动频率的大小，控制水体的紊动强度。振动格栅置于水箱内，高 1.85 m，宽 0.75 m，共 4 片。振动格栅按孔径的大小不同共分为 3 套，每套中 4 件的孔径相同，分别为 2 cm、5 cm、8 cm，本试验主要采用孔径为 8 cm 的振动格栅进行细颗粒泥沙沉降试验研究。4 件振动格栅组装的长度相同，均为 70 cm。每套振动格栅的开孔间距相同，均为 10 cm×10 cm。振动格栅材质为 0.3 cm 厚的不锈钢板。

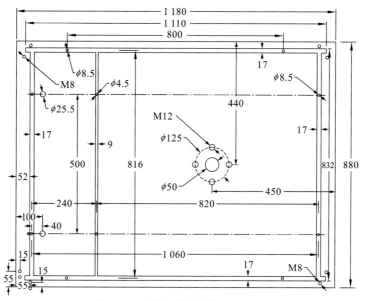

图 6.2.7 底板（图中单位：mm）

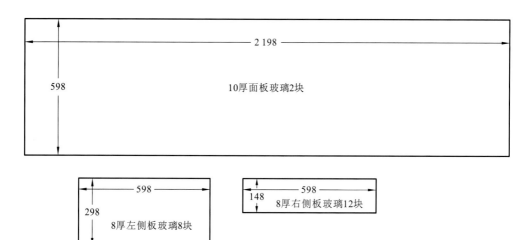

图 6.2.8 钢化玻璃（图中单位：mm）

振动格栅以横杆固定，中间开有 6 个孔以穿过振动驱动系统，通过卡簧固定振动格栅与电机驱动系统。振动格栅距离底板 27.1 cm，距离上端部 27.4 cm。横杆与传动系统连接，由步进式调频电机驱动，通过传动系统在横向左右振动；通过调整电机的振动频率及振动格栅的振幅，控制含沙水体的紊动强度。振动格栅的振动频率范围为 0～5 Hz，振幅范围为 0～5 cm（0 为静水）。振动格栅系统的布置如图 6.2.9 所示。

注意：一片振动格栅只布置一种大小的孔径，图 6.2.9 中只是将三种孔径的振动格栅示于一图，并非一片振动格栅中布置三种孔径。

传动系统的布置如图 6.2.10 所示。

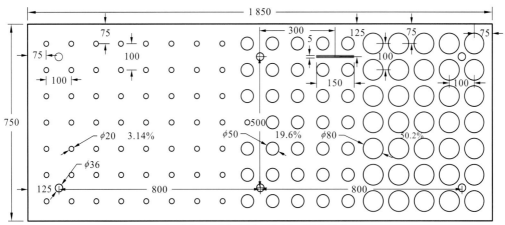

图 6.2.9　振动格栅系统布置示意图（图中单位：mm）

（a）步进式调频电机

（b）电源控制设备

图 6.2.10　传动系统布置示意图

6.2.2　细沙絮凝沉速测量系统

对于水流紊动对细颗粒泥沙沉速影响的试验研究，本章主要采用自主研发的相机拍摄系统记录泥沙的整个沉降过程，并通过分析图片，获得细颗粒泥沙的等效粒径及其沉速大小。整套系统主要包括尼康 D50mm 高清摄像头、环形微光源、CMOS 相机、高精度十字滑台、三脚架及其附属品；图像后处理系统包括 MATLAB 灰度图像处理技术和粒子跟踪测速（particle tracking velocimetry，PTV）粒子追踪算法。

1. 沉速测量主要设备

1）尼康 D50 mm 高清摄像头

尼康 D50 mm 高清摄像头在拍摄泥沙沉降过程时，只是将其作为显微镜来使用，把所观测的颗粒进行最大限度的放大，便于与其连接的相机拍摄，该镜头的焦距长度和所拍摄画幅的对角线长度大致相等。该镜头通常是指焦距在 40～55 mm 的摄影镜头，所表现的景物透视与目视比较接近。在该套泥沙沉速测量系统中，对镜头与小相机进行反接，将其作为显微镜使用。本章在试验过程中均将镜头光圈调至最大，然后记录黏性细颗粒泥沙的整个沉降过程。

2）环形微光源

试验的环境需要进行遮光处理，采用环形微光源对筒内的水体进行照亮，使得拍摄的图片能够更加清晰地反映水体中的局部情况。环形微光源采用阵列的方式布置成圆锥状，以斜角照射在被测物体表面。通过漫反射方式照亮一小片区域，工作距离为 10～15 mm 时，该光源可以突出显示被测物体边缘和高度的变化，突出原本难以看清的部分，是边缘检测、金属表面刻字和损伤检测的理想选择。为方便对拍摄的图片进行处理，环形微光源能够照亮试验中的细颗粒泥沙，提高泥沙亮度，形成最有利于图像处理的成像效果；能够克服外界干扰，保证图像的稳定性，可以用作测量工具或参照等。在拍摄过程中，主要将环形微光源卡在镜头上照射水体，一方面由于细颗粒泥沙沉降时，颗粒并不总是保持一个固定的形状，激光或者其他光源只能照射一个面，环形微光源照射的水体较厚，能保证不规则的颗粒尽可能多的边界被拍摄到；另一方面由于沉降测量区域离筒壁太近，采用粒子图像测速仪（particle image velocimetry，PIV）等其他设备进行拍摄也不太方便。

3）CMOS 相机

CMOS 相机与尼康 D50 mm 高清摄像头相连，用来拍摄泥沙颗粒的沉降图片。图片的全幅分辨率为 1 088 像素×2 048 像素，最大采样频率为 200 帧每秒，采用 USB 3.0 接口传输至计算机进行数据存储，及时将获取的图片传输到指定的文件中。整个拍摄过程务必使 CMOS 相机的拍摄速率与图片的存储速率匹配上，以防在拍摄过程中图片的失帧。

4）高精度十字滑台

该滑台用于调节相机并控制相机在水平方向上前后左右的移动。通过高精度十字滑台将尼康 D50mm 高清摄像头、环形微光源和 CMOS 相机组合在一起，同时采用三脚架等辅助工具将整个拍摄装置摆放在沉降筒外边壁的一个固定高度处较为方便。

测量系统中用到的各零配件如图 6.2.11 和图 6.2.12 所示。

图 6.2.11　尼康 D50mm 高清摄像头与环形微光源

图 6.2.12　CMOS 相机与高精度十字滑台

2. 空间分辨率标定

将测量系统对准待测位置，旋转近摄皮腔旋钮将皮腔拉伸至最长，保证相机和镜头轴线与振动平台玻璃壁面垂直，相机底边水平；使用 StreamPix 软件打开相机，实时显示相机拍摄的画面，打开环形 LED 灯，调整相机曝光时间，使得画面亮度正常；小心地整体前后移动测量系统，观察拍摄到的图像，直至拍摄到清晰的振动平台内的颗粒图像为止，采用分辨率为 2048 像素×2048 像素的图片进行标定；将长钢尺从振动平台顶部伸入，抵达测量系统拍摄区域，慢慢调整钢尺位置，直至拍摄到清晰的钢尺刻度为止；使用 StreamPix 软件拍摄一张钢尺刻度的照片，计算测量系统的空间分辨率 $\delta = P/L'$，其中 L' 为拍摄到的钢尺的长度，通过读取钢尺上的刻度得到，P 为对应的像素个数。将图片在画图软件中打开可知 $P = 1\,532$，故 $\delta = 255.333\,3$。

6.2.3　沉速测量系统安装流程

为了开展水流紊动对细颗粒泥沙沉速影响的试验研究，主要采用细沙絮凝沉速测量系统对泥沙沉降过程进行拍摄，结合图像处理技术，分析泥沙沉降过程中的絮凝现象。仪器安装及测量方法如下。

第一步：组合安装好高精度十字滑台和三脚架后，高精度十字滑台上带有可来回伸缩的皮腔；皮腔后侧是一个类似于相机机身的卡口，控制皮腔以调节相机拍摄距离的远近。

第二步：尼康D50mm高清摄像头的一端带有卡口，与高精度十字滑台上一个类似于相机机身卡口的装置相连；另一端带有螺纹，借助一个漏斗状的卡口装置与CMOS相机间接相连；漏斗状装置的另一端带有小孔径的螺纹，将相机与该装置连上，这样即可完成镜头与相机之间的反接。

第三步：在相机后面装有指示灯和USB3.0输出线接口，指示灯用于判断相机是否与计算机上安装的软件系统连上；输出线将相机与计算机主机相连，起到传输和存储图片的作用。

第四步：CMOS相机、尼康D50mm高清摄像头与高精度十字滑台和三脚架组合后，摆在预先设定好的高度，将环形微光源卡在高精度十字滑台与筒壁之间，照射试验区域的水体。

整套测量系统布置示意图如图6.2.13所示。

图 6.2.13　测量系统布置示意图

6.2.4　测量范围及相关技术参数

本次针对黏性细颗粒泥沙在紊动水体中的沉降进行试验研究，为确保拍摄准确，需在试验前为拍摄的图片确定焦平面；选择距沉降筒底部1m的位置为试验高度，在该位置建好平台，用于相机摆放，拍摄颗粒的沉降过程；在平台上选取沉降筒中两片振动格栅的中间位置为摆放相机的中心线,通过镜头与支架间的可伸缩皮腔寻找不同的焦平面。试验主要使皮腔缩至最小，镜头顶住玻璃外壁观测沉降筒中泥沙的沉降过程；在支撑相机和镜头的支架与沉降筒壁面间卡住环形微光源，环形微光源亮度可调，照亮筒中水体；

小相机后面通过 USB3.0 输出线与计算机相连，运行相机拍摄程序后，调节拍摄照片的像素范围、曝光时间、拍摄频率等参数；控制伸缩皮腔，确定不同的焦平面，本试验均选在皮腔长度调到最小时进行拍摄。相关技术参数如频率范围为 1～50 Hz，图幅分辨率均为 1 088 像素×2 048 像素，拍摄频率为 500 Hz。

6.3　泥沙絮凝沉降试验

6.3.1　试验参数

本次试验时，图片采集系统在动水和静水两种条件下进行采集。根据水流紊动的强度，调整采样的频率；在静水絮凝和非絮凝条件下，采样频率和曝光时间均保持一致。在振动格栅振动条件下，保持采样频率在一定范围内，确保能够捕获到更大的经过测量区域的沉降颗粒；其他试验参数均相同，如表 6.3.1 所示。

表 6.3.1　室内沉降试验参数布置情况

测量参数	试验工况		
	静水絮凝	静水非絮凝	动水絮凝
采样频率/Hz	10	5	30
曝光时间/μs	10 000		35 000
振动频率/Hz	0		0.5、1、1.5、2、3、4
振动格栅振幅/cm	0		0.5、1、1.5、2、2.5、3.5
分辨率/像素	2 048×1 088		

6.3.2　试验过程介绍

室内试验主要采用细沙絮凝测量系统对泥沙沉降进行观测，拍摄到的图片主要通过 PTV 粒子追踪算法进行处理，对捕捉到的颗粒进行级配分析，与原始颗粒的级配曲线对比，判断是否发生絮凝现象，并通过颗粒匹配，得到泥沙发生絮凝的沉速和粒径大小。为了达到这一目的，首先需要检验 PTV 粒子追踪算法是否准确。本章采用清洗过的沙样进行静水条件下的沉降试验，再通过该算法得到粒径，最后对计算粒径的颗粒级配曲线和通过激光粒度仪得到的原型沙的颗粒级配曲线进行对比，并对 PTV 粒子追踪算法的准确性进行检验。

图像处理采用的 PTV 粒子追踪算法是一种全新、瞬态、全场速度测量方法，它可以直接跟踪流场中示踪粒子的运动，而且其原理比较简单，即在流场中撒入示踪粒子，假设示踪粒子的运动准确代表其所在流场内相应位置流体的运动。而在本试验中，主要是追踪沉降过程中非絮凝试验中的细颗粒泥沙，计算采用该套系统观测到的颗粒的级配曲线。将得到的级配曲线与通过激光粒度仪得到的原始颗粒的级配曲线进行对比，验证采用该套系统进行观测的准确性。在验证过程中，涉及图像灰度处理，泥沙颗粒的捕捉，以及计算得到粒径后如何进行修正等。具体过程是首先使用环形微光源照射流场中的一个测试平面，利用这些沉降过程中的泥沙颗粒对光的散射作用，使用成像的方法记录下流场中粒子的位置，然后对连续两帧或者多帧图像进行处理分析，得出各点粒子的位移，最后根据粒子位移和曝光时间间隔，便可计算出流场中各点的速度矢量，最终得到其他变量。图像的处理过程主要包括粒子识别和离子配对过程，在 PTV 粒子追踪算法研究中，粒子识别过程一般采用统一灰度阈值的方法进行改进，并通过编程实现。

6.4　试验结果与分析

6.4.1　试验结果

图 6.4.1 为停止振动时所得的原始图像，可见图中有很多泥沙颗粒。根据所用泥沙的激光粒度仪测试结果，其中值粒径在 20 μm 左右，由于图片中每像素代表 10 μm，而图 6.4.1 中许多颗粒的粒径在多个像素量级，故粒径均大于 20 μm，可见原始淤泥样泥沙中包含大量絮团。图 6.4.2 为图 6.4.1 经过去除明暗背景后的图像，可见泥沙颗粒在图 6.4.2 中更加清晰。图 6.4.3 中红色标记标示出了识别出的对焦准确的泥沙颗粒。

图 6.4.1　停止振动时采样得到的原始图像

图 6.4.2 去除明暗背景之后的图像

图 6.4.3 最终识别出的对焦粒子

6.4.2 絮凝的判断

对三种试验工况下获得的图片进行颗粒提取后，采用累积频率的方式，分别对原始颗粒、用清洗前的沙样进行试验得到的颗粒和用清洗后的沙样进行试验得到的颗粒进行粒径级配分析，得到各自的粒径级配曲线。由图 6.4.4（a）可以看出，用清洗后的沙样进行试验得到的颗粒级配均匀分布在原始颗粒级配曲线的两侧,并没有发生絮凝现象。用清洗前的沙样进行试验得到的颗粒明显增大,不再符合原始颗粒级配情况。结合图 6.4.4(b)可知,原始颗粒的中值粒径在 7.4 μm 左右,而从图 6.4.4(a)可以得出,采用图像处理后的沉速对图像处理得到的粒径进行修正后,颗粒的中值粒径增大为 13 μm。由此可以判断,库区泥沙在沉降过程中由于吸附着某些有机物和无机化学成分,出现絮凝现象。

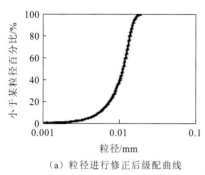

（a）粒径进行修正后级配曲线

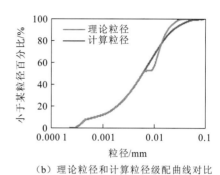

（b）理论粒径和计算粒径级配曲线对比

图 6.4.4　颗粒粒径级配分析

6.4.3　振动格栅参数对泥沙沉速的影响

采用库区原型沙分别进行动水和静水沉降试验,得到不同频率和不同振幅下,泥沙颗粒的粒径和沉速测量值,以及斯托克斯沉速公式;如图 6.4.5～图 6.4.10 所示,原型沙在室内试验过程中,不同的频率和振幅对粒径与沉速的影响均较大。当改变频率和振幅时,颗粒的沉速不再满足斯托克斯沉速公式。由图 6.4.5 和图 6.4.6 可以看出,振幅不变,频率从 0.5 Hz 增大到 1 Hz 时,拍摄到的颗粒沉速明显增大。由图 6.4.6 和图 6.4.8 可知,频率不变,振幅从 0.5 cm 增大到 1 cm 时,颗粒的沉速明显减小,这是因为在振幅较大的条件下产生的紊动水流,使泥沙的沉降速度减小的幅度更大。结合图 6.4.5～图 6.4.10 可得出:水流紊动时,适当增大频率和振幅,能够增大细颗粒泥沙的沉降速度,当超过某一临界值时,沉速呈现减小的趋势。

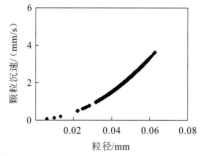

图 6.4.5　频率 f=0.5 Hz,振幅 S=1 cm 下
颗粒沉速与粒径的关系

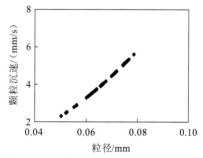

图 6.4.6　频率 f=1 Hz,振幅 S=1 cm 下
颗粒沉速与粒径的关系

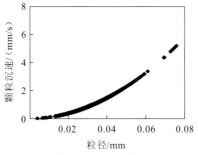

图 6.4.7　频率 $f=2$ Hz，振幅 $S=0.5$ cm 下
颗粒沉速与粒径的关系

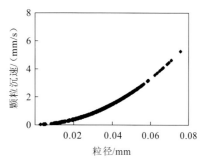

图 6.4.8　频率 $f=1$ Hz，振幅 $S=0.5$ cm 下
颗粒沉速与粒径的关系

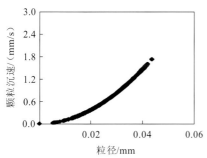

图 6.4.9　频率 $f=0$，振幅 $S=0$ 下
颗粒沉速与粒径的关系

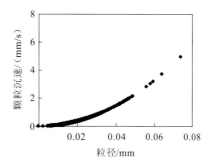

图 6.4.10　频率 $f=0.5$ Hz，振幅 $S=0.5$ cm 下
颗粒沉速与粒径的关系

6.4.4　含沙量与沉速的关系

采用原型沙分别进行静水和动水试验，得到浓度与沉速的关系，从图 6.4.11 可以看出，当泥沙浓度为 $0\sim0.5$ kg/m³ 时，室内试验中的泥沙沉速逐渐增大；浓度大于 0.5 kg/m³ 时，沉速减小。因此，由浓度与沉速的关系可以得出，泥沙浓度是沉速的重要影响因素。在分析紊动与沉速的关系时，需要考虑浓度的影响。

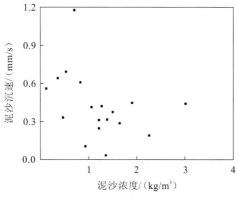

图 6.4.11　沉降筒内泥沙浓度与沉速的关系

6.5 水流紊动对细颗粒泥沙沉速的影响

本节主要对细沙现场测量和室内沉降筒测量中获得的数据分别进行统计分析，为了对沉降筒内得到的沉速公式进行验证，需要先开展对现场水流紊动强度与颗粒沉速关系的研究。对于现场细颗粒泥沙的沉速测量研究，本章选取三峡库区淤积最严重的地区忠县为测量地点，布置不同的测量断面和测量垂线，通过 ADV 获取测量位置的流速和水深，并对测量位置的水体进行取样，经过过滤和烘干试验，测得水体的含沙量情况，结合泥沙扩散方程，反推泥沙沉速大小，进而得到泥沙含沙量与沉速的关系、含沙量与流速的关系，以及现场水流紊动对细颗粒泥沙沉速的影响。本章得出的关系主要有：不同水流紊动条件下沉速的变化趋势；不同浓度下的絮团尺寸和沉速的特性，以及絮团沉速与粒径、泥沙浓度的关系，并对影响絮团沉速的主要因素进行了分析。

6.5.1 室内清水条件下水流紊动公式推导

为了开展水流紊动对细颗粒泥沙沉速影响的试验研究，首先需要得出在沉降筒内的水流紊动强度与振动格栅振幅和频率之间的关系。本章主要在沉降筒内进行了清水条件下的水流紊动试验，频率 f、振幅 S 及横向平均紊动强度（u）和纵向平均紊动强度（v）统计见表 6.5.1。

表 6.5.1 清水条件下不同振幅和频率时的紊动强度取值情况

项目	值							
频率 f/Hz	0.5	1	1.5	0.5	1	1.5	0.5	1
振幅 S/cm	1	1	1	2	2	2	3	3
u/（cm/s）	0.91	1.72	2.58	2.33	4.02	5.97	3.11	4.69
v/（cm/s）	0.62	1.03	1.62	1.28	2.20	3.39	1.88	2.87

横向和纵向平均紊动强度的计算值与实测值的对比如图 6.5.1 所示。

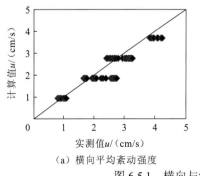

（a）横向平均紊动强度

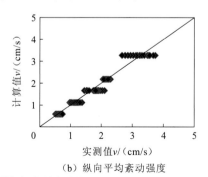

（b）纵向平均紊动强度

图 6.5.1 横向与纵向平均紊动强度对比

由图 6.5.1 可以得出，横向和纵向平均紊动强度的计算值与实测值基本相等。在推导频率、振幅与平均紊动强度之间的关系时，沉降筒内水体近似于各向同性水流条件。通过调节频率和振幅，构造不同的工况进行试验，得出流速值的分布情况；根据不同频率与振幅下流速值的分布，采用量纲分析法，对其进行非线性拟合处理，并修正相应的指数及系数，得到以下公式：

$$u = C_1 Sf, \quad v = C_2 Sf \tag{6.5.1}$$

式中：$C_1 = 1.844$；$C_2 = 1.08$；S 为振幅，cm；f 为振动频率，Hz。

6.5.2　紊动与沉速的关系

在室内沉降筒中，进行不同工况下紊动对细颗粒泥沙沉速影响的试验研究，得到水体紊动强度与颗粒沉速的关系，如图 6.5.2 所示，可以看出，沉降筒中的颗粒沉速随紊动强度的增大呈先增大后减小的趋势，存在某一临界紊动强度。在水体紊动强度为 2.5～3 cm²/s² 时，沉速达到最大值 2.5 mm/s 左右；当水体紊动强度超过这一临界值时，颗粒沉速逐渐减小。

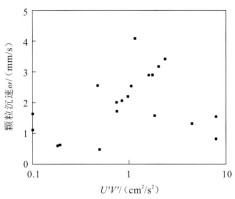

图 6.5.2　室内测量时紊动强度与沉速的关系

$U'V'$ 为水体紊动强度

6.5.3　细颗粒泥沙紊动沉速公式推导

根据 Winterwerp（2002）的研究，紊动水体中颗粒的沉速 ω 和斯托克斯沉速 ω_s 存在如下关系：

$$\omega = k\omega_s \tag{6.5.2}$$

只需确定 k 值，即可得到动水条件下泥沙的沉速公式；根据在沉降筒进行的试验，分析可知，k 值取决于振动格栅振动时的横向脉动强度 U' 和纵向脉动强度 V'；清水试验条件下对水流横向和纵向流速的研究表明，可以将 k 写成关于 C_1、C_2、S 和 f 的表达式，代入式（6.5.2）后，可以将沉速公式写成以下形式。

$$\omega = C_1 C_2 Sf \omega_s \tag{6.5.3}$$

其中，$k = C_1 C_2 Sf$。将不同频率、振幅、沉降筒中测得的沉速 ω 和 ω_s 的值列成表格，见表 6.5.2。

表 6.5.2　沉降筒内紊动水体中细沙沉降试验数据统计表

试验工况	频率 f/Hz	振幅 S/cm	测量沉速 ω/(mm/s)	斯托克斯沉速 ω_s/(mm/s)	浓度 C/(kg/m³)	紊动强度/(cm²/s²)
1	0	0	0.08	0.096	0.03	0
2	0	0	0.158	0.167	0.24	0
3	1	1	0.184	0.128	0.4	2
4	0.5	1	0.128	0.183	0.44	0.5
5	0.5	2	0.083	0.13	1.2	2
6	0.5	0.5	0.175	0.181	0.44	0.12
7	1	2	0.184	0.165	0.64	8
8	1	2	0.198	0.137	0.7	8
9	2	0.5	0.095	0.076	0.2	2
10	1	1.5	0.120	0.113	0.56	4.5
11	1.5	1.5	0.064	0.077	0.3	10
12	1	1.5	0.166	0.152	0.3	4.5
13	0.5	1.5	0.082	0.074	0.3	1.1
14	0.5	2.5	0.201	0.181	0.6	3.1
15	0.5	3.5	0.143	0.123	0.4	6.1
16	1.5	0.5	0.198	0.172	0.4	1.1
17	1	0.5	0.066	0.097	0.1	0.5

以紊动强度 2.5 cm²/s² 为临界值，分别对紊动水体中的泥沙沉速进行分析，结合量纲分析法进行非线性拟合得出如下结论。

（1）当紊动强度小于 2.5 cm²/s² 时，动水条件下的细颗粒泥沙的沉速表达式可以写为

$$\omega = (U'V')^{0.07} S_v^2 \omega_s \tag{6.5.4}$$

（2）当紊动强度大于 2.5 cm²/s² 时，沉速表达式可以写为

$$\omega = (U'V')^{0.13} S_v^{1.21} \omega_s^{1.68} \tag{6.5.5}$$

式中：ω 为动水沉速，mm/s；$U'V'$ 为水流紊动强度，cm²/s²；S_v 为体积含沙量，kg/m³；ω_s 为斯托克斯沉速，mm/s。

6.6　本 章 小 结

本章研发了细颗粒泥沙絮凝沉降试验系统，推导了在动水条件下，泥沙沉速与泥沙浓度、斯托克斯沉速和水流紊动强度之间的表达式，研究了细颗粒泥沙的沉速规律。

（1）突破了常规单片垂向振动格栅试验的局限，首次采用多片振动格栅横向振动的方式，有效克服了絮凝沉降在重力作用方向的影响；面对絮凝观测空间分辨能力要求高，以及极易被扰动和破坏而只能原位观测的难题，开发了基于微距摄影和现代计算机图像及原理的絮凝原位观测系统。

（2）三峡水库中粒径为 $10~\mu m$ 左右的细颗粒泥沙在沉降过程中会发生絮凝现象。絮团沉速与振动格栅振动频率、振幅之间具有一定的相关关系。随着水体紊动强度的增大，絮团颗粒沉速呈现出先增大后减小的趋势，并确定了沉速最大时水流紊动强度的临界值。

（3）通过一系列室内及室外原位絮凝现象观测试验，结合斯托克斯沉速公式，得到了紊动强度与泥沙沉速和含沙量之间的表达式；并且利用在现场测得的泥沙沉速值对室内沉速公式进行了校核和修正，得到了现场沉速与水流紊动强度和库区水流含沙量之间的表达式。

第 7 章

三峡水库泥沙淤积对氮磷营养盐的影响

7.1 研 究 背 景

7.1.1 研究意义

氮、磷营养元素是地球生物化学循环的物质基础，同时也是生态环境中最重要的影响因子之一，常被用作湖库富营养化和水华防控的核心指标，而湖库中氮磷营养物的输移与水沙变化有着不可分割的关系。这是因为水沙是水库天然水体营养盐的载体，对营养盐有一定的吸附作用。三峡水利枢纽工程的建设和运行打破了原有河道的水沙条件与河床形态的相对平衡状态，水流运动特性也相应发生了改变。伴随着三峡水库水沙的输移，库区江段水体和泥沙中存在的氮磷营养盐的时空分布特征理论上也将随着水沙输移的变化而变化，除直接影响坝下游氮磷营养物质的输出外，也将对长江沿线整体的水质、水环境产生一定的影响，同时产生一定的水生态环境效应。认识三峡水库水沙变化条件下水环境中氮磷营养物的赋存状态与污染水平，揭示氮磷营养物对水沙变化的响应特征，将为该地区湖库富营养化管理和控制提供科学指导，为三峡水库的水生态科学调度等提供依据。

7.1.2 研究现状

三峡水库周期性的蓄水调动，使得蓄水后的库区形成了差异显著的三类水体，包括：①未受 175 m 蓄水影响的完全自然河流型水体，位于重庆江津以上江段；②位于重庆江津—涪陵段的过渡型水体，在水库蓄水超 145 m 时由完全自然河流型水体逐渐转变为类湖泊型水体；③常年趋于静止的类湖泊型水体，位于重庆涪陵—大坝段（杨浩，2012）。整体而言，蓄水后库区水位大幅抬升，坝前—重庆江津段水体流速急剧降低，水体流态及悬浮物沉降条件等也随之发生改变，库区泥沙淤积呈现出新的趋势：实际沉降泥沙粒径更细，淤积量小于论证阶段，且泥沙淤积呈点状，分布不连续，宽谷河段泥沙淤积较为明显，而峡谷河段则无累积性泥沙淤积，与此同时下游河漫滩及长江三角洲来沙量急剧减少。这种水沙变化对水体中氮磷营养盐的循环过程有显著影响（张远 等，2005）。

三峡水库建成后，支流回水段和库湾多次发生水华（邱光胜 等，2011）。氮磷营养盐是多数淡水水体中藻类生长的限制性因子，也是诱发水体水华的重要因素。国际上一般认为，水体总磷浓度超过 0.02 mg/L，总氮浓度超过 0.2 mg/L 时，易发生富营养化水华。2004 年，库区蓄水后，水体总磷和总氮浓度均值达到 0.083 mg/L 与 1.56 mg/L，营养盐浓度总体偏高（Huang et al.，2015）。其中，在长江流域每年的丰水期，也就是三峡水库低水位运行时，库区水体泥沙带来的磷营养盐更多，水体中总氮和总磷的主要组成成分分别为硝酸盐氮和颗粒态磷（周琴 等，2019）。

2008~2013 年三峡水库调查结果表明，空间尺度上总氮浓度从库尾到库首逐渐降低，乌江监测站武隆站的总磷含量极高（0.40 mg/L），原因主要是乌江上游贵州丰富的磷矿资源的不当开采，不过在时间尺度上，库区总氮与总磷浓度水平增长较多（张远 等，2005）。2009～2014 年三峡库区水体、水质监测数据显示，对于库区水体总磷，地表水水质标准类别目前无明显变化，总体以 II～III 类为主，从库尾到库首（朱沱到太平溪断面）总磷浓度有明显下降趋势，但支流乌江的总磷超标严重（戴卓 等，2020）。总氮浓度呈现波动变化，无明显规律。泥沙淤积是长江干流水体中氮磷污染物含量发生变化的主要原因，总磷及氨氮从库尾到库首明显降低，而泥沙淤积则沿程升高（张晟 等，2007）。也有研究指出，库区农村面源污染也导致了该地区水体中氮磷含量的增加（张远 等，2005）。总之，三峡水库运行对库区营养物质的赋存产生了显著影响，加之周边人类活动，库区水体营养盐浓度变化呈现出较大的不确定性。

目前对三峡水库蓄水以来泥沙淤积特点及淤积物特性的分析较多，对泥沙淤积的成因已有一定认识，同时对三峡水库蓄水前后的整体水质变化及氮磷污染物的时空分布也有相关的分析，但总体而言，以往对三峡库区泥沙和水质的研究基本上是相对独立进行的，研究污染物时通常没有系统考虑泥沙对水质的作用。鲜有研究对三峡库区泥沙淤积与氮磷污染物变化的相关关系进行系统分析。微观上，国内外学者围绕水沙变化对污染物的直接作用等机制进行了大量研究，而天然状态下，水流-泥沙-污染物（生源物质）系统都处于运动状态，是相互耦合且多种作用的综合，最终体现为水环境质量的变化。本章主要是探索三峡水库建库运行后库区泥沙淤积与氮磷营养盐的相互关系，分析水库蓄水运行后氮磷营养盐的时空分布特征，评价水库氮、磷污染状况，进而对三峡水库泥沙淤积产生的水环境效应进行综合研究和评价。

7.2　三峡水库建设运用对库区泥沙冲淤及流速的影响

7.2.1　三峡库区泥沙冲淤变化

长江流域水资源保护与开发在近 20 年的发展中取得了巨大的成就，干、支流水利水电与水土保持工程建设迅速推进。这些工程在除害兴利、发展生产、改善生态环境等方面发挥了积极作用，但同时也改变了长江水沙及河床冲淤的某些特性，尤其是以三峡水库为核心的长江上游梯级水库群的陆续建成和运行，已经从根本上改变了长江流域水沙时空变化和冲淤演变规律。

根据长期以来长江实测水文泥沙资料，分别以寸滩站+武隆站和宜昌站为三峡水库入出库控制站，对三峡水库蓄水前后（1991～2017 年）入出库沙量及基于输沙量法的库区年冲淤量变化进行归纳和统计分析，相关统计结果见表 7.2.1 和图 7.2.1。三峡水库论证阶段（1991 年以前）年均入库沙量（寸滩站+武隆站）为 $4.93×10^8$ t；论证结束，三峡工程施工以后，如表 7.2.1 所示，1991～2002 年三峡水库年均入库沙量减少至 $3.58×10^8$ t；在 2003 年开始蓄水运行后，三峡水库 2003～2017 年入库沙量更是大

幅减少至 1.48×10^8 t。特别是金沙江向家坝水库（2012 年）、溪洛渡水库（2013 年）相继开始蓄水运行后，由于水库的拦沙作用，长江支流金沙江的来沙量大幅减少，仅向家坝站 2013～2017 年的年均输沙量就由 2003～2012 年的 1.42×10^8 t 减少至 0.17×10^7 t（许全喜 等，2019）。对于三峡库区，2014 年向家坝水库、溪洛渡水库均开始按正常蓄水位运行后，三峡水库入库沙量由 2003～2013 年的年均 1.86×10^8 t 进一步缩减至 2014～2017 年的年均 4.2×10^7 t（表 7.2.1）。

表 7.2.1　三峡水库不同统计方案入出库沙量计算结果　　　　（单位：10^8 t）

时段		年均入库沙量	年均出库沙量	年均淤积量
1991～2002 年		3.58	3.92	−0.34
2003～2017 年	2003～2017 年（总）	1.48	0.36	1.12
	2003～2013 年（分）	1.86	0.46	1.40
	2014～2017 年（分）	0.42	0.06	0.36

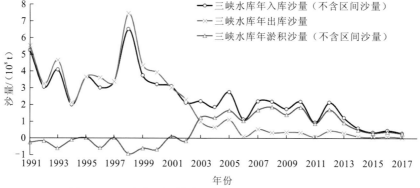

图 7.2.1　建库前后三峡库区年冲淤量变化（输沙量法）

与入库沙量减小一致，三峡水库建成运行后出库沙量也随之大幅度减小，2014～2017 年三峡水库年均出库沙量仅为 0.6×10^7 t。从库区淤积量变化来看，2003 年蓄水运用前，不考虑区间来沙，三峡库区总体微冲，考虑区间来沙后库区年际冲淤是基本平衡的（三峡水库蓄水前、后区间年均来沙量分别为 4.270×10^7 t、2.000×10^7 t），蓄水后水库迅速转为淤积，2014 年后 80%以上泥沙淤积在库内。不考虑区间来沙，2003～2017 年三峡水库的排沙比为 24.3%，其中 2003～2013 年和 2014～2017 年排沙比分别为 24.7%、14.3%。这主要是因为水库的泥沙淤积量与水库的调度运用方式息息相关，随着三峡大坝坝前水位的逐步抬高，水深加深，坝前段水体流速进一步放缓，水流挟沙能力减弱，泥沙淤积部位逐渐上移，2014 年后三峡水库的排沙比也有所减小。在入库泥沙变少、变细的背景下，三峡库区细沙的落淤比例很大，三峡水库拦沙作用非常明显，这与论证阶段三峡水库细沙不淤的"穿堂过"预测结论及初期水库排沙比可达 30%的预测结论均有所不同。

7.2.2　三峡库区水体流速变化

三峡水库建库后库区水深增加，水体流速变缓，进而对库区泥沙冲淤等产生影响。以库区干流寸滩（重庆城区下游）、清溪场（涪陵城区下游）、沱口（万州城区上游）、官渡口（巴东城区上游）、太平溪（坝上）5 个典型断面为例对建库前后库区水体流速变化进行比较分析（表 7.2.2）。寸滩断面位于三峡库尾的变动回水区，距坝 605.7 km，清溪场、沱口、官渡口、太平溪则位于常年回水区，分别距坝 474.6 km、291.4 km、77.4 km、7.2 km。由表 7.2.2 可见，在流量一定的情况下，三峡水库建库前沿程各典型断面的流速一般较大，且流速大小主要与各自的断面形态有关；建库后各断面流速大小基本呈沿程减小的态势，主要是越靠近坝前，沿程各断面水深及过水面积越大，断面流速减小越多，在纵向整体表现为三峡库区上游流速大，越靠近三峡大坝，流速越小，呈现出自上游（重庆江津）流向下游（湖北秭归）的一维水动力特征，即显著的河道型水库特征，库尾河道特征和坝前水库特征更明显，汛期河道特征和枯水期水库特征更明显。建库后枯水期流速减小幅度更大，汛期流速减小幅度比枯水期要小。建库后汛期干流仍能保持一定的流速，汛期 20 000 m³/s 流量下坝前太平溪断面的流速约为 0.28 m/s，清溪场以下干流仍能维持一定的流速。但枯水期 5 000 m³/s 流量下坝前太平溪断面的流速仅约为 0.05 m/s，清溪场以下流速均在 0.2 m/s 以下。三峡库区入汇支流流量较小，受干流顶托影响，支流特别是支流库湾的流速更小，可低至厘米每秒量级，流速最大值出现在蓄水期，最小值出现在高水位运行期。值得注意的是，支流回水区因受到上游来水、干流顶托来水两种水温、密度、污染物等性质皆不同的水团的复合影响，流速、流向多变，出现分层异重流特性（杨正健，2014）。

表 7.2.2　三峡水库干流河道典型断面水体流速　　　　　　　（单位：m/s）

不同水情	断面	寸滩	清溪场	沱口	官渡口	太平溪
常遇流量	与坝的距离	605.7 km	474.6 km	291.4 km	77.4 km	7.2 km
枯水期	建库前	2.03	0.33	0.81	1.14	0.56
5 000 m³/s	建库后	0.57	0.17	0.17	0.09	0.05
汛期	建库前	2.38	1.02	2.02	1.97	1.85
20 000 m³/s	建库后	1.44	0.91	0.66	0.42	0.28

7.3　三峡水库建设运用对库区水环境的影响

三峡工程对水质的影响从工程论证之初就一直备受关注。从 2003 年初次蓄水成库至今，三峡水库经历了 135 m 蓄水（2003 年 6 月 1～10 日）、156 m 蓄水（2006 年 9 月 20 日～10 月 27 日）和试验性蓄水（2008～2017 年），且 2010～2017 年已连续 8 年实现了 175 m 的设计目标最高水位。库区水环境已经发生了根本性的变化，水流态和流速的变化改变了周边水环境的理化性质，进而影响了污染物在水体中的迁移与转化过程，造成库区水质变化。在工程可研和初设阶段，以国家及省部级环保部门和中国科学院为代表的科研单位对库区水质状况进行了监测与评价，结果显示库区江段除大肠杆菌群、石油类及总汞外，各项水质指标均优于地表水 II 类标准 [《地面水环境质量标准》（GB 3838—2002）]。如今多年过去了，三峡库区正式运行后水库水质、水环境的现状又是如何呢？三峡工程对水质所产生的实际影响是否与三峡工程环境影响报告的预测结论一致？产生了多大的差异？内在原因又是什么？这些都是亟待回答的问题。研究三峡工程对水质所产生的实际影响并与当初的设计论证结论进行比较，无论是从科学的角度，还是从回答公众关切问题的角度都具有十分重要的意义。

　　本节将试验性蓄水期库区干流、支流、下游的水质与成库前进行了对比，在揭示三峡库区水体主要污染物的时空分布特征的同时分析了三峡工程对库区干流和支流水环境的影响。

7.3.1　数据来源及分析方法

1. 数据来源

本章所用数据来自三峡工程生态与环境监测系统水文水质同步监测重点站和施工区环境监测重点站 1998～2017 年的监测结果，监测频率为每月一次，断面参数值为断面各测点均值，年均值为 12 个月参数值的均值。

2. 断面选择和时段划分

水质分析的空间范围为库区干流，从库尾至库首共选取寸滩（重庆城区下游）、清溪场（涪陵城区下游）、沱口（万州城区上游）、官渡口（巴东城区上游）、太平溪（坝上）5 个断面，断面位置见图 7.3.1。

图 7.3.1　三峡库区水质监测断面示意图

　　三峡工程 2003 年 6 月首次蓄水成库，蓄水位达 135 m，2006 年进行了 156 m 蓄水，2008～2017 年每年都在汛末进行了试验性蓄水，2010～2017 年已连续 8 年实现了目标蓄水位 175 m，水文情势变化对水质的影响已趋于相对稳定。选择 1998～2002 年代表成库前的时段，选择试验性蓄水期的 2013～2017 年作为成库后的时段。成库前后各选择 5 年，符合统计学上的样本选择要求，同时又略去了 2003～2007 年低水位运行和 2008～2012 年试验性蓄水期的前 5 年。三峡水库是典型的河道型水库，采取"蓄清排浑"的调度方式，其年运行模式见图 7.3.2。

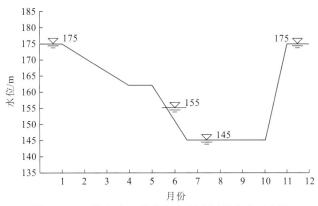

图 7.3.2　三峡水库正常蓄水位调度运行方式示意图

3. 评价方法

　　本章对三峡水库水质的评价采用单因子评价法。该方法可以简单、明了地了解水域是否满足功能要求，是水环境影响评价中最常用的方法，即取某个评价因子多次监测的极值或平均值，与该因子的标准值进行比较。水质标准限值详见《地表水环境质量标准》（GB 3838—2002）。

7.3.2　水质评价结果

1. 对库区干流水质的影响

1）成库前后干流水质类别变化

　　表 7.3.1 为成库前后寸滩、清溪场、沱口、官渡口、太平溪 5 个库区干流断面的月达标率。由表 7.3.1 可知，成库后，水质达标率均大幅提高，水质类别明显好于成库前，沱口、太平溪两个断面月达标率提高了 45%、35%；5 个断面成库前平均达标率为 62.3%，成库后上升为 93.7%，提高了约 30%。此外，从观测结果还发现：2013～2017 年，三峡库区干流断面水质超标现象集中于 2013 年和 2014 年，而 2015～2017 年未再出现水质超标现象。

表 7.3.1　成库前后主要干流断面月达标率（符合或优于 III 类水质比例）　（单位：%）

断面	寸滩	清溪场	沱口	官渡口	太平溪	平均
成库前（1998~2002 年）	48.3	55.0	48.3	95.0	65.0	62.3
成库后（2013~2017 年）	95.0	81.7	93.3	98.3	100	93.7

具体到年内不同水期水质的比较，结果显示库区丰水期水质明显劣于平水期和枯水期。根据三峡工程生态与环境监测系统水文水质同步监测重点站资料，以 2013 年水质监测数据为例，库区干流断面水质超标率丰水期为 35.0%，而平水期和枯水期水质超标率仅为 25.0% 与 10.0%。

1998~2002 年，库区干流断面主要超标参数为高锰酸盐指数、铅等（当时的标准没有河流总磷标准限值）。2013~2017 年，库区干流断面主要超标参数为总磷，其次为高锰酸盐指数。关于成库前后两个时期执行不同的水环境质量标准对评价结果可比性的影响问题，可对主要超标参数总磷、高锰酸盐指数、铅具体分析如下。2002 年前，我国执行《地面水环境质量标准》（GB 3838—88），要求对高锰酸盐指数、总磷、重金属等参数采样后摇匀（所得水样一般称为浑样）测定，而从 2002 年 6 月 1 日起实施的《地表水环境质量标准》（GB 3838—2002），要求对高锰酸盐指数、总磷、重金属等参数采样后沉降 30 min 取上层非沉降部分（一般称为澄清 30 min 样或澄清样）测定。在标准限值方面，《地表水环境质量标准》（GB 3838—88）与《地表水环境质量标准》（GB 3838—2002）中高锰酸盐指数 III 类标准限值都是 6 mg/L；铅的 III 类标准限值都是 0.05 mg/L；总磷的湖库 III 类标准限值都是 0.05 mg/L，但前者没有规定总磷的河流标准限值，后者规定了总磷的河流 III 类标准限值，为 0.20 mg/L。换言之，《地表水环境质量标准》（GB 3838—2002）实施前，总磷没有参与河流水质类别评价，所以不会因标准变更影响 2013~2017 年水质类别优于 1998~2002 年这一结论。

对高锰酸盐指数而言，成库后超标现象极少，按澄清样监测值，5 个断面 2013~2017 年 60 个月份的监测中只出现了两次超标现象，即 2013 年 7 月寸滩断面和清溪场断面。按浑样监测值，这期间只出现了 4 次超标现象，即寸滩断面和清溪场断面分别在 2013 年 7 月与 8 月，所以即使高锰酸盐指数按浑样监测值评价，相比于澄清样监测值，2013~2017 年，寸滩断面和清溪场断面的达标率也只下降 3.3%。对铅而言，5 个断面 2013~2017 年 60 个月份的监测中，无论是浑样还是澄清样，都未出现超标现象。因此，即使考虑标准变更，2013~2017 年比 1998~2002 年水质达标率大幅提高这一结论仍是可靠的。

2）对主要污染物浓度的影响

根据库区干流水质参数超标情况，选取总磷、高锰酸盐指数、铅及对其浓度具有重要影响的悬浮物，进行成库前后两个时期的浓度对比。成库前后的污染物浓度皆采用浑样监测值。图 7.3.3 为库区干流断面悬浮物浓度均值的变化情况。由图 7.3.3 可知，成库前（1998~2002 年）5 个断面悬浮物浓度的均值为 300~500 mg/L，至试验性蓄水期的 2013~2017 年，库区干流水域悬浮物浓度均值比成库前大幅下降，5 个断面的下降幅度在 83.4%～97.5%，平均下降幅度为 90.7%，万州沱口、巴东官渡口、坝上太平溪断面的下降幅度分别约为 93.8%、91.4%、97.5%。

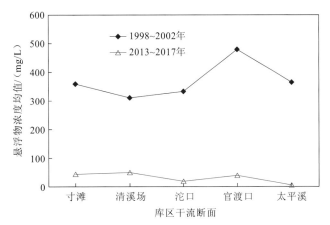

图 7.3.3　成库前后库区干流断面悬浮物浓度均值

　　图 7.3.4 为成库前后高锰酸盐指数均值的对比。由图 7.3.4 可知，相对于成库前的 1998～2002 年，试验性蓄水期的 2013～2017 年，库区干流水域高锰酸盐指数均值显著下降，5 个断面的下降幅度为 21.8%～50.5%，平均下降 39.2%，尤以万州沱口和坝上太平溪断面的下降幅度最大，分别为 48.3% 和 50.5%。

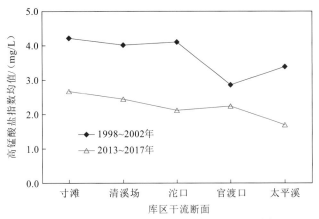

图 7.3.4　成库前后库区干流断面高锰酸盐指数均值

　　图 7.3.5 为成库前后总磷浓度均值的变化情况。由图 7.3.5 可知，与高锰酸盐指数均值的变化结果类似，2013～2017 年试验性蓄水期，库区干流 5 个断面水体的总磷浓度均值较成库前显著下降。成库前的 1998～2002 年，5 个断面的总磷浓度均值在 0.18～0.25 mg/L，平均为 0.22 mg/L，试验性蓄水期的 2013～2017 年，5 个断面的总磷浓度均值在 0.11～0.18 mg/L，平均为 0.14 mg/L，比成库前下降约 36.4%。下降幅度最大的为太平溪断面，下降比例为 56.6%。

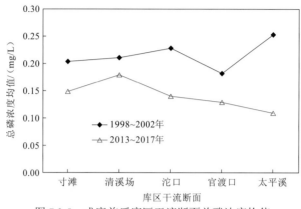

图 7.3.5　成库前后库区干流断面总磷浓度均值

图 7.3.6 为成库前后水体铅浓度均值的对比。由图 7.3.6 可知，2013～2017 年试验性蓄水期，库区干流水体的铅浓度均值较成库前大幅下降。成库前的 1998～2002 年，5 个断面的铅浓度均值范围为 0.016～0.040 mg/L，平均为 0.031 mg/L，试验性蓄水期的 2013～2017 年，5 个断面的铅浓度均值范围为 0.002 5～0.012 7 mg/L，平均为 0.007 1 mg/L，下降幅度高达 77.1%。

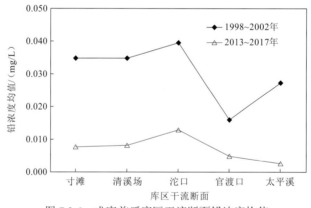

图 7.3.6　成库前后库区干流断面铅浓度均值

3）年内浓度的时空分布

高锰酸盐指数、总磷、铅等污染物具有相似的水期特点，并且都受悬浮物浓度和水期的影响。因此，以悬浮物浓度和高锰酸盐指数为例分析成库前后的水期特征。图 7.3.7 为成库前 1998～2002 年各水期悬浮物浓度，图 7.3.8 为试验性蓄水期 2013～2017 年各水期悬浮物浓度。由图 7.3.7 和图 7.3.8 可见，成库前，悬浮物浓度丰水期＞平水期＞枯水期；成库后，丰水期悬浮物浓度仍然高于平水期与枯水期，但呈现出新的特点，一是成库后悬浮物浓度沿程呈显著下降趋势，二是成库后平水期和枯水期之间的悬浮物浓度差别显著变小。因此，尽管试验性蓄水期水体悬浮物浓度比成库前的总体下降比例达 90.7%，但水期特征仍非常明显。

图 7.3.9 为成库前 1998～2002 年高锰酸盐指数在各水期的平均值，图 7.3.10 为试验性蓄水期 2013～2017 年高锰酸盐指数在各水期的平均值。

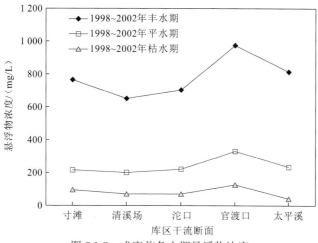

图 7.3.7　成库前各水期悬浮物浓度

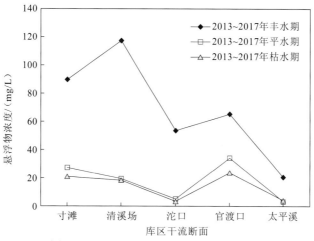

图 7.3.8　试验性蓄水期各水期悬浮物浓度

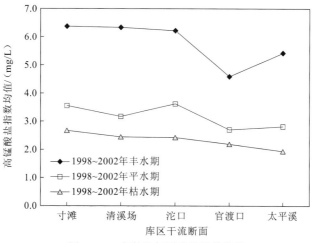

图 7.3.9　成库前高锰酸盐指数均值

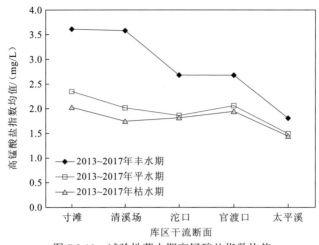

图 7.3.10　试验性蓄水期高锰酸盐指数均值

可见，库区干流水体悬浮物浓度和高锰酸盐指数变化在水期特征上基本一致。无论是成库前，还是成库后，都表现出高锰酸盐指数丰水期＞平水期＞枯水期。需要指出的是，成库后近坝水体丰水期和其他水期之间的高锰酸盐指数的差别小于成库前，而且成库后近坝水体平水期和枯水期之间高锰酸盐指数的差别变小。

2. 对支流水质的影响

1）蓄水前后支流水质类别变化

选择成库前后都有监测资料的部分支流，对其进行水质类别评价，结果见表 7.3.2。可见，成库前支流水体总体水质尚好，水质类别以 II～III 类为主，占 77.8%。成库后，支流水体水质变差，水质劣于 III 类标准的支流占 90%～95%，以 IV～V 类为主。总磷为首要超标项目，其次为五日生化需氧量、氨氮等。

表 7.3.2　成库前后部分支流水质类别

支流名称	乌江	小江	汤溪河	磨刀溪	长滩河	梅溪河	大宁河	香溪河
成库前	IV（汞）	III	II	II	II	III	II	V（总磷）
成库后	劣 V（总磷）	IV（总磷，五日生化需氧量）	IV（总磷）	IV（总磷）	IV（总磷）	IV（总磷）	III	IV（总磷）

比较成库前后库区支流水域的主要污染物浓度水平，乌江、龙河、小江、汤溪河、磨刀溪、长滩河、梅溪河、大宁河、香溪河 9 条主要支流，成库前高锰酸盐指数总体为 1.5～5.2 mg/L，氨氮为 0.05～0.94 mg/L，总磷为 0.05～0.35 mg/L；成库后高锰酸盐指数总体为 1.4～3.1 mg/L，氨氮为 0.03～0.70 mg/L，总磷为 0.04～0.35 mg/L，成库前后没有发生显著变化。成库后，之所以水质类别变差，是因为总磷的评价标准在成库前采用河流标准（III 类标准限值是 0.2 mg/L），而在成库后采用湖库标准（III 类标准限值是 0.05 mg/L）。如仍按河流标准评价，成库后支流达标比例与蓄水前基本一致。

2）支流富营养化和水华

2003 年蓄水成库后，三峡水库每年都能在某些支流中观测到不同程度的水华现象，这在成库前是基本不可能的。据不完全统计，试验性蓄水期的 2009～2017 年，发生水华的支流占比基本在 15%～80%，平均约为 40%，其中发生率最高的为 2012 年，达 85%（图 7.3.11）。长期的监测显示，三峡库区主要支流的营养物质浓度蓄水前后变化不大，成库前后总磷和总氮均高于水华发生的临界浓度 0.02 mg/L、0.20 mg/L，说明在成库前库区支流就具有充足的营养基础。成库后蓄水位抬高，支流出现了回水区，水力停留时间较天然状态加长，如香溪河、大宁河、小江等回水距离较长的河段，水力停留时间都在 10 d 以上，为藻类的迅速生长提供了适宜的条件，导致库区部分支流出现水华现象。

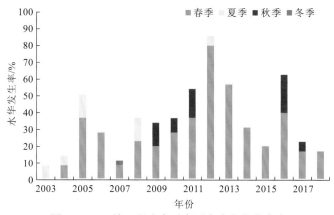

图 7.3.11　三峡工程成库后库区支流水华发生率

表 7.3.3 为水库成库前和成库后试验性蓄水期支流贫营养、中营养、富营养状态所占的比例。由表 7.3.3 可见，成库后，库区支流总体营养状况显著提高，贫营养比例由 20.0%下降为 16.0%，中营养状态的比例由 80.0%下降为 40.0%，而富营养比例由 0.0 上升为 44.0%。蓄水后库区支流水域的营养程度提高，总体上由蓄水前的贫营养—中营养水平转变为中营养—富营养水平。

表 7.3.3　库区支流成库前后营养水平对比　　　　　　（单位：%）

时段	贫营养	中营养	富营养
成库前	20.0	80.0	0.0
成库后	16.0	40.0	44.0

7.3.3　分析与讨论

1. 污染物浓度变化分析

三峡水库成库前，库区干流属自然河流，坝址水位为 60～90 m，成库后的试验性蓄水期，坝上年内最高水位实现了 175 m 的目标水位，水文形态较成库前发生了巨大变化，水面变宽，流速减缓，同时水体在库区的滞留时间增加，泥沙沉降大大增强，所以悬浮物浓度由成库前的 371 mg/L 下降为试验性蓄水期的 70 mg/L，下降比例达 81.1%。因为地表水体中的有机污染物、磷酸盐、重金属等以较大程度吸附于水体颗粒物，所以高锰酸盐指数、总磷浓度、铅浓度等与悬浮物浓度关系密切，随着库区内悬浮物的沉积，水体高锰酸盐指数、总磷浓度、铅浓度等下降，这种作用可称为澄清作用。澄清作用既导致了这些参数成库后低于成库前，又导致了浓度的沿程下降，以及总体上水质达标率的提高。

根据图 7.3.3～图 7.3.10，成库后悬浮物浓度及浑样高锰酸盐指数、总磷浓度、铅浓度总体上从库尾至库首呈现下降趋势。成库后，试验性蓄水期的 2013～2017 年，悬浮物浓度、高锰酸盐指数、总磷浓度、铅浓度从寸滩断面至太平溪断面总体呈沿程下降趋势，而且以丰水期最为显著，4 个参数的沿程下降幅度分别为 80.4%、50.1%、49.2%、73.4%。这也是由库区澄清作用所致。在成库前，污染物浓度没有表现出如此明显的沿程下降特征。

结合三峡水库建设运用后库区泥沙冲淤的研究成果进行分析，发现三峡水库成库后，泥沙淤积使库水中的悬浮物和重金属浓度明显降低，水库对磷等元素具有一定的拦截作用，但未预测成库后悬浮物浓度、高锰酸盐指数和总磷浓度的具体变化。

2. 库区支流富营养化分析

库区主要支流的营养物质浓度蓄水前后变化不大，成库前后总磷和总氮均高于水华发生的临界浓度 0.02 mg/L、0.20 mg/L，说明在成库前库区支流就具有充足的营养基础，只是流速较大，不具备发生水华的条件。成库后蓄水位抬高，支流出现了回水区，流态发生改变，顶托回水区的平均流速均小于 0.01 m/s，为藻类的迅速生长提供了适宜的条件，使库区部分支流出现了水华现象。一般将流速<0.1 m/s 的水体视为滞缓水体。三峡库区成库前大多数支流的平均流速在 1.0 m/s 以上，而成库后流速大大减缓。监测结果显示，试验性蓄水期支流断面的平均流速低于 0.01 m/s。

成库引起的水力条件改变，使支流回水区水力停留时间较天然状态加长，如香溪河、大宁河、小江等回水距离较长的河段，水力停留时间都在 10 d 以上。从成库后水华现象发生的支流区段的特点来看，水华现象主要发生在受干流回水顶托影响的滞水河段，支流上游来水和干流回水顶托所形成的滞水河段是水华现象高发区。

根据《长江三峡水利枢纽工程环境影响报告书》，建坝对氮磷营养物质有一定的拦蓄作用，有利于提高水库的生物生产力，总磷污染将较为严重，部分支流、库湾可能趋向富营养化。就成库后实际发生的水华情况及富营养评价结果而言，成库后支流的富营养化状况在环评报告的预测结果内。

7.3.4 结论

（1）库区干流。

试验性蓄水期的 2013～2017 年，库区干流水质显著优于成库前，平均月达标率由成库前的 62.3%变为 93.7%。水质变好缘于成库后水位抬高、流速减缓引起的泥沙沉降，即澄清作用。

　　试验性蓄水期的 2013～2017 年，库区干流水域悬浮物浓度比成库前大幅下降，5 个断面的下降幅度在 83.4%～97.5%，平均下降幅度为 90.7%。万州沱口、巴东官渡口、坝上太平溪断面的下降幅度分别约为 93.8%、91.4%、97.5%。库区干流水域高锰酸盐指数、总磷浓度、铅浓度显著下降。5 个断面高锰酸盐指数的下降幅度为 21.8%～50.5%，平均下降 39.2%，尤以万州沱口和坝上太平溪断面的下降比例最大，分别为 48.3% 和 50.5%。5 个断面总磷浓度比成库前下降约 36.4%，下降幅度最大的为太平溪断面，下降比例为 56.6%。库区干流总磷浓度在 0.11～0.18 mg/L，平均为 0.14 mg/L。5 个断面铅浓度的下降比例为 77.1%，铅浓度范围为 0.0025～0.0127 mg/L，平均为 0.0071 mg/L，成库后铅基本未出现超标现象，检出频率很低。

　　试验性蓄水期的 2013～2017 年，库区干流水质仍具有明显的水期特征，高锰酸盐指数、总磷浓度、铅浓度等仍然是丰水期＞平水期＞枯水期。

　　成库后，库区干流悬浮物浓度、高锰酸盐指数、总磷浓度、铅浓度等整体上表现出从库尾至库首的沿程下降趋势，从近库尾的寸滩断面至坝上太平溪断面，悬浮物浓度、高锰酸盐指数、总磷浓度、铅浓度年均值的沿程下降幅度分别约为 86.2%、40.1%、50.5%、75.4%。

　　（2）库区支流。

　　成库后，库区支流水体中的营养物质浓度未发生显著变化，但按湖库标准评价，支流水质以 IV 类为主，主要超标因子为总磷，其次为总氮。

　　库区支流在成库前未观测到水华现象，成库后大部分支流处于中营养或富营养状态，每年都有部分支流出现水华现象，试验性蓄水期的 2012 年为水华发生最严重的年份，其次为 2016 年。在支流水体营养物质背景浓度较高的基础上，蓄水位抬高使支流形成顶托回水区，流速变缓，再加上适宜的气候条件，部分支流出现水华现象。

7.4　三峡水库泥沙淤积下氮磷营养盐的响应特征

　　富营养化是湖库蓝藻水华现象频发的重要原因，严重影响了湖库水生态系统和水体功能的稳定。三峡水库蓄水后流速大幅减缓，对水体中氮磷营养盐的循环过程有显著影响。库区水体中氮磷营养盐元素的变化影响着其初级生产力，进而还会影响长江中下游河道水质、水生动植物生长繁殖，以及长江口与其邻近海域生态系统的稳健发展。近年来，国家把修复长江生态环境摆在压倒性位置。三峡库区是长江最受关注的区域之一，弄清三峡库区自蓄水以来水库泥沙淤积下氮磷营养盐的响应特征具有重要意义。

7.4.1　三峡水库上覆水和沉积物氮磷营养盐的时空分布特征

1. 三峡水库上覆水中营养盐浓度的变化

　　于 2015 年、2016 年在三峡库区开展了 6 次调查。基于调查分析结果（图 7.4.1），按照《地表水环境质量标准》（GB 3838—2002），统计各断面水质，干、支流总氮浓度分别在 1.08～2.67 mg/L、1.06～2.60 mg/L，基本上为 IV～V 类水，甚至有部分断面高于 V 类水标准限值；干、支流中总磷浓度分别在 0.07～0.50 mg/L 和 0.09～0.33 mg/L，绝大多数断面满足 II～IV 类水标准。整体上，2015 年水体中总氮、总磷浓度均高于 2016 年，但干、支流间差异不明显。低水位时，干、支流中总氮、总磷浓度整体上高于高水位，这可能是因为三峡水库高水位运行时，水量多，水体稀释能力强，而且库区水体流速较缓，水中悬浮物沉降条件较好。此外，低水位运行期也是夏季丰水期，受降雨等条件影响，地面径流量大，农业面源污染加剧。

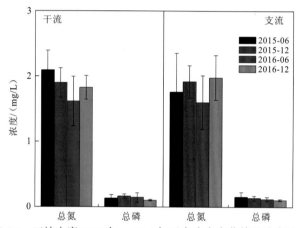

图 7.4.1　三峡水库 2015 年、2016 年干支流水中营养盐浓度的变化

由图 7.4.2 可知，低水位运行时，三峡库区干流总氮浓度从坝前至重庆的沿程分布有所差异，途经云阳—涪陵段时，受人类活动影响，水体中总氮浓度呈波动变化，靠近大坝时，由于水体的自净作用，水体总氮浓度缓慢降低，但整体上仍高于库尾，而支流中各断面水体的总氮浓度相差不大。高水位运行时，万州—奉节段水体中总氮浓度增加较明显，可能与该区域消落带大面积被淹没有关。重庆工业较为发达，这可能是其区域内支流总氮浓度显著高于其他区域的原因之一。

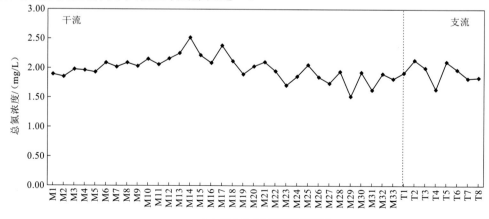

（a）低水位总氮浓度沿程变化

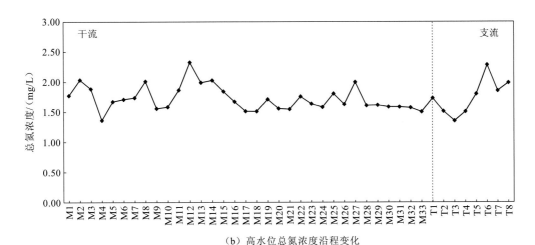

（b）高水位总氮浓度沿程变化

图 7.4.2 三峡水库不同水位运行期时干支流水体中总氮浓度的沿程变化

M1～M33 表示从坝前至重庆的干流江段，T1～T8 表示从坝前至重庆的入江支流

由图 7.4.3 可知，低水位运行时，干流中 M31 总磷浓度最高，整体上从重庆至坝前，由于泥沙沉降和水体自净作用，水体中总磷浓度逐渐降低。支流中总磷浓度也是在主城区时较高。高水位运行时，万州—奉节段干流水体总磷浓度增加较为明显，其余江段差异不大。

根据 2015 年 6 月和 2016 年 12 月针对三峡水库沿程总磷、溶解磷、颗粒磷的调查结果，分析丰、枯水期水库沿程不同赋存状态磷的变化，见图 7.4.4。从沿程变化规律来看，丰水期，三峡库尾至坝前总磷浓度呈逐渐减小的趋势，由 0.28 mg/L 逐渐下降至 0.15 mg/L，下降了 46.4%。颗粒磷沿程呈总体下降的趋势，由 0.217 mg/L 下降至 0.046 mg/L，下降了 78.8%。溶解磷沿程呈波动变化，为 0.063～0.13 mg/L。枯水期，三峡库尾至坝前总磷浓度变化较小，为 0.101～0.107 mg/L。颗粒磷和溶解磷沿程呈波动变化，分别为 0.007～0.046 mg/L、0.056～0.94 mg/L。

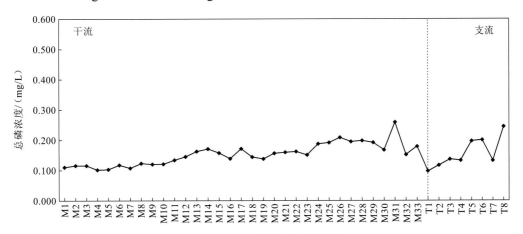

（a）低水位总磷浓度沿程变化

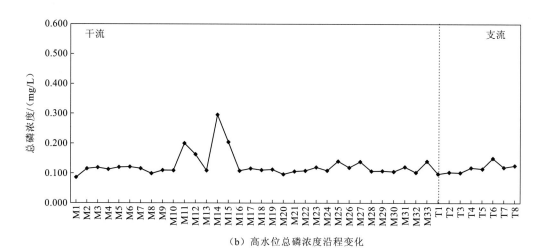

（b）高水位总磷浓度沿程变化

图 7.4.3　三峡水库不同水位运行期时干支流水体中总磷浓度的沿程变化

M1～M33 表示从坝前至重庆的干流江段，T1～T8 表示从坝前至重庆的支流入河口

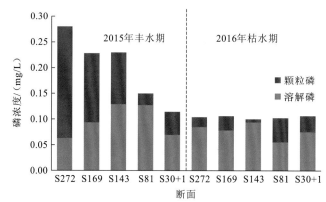

图 7.4.4　2015 年、2016 年不同水期三峡水库溶解磷和颗粒磷浓度的沿程分布

S30+1、S81、S143、S169、S272 断面与坝的距离分别为 0.82 km、101.2 km、227.3 km、283.8 km、495.3 km

从季节变化规律来看，丰水期水库总磷浓度、颗粒磷浓度远高于枯水期，其中丰水期水库沿程平均总磷浓度和颗粒磷浓度分别为 0.201 mg/L、0.104 mg/L，而枯水期平均总磷浓度和颗粒磷浓度分别为 0.104 mg/L、0.026 mg/L，仅为丰水期的 52% 和 25%。丰水期水库沿程平均溶解磷浓度与枯水期相差较小，其中丰水期为 0.097 mg/L，枯水期为 0.078 mg/L。

2. 三峡水库沉积物中营养盐浓度的变化

结合图 7.4.5 可知，三峡水库低水位运行（6 月）时，2015 年、2016 年干流沉积物中总氮浓度分别为 948.70 mg/kg、802.12 mg/kg，支流分别为 956.12 mg/kg、808.32 mg/kg；干流总磷浓度分别为 949.71 mg/kg、916.45 mg/kg，支流分别为 1003.39 mg/kg、1 053.06 mg/kg。高水位运行（12 月）时，2015 年、2016 年干流总氮浓度分别为

698.87 mg/kg、622.05 mg/kg，支流分别为 709.38 mg/kg、604.88 mg/kg；干流中总磷浓度分别为 927.59 mg/kg、825.04 mg/kg，支流分别为 923.34 mg/kg、768.24 mg/kg。整体上，2015 年沉积物中总氮、总磷浓度均高于 2016 年，干、支流沉积物总氮浓度差异不明显，对于总磷而言，支流略高于干流，可能是因为干流存在倒灌营养盐的现象，而且水库可使大部分吸附态磷沉积下来，但对氮没有明显的截留作用。低水位时，干支流沉积物中总氮、总磷浓度均高于高水位，可能是因为低水位运行期处于夏季，库区雨量大，岸上营养物质随雨水进入，并沉积在底泥中。

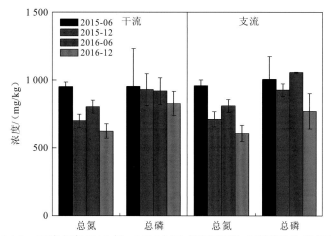

图 7.4.5　三峡水库 2015 年、2016 年干支流沉积物中营养盐浓度的变化

由图 7.4.6 可知，三峡水库在不同水位运行期时，沉积物中总氮浓度沿程呈波动变化趋势，但未见明显的在空间上的分布特征。对于总磷，可以发现，在坝前区域，离坝越近，沉积物中总磷的累积效应越显著。

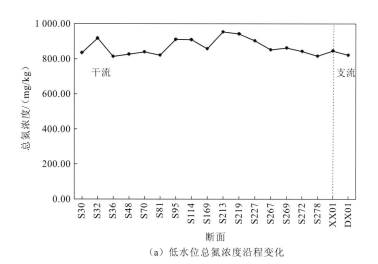

（a）低水位总氮浓度沿程变化

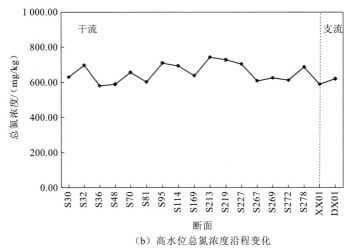

（b）高水位总氮浓度沿程变化

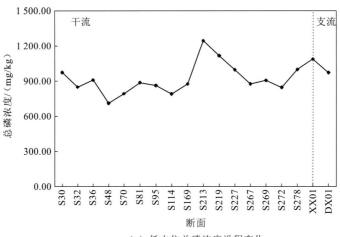

（c）低水位总磷浓度沿程变化

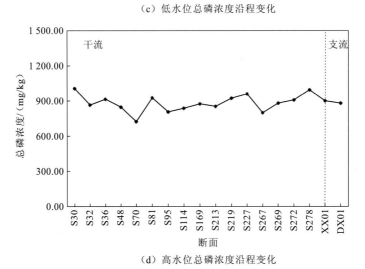

（d）高水位总磷浓度沿程变化

图 7.4.6　三峡水库不同水位运行期时沉积物中总氮、总磷浓度的沿程变化

7.4.2　三峡水库沉积物氮磷营养盐的污染状况评价

为了评估三峡库区干支流表层沉积物中营养盐受人类活动的影响程度，在研究三峡库区表层沉积物营养盐污染水平和富集特征时，依据加拿大安大略省能源部根据生态毒性效应制定的沉积物质量评价指南，按照能够引起水环境生态风险效应的营养盐（总氮和总磷）含量评价标准，以中国地区土壤中营养盐均值为背景参照值（表 7.4.1），对沉积物中营养盐的污染水平进行评价，沉积物中营养盐的污染指数（P）和富集系数（C_F）的计算公式如下：

$$P_i = C_i / C_{oi} \tag{7.4.1}$$

$$C_{Fi} = C_i / C_{vi} \tag{7.4.2}$$

式中：C_i 为营养盐 i 的实测值，mg/kg；C_{oi} 为营养盐 i 的评价标准，mg/kg，采用加拿大评价标准；C_{vi} 为营养盐 i 的环境背景参照值，mg/kg，采用中国土壤中营养盐的环境背景值。

表 7.4.1　沉积物中总氮、总磷的评价标准和环境背景值

项目	级别	总氮浓度/（mg/kg）	总磷浓度/（mg/kg）
加拿大标准	安全级	<550	<600
	最低级	550~4 800	600~2 000
	严重级	>4 800	>2 000
环境背景值		640	520

结合图 7.4.5 和图 7.4.6 可知，2015 年、2016 年不同水位运行期时，三峡库区干支流表层沉积物中总氮、总磷浓度分别为 550~4 800 mg/kg 和 600~2 000 mg/kg，其污染指数为 0~1，即污染程度处于最低级，这也表明表层沉积物已受到污染，但总体上仍属于多数栖息生物可以承受的污染水平。使用《中国土壤元素背景值》（国家环境保护局，1990）中营养盐背景参照值进行评价，低水位运行时，三峡库区干支流表层沉积物中总氮、总磷均存在富集现象；高水位运行时，干支流有 55.6% 的断面沉积物的总氮低于背景值，但各断面沉积物的总磷均大于背景值。可见，三峡库区表层沉积物中的营养物质存在一定的生态风险（表 7.4.2）。

表 7.4.2　沉积物中营养盐污染状况评价结果统计

| 断面 | | 总氮 | | | | 总磷 | | | |
| | | 低水位 | | 高水位 | | 低水位 | | 高水位 | |
		P	C_F	P	C_F	P	C_F	P	C_F
干流	S30	0.17	1.30	0.13	0.98	0.49	1.87	0.50	1.94
	S32	0.19	1.43	0.15	1.09	0.42	1.63	0.43	1.67
	S36	0.17	1.27	0.12	0.91	0.46	1.75	0.46	1.76
	S48	0.17	1.29	0.12	0.92	0.36	1.37	0.42	1.63

断面		总氮				总磷			
		低水位		高水位		低水位		高水位	
		P	C_F	P	C_F	P	C_F	P	C_F
干流	S70	0.17	1.31	0.14	1.03	0.40	1.52	0.36	1.39
	S81	0.17	1.28	0.13	0.94	0.44	1.70	0.46	1.78
	S95	0.19	1.42	0.15	1.11	0.43	1.66	0.40	1.55
	S114	0.19	1.42	0.14	1.08	0.39	1.52	0.42	1.61
	S169	0.18	1.34	0.13	1.00	0.44	1.68	0.44	1.68
	S213	0.20	1.49	0.15	1.16	0.62	2.40	0.43	1.64
	S219	0.20	1.47	0.15	1.14	0.56	2.14	0.46	1.78
	S227	0.19	1.41	0.15	1.10	0.50	1.91	0.48	1.85
	S267	0.18	1.33	0.13	0.95	0.44	1.68	0.40	1.54
	S269	0.18	1.35	0.13	0.98	0.45	1.74	0.44	1.69
	S272	0.18	1.32	0.13	0.96	0.42	1.62	0.45	1.75
	S278	0.17	1.27	0.14	1.07	0.50	1.92	0.50	1.91
支流	XX01	0.18	1.32	0.12	0.92	0.54	2.09	0.45	1.73
	DX01	0.17	1.28	0.13	0.97	0.49	1.87	0.44	1.69

7.4.3　三峡水库不同蓄水期沉积物氮磷营养盐的变化趋势

以 2000 年为三峡水库蓄水前代表年，2001～2004 年为 135 m 高程蓄水年，2005～2007 年为 156 m 高程蓄水年，2009～2011 年为 172 m 高程试验性蓄水年，2012～2014 年为 175 m 高程试验性蓄水年，2015 年至今为蓄水运行期，通过实测获得数据，结合历史资料（卓海华 等，2017），研究了三峡水库不同蓄水时段表层沉积物中营养盐含量的分布（图 7.4.7）。结果表明，各营养盐在干支流不同断面的变化趋势并不完全一致，但均无明显趋势。结合蓄水影响范围和各营养盐在表层沉积物中浓度的变化趋势进行综合分析，结果表明蓄水对表层沉积物中营养盐含量的影响有限，未出现明显的随蓄水而进一步富集的现象。

7.4.4　三峡库区沉积物物理特性与氮磷的关系分析

以三峡水库朱沱断面为例，蓄水前（1987～2002 年）泥沙中值粒径的多年平均值为 0.011 mm，蓄水后（2003～2010 年）降至 0.009 mm（图 7.4.8），这表明蓄水后三峡水库干流沉积物有细化趋势，河床沉积物的颗粒大小与河流水动力相适应，水动力越强，沉积物越粗，反之，沉积物越细。三峡水库蓄水使得干流水体流速减缓，水体挟沙能力降低，是库区沉积物颗粒变细的原因之一。

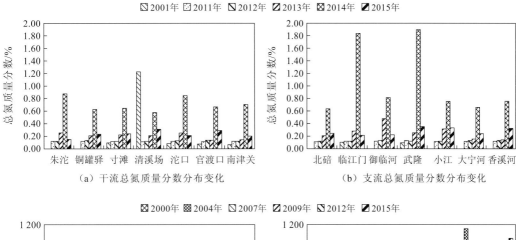

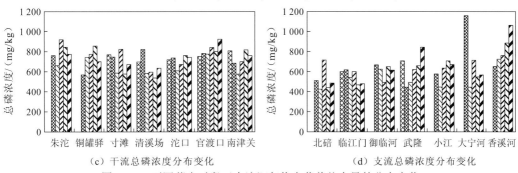

图 7.4.7　不同蓄水时段干支流沉积物中营养盐含量的分布变化

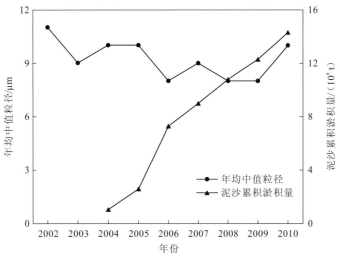

图 7.4.8　朱沱断面泥沙年均中值粒径及三峡水库泥沙累积淤积量

由图 7.4.9 可知，三峡水库不同水位运行下，沉积物中泥沙中值粒径基本在 0～0.025 mm，少数断面的中值粒径较大，且出现在库尾。高宏等（1996）在对悬移质的研究中发现：粒径小于 0.025 mm 的细颗粒泥沙承载污染物输移的能力较强，而泥沙粒径大于 0.025 mm 的粗颗粒泥沙承载污染物输移的能力则较弱。低水位下，三峡水库沉积物中泥沙的中值粒径普遍小于高水位，其对污染物的吸附作用会更强，故在干支流沉积物中总氮、总磷的富集现象更明显。根据散点图可以看出，泥沙中值粒径 d_{50} 在一定范围内，沉积物中总氮、总磷的浓度分布也较为集中。

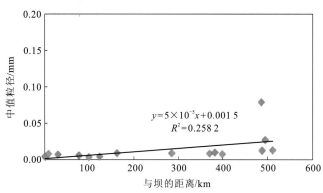

（a）低水位下沉积物中值粒径 d_{50} 与大坝距离的关系

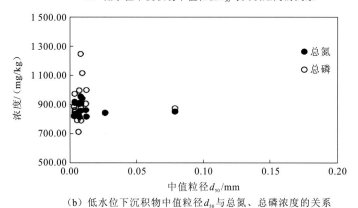

（b）低水位下沉积物中值粒径 d_{50} 与总氮、总磷浓度的关系

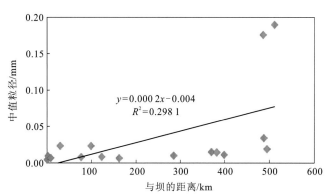

（c）高水位下沉积物中值粒径 d_{50} 与大坝距离的关系

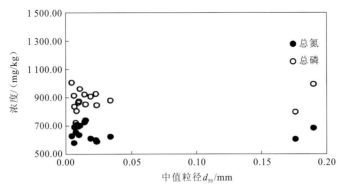

（d）高水位下沉积物中值粒径 d_{50} 与总氮、总磷浓度的关系

图 7.4.9　低、高水位下沉积物中值粒径 d_{50} 与大坝距离、总氮浓度、总磷浓度的关系

7.4.5　三峡水库悬沙与磷的相互关系

1. 三峡水库悬沙时空变化规律

1）宜昌站 1950～2017 年悬沙年际变化规律

1950～2002 年宜昌站多年平均输沙量为 $4.889×10^8$ t，多年平均含沙量为 1.109 kg/m³；2003 年三峡水库蓄水后，宜昌站年均输沙量及年均含沙量大幅下降，2003～2017 年宜昌站多年平均输沙量为 $3.58×10^7$ t，多年平均含沙量为 0.086 kg/m³，相比蓄水前分别下降了 92.7%和 92.2%（图 7.4.10）。

2）三峡水库 2015 年、2016 年丰枯水期悬沙沿程变化规律

丰、枯水期水库沿程含沙量的变化见图 7.4.11。丰水期，三峡库尾至坝前含沙量呈逐渐减小的趋势，由 0.057 kg/m³ 减少至 0.013 kg/m³，减少了 77.2%；枯水期，三峡库尾至坝前含沙量的变化较小，为 $0.002～0.006$ kg/m³。不同水期三峡水库沿程平均含沙量差别大，丰水期水库沿程平均含沙量为 0.024 kg/m³，枯水期为 0.0029 kg/m³，仅为丰水期的 12.1%。

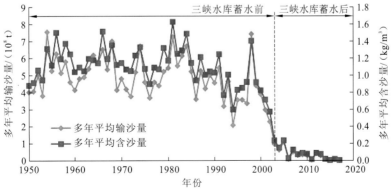

图 7.4.10　1950～2017 年宜昌站多年平均输沙量和多年平均含沙量年际变化

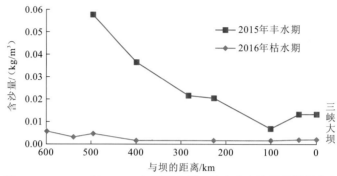

图 7.4.11　2015 年、2016 年不同水期三峡水库含沙量的沿程分布

2. 三峡水库颗粒磷浓度与悬沙的定量关系

从上述丰、枯水期三峡水库悬沙、颗粒磷的沿程分布规律来看，丰水期水库悬沙、颗粒磷沿程均呈明显下降趋势，下降比例分别为 77.2% 和 78.8%。枯水期悬沙和颗粒磷的沿程变化均较小且均远小于丰水期，约为丰水期的 12.1% 和 25%，因此三峡水库的颗粒磷浓度的时空变化规律与悬沙的时空变化规律十分相似。

以往的研究表明，长江干流水体 pH 和钙镁离子含量较高，磷易形成不溶于水的化合物，吸附于细颗粒泥沙上，颗粒磷浓度与含沙量的相关性很高。本节利用三峡水库 2015 年、2016 年水库含沙量、颗粒磷浓度的同期调查数据，拟合并验证三峡水库颗粒磷浓度与含沙量的定量关系。

1）颗粒磷浓度与含沙量的定量关系式拟合

项目组前期开展的室内恒温振荡吸附试验成果显示，颗粒磷浓度与含沙量、初始磷浓度均成正比。根据试验结果，在典型 Langmuir 吸附公式的基础上考虑含沙量的影响，建立了反映含沙量的 Langmuir 吸附公式：

$$C_S = kS^{1-n}C_W / (1 + k'S^{-n}C_W) \tag{7.4.3}$$

式中：C_S 为吸附平衡时颗粒磷浓度，mg/L；S 为含沙量，kg/m³；C_W 为吸附平衡时水体中的溶解磷浓度，mg/L；k 为泥沙对颗粒磷的吸附力；k' 为泥沙吸附磷的影响系数；n 为泥沙吸附磷的影响指数。

根据三峡水库 2015 年、2016 年水库含沙量、颗粒磷浓度的同期调查数据，选取 19 组数据进行拟合，拟合的参数为 $k=0.009\,2$，$k'=0.545$，$n=-0.892$，三峡水库颗粒磷浓度与含沙量的定量关系式为

$$C_S = 0.009\,2S^{1.892}C_W / (1 + 0.545S^{0.892}C_W) \tag{7.4.4}$$

式（7.4.4）的拟合效果见图 7.4.12，可见拟合效果较好，相关系数达到 0.893。

2）颗粒磷浓度与含沙量的定量关系式验证

选取三峡水库 2015 年、2016 年水库含沙量、颗粒磷浓度同期调查的另 11 组数据进行验证，见图 7.4.12。由图 7.4.12 可见，式（7.4.4）的验证效果较好，相关系数达到 0.942。因此，建立的关系式式（7.4.4）可以较好地代表三峡水库颗粒磷浓度与含沙量的定量关系。

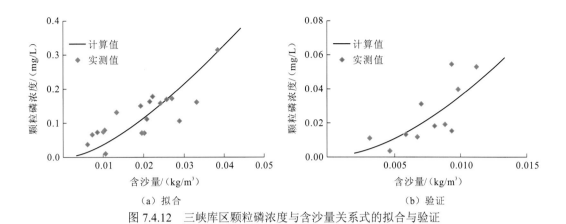

（a）拟合　　　　　　　　　　　　　　（b）验证

图 7.4.12　三峡库区颗粒磷浓度与含沙量关系式的拟合与验证

3. 三峡水库总磷通量变化规律

根据三峡水库颗粒磷与悬沙的定量关系式，建立总磷通量的计算模型，并计算了宜昌站 1950～2017 年总磷通量，以及水库 2015 年、2016 年丰枯水期总磷通量的沿程变化。

1）总磷通量计算模型建立

河流总磷通量指单位时间通过河流某断面的磷总量。本章根据上述建立的颗粒磷浓度与含沙量的定量关系式，推求总磷通量的计算模型：

$$F_{TP} = \left(\frac{0.009\,2S^{1.892}C_W}{1 + 0.545S^{0.892}C_W} + C_W \right) Q \qquad (7.4.5)$$

式中：F_{TP} 为总磷通量，g/s；S 为含沙量，kg/m³；C_W 为吸附平衡时水体中的溶解磷浓度，mg/L；Q 为断面平均流量，m³/s。

2）宜昌站 1950～2017 年总磷通量年际变化规律

根据宜昌站 1950～2017 年年均含沙量、年均流量，利用总磷通量的计算模型，推求宜昌站 1950～2017 年总磷通量变化，见图 7.4.13。在假设 1950～2017 年宜昌站溶解磷浓度不变的条件下，1950～2002 年宜昌站多年平均总磷通量为 248.7 kg/s；2003 年三峡水库蓄水后，随着宜昌站年均含沙量的大幅下降，2003～2017 年宜昌站多年平均总磷通量为 14.5 kg/s，相比蓄水前下降了 94.2%。

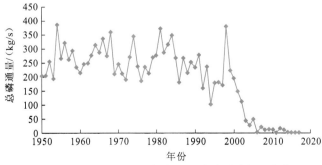

图 7.4.13　1950～2017 年宜昌站总磷通量年际变化

3）水库 2015 年、2016 年丰枯水期总磷通量的沿程变化规律

根据 2015 年 6 月和 2016 年 12 月三峡水库沿程含沙量及水库同期的月均流量,利用总磷通量计算模型,推求水库2015年、2016年丰枯水期总磷通量的沿程变化,见图7.4.14。在假设 2015 年 6 月和 2016 年 12 月三峡水库沿程溶解磷浓度不变的条件下,丰水期由三峡库尾至坝前总磷通量呈逐渐减小的趋势,由 10.9 kg/s 减小至 2.2 kg/s;枯水期由三峡库尾至坝前总磷通量变化很小,为 0.49~0.59 kg/s。不同水期三峡水库沿程平均总磷通量差别较大,丰水期水库沿程平均总磷通量为 4.2 kg/s,枯水期为 0.51 kg/s,仅为丰水期的 12.1%。

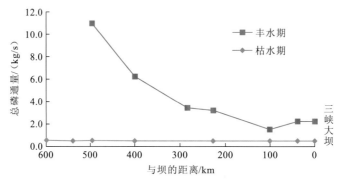

图 7.4.14　2015 年、2016 年不同水期三峡水库总磷通量的沿程分布

7.5　本　章　小　结

本章分析了三峡水库建库运行后水质的变化情况,重点研究了氮磷营养盐的时空分布特征及其与库区泥沙淤积的相互关系,提出了营养物基准制定技术方法,确定了全国 6 大区域湖库营养物基准阈值,主要认识如下。

（1）2003 年水库蓄水运行前河道总体轻微冲刷,蓄水后水库迅速淤积,2014 年后 80%以上的泥沙淤积于库内,通过泥沙输移的污染物大量淤积于库底,对水库水流起到净化作用。三峡水库建库后库区干流代表性断面 2013~2017 年水质显著优于成库前,平均月达标率由成库前的 62.3%提升为 93.7%。5 个断面的主要水质指标（总磷浓度、氨氮浓度、悬浮物浓度、高锰酸盐指数、铅浓度）比成库前大幅下降;成库后主要指标整体上从库尾至库首沿程下降,且污染物浓度丰水期>平、枯水期,与泥沙淤积规律一致,且淤积强度越高,水体污染物浓度越低。库区支流水体污染物浓度较成库前无显著变化。成库前后水体均为中营养或富营养状态,成库前未观测到水华现象,成库后部分支流出现水华现象。

（2）三峡库区水体总氮浓度基本上在 IV~V 类水标准限值区间,大多数水体总磷浓度满足 II~IV 类水标准。丰水期干流水体总磷和颗粒磷沿程下降,溶解磷波动变化;

枯水期各形态磷均无明显变化。丰水期水库沿程平均总磷浓度和颗粒磷浓度高于枯水期，丰、枯水期溶解磷变化不大。三峡库区干、支流淤积物总氮浓度差异不明显，支流总磷浓度略高于干流。低水位时，淤积物中总氮、总磷浓度均高于高水位。在不同水位运行期时，淤积物中总氮浓度沿程呈波动变化趋势，但未见明显的空间分布特征。三峡库区淤积物受到一定污染，但总体上属于多数栖息生物可以承受的水平。

（3）综合蓄水影响范围和各营养盐在沉积物中的浓度变化趋势发现，蓄水对沉积物中营养盐含量的影响有限，未出现明显的随蓄水而进一步富集的现象。三峡水库蓄水后干流沉积物有细化趋势，沉积物中泥沙的中值粒径基本在 $0 \sim 0.025 \ \text{mm}$，大于 $0.025 \ \text{mm}$ 的出现在库尾。泥沙中值粒径 d_{50} 在一定范围内，沉积物中总氮、总磷的含量分布也较为集中。低水位时，三峡水库沉积物中泥沙的中值粒径普遍小于高水位，其对污染物的吸附作用会更强。

（4）三峡蓄水前后宜昌站年均含沙量大幅下降，下降比例达 92.2%。丰水期三峡水库含沙量沿程下降 77.2%，枯水期沿程变化较小，其平均含沙量仅为丰水期的 12.1%。建立了三峡水库颗粒磷浓度与含沙量的定量关系式。根据总磷通量计算模型，三峡蓄水前后宜昌站总磷通量由 248.7 kg/s 降至 14.5 kg/s，下降比例达 94.2%；丰水期水库总磷通量沿程下降，平均为 4.2 kg/s，枯水期水库总磷通量沿程变化很小，平均为 0.51 kg/s。泥沙淤积改善了水库水环境，但在一定程度上增加了库底环境风险。

第 8 章

三峡水库泥沙淤积对
重金属的影响

8.1 研究背景

8.1.1 研究意义

三峡水库是迄今为止世界上最大的水利枢纽工程，具有很大的蓄水和防洪能力，汇水面积约为 $1\,080\,km^2$。三峡水库蓄水后，水位在 $145\sim175\,m$ 变化，这改变了水库的水文状况。自 2008 年以来，三峡库区水位在放水期（5～9 月）的基准水位 145 m 和蓄水期（10 月～次年 4 月）的高水位 175 m 之间变动。正如其他多项研究所示，这种水位波动打破了三峡大坝上游沉积物的自然运输平衡，并对污染物的分布、迁移和转化行为产生了重大影响（Gao et al.，2019）。

水中的重金属可能沉降并被沉积物吸收。另外，作为水生环境中重要的污染物汇聚区，沉积物也可以将重金属释放到水中并成为污染源。水和沉积物中的重金属污染水平与分布对于下游地区的物质和能量转移非常重要。三峡水库建成蓄水后，库区内水体的流速、泥沙的沉降速度等环境条件发生了显著的变化，这些水文和水环境条件的变化影响着水体、淤积物中重金属污染物的形态、分布和行为的变化（Gao et al.，2019）。因此，开展三峡水库水体及淤积物中重金属的时空分布、赋存形态研究，有助于理解三峡水库重金属的分布及影响机理，为水库运行和水环境管理提供参考。

8.1.2 研究现状

在过去的几十年中，三峡水库重金属污染问题已引起了研究人员的关注。三峡水库在蓄水达到 135 m 后（2003 年、2004 年），蓄水前后水体表层、中层、下层重金属浓度总体上无明显差异，库区水体重金属的浓度整体上表现为蓄水前大于蓄水后（张晟 等，2007）。三峡水库蓄水至 156 m（2007 年），与蓄水前和蓄水到 135 m 的历史数据相比，干流和香溪河库湾溶解态 Cu、Pb 和 Cr 的浓度都呈升高趋势，也显著高于长江干流其他水域，这表明水库蓄水已经影响到区域痕量重金属的生物地球化学循环（赵军 等，2009）。研究表明，Pb 和 Cd 等重金属的主要来源为轮船等水上交通设施（王健康 等，2014）。

基于 2008～2013 年三峡水库调查结果，2008 年 Cu、Cd、Pb 的浓度的平均值分别为 10.369 mg/L、1.475 mg/L 和 15.025 mg/L，而 2013 年 Cu、Cd、Zn 和 Pb 的浓度的平均值分别为 3.013 mg/L、0.771 mg/L、10.431 mg/L 和 7.894 mg/L，Cu、Cd、Pb 的浓度均有一定的降低（Gao et al.，2016）。

三峡水库运行初期（2008～2013 年），库区沉积物中的重金属存在一定的富集现象，并呈现沿程升高的趋势（Wei et al.，2016）。三峡水库高水位稳定运行后（2015～

2017 年），沉积物中的重金属浓度呈现稳定趋势。基于 2008～2017 年数据（Gao et al.，2016），与三峡水库首次实行 175 m 试验性蓄水时（2008 年）相比，2017 年三峡库区沉积物中 Cr、Zn、Cd、Pb、Hg 的浓度有所增长，Cu 和 As 的浓度有所降低，Ni 的浓度基本保持不变。与长江沉积物金属环境背景值及四川土壤金属背景值对比，三峡库区沉积物中金属元素的平均浓度均略高（Gao et al.，2016）。对地积累指数的分析表明，沉积物中重金属的污染水平为 Cr 无污染，Cu、Zn、Pb 无污染至中度污染，Cd 中度污染（Lin et al.，2020）。

　　支流中，香溪河作为三峡库区坝首的第一条支流，沉积物中 Zn、Mn、Ba、Cr、Cu 和 Ni 等重金属属于无污染至轻度污染类别，处于低生态危害等级，不会对环境产生过大的危害，且不同重金属存在相同的来源（郑睿 等，2020）。入库支流汝溪河 8 种重金属（Cr、Ni、Cu、Mn、Zn、Cd、Pb 和 Hg）的浓度均超过长江沉积物金属环境背景值，综合效应系数表明汝溪河沉积物中重金属的生物毒害风险为低级至中低级（方志青 等，2020）。

　　综上，尽管有一些研究探索了三峡水库中某些重金属的浓度和来源，但关于三峡水库在不同水期中重金属的时空分布和赋存现状的系统研究较少。因此，本章分别在低水位期（2015 年、2016 年和 2017 年的 6 月，水位约为 150 m）和高水位期（2015 年和 2016 年的 12 月，水位约为 170 m），对三峡库区坝前、常年回水区、变动回水区、回水末端及主要城市江段和支流汇入口等区域的淤积物、上覆水等共进行了 5 次综合调查与分析，对三峡库区水体和淤积物中重金属的污染状况进行了全面、系统的调查，并分析了其分布和变化规律，以及生态风险，对淤积物物理特性与水环境变量进行相关性分析，旨在为三峡工程的水环境保护提供科学依据，也为未来监测三峡水库中地表水和淤积物中的重金属提供参考。

8.2　研究区域及分析方法

8.2.1　研究区域

　　5 次调查的范围是从秭归坝前到重庆市区，长度约 600 km。低水位期调查每次设置调查断面 52 个，其中长江干流 43 个，支流 9 个。每个断面根据实际情况设置采样点 1～3 个，在淤积物较多或水面较宽的河段每个断面又设置 3 个采样点，在较窄的河段设置 1 个采样点，总采样点数约为 100 个，现场调查断面分布图如图 8.2.1 所示。低水位期调查断面如表 8.2.1 所示，高水位期调查断面如表 8.2.2 所示。

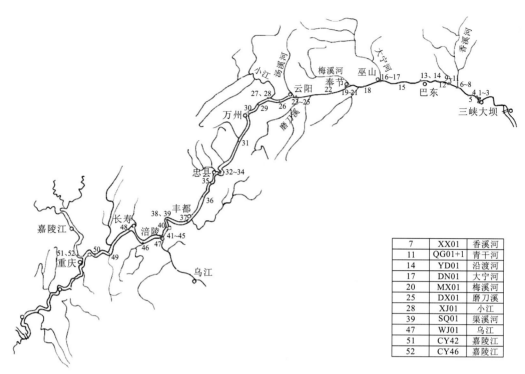

7	XX01	香溪河
11	QG01+1	青干河
14	YD01	沿渡河
17	DN01	大宁河
20	MX01	梅溪河
25	DX01	磨刀溪
28	XJ01	小江
39	SQ01	渠溪河
47	WJ01	乌江
51	CY42	嘉陵江
52	CY46	嘉陵江

图 8.2.1 三峡库区现场调查断面分布图（坝址—朱沱段）

表 8.2.1 低水位期三峡库区水生态环境调查断面列表

序号	固定断面	所在位置	与坝或口门的距离/km	序号	固定断面	所在位置	与坝或口门的距离/km
1	S30+1	坝前	0.82	18	S103		140.65
2	S30+2	坝前	1.26	19	S114		162.96
3	S32	坝前	2.67	20	MX01	梅溪河	2.13
4	S36	坝前	9.12	21	S116		166.66
5	S41	庙河	18.06	22	S123		179.89
6	S48		30.36	23	S139		218.30
7	XX01	香溪河	0.64	24	S143		227.34
8	S49		31.63	25	DX01	磨刀溪	1.69
9	S52	秭归旧址	39.29	26	S146		235.43
10	S54		43.15	27	S154		253.92
11	QG01+1	青干河	1.95	28	XJ01	小江	3.97
12	S61		56.70	29	S160		266.73
13	S70		77.39	30	S168		283.81
14	YD01	沿渡河	0.26	31	S182		312.13
15	S82		101.23	32	S203		354.00
16	S95		124.15	33	S206		358.75
17	DN01	大宁河	1.56	34	S213		370.63

续表

序号	固定断面	所在位置	与坝或口门的距离/km	序号	固定断面	所在位置	与坝或口门的距离/km
35	S219		382.76	43	S270		490.60
36	S227		399.20	44	S271		492.92
37	S244		435.53	45	S272		495.34
38	S255		461.71	46	S278		511.74
39	SQ01	渠溪河	1.46	47	WJ01	乌江	0.133
40	S263		478.04	48	S293	长寿	538.55
41	S267		486.48	49	S311+1		573.18
42	S269		488.51	50	S323		597.92

表 8.2.2 高水位期三峡库区水生态环境调查断面列表

序号	固定断面	所在位置	与坝或口门的距离/km	序号	固定断面	所在位置	与坝或口门的距离/km
1	S30+1（左中右）	坝前	0.82	26	S154（中）		253.92
2	S32（左右）	坝前	2.67	27	XJ01（左右）	小江	3.97
3	S36（左右）	坝前	9.12	28	S160（中）		266.73
4	S41（中）	庙河	18.06	29	S169（左中右）		283.81
5	S48（左）		30.36	30	S182（中）		312.13
6	XX01（左右）	香溪河	0.64	31	S203（中）		354.00
7	S49（左右）		31.63	32	S206（左右）		358.75
8	S52（左）	秭归旧址	39.29	33	S213（左右）		370.63
9	S54（左右）		43.15	34	S219（中）		382.76
10	QG01+1（左右）	青干河	1.95	35	S227（中）		399.20
11	S61（中）		56.70	36	S243（右）		435.53
12	S70（左右）		77.39	37	S255（中）		461.71
13	YD01（左右）	沿渡河	0.26	38	SQ01（左右）	渠溪河	1.46
14	S81（中）		101.23	39	S263（中）		478.04
15	S95（左右）		124.15	40	S267（中）		486.48
16	DN01（左右）	大宁河	1.56	41	S269（中）		488.51
17	S103（中）		140.65	42	S271（左右）		492.92
18	S114（右）		162.96	43	S272（左右）		495.34
19	MX01（左右）	梅溪河	2.13	44	S278（中）		511.74
20	S116（中）		166.66	45	WJ01（左右）	乌江	0.133
21	S123（右）		179.89	46	S293（中）	长寿	538.55
22	S139（左右）		218.30	47	S311+1（中）		573.18
23	S143（左）		227.34	48	S323（左右）		597.92
24	DX01（左右）	磨刀溪	1.69	49	CY42（中）		
25	S152（左右）		235.43	50	CY46（中）		

8.2.2 样品采集及保存

（1）淤积物：使用抓斗式采泥器采集（采泥器由长江科学院在武汉定制后，在调查船上安装），采泥器安装在绞盘上，用船载绞盘升降。每个采样点根据采集泥样的多少采集 1~2 次。样品编号后在船上冰柜中冷冻保存，尽快带回实验室测定重金属相关参数。

（2）水样：水样用深水采水器采集，每个采样点取 0.50 L 水样用于测定重金属。现场利用带有 1 mL 刻度的胶头滴管加入约 2 mL H_2SO_4，使样品 pH 小于 1。在船上冰柜中冷冻保存，尽快带回实验室测定重金属相关参数。

8.2.3 重金属预处理及分析方法

水样消解方法：量取 25 mL 水样（未过滤）并转移到 Teflon 容器中，添加 5 mL 的 HNO_3，并将容器置于微波消解系统（美国 CEM Mars 6）中进行消解。消解过程在 180℃下持续 15 min。

淤积物消解方法：将淤积物烘干，然后研磨并通过 100 目筛子。将干燥后的（0.100 0±0.000 5）g 淤积物添加到 Teflon 容器中，添加 6 mL HNO_3、2 mL HCl 和 1 mL H_2O_2。淤积物微波消解步骤为，从室温升至 180℃（10 min），然后保持 30 min，再从 180℃升温至 200℃（5 min），保持 20 min。消解后，添加 5.0 mL 5%MOS 级 HNO_3 以完全溶解样品，用超纯水定容，最终体积为 50 mL。将美国 SPEX CertiPrep 标准溶液作为标准溶液。采用电感耦合等离子体质谱法（ICP-MS，PerkinElmer NexION 300X，美国）分析 Cu、Zn、Pb、Cr、Cd 的样品。通过样品空白、重复样品和标准物质来确保样品测定的准确性。

8.3 三峡水库重金属污染物的时空分布特征

8.3.1 水体中重金属污染物的时空分布特征

1. 水体中重金属污染特征

结合 2015 年、2016 年现场调查，表 8.3.1 为低水位期三峡库区水体中 6 种重金属的浓度。Cu 在各采样断面的浓度为 0.87~36.06 µg/L（平均值为 3.76 µg/L），其中约 95% 的断面（73 个）的 Cu 浓度小于《地表水环境质量标准》（GB 3838—2002）中 I 类水的限值 10 µg/L，其余断面的 Cu 浓度均小于 II 类水的限值，Cu 浓度低（图 8.3.1）。地表水和生活饮用水标准限值见表 8.3.2、表 8.3.3。

表 8.3.1　三峡库区各采样断面水体中不同重金属的浓度　　（单位：μg/L）

重金属	三峡库区水体			
	样品数	范围	均值	标准偏差
Cu	77	0.87～36.06	3.76	4.34
Zn	77	20.64～70.12	43.57	10.83
As	77	0.94～5.13	2.37	0.53
Cd	77	0.033～0.368	0.099	0.087
Pb	77	0.57～8.98	2.83	2.30
Cr	77	1.97～5.20	3.81	0.67

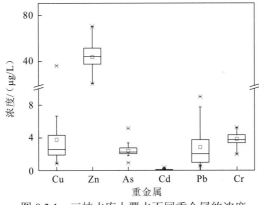

图 8.3.1　三峡水库上覆水不同重金属的浓度

表 8.3.2　地表水环境质量标准重金属标准限值　　（单位：μg/L）

指标	水体类别				
	I 类	II 类	III 类	IV 类	V 类
Cu	10	1 000	1 000	1 000	1 000
Zn	50	1 000	1 000	2 000	2 000
As	50	50	50	100	100
Cd	1	5	5	5	10
Pb	10	50	50	50	100
Cr	10	50	50	50	100

资料来源：《地表水环境质量标准》（GB 3838—2002）。

表 8.3.3　生活饮用水水质指标及其限值　　（单位：μg/L）

项目	Cu	Zn	As	Cd	Pb	Cr
限值	1 000	1 000	10	5	10	50

资料来源：《生活饮用水卫生标准》（GB 5749—2006）。

Zn 在各采样断面的浓度为 20.64～70.12 μg/L，其平均值为 43.57 μg/L，接近《地表水环境质量标准》（GB 3838—2002）中 I 类水的限值 50 μg/L。其中，约 70% 的断面（54 个）的 Zn 浓度达到 I 类水水质要求，其余断面的 Zn 浓度均小于 II 类水的限值，Zn 浓度低。

As 在各采样断面的浓度为 0.94～5.13 μg/L，其平均值为 2.37 μg/L，所有调查断面水体中 As 的浓度均远低于《地表水环境质量标准》（GB 3838—2002）中 I 类水的限值 50 μg/L，As 浓度低。

Cd 在各采样断面的浓度为 0.033～0.368 μg/L，其平均值为 0.099 μg/L，所有调查断面水体中 Cd 的浓度均远低于《地表水环境质量标准》（GB 3838—2002）中 I 类水的限值 1 μg/L，Cd 浓度低。

Pb 在各采样断面的浓度为 0.57～8.98 μg/L，其平均值为 2.83 μg/L，所有调查断面水体中 Pb 的浓度均低于《地表水环境质量标准》（GB 3838—2002）中 I 类水的限值 10 μg/L，Pb 浓度低。

Cr 在各采样断面的浓度为 1.97～5.20 μg/L，其平均值为 3.81 μg/L，所有调查断面水体中 Cr 的浓度均低于《地表水环境质量标准》（GB 3838—2002）中 I 类水的限值 10 μg/L，Cr 浓度低。

2. 水体中重金属的沿程分布

由图 8.3.2 可见，三峡库区各采样断面干流水样中重金属浓度自三峡大坝坝前到重庆的沿程分布变化较大。其中，Pb、Cd、As 的浓度自坝前至奉节基本保持恒定，自奉节（S116）至重庆沿程显著增加。水中的 Pb、Cd、As 主要源于工农业生产废水的排放，这

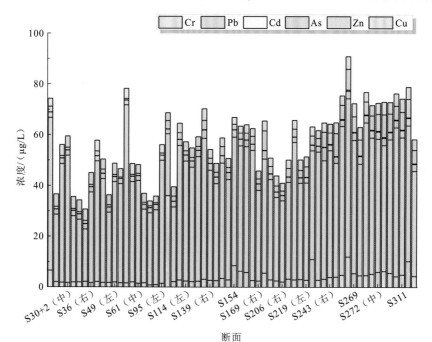

图 8.3.2　三峡库区干流沿程各采样断面水样中重金属的浓度

种分布特征可能与奉节上游的污染源输入有关，且主要污染源于重庆段，而在奉节—坝前段，沿岸鲜有大型城市及化工生产活动，在长江的自净作用下水中的重金属浓度维持在相对安全的水平。水中 Zn、Cr 的浓度在整个调查江段均呈现不规则波动，而 Cu 在奉节段以上局部出现较大波动，这主要受外源输入的影响。同时，沿着水流方向，水中泥沙颗粒逐渐变小，细小的颗粒对吸附水中的重金属极为有效，这可能也是影响重金属沿程分布规律的因素之一。

表 8.3.4 为水体中重金属浓度的相关性分析结果。结果表明，As 与 Pb、Cd、Zn 具有显著的相关性，这指示出 As、Pb、Cd、Zn 具有一定的同源性，且来源较为单一，而 Cu 的来源则较为复杂。

表 **8.3.4**　**水体中重金属浓度的相关性分析结果**（样品数 $n = 62$）

重金属	Cu	Zn	As	Cd	Pb
Zn	0.131				
As	0.118	0.391**			
Cd	0.263*	0.478**	0.481**		
Pb	0.329**	0.476**	0.640**	0.885**	
Cr	-0.011	0.142	0.206	0.509**	0.420**

*表示在 0.05 水平（双侧）上显著相关；**表示在 0.01 水平（双侧）上显著相关。

由图 8.3.3 可见，三峡库区支流各采样断面水样中重金属浓度自三峡大坝坝前到重庆的沿程分布变化较大。其中，Pb、Cd、As、Cu 的浓度变化趋势较为一致，坝前—奉节

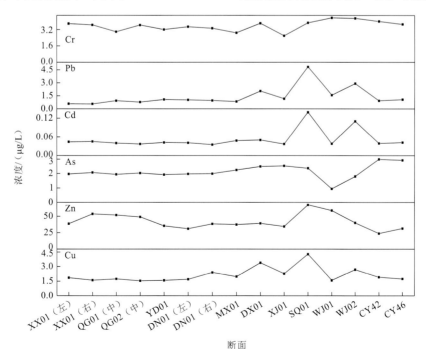

图 8.3.3　三峡库区支流入江口断面水样中重金属的浓度

段入江支流中 Pb、Cd、As、Cu 的浓度较为一致，仅在近坝区域有所升高，这主要是由于这部分区域地广人稀，地质条件较为类似，地质风化可能是此区域重金属的主要来源。奉节—乌江段，入江支流中 Pb、Cd、As、Cu 的浓度变化较大，且明显高于其他采样断面。乌江—重庆段由支流输入长江的重金属则再次减少。整体上，库区干流重金属浓度从重庆段至坝前略呈下降趋势，某些重金属（如 Pd、As）浓度对人体健康构成威胁，应引起关注（Lin et al.，2020；Gao et al.，2016）。重金属的污染情况具有明显的区域性，主要集中在上游城市江段，可能与沿岸集中的工农业生产有关，而且呈现不规则的波动，主要受外源输入及泥沙吸附等影响（Lin et al.，2020）。

8.3.2　淤积物中重金属污染物的时空分布特征

淤积物作为水环境中重金属污染物的载体和"蓄积库"，其污染特征及分布规律是查明水体中重金属污染状况的重要手段，也是反演该区域水环境中金属污染历史的主要依据（Wei et al.，2016；王健康 等，2014；徐小清 等，1999）。对三峡水库不同水位运行期不同区域淤积物中的 Cr、Ni、Cu、Zn、Cd、Pb 浓度及时空变化分布进行分析，对库区淤积物中重金属生态环境风险进行定量评价，以期为三峡库区的重金属污染防治提供基础数据和科学依据。

于 2015 年 6 月～2017 年 6 月 5 次沿三峡坝址至重庆寸滩段，对三峡库区典型河道（如常年回水区、变动回水区、自然河段等）和典型支流汇入口等代表性河段采集泥沙淤积物。5 次样品采集时间和样品数量如下：2015 年 6 月（低水位期）采集样品 66 个；2015 年 12 月（高水位期）采集样品 53 个；2016 年 6 月（低水位期）采集样品 72 个；2016 年 12 月（高水位期）采集样品 73 个；2017 年 6 月（低水位期）采集样品 71 个。共布设采样断面 50 个，其中长江干流共布设 39 个断面，部分断面左、右岸或左、中、右岸分别采样；选取典型支流布设断面，包括香溪河、青干河、沿渡河、大宁河、梅溪河、小江、渠溪河、乌江等，分别在距离支流河口 2～4 km 的断面进行淤积物采集，部分支流汇入口断面左、右岸分别采样。对采集的淤积物样品中的重金属（Cr、Ni、Cu、Zn、Cd、Pb）浓度进行测定，分析不同淤积部位、不同时期（低水位期、高水位期）淤积物中重金属的变化规律。具体采样点布设情况如表 8.3.5 所示。

表 8.3.5　三峡库区淤积物重金属调查采样点布设

位置	采样点
坝前	S30+1（左中右）、S30+2（中）、S32（左右）、S36（左右）
常年回水区	S41（右）、S48（左右）、S49（左右）、S52（左）、S54（左右）、S61（中左）、S81（中）、S103（中）、S116（中）、S123（右）、S139（左右）、S143（左）、S150（右）、S154（中）、S160（中）、S182（中）、S212、S219（左中右）、S227（左中右）、S255（中）、S263（中）、S267（中）、S278（中）、S278+1（中）
变动回水区	S293（中）、S311+1（中）、S323（左右）

位置	采样点
主要城市江段	S70（左右）、S95（左右）、S114（左右）、S152（左右）、S169（左中右）、S203（中）、S206（左右）、S213（左右）、S243（右）、S269（中）、S271（左右）、S272（左右）、S293（中）、S323（左右）
支流汇入口	XX01（左右）、QG01+1（左右）、YD01（左右）、DN01（左右）、MX01（左右）、DX01（左右）、XJ01（左右）、SQ01（左右）、WJ01（左右）

1. 不同区段淤积物重金属浓度

按水流和泥沙的运动特性，库区可分为三个区段进行分析：①常年回水区静水段（坝前），即流速基本为零的近坝区；②常年回水区行水段，即最低库水位的回水末端以下，水体还具有一定流速的库段；③变动回水区，指从常年回水区末端至水库终点的区域。对5次三峡库区调查中位于干流的采样点，按照上述三个区段进行归类。表 8.3.6～表 8.3.10 显示了不同水位运行期三峡库区不同区段（坝前、常年回水区、变动回水区）淤积物重金属浓度的均值、标准差、相对标准偏差、极大值、极小值。

表 8.3.6　2015 年低水位运行期三峡库区淤积物重金属浓度

采样点		Cr	Ni	Cu	Zn	Cd	Pb
坝前	均值/（mg/kg）	107.3	50.7	60.6	167.6	1.0	56.6
	标准差/（mg/kg）	3.1	2.3	10.6	8.9	0.1	3.6
	相对标准偏差/%	2.9	4.5	17.5	5.3	9.3	6.4
	极小值/（mg/kg）	102.5	47.9	53.2	156.5	0.9	50.6
	极大值/（mg/kg）	111.1	54.8	83.2	183.8	1.1	61.1
常年回水区	均值/（mg/kg）	106.6	42.8	60.8	149.2	0.9	54.5
	标准差/（mg/kg）	40.5	9.0	16.5	29.1	0.3	13.4
	相对标准偏差/%	37.9	21.1	27.1	19.5	28.9	24.6
	极小值/（mg/kg）	70.3	27.9	33.9	92.3	0.4	29.3
	极大值/（mg/kg）	297.4	62.6	96.3	224.5	1.6	92.6
变动回水区	均值/（mg/kg）	105.3	34.8	57.1	168.3	1.7	55.0
	标准差/（mg/kg）	36.5	3.0	6.3	51.6	0.6	4.7
	相对标准偏差/%	34.6	8.6	11.0	30.7	38.9	8.5
	极小值/（mg/kg）	79.5	32.6	52.7	131.8	1.2	51.7
	极大值/（mg/kg）	131.1	36.9	61.5	204.8	2.1	58.3

表 8.3.7　2015 年高水位运行期三峡库区淤积物重金属浓度

采样点		Cr	Ni	Cu	Zn	Cd	Pb
坝前	均值/（mg/kg）	95.5	50.7	61.4	155.4	1.0	51.8
	标准差/（mg/kg）	8.4	5.4	15.3	27.2	0.3	14.6
	相对标准偏差/%	8.8	10.7	24.9	17.5	29.9	28.2
	极小值/（mg/kg）	78.6	39.8	42.3	101.3	0.4	25.5
	极大值/（mg/kg）	103.2	57.4	80.1	185.5	1.3	69.2
常年回水区	均值/（mg/kg）	96.8	49.5	61.7	173.6	1.3	59.6
	标准差/（mg/kg）	10.1	5.1	10.4	20.5	0.3	8.4
	相对标准偏差/%	10.4	10.3	16.8	11.8	26.0	14.1
	极小值/（mg/kg）	70.0	33.9	41.1	132.4	0.8	37.3
	极大值/（mg/kg）	120.3	61.3	90.3	215.4	2.1	73.3
变动回水区	均值/（mg/kg）	96.9	41.7	61.8	198.4	1.5	56.0
	标准差/（mg/kg）	8.3	4.9	4.6	19.9	0.2	10.0
	相对标准偏差/%	8.5	11.7	7.4	10.1	12.7	17.9
	极小值/（mg/kg）	87.7	36.1	56.6	179.4	1.3	46.5
	极大值/（mg/kg）	103.7	45.2	65.3	219.1	1.7	66.4

表 8.3.8　2016 年低水位运行期三峡库区淤积物重金属浓度

采样点		Cr	Ni	Cu	Zn	Cd	Pb
坝前	均值/（mg/kg）	95.1	48.7	54.2	171.2	1.1	57.0
	标准差/（mg/kg）	11.7	10.0	13.5	37.3	0.3	15.3
	相对标准偏差/%	12.3	20.5	25.0	21.8	22.5	26.9
	极小值/（mg/kg）	70.8	27.4	27.9	99.2	0.6	28.6
	极大值/（mg/kg）	105.3	55.9	71.9	207.7	1.4	70.4
常年回水区	均值/（mg/kg）	96.7	46.3	62.6	166.6	1.1	58.9
	标准差/（mg/kg）	12.0	9.1	19.9	37.7	0.4	17.3
	相对标准偏差/%	12.5	19.6	31.8	22.6	33.1	29.3
	极小值/（mg/kg）	61.2	27.8	28.1	89.7	0.3	23.3
	极大值/（mg/kg）	117.9	67.4	114.5	229.3	1.8	95.2
变动回水区	均值/（mg/kg）	119.8	33.4	40.6	125.2	0.6	36.6
	标准差/（mg/kg）	53.7	7.2	8.6	40.1	0.4	11.7
	相对标准偏差/%	44.8	21.6	21.1	32.0	71.2	31.8
	极小值/（mg/kg）	58.1	29.1	32.7	91.5	0.3	27.8
	极大值/（mg/kg）	154.9	41.7	49.7	169.6	1.1	49.8

表 8.3.9　2016 年高水位运行期三峡库区淤积物重金属浓度

采样点		Cr	Ni	Cu	Zn	Cd	Pb
坝前	均值/（mg/kg）	106.2	51.5	64.1	172.8	0.9	69.6
	标准差/（mg/kg）	5.9	3.1	11.8	11.4	0.1	6.3
	相对标准偏差/%	5.6	6.1	18.3	6.6	10.6	9.1
	极小值/（mg/kg）	98.9	48.0	55.0	163.7	0.8	59.2
	极大值/（mg/kg）	117.1	58.1	91.6	198.6	1.1	78.4
常年回水区	均值/（mg/kg）	98.5	43.7	59.2	158.9	0.9	63.3
	标准差/（mg/kg）	9.2	7.0	18.0	24.3	0.2	13.6
	相对标准偏差/%	9.3	15.9	30.4	15.3	22.5	21.5
	极小值/（mg/kg）	62.7	25.6	27.3	74.5	0.3	25.5
	极大值/（mg/kg）	118.5	59.7	129.0	204.3	1.4	101.0
变动回水区	均值/（mg/kg）	99.8	36.1	56.2	195.7	1.1	68.4
	标准差/（mg/kg）	15.2	3.6	10.8	64.9	0.3	10.6
	相对标准偏差/%	15.2	10.1	19.3	33.1	27.3	15.4
	极小值/（mg/kg）	84.8	32.7	46.7	146.1	0.9	60.3
	极大值/（mg/kg）	120.6	41.8	72.5	304.3	1.6	85.1

表 8.3.10　2017 年低水位运行期三峡库区淤积物重金属浓度

采样点		Cr	Ni	Cu	Zn	Cd	Pb
坝前	均值/（mg/kg）	103.7	51.4	57.1	167.2	0.9	63.1
	标准差/（mg/kg）	3.9	2.2	4.5	9.9	0.0	5.8
	相对标准偏差/%	3.8	4.2	7.8	5.9	5.2	9.1
	极小值/（mg/kg）	96.0	48.3	50.0	148.8	0.8	51.6
	极大值/（mg/kg）	108.7	53.8	62.9	179.1	1.0	70.3
常年回水区	均值/（mg/kg）	99.8	44.3	62.9	167.3	1.0	61.6
	标准差/（mg/kg）	10.0	6.5	16.0	25.5	0.2	11.8
	相对标准偏差/%	10.0	14.7	25.4	15.3	22.2	19.2
	极小值/（mg/kg）	52.8	25.5	22.3	62.2	0.2	20.8
	极大值/（mg/kg）	116.8	63.6	106.8	218.8	1.5	91.8
变动回水区	均值/（mg/kg）	88.1	29.0	39.3	118.3	0.6	37.0
	标准差/（mg/kg）	31.1	7.1	15.4	48.1	0.3	13.9
	相对标准偏差/%	35.3	24.5	39.2	40.7	45.1	37.6
	极小值/（mg/kg）	42.5	16.9	13.8	40.8	0.2	15.6
	极大值/（mg/kg）	126.5	35.1	52.9	163.4	0.8	52.0

由表 8.3.6 和图 8.3.4（a）可知，三峡库区 2015 年低水位期，按照坝前、常年回水区、变动回水区的顺序，淤积物中 Cr、Cu、Pb 的浓度波动小，无明显变化趋势；Ni 的浓度呈递减趋势；Zn、Cd 常年回水区浓度最低，Zn、Cd 变动回水区浓度较高。由于库区常年回水区末端（长寿观音滩）至水库终点（江津红花碛）称为变动回水区，本次调查变动回水区的采样点有 S293（中）、S311+1（中）、S323（左右），均可划入主要城市江段（重庆市区）。变动回水区受重庆城区污染影响。

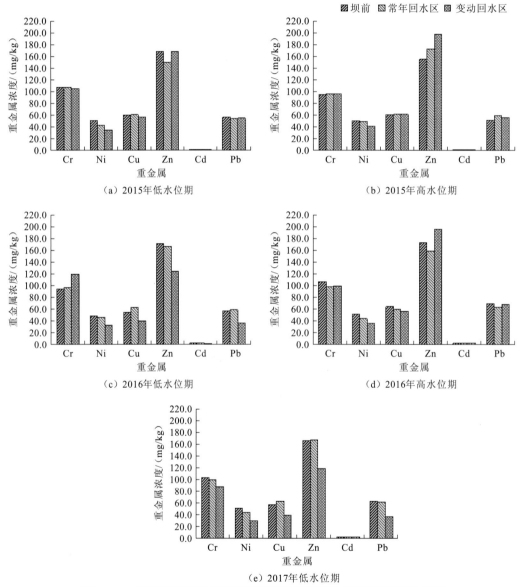

图 8.3.4　三峡库区不同水位运行期不同区段淤积物中重金属的平均浓度

由表 8.3.7 和图 8.3.4（b）可知，三峡库区 2015 年高水位期，按照坝前、常年回水区、变动回水区的顺序，淤积物中 Cr、Cu 的浓度波动小；Ni 的浓度呈递减趋势；Zn、

Cd 的浓度呈明显递增趋势；Pb 常年回水区浓度最高，变动回水区次之。

由表 8.3.8 和图 8.3.4（c）可知，三峡库区 2016 年低水位期，按照坝前、常年回水区、变动回水区的顺序，淤积物中 Cr 的浓度呈递增趋势，变动回水区浓度明显较高；Ni、Zn、Cd 的浓度呈递减趋势，坝前和常年回水区浓度差异小；Cu 的浓度波动较大，但变化趋势与 2015 年低水位运行期一致；Pb 常年回水区浓度最高，坝前次之，且两者浓度差异较小。

由表 8.3.9 和图 8.3.4（d）可知，三峡库区 2016 年高水位期，按照坝前、常年回水区、变动回水区的顺序，淤积物中 Cr、Pb 的浓度波动小；Ni、Cu 的浓度呈递减趋势；Zn、Cd 变动回水区浓度最高，常年回水区最低。

由表 8.3.10 和图 8.3.4（e）可知，三峡库区 2017 年低水位期，按照坝前、常年回水区、变动回水区的顺序，淤积物中 Cr、Ni、Pb 的浓度呈递减趋势，Pb 的浓度坝前与常年回水区差异较小；Cu 的浓度波动较大，但变化趋势与 2015 年低水位期和 2016 年低水位期一致；Cd、Zn 常年回水区浓度最高，变动回水区最低，Zn 坝前与常年回水区差异较小。

由上述分析可知，库区不同重金属元素在坝前、常年回水区、变动回水区淤积物中的分布随时间的变化趋势不完全一致。可以得出，低水位运行期不同区段 Cu 平均浓度的顺序为常年回水区>坝前>变动回水区，高水位运行期不同区段 Cu 平均浓度的差异小，均在 60.0 mg/kg 左右；不同水位运行期不同区段 Ni 平均浓度的顺序为坝前>常年回水区>变动回水区；不同水位运行期 Cd、Zn 在不同区段的分布规律较一致。

图 8.3.4 显示了不同水位运行期三峡库区不同区段（坝前、常年回水区、变动回水区）淤积物重金属平均浓度的柱状图。不同区段、不同水位运行期，库区淤积物中重金属的分布存在差异。

2015～2017 年不同水位运行期三峡库区不同江段沉积物中重金属 Cr、Ni、Cu、Zn、Cd 和 Pb 的平均浓度分别为 99.36 mg/kg、46.84 mg/kg、62.56 mg/kg、163.22 mg/kg、1.029 mg/kg、60.66 mg/kg（图 8.3.4），重金属浓度的大小顺序为 Zn>Cr>Cu>Pb>Ni>Cd。与长江沉积物金属环境背景值及四川土壤金属背景值对比，三峡库区沉积物金属元素的平均浓度均略高于长江沉积物金属环境背景值。除 Cd 外，上游地区重金属元素的浓度总体上低于中游及下游地区，而 Cd 则呈现出自上游至下游逐渐减少的分布特征。与干流相比，支流的重金属浓度较低，且支流各采样点的重金属浓度在空间上并未表现出明显的差异性。

图 8.3.5 显示了重金属 Cd 在 5 次库区调研中不同区段（坝前、常年回水区、变动回水区）淤积物中浓度的变化。在不同水位运行期下，对不同区段（坝前、常年回水区、变动回水区）淤积物中 Cd 的平均浓度分析得出：坝前 Cd 的浓度在 1.00 mg/kg 上下浮动，不同年份浓度先递增后递减，低水位期浓度与高水位期浓度对比无明显规律；常年回水区 Cd 的浓度为 0.8～1.4 mg/kg，呈先增后减再增的趋势，低水位期浓度与高水位期浓度对比无明显规律；变动回水区 Cd 浓度的波动范围较大（0.4～1.8 mg/kg），呈先减后增再减的趋势，低水位期浓度与高水位期浓度对比无明显规律。库区淤积物中重金属 Cd 的浓度总体呈递减趋势。

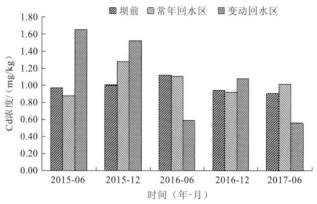

图 8.3.5　不同水位运行期三峡库区不同区段淤积物中重金属 Cd 的浓度

2. 三峡库区自然江段淤积物重金属浓度

此外，为了更好地揭示三峡库区淤积物中重金属的沿程分布规律，选取三峡库区中具有代表性的自然江段采样点（不受城市断面、支流汇入影响），以及位于主要城市江段的采样点的淤积物中重金属的数据进行分析，分析结果如下。

表 8.3.11 显示了三峡库区不同水位运行期自然江段淤积物中重金属的平均浓度和相对标准偏差。

表 8.3.11　不同水位运行期三峡库区自然江段淤积物重金属浓度

重金属		Cr	Ni	Cu	Zn	Cd	Pb
2015-06	均值/（mg/kg）	98.5	40.4	58.0	162.8	0.97	57.0
2015-12	均值/（mg/kg）	97.8	50.9	62.4	168.5	1.22	57.2
2016-06	均值/（mg/kg）	100.8	49.1	65.7	161.9	1.00	60.6
2016-12	均值/（mg/kg）	96.9	44.6	55.9	153.7	0.91	61.2
2017-06	均值/（mg/kg）	102.8	49.2	70.8	169.2	1.05	67.3
平均值/（mg/kg）		99.36	46.84	62.56	163.22	1.029	60.66
相对标准偏差/%		2.42	9.16	9.56	3.83	11.60	6.88

由表 8.3.11 可知，三峡库区自然江段淤积物中 Cr、Ni、Cu、Zn、Cd 和 Pb 的平均浓度分别为 99.36 mg/kg、46.84 mg/kg、62.56 mg/kg、163.22 mg/kg、1.029 mg/kg、60.66 mg/kg，普遍高于其在长江水系沉积物中金属元素的背景值，其大小顺序为 Zn>Cr>Cu>Pb>Ni>Cd，而长江沉积物金属环境背景值重金属浓度顺序为 Cr>Zn>Cu>Ni>Pb>Cd，其中 Zn 和 Cr、Pb 和 Ni 的浓度顺序存在差异，人为因素可能是前后两者出现差异的主要原因。库区自然江段 2015 年高水位运行期 Cd 元素的平均浓度为其背景值的 4.9 倍，2016 年低水位运行期为 3.6 倍，Cd 元素与其背景值的差值较大，说明 Cd 元素存在外源汇入。自然江段不同水位运行期淤积物中重金属的相对标准偏差为 2.42%～11.60%，Cd 的相对标准偏差

较大。由图 8.3.6 可知，自然江段不同水位运行期淤积物中重金属的平均浓度波动小。

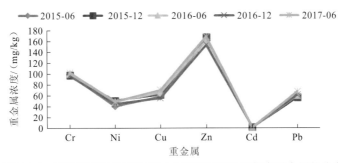

图 8.3.6　三峡库区自然江段不同水位运行期淤积物中重金属的分布

表 8.3.12 显示了不同水位运行期下，各重金属在三峡库区主要城市江段淤积物中浓度的均值、标准差、相对标准偏差、极大值、极小值。

表 8.3.12　不同水位运行期三峡库区主要城市江段淤积物重金属浓度

重金属		Cr	Ni	Cu	Zn	Cd	Pb
2015 年 6 月 低水位运行期	均值/（mg/kg）	122.3	41.9	59.1	153.2	0.97	53.0
	标准差/（mg/kg）	63.3	9.7	14.1	28.7	0.3	10.7
	相对标准偏差/%	51.8	23.1	23.8	18.7	27.8	20.2
	极小值/（mg/kg）	78.0	27.9	44.5	117.8	0.56	35.5
	极大值/（mg/kg）	297.4	62.6	93.0	224.5	1.62	75.3
2015 年 12 月 高水位运行期	均值/（mg/kg）	94.1	47.0	58.7	177.7	1.34	59.8
	标准差/（mg/kg）	10.1	4.3	8.2	21.3	0.4	8.9
	相对标准偏差/%	10.7	9.2	13.9	12.0	26.3	14.9
	极小值/（mg/kg）	70.0	33.9	41.1	132.4	0.84	37.3
	极大值/（mg/kg）	109.4	52.6	71.8	215.4	2.13	72.6
2016 年 6 月 低水位运行期	均值/（mg/kg）	98.4	45.5	63.5	173.8	1.16	61.3
	标准差/（mg/kg）	15.8	7.4	19.2	35.1	0.4	15.2
	相对标准偏差/%	16.0	16.4	30.2	20.2	31.0	24.8
	极小值/（mg/kg）	61.2	27.8	28.1	91.4	0.28	23.5
	极大值/（mg/kg）	146.6	55.9	108.1	229.3	1.76	83.1
2016 年 12 月 高水位运行期	均值/（mg/kg）	101.5	43.5	63.6	174.0	1.00	67.2
	标准差/（mg/kg）	11.1	7.6	21.6	37.4	0.2	14.7
	相对标准偏差/%	10.9	17.5	33.9	21.5	24.7	21.9
	极小值/（mg/kg）	62.7	25.6	27.3	74.5	0.25	25.5
	极大值/（mg/kg）	120.6	59.7	129.0	304.3	1.57	101.0

续表

重金属		Cr	Ni	Cu	Zn	Cd	Pb
2017 年 6 月 低水位运行期	均值/（mg/kg）	98.5	40.4	58.0	162.8	0.97	57.0
	标准差/（mg/kg）	12.9	6.2	13.5	32.0	0.3	12.2
	相对标准偏差/%	13.1	15.4	23.2	19.7	28.1	21.4
	极小值/（mg/kg）	52.8	25.5	22.3	62.2	0.17	20.8
	极大值/（mg/kg）	126.5	51.0	95.2	218.8	1.46	74.3
平均值/（mg/kg）		102.9	43.7	60.6	168.3	1.09	59.7
相对标准偏差/%		10.8	6.1	4.5	6.0	14.9	8.8
极小值/（mg/kg）		52.8	25.5	22.3	62.2	0.17	20.8
极大值/（mg/kg）		297.4	62.6	129.0	304.3	2.13	101.0

由表 8.3.12 可知，三峡库区不同水位运行期主要城市江段淤积物中重金属 Cr、Ni、Cu、Zn、Cd 和 Pb 的平均浓度为 102.9 mg/kg、43.7 mg/kg、60.6 mg/kg、168.3 mg/kg、1.09 mg/kg、59.7 mg/kg，其中 Cr、Zn、Cd 元素的浓度高于库区自然江段，Cr、Cu、Zn、Cd、Pb 元素的浓度高于库区干流，表明三峡库区主要城市江段淤积物中重金属的污染程度较高，普遍高于其在长江水系沉积物中金属元素的背景值，其中 Zn 和 Cr、Pb 和 Ni 的浓度顺序与长江沉积物金属环境背景值顺序存在差异，人为因素可能是前后两者出现差异的主要原因。不同水位运行期库区淤积物重金属浓度的相对标准偏差（4.5%～14.9%）较小，其中 Cd、Cr 的相对标准偏差较大。

三峡库区低水位运行期不同区段 Cu 平均浓度的顺序为常年回水区>坝前>变动回水区，高水位运行期不同区段 Cu 平均浓度差异小，均在 60.0 mg/kg 上下波动；不同水位运行期不同区段 Ni 平均浓度的顺序为坝前>常年回水区>变动回水区；不同水位运行期不同区段 Cd、Zn 平均浓度的分布规律较一致。三峡库区主要城市江段淤积物中的重金属浓度高于库区干流，主要城市江段重金属污染较严重。矿业开采与冶炼、工业污染、农药和化肥使用、污水灌溉、生活垃圾倾倒等人类活动向河流排放重金属，使得主要城市江段淤积物中重金属的平均浓度超过库区其他断面。

三峡库区沉积物中重金属元素的浓度逐渐趋于稳定，与三峡水库首次实行 175 m 试验性蓄水时（2008 年）相比，2017 年库区沉积物中 Cr、Zn、Cd、Pb、Hg 的浓度有所增长；Cu 和 As 的浓度有所降低；Ni 的浓度基本保持不变（表 8.3.13）。与长江沉积物金属环境背景值及四川土壤金属背景值对比，三峡库区沉积物中重金属元素的平均浓度均略高于长江沉积物金属环境背景值及四川土壤金属背景值（Gao et al.，2019）。值得注意的是，三峡水库实行 175 m 试验性蓄水一年后（2009 年 3 月），库区沉积物内 Cr、Cu、Zn、As、Cd、Pb、Ni 的浓度均有所减小，而 Hg 的浓度有所增加。2008～2017 年，Cr、Cu、Zn、As、Cd、Pb、Hg、Ni 浓度的最高值分别出现在 2015 年 6 月、2008 年 10 月、2016 年 6 月、2008 年 10 月、2015 年 12 月、2016 年 12 月、2010 年 3 月及 2015 年 12

月；Cr、Cu、Zn、As、Cd、Pb、Hg、Ni 浓度的最低值分别出现在 2010 年 3 月、2009
年 3 月、2009 年 3 月、2009 年 3 月、2009 年 3 月、2009 年 3 月、2008 年 10 月及 2009
年 3 月。

表 8.3.13　三峡库区沉积物中重金属浓度及背景值　　（单位：mg/kg）

重金属	Cr	Cu	Zn	As	Cd	Pb	Hg	Ni
2008-10	86.3	76.0	138	18.1	0.75	59.4	0.11	46.8
2009-03	79.7	46.7	104	12.3	0.71	38.1	0.13	41.7
2010-03	84.9	56.4	130	14.1	0.90	44.0	0.17	45.7
2015-06	102±26.1	60.7±15.0	154±20.1	13.0±2.8	0.94±0.27	55.2±12.3	0.13±0.03	44.8±7.5
2015-12	94.8±11.4	59.4±13.5	167±26.9	16.4±2.4	1.19±0.36	55.6±11.9	0.12±0.03	48.8±6.1
2016-06	98.7±13.5	62.8±18.9	169±31.4	15.9±3.4	1.13±0.31	60.1±15.2	0.13±0.05	48.6±8.9
2016-12	100±7.2	60.1±17.4	164±28.9	13.1±2.1	0.94±0.19	64.9±12.9	0.12±0.03	46.5±5.9
2017-06	101±7.8	60.9±15.8	164±23.0	13.2±2.1	1.03±0.23	62.5±16.5	0.13±0.03	46.6±6.6
长江沉积物金属环境背景值	82	35	78	9.6	0.25	27.0	0.08	33
四川土壤金属背景值	79	31	86.5	10.4	0.10	30.9	0.06	32

综上，三峡库区淤积物中重金属 Cr、Ni、Cu、Zn、Cd、Pb 的浓度普遍高于其在长
江水系沉积物中金属元素的背景值，其中 Zn 和 Cr、Pb 和 Ni 的浓度顺序与长江沉积物
金属环境背景值顺序存在差异，人为因素可能是前后两者出现差异的主要原因。三峡库
区干流局部河段左、右岸表层淤积物中各重金属的浓度存在较明显的差异；不同水期干
支流表层淤积物中重金属的浓度存在一定程度的波动，其中 Zn、Cd 元素变化最为明显。

8.3.3　水体和淤积物中重金属的时间变化

图 8.3.7 显示了水体和淤积物中重金属浓度随时间的变化。以高水位期（2015 年 12
月）和低水位期（2016 年 6 月）为例进行分析，水体和淤积物中重金属浓度随时间的变
化是不同的。具体而言，在低水位期（2016 年 6 月），地表水中的重金属浓度高于高水
位期（2015 年 12 月）。Cu、Zn、Pb、Cr 和 Cd 的浓度均值从 1.11 μg/L、5.01 μg/L、0.04 μg/L、
0.45 μg/L 和 0.02 μg/L 变为 1.31 μg/L、20.95 μg/L、0.05 μg/L、0.50 μg/L 和 0.03 μg/L。可
能有两个原因造成这种差异：高水位期流速较低，有利于重金属沉积；高水位期降雨过
多，将更多污染物带入河中。

相反，在高水位期（2015 年 12 月）和低水位期（2016 年 6 月）之间，淤积物中的平
均重金属浓度差异不大。Cu、Pb 和 Cr 的浓度分别从 58.5 mg/kg、55.7 mg/kg 和 94.5 mg/kg
增加到 59.2 mg/kg、57.6 mg/kg 和 98.5 mg/kg。但是，Zn 和 Cd 的浓度分别从 168.1 mg/kg
和 1.19 mg/kg 降至 163.6 mg/kg 和 1.08 mg/kg。淤积物中重金属浓度随时间的变化在很大

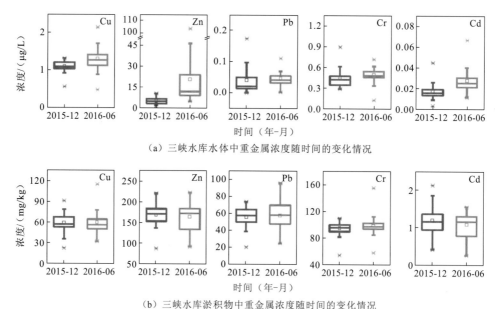

（a）三峡水库水体中重金属浓度随时间的变化情况

（b）三峡水库淤积物中重金属浓度随时间的变化情况

图 8.3.7　三峡水库水体和淤积物中重金属浓度随时间的变化情况

程度上取决于采样点的位置。例如，在变动回水区，在高水位期（2015 年 12 月），淤积物中的重金属浓度较高，而在一些支流（梅溪河、青干河和乌江），由于雨水径流污染物的输入增加，在低水位期（2016 年 6 月）淤积物中的重金属浓度较高。

8.4　三峡水库淤积物中重金属的赋存形态特征

8.4.1　三峡库区蓄水运行期淤积物重金属的赋存形态特征

三峡库区淤积物中重金属的形态分析采用欧洲共同体标准物质局（European Community Bureau of Reference）推荐的重金属元素提取方法。分析结果表明，三峡工程蓄水运行初期（2008 年），库区沉积物中各重金属元素的赋存形态为：Cr、Ni、Zn 和 Cu 以残渣态为主；Cd 以酸提取态和 Fe-Mn 氧化物结合态为主；Pb 以 Fe-Mn 氧化物结合态为主。形态分析结果表明，Cd 的潜在生态风险较高，是库区的主控污染物。

从整个流域来看，干流中各元素的酸提取态的浓度高于支流。支流中各元素的酸提取态浓度从上游至下游没有明显变化，说明库区的生态风险高于支流（图 8.4.1）。

8.4.2　连续运行期淤积物中重金属赋存形态的变化特征

三峡库区连续运行期（2015 年 6 月～2017 年 6 月），库区沉积物中各重金属元素的形态百分比整体平稳。其中，Cd 以酸提取态为主；而 Cr、Ni、Cu、Zn、As 和 Pb 以残渣态为主。Cd 依然是造成库区沉积物生态风险的主控金属元素（图 8.4.2）。

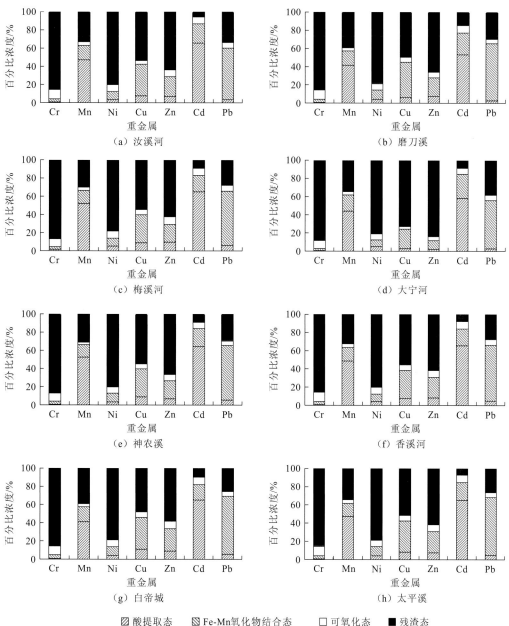

　　（a）汝溪河　　　　　　　　　　　　　　（b）磨刀溪

　　（c）梅溪河　　　　　　　　　　　　　　（d）大宁河

　　（e）神农溪　　　　　　　　　　　　　　（f）香溪河

　　（g）白帝城　　　　　　　　　　　　　　（h）太平溪

▨ 酸提取态　▧ Fe-Mn氧化物结合态　□ 可氧化态　■ 残渣态

图 8.4.1　三峡工程蓄水运行期淤积物中重金属的形态分布特征

　　对比分析库区蓄水运行初期（2008 年）和连续运行期（2015 年 6 月～2017 年 6 月）沉积物中各重金属的赋存形态发现，主控元素 Cd 的酸提取态百分比浓度从 65%（2008年）降至 48.06%（2017 年），说明 Cd 的生态风险有所减弱，但依然是库区的主控污染物。其余重金属元素的赋存形态整体变化平稳，且主要以残渣态存在，尚不足以对库区的生态造成风险。

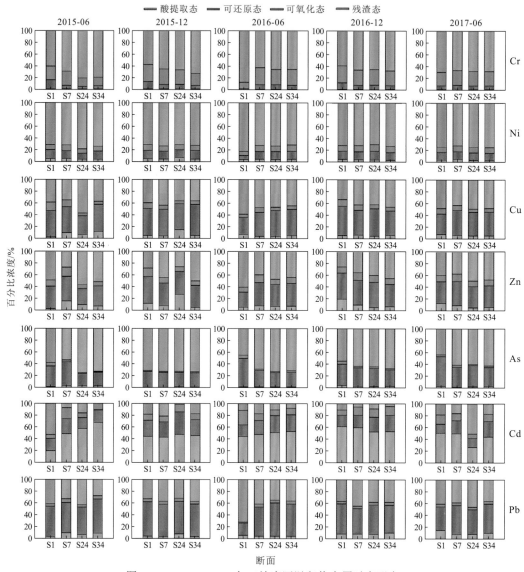

图 8.4.2 2015～2017 年三峡库区淤积物金属赋存形态

8.5 三峡水库水体和淤积物的主成因分析

结合高水位期（2015 年 12 月）和低水位期（2016 年 6 月）重金属监测数据，表 8.5.1 中（a）和（b）显示了水体和淤积物中主成分分析的结果。水体和淤积物样品均提取出 3 个主成分（PC1、PC2、PC3）。对于高水位期（2015 年 12 月）水样，PC1 占总方差的 44.730%，Cd（0.923）、Pb（0.829）和 Cr（0.603）可能具有相似的污染源。PC2 占总方差的 24.495%，主要包括 Zn（0.680）和 Cu（0.656）。PC3 占总方差的 14.764%，并以

Cu（0.626）为主。低水位期（2016 年 6 月）的情况有所不同，在低水位期（2016 年 6 月），PC1 对总方差的贡献率为 48.851%，主要元素变为 Pb（0.834）、Zn（0.816）、Cr（0.738）和 Cu（0.699），这意味着来源更加复杂。PC2 占总方差的 23.304%，并且 Cd 的正载荷很强（0.908），而 PC3 占总方差的 14.772%。

表 8.5.1　三峡水库水体和淤积物中重金属的主成分分析

重金属	PC1	PC2	PC3
（a）2015 年 12 月表层水			
Cu	0.407	0.656	0.626
Zn	0.410	0.680	-0.507
Pb	0.829	-0.290	-0.176
Cr	0.603	-0.497	0.237
Cd	0.923	-0.006	-0.049
特征值	2.226	1.225	0.741
总方差/%	44.730	24.495	14.764
累积百分比/%	44.730	69.225	83.989
（b）2016 年 6 月表层水			
Cu	0.699	0.044	-0.680
Zn	0.816	0.214	0.450
Pb	0.834	0.354	-0.074
Cr	0.738	-0.410	0.251
Cd	-0.218	0.908	0.069
特征值	2.087	1.203	0.875
总方差/%	48.851	23.304	14.772
累积百分比/%	48.851	72.155	86.927
（c）2015 年 12 月淤积物			
Cu	0.789	0.589	-0.002
Zn	0.951	-0.250	-0.102
Pb	0.928	0.083	-0.319
Cr	0.913	0.098	0.362
Cd	0.872	-0.451	0.074
特征值	3.983	0.629	0.249
总方差/%	79.667	12.580	4.976
累积百分比/%	79.667	92.247	97.223

重金属	PC1	PC2	PC3
	(d) 2016 年 6 月淤积物		
Cu	0.864	0.003	-0.491
Zn	0.953	-0.107	0.235
Pb	0.976	0.032	-0.121
Cr	0.236	0.967	0.090
Cd	0.913	-0.175	0.325
特征值	3.479	0.979	0.438
总方差/%	69.911	19.574	8.502
累积百分比/%	69.911	89.485	97.987

如前所述，与其他重金属相比，低水位期（2016 年 6 月）干流水体中 Cd 的浓度明显高于高水位期（2015 年 12 月），这证实了 Cd 在低水位期和高水位期具有不同的污染源，其很可能来自人为源。因此，在低水位期，PC1（由 Cu、Zn、Pb 和 Cr 组成）主要来自自然源，而 Cd 很可能来自人为源，在高水位期，PC1（由 Cd、Pb 和 Cr 组成）主要来自人为源，而 Zn、Cu 很可能来自人为源。

淤积物中的重金属之间相互影响更强，这可以从 PC1 的百分比远高于地表水中的 PC1 百分比看出。表 8.5.1 中（c）和（d）的结果表明，2015 年 12 月 PC1 的总方差较高，主要由 Zn（0.951）、Pb（0.928）、Cr（0.913）、Cd（0.872）和 Cu（0.789）组成。重金属可能在淤积物中发生反应并形成共价化合物，与本节结果一致。另外，PC2 占总方差的 12.580%，并以 Cu（0.589）为主，而 PC3 仅占总方差的 4.976%。与 2015 年 12 月的 79.667% 相比，2016 年 6 月 PC1 对总方差的占比下降至 69.911%，主要由 Pb（0.976）、Zn（0.953）、Cd（0.913）和 Cu（0.864）组成。相比之下，PC2 占总方差的 19.574%，并以 Cr（0.967）为主，表明了 Cr 的独特来源。PC3 解释了总方差的 8.502%，Cu 的负载荷为 0.491。

淤积物中重金属的污染源可分为自然源（如土壤侵蚀和岩石风化）和人为源（如工业废物、农业面源和生活污水）。因为在高水位期，淤积物中的重金属中 PC1 包含所有 5 种金属（包括 Zn、Pb、Cr、Cd 和 Cu），所以这些污染物最有可能来自自然源。在低水位期，PC1 包含 Pb、Zn、Cd 和 Cu，而 PC2 包含 Cr。因此，在低水位期，Cr 仍然来自自然源，而 Cu、Zn、Pb 和 Cd 主要来自人为源。

8.6　三峡水库淤积物重金属的生态风险评价

瑞典学者 Häkanson（1980）提出的潜在生态风险评价方法，综合考虑了淤积物中各种重金属的浓度效应、不同重金属的毒性效应及多种重金属复合污染的协同效应。该方法既能反映单一重金属的污染风险程度，又能反映多种重金属污染的综合影响（表 8.6.1）。

表 8.6.1 潜在生态风险程度

程度	单因子生态风险程度（E_r）	潜在风险综合指数（RI）
低度	<40	<150
中度	[40，80）	[150，300）
较高	[80，160）	[300，600）
高度（极高）	[160，320）	≥600
很高	≥320	—

计算公式如下：

$$RI = \sum_i^m E_r^i = \sum_i^m T_r^i \times \frac{C^i}{C_n^i} \tag{8.6.1}$$

式中：T_r^i 为第 i 种重金属的毒性响应系数（各重金属的毒性响应系数 Cr 为 2，Ni 为 5，Cu 为 5，Zn 为 1，Cd 为 30，Pb 为 5）；C^i 为表层淤积物第 i 种重金属浓度的实测值，mg/kg；C_n^i 为第 i 种重金属的地球化学背景值，mg/kg；E_r^i 为第 i 种重金属的单因子生态风险程度。

所用的评价方法中，地球化学背景值均为关键参数之一，通常情况下，可采用研究区域或邻近区域的背景值，或者与研究区域环境条件相似的区域的背景值。在本节中，长江水系淤积物中的 6 种重金属元素的背景值 Cr 为 82 mg/kg，Ni 为 33 mg/kg，Cu 为 35 mg/kg，Zn 为 78 mg/kg，Cd 为 0.25 mg/kg，Pb 为 27 mg/kg。

采用潜在生态风险评价方法对三峡库区淤积物中重金属的单因子生态风险程度（E_r）和潜在风险综合指数（RI）、风险等级进行计算分析与评价，结果如表 8.6.2 所示。

表 8.6.2 三峡库区淤积物重金属生态危害评价表

时间	不同区域	E_r						RI	等级
		Cr	Ni	Cu	Zn	Cd	Pb		
2015 年 6 月 低水位运行期	坝前	2.62	7.69	8.65	2.15	116.04	10.49	147.64	低
	常年回水区	2.60	6.48	8.69	1.91	104.58	10.10	134.35	低
	变动回水区	2.57	5.27	8.16	2.16	198.00	10.19	226.34	中
	支流汇入口	2.25	6.82	7.72	1.78	104.58	8.92	132.07	低
	主要城市江段	2.98	6.35	8.44	1.96	116.01	9.82	145.57	低
	三峡库区（总）	2.51	6.56	8.30	2.00	130.80	9.92	160.10	中
2015 年 12 月 高水位运行期	坝前	2.33	7.68	8.78	1.99	119.07	9.58	149.44	低
	常年回水区	2.36	7.49	8.81	2.23	153.06	11.04	184.99	中
	变动回水区	2.36	6.31	8.82	2.54	182.32	10.37	212.73	中
	支流汇入口	2.13	6.94	6.98	1.91	121.44	8.84	148.24	低
	主要城市江段	2.30	7.12	8.39	2.28	160.97	11.08	192.13	中
	三峡库区（总）	2.30	7.11	8.35	2.17	143.97	9.96	173.85	中

续表

时间	不同区域	E_r						RI	等级
		Cr	Ni	Cu	Zn	Cd	Pb		
2016 年 6 月 低水位运行期	坝前	2.32	7.38	7.74	2.20	134.13	10.55	164.31	中
	常年回水区	2.36	7.02	8.95	2.14	132.17	10.92	163.54	中
	变动回水区	2.92	5.06	5.80	1.61	70.08	6.78	92.24	低
	支流汇入口	2.37	7.71	8.88	2.17	141.19	11.22	173.54	中
	主要城市江段	2.40	6.89	9.07	2.23	139.35	11.35	171.29	中
	三峡库区（总）	2.49	6.79	7.84	2.03	119.39	9.87	148.41	低
2016 年 12 月 高水位运行期	坝前	2.62	7.88	9.17	2.23	112.15	12.89	146.93	低
	常年回水区	2.40	6.62	8.46	2.04	110.30	11.72	141.54	低
	变动回水区	2.43	5.46	8.03	2.51	128.98	12.66	160.07	中
	支流汇入口	2.49	7.25	7.80	2.02	110.19	11.42	141.17	低
	主要城市江段	2.48	6.60	9.08	2.23	119.70	12.45	152.53	中
	三峡库区（总）	2.49	6.80	8.36	2.20	115.41	12.17	147.43	低
2017 年 6 月 低水位运行期	坝前	2.53	7.79	8.16	2.14	108.41	11.68	140.72	低
	常年回水区	2.43	6.71	8.98	2.15	121.09	11.41	152.76	中
	变动回水区	2.15	4.40	5.61	1.52	66.96	6.85	87.48	低
	支流汇入口	2.50	7.12	7.35	1.89	96.30	10.75	125.92	低
	主要城市江段	2.40	6.12	8.28	2.09	116.20	10.56	145.66	低
	三峡库区（总）	2.40	6.51	7.52	1.93	98.19	10.17	126.72	低

三峡库区调查区域潜在风险综合指数 RI 差异显著（87.48～226.34），除 2015 年高水位、低水位运行期库区整体处于中度生态风险，其他时段库区整体处于低度生态风险。从单个元素的单因子生态风险程度 E_r 分析，不同时段、不同区域 Cd 元素的 E_r（66.96～198.00）均大于 40，呈现中度以上生态风险，显著高于其他 5 种重金属，结果表明：调查区域淤积物呈现以重金属 Cd 为主的污染特征；其余 5 种元素均处于低度生态危害风险，$E_r<40$。库区淤积物中重金属单因子生态风险程度由强至弱的顺序为 Cd>Hg>Pb>Cu>Ni>Cr>Zn，其中库区高水位期变动回水区淤积物中重金属单因子生态风险程度由强至弱的顺序为 Cd>Hg>Pb>Cu>Ni>Zn>Cr，Zn 和 Cr 的顺序存在差异，这与高水位期变动回水区 Zn 的平均浓度高有关。

不同水位运行期不同区域淤积物中重金属潜在风险综合指数 RI 由强到弱分别为：

①2015 年低水位运行期，库区不同区域 RI 的顺序为变动回水区>坝前>主要城市江段>常年回水区>支流汇入口；②2015 年高水位运行期，库区不同区域 RI 的顺序为变动回水区>主要城市江段>常年回水区>坝前>支流汇入口；③2016 年低水位运行期，库区不同区域 RI 的顺序为支流汇入口>主要城市江段>坝前>常年回水区>变动回水区；④2016 年高水位运行期，库区不同区域 RI 的顺序为变动回水区>主要城市江段>坝前>常年回水区>支流汇入口；⑤2017 年低水位运行期，库区不同区域 RI 的顺序为常年回水区>主要城市江段>坝前>支流汇入口>变动回水区。

根据潜在生态风险评价方法，Cd 元素在库区干流上游段、下游段均已达到中度以上污染程度；其他重金属元素均为低度污染。库区单因子生态风险程度由强至弱的顺序为 Cd>Hg>Pb>Cu>Ni>Cr>Zn，其中高水位期变动回水区 Cr 和 Zn 的顺序存在差异。库区整体呈现低度生态危害，局部区域部分时段出现中度生态风险，但整体库区淤积物中重金属对库区生态环境的危害较弱。其中，Cd 元素的污染应该引起重视。

8.7　淤积物物理特性与水环境变量关系的分析

如图 8.7.1 所示，从淤积物中多个重金属的浓度在三峡库区的沿程空间分布的特点可以看出（2015 年 6 月），淤积物中重金属浓度从上游向下游逐渐增大，表明重金属随着泥沙从上游向下游输移，累积在河床淤积物中。

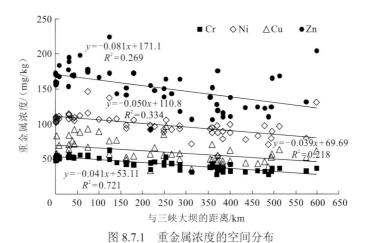

图 8.7.1　重金属浓度的空间分布

以重金属 Ni 为例，如图 8.7.2 所示，三峡水库沿程的淤积物中值粒径 d_{50} 与重金属 Ni 浓度表现出较好的相关关系，表明较细的泥沙容易吸附重金属颗粒，沉积于河床，并逐渐累积。

以重金属 Cr 为例，如图 8.7.3 所示，Cr 浓度的分布没有明显的规律，表明三峡库区内并不是所有的重金属都表现出明显的空间分布。

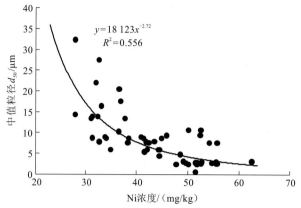

图 8.7.2 重金属 Ni 浓度与中值粒径的相关关系

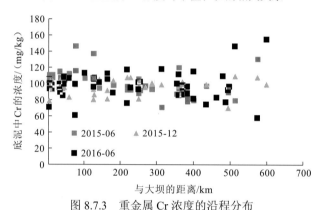

图 8.7.3 重金属 Cr 浓度的沿程分布

8.8 本 章 小 结

本章研究了三峡水库重金属的时空分布特征及赋存形态特征，科学评价了三峡水库重金属污染的现状，并科学测算了沉积物中重金属污染物的累积量，解析了三峡水库重金属的污染来源。

（1）2015 年、2016 年不同水期三峡库区干、支流水中的重金属 As、Cd、Cr、Cu、Pb 均满足《地表水环境质量标准》（GB 3838—2002）I 类水质标准，37%的采样点中 Zn 的浓度为 50.10～103.71 μg/L，为 II 类水。整体上，库区干流中 As、Cd、Cr、Cu、Pb、Zn 的浓度从重庆江段至坝前略呈下降趋势，但在城市江段波动明显。支流中重金属浓度无明显区域性空间分布规律。

（2）2015～2017 年不同水期三峡库区不同江段沉积物中重金属 Cr、Ni、Cu、Zn、Cd 和 Pb 的平均浓度分别为 99.36 mg/kg、46.84 mg/kg、62.56 mg/kg、163.22 mg/kg、1.029 mg/kg、60.66 mg/kg，重金属浓度的顺序为 Zn> Cr > Cu > Pb > Ni > Cd。库区沉积物中的重金属浓度普遍高于长江沉积物金属环境背景值。除 Cd 外，上游地区金属元素的浓度总体上低于中游及下游地区。与三峡水库首次实行 175 m 试验性蓄水时（2008 年）相比，2017 年库区沉积物中 Cr、Zn、Cd、Pb、Hg 的浓度有所增长；Cu 和 As 的浓度有所降低；Ni 的浓度基本不变。

（3）三峡库区上覆水中重金属 Cu、Zn、As、Cd、Pb、Cr 的浓度低，低水位期三峡库区各采样断面干流水样中的重金属浓度自三峡大坝坝前到重庆的沿程分布变化较大。库区淤积物中的重金属浓度普遍高于长江沉积物金属环境背景值，三峡库区低水位运行期不同区段 Cu 平均浓度的顺序为常年回水区>坝前>变动回水区，高水位运行期不同区段 Cu 平均浓度的差异小，均在 60.0 mg/kg 上下波动；不同水位运行期不同区段 Ni 平均浓度的顺序为坝前>常年回水区>变动回水区；不同水位运行期不同区段 Cd、Zn 平均浓度的分布规律较一致。三峡库区主要城市江段淤积物中的重金属浓度高于库区干流，主要城市江段重金属污染较严重。

（4）根据潜在生态风险评价方法可以得出，Cd 元素在库区干流上游段、下游段均已达到中度以上污染程度；其他重金属元素均为低度污染。对于整体库区，淤积物中的重金属对库区生态环境的影响较小。

第 9 章

三峡水库泥沙淤积对
有机污染物的影响

9.1 研究背景

9.1.1 研究意义

水库是水体污染物较易沉积和富集的区域，由于三峡库区水深较大，淤积物采样困难，目前关于三峡库区不同水位运行期淤积物中污染物特性的系统性研究较少。多环芳烃和邻苯二甲酸酯是环境中广泛存在的持久性有毒污染物（Li et al.，2016；Deyerling et al.，2014；Liu et al.，2011）。多环芳烃具有毒性和致癌作用，主要来源于含碳物质的不完全燃烧（Wang et al.，2015）。邻苯二甲酸酯作为增塑剂被广泛使用（Zhang et al.，2015），属于内分泌干扰物（Xu et al.，2010）。中国水环境质量标准对地表水中多环芳烃和邻苯二甲酸酯的浓度均有限制要求。

三峡工程是世界上最大的水利枢纽工程，在防洪、发电、航运和供水方面发挥了显著的效益。三峡水库的水质对于人类和生态系统健康具有重要意义。从天然状态至 175 m 蓄水，三峡水库水文情势发生了巨大变化，水流减缓显著降低了水中污染物的扩散和自净能力，污染物在淤积物中的沉降和运移规律也相应改变（Wang et al.，2013）。三峡水库的水质问题日益引起广泛关注。因此，开展三峡工程蓄水后库区主要有机污染物多环芳烃和邻苯二甲酸酯在水体及淤积物中浓度水平、分布特征与来源的研究，对于三峡库区生态环境安全具有重要意义。

9.1.2 研究现状

自 2003 年三峡水库实施蓄水后，三峡水库多环芳烃的赋存特征研究逐渐引起相关学者的重视。多环芳烃被认为是三峡库区首要的有毒污染物（Zhu et al.，2015）。2005 年、2010 年先后对三峡库区重庆段水体中多环芳烃的浓度进行调查，结果显示 2005 年检出的多环芳烃种类（9 种）少于 2010 年（15 种），说明 5 年时间内，研究区域的多环芳烃污染有所加重，有更多种类的多环芳烃输入并影响研究区域水体，推断该区域水体中的多环芳烃主要来源于石化产品的燃烧和泄漏、木材和煤的燃烧（许川 等，2007）。2015 年三峡水库达到 175 m 蓄水位，在库区上游（重庆市区江段）、库区中部（涪陵—云阳段）、库区下游（奉节—宜昌段），表层水体中多环芳烃的浓度呈现明显的下降趋势，浓度分别为 83～1 631 ng/L、354～1 159 ng/L 和 23～747 ng/L（王超 等，2015），部分采样点多环芳烃浓度过高可能是由大坝蓄水、周边地区工业及长江航道航运业务增长等因素造成的。目前对于三峡库区水体多环芳烃的浓度和来源虽然已有研究，但关于三峡库区淤积物中多环芳烃的报道较少，不利于三峡库区水质管理。

据报道，邻苯二甲酸酯是三峡工程 175 m 蓄水前库区水体中的主要污染物之一（许川 等，2007）。2005 年调查表明，三峡库区水体中主要的邻苯二甲酸酯是邻苯二甲酸二丁酯（di-n-butyl phthalate，DBP）和邻苯二甲酸二（2-乙基己基）酯（di-2-ethylhexyl phthalate，DEHP），其浓度分别为 830～2 201 ng/L 和 660～3 600 ng/L（许川 等，2007）。2010 年对三峡库区重庆段的调查结果显示，水体中邻苯二甲酸酯的含量为 53.2～343.0 ng/L，沉积物中为 1 787.0～5 045.9 ng/g，DBP、DEHP 是水体和沉积物中的主要污染物，与国内外其他地区相比，长江重庆段水体和沉积物中的邻苯二甲酸酯含量处于中等偏下水平（杜娴 等，2013）。但目前关于三峡工程 175 m 蓄水后库区水体和淤积物中邻苯二甲酸酯浓度与污染来源的报道极少。

因此，本章分别在低水位期（2015 年、2016 年和 2017 年的 6 月，水位约为 150 m）和高水位期（2015 年和 2016 年的 12 月，水位约为 170 m），对三峡库区坝前、常年回水区、变动回水区、回水末端及主要城市江段和支流汇入口等区域的水体、淤积物等共进行了 4 次综合调查与分析。对三峡库区水体和淤积物中的典型有毒有机污染物（多环芳烃和邻苯二甲酸酯）进行了全面、系统的调查，并分析了其分布和变化规律，评价了其生态风险，旨在为三峡工程的水环境保护提供科学依据。

9.2　研究区域及分析方法

9.2.1　研究区域

研究区域同 8.2.1 小节。2015 年、2016 年三峡库区水体及淤积物的具体现场调查断面如图 9.2.1 所示，包括干流采样断面（M1～M14）、支流采样断面（T1～T4）。

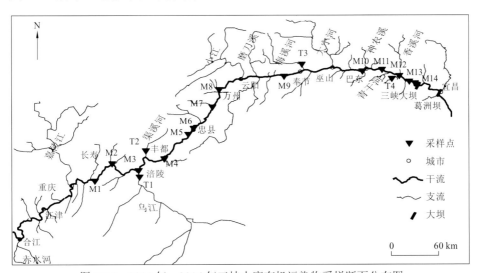

图 9.2.1　2015 年、2016 年三峡水库有机污染物采样断面分布图

9.2.2　样品采集及保存

水样为采用 4 L 不锈钢小桶采集的 0～50 cm 厚表层水体，采集后现场过 0.22 μm 玻璃纤维滤膜，过滤后水样采用经甲醇活化的 C18 固相萃取膜（ENVI-18 DSK，直径 47 mm，Sigma-Aldrich，USA）萃取水中的多环芳烃和邻苯二甲酸酯（Limam and Driss，2013；Brown and Peake，2003）。过滤完成后用锡箔纸将固相萃取膜片包裹住，置于 0～4 ℃ 环境中避光保存。淤积物样品为采用抓斗式采泥器采集的表层淤积物，采集后保存于封口袋中。

9.2.3　预处理及分析方法

水样：将固相萃取膜片带回实验室后，把 10 mL 乙酸乙酯加入固相萃取膜上，让洗脱剂与萃取膜接触一段时间（约 3 min），然后短时间开启真空泵，让洗脱剂缓慢通过固相萃取装置流入接受瓶；再次加入 10 mL 乙酸乙酯，重复上述步骤；然后加入 10 mL（1+1）二氯甲烷-乙酸乙酯混合洗脱剂，重复该步骤两次。将洗脱液除水后浓缩至近干，最后用正己烷定容至 1 mL，上机分析。

淤积物：淤积物样品经真空、冷冻、干燥、除水后，取约 2 g（精确到 0.000 1 g）加入（1+1）己烷-丙酮混合溶剂，采用微波萃取（起始温度 30 ℃，以 10 ℃/min 的速度升温至 120 ℃，保持 20 min），将萃取液通过硅胶-氧化铝复合柱，并分别用正己烷、正己烷与二氯甲烷混合溶剂（体积比为 7∶3）洗脱三次。将洗脱液浓缩至近干，加 1 mL 正己烷定容，上机分析。

分析方法：16 种多环芳烃和 6 种邻苯二甲酸酯采用 GC-MS（7890B/5977A，Agilent，USA）检测。采用 DB-5MS 色谱柱，质谱条件为 EI 模式，离子源温度为 250 ℃；扫描方式为 SIM，载气均为高纯氦气（≥99.999%），不分流进样，进样体积 1 μL。多环芳烃检测色谱条件：进样口温度 250 ℃；传输线温度 300 ℃；流速 1 mL/min。升温程序：80 ℃保持 2 min，以 20 ℃/min 升温至 220 ℃，保持 10 min，再以 2 ℃/min 升温至 300 ℃，保持 5 min。邻苯二甲酸酯检测色谱条件：进样口温度 250 ℃；传输线温度 300 ℃；流速 1.2 mL/min。升温程序：70 ℃保持 2 min，以 20 ℃/min 升温至 130 ℃，再以 5 ℃/min 升温至 200 ℃，以 15 ℃/min 升温至 300 ℃，保持 5 min。

9.3　三峡水库水体和淤积物中有机污染物的浓度特征

9.3.1　多环芳烃浓度特征

关于多环芳烃国内外已经有了很多研究，通常选择环境优先控制的美国环境保护署

（Environmental Protection Agency，EPA）规定的 16 种典型多环芳烃作为研究对象。此次三峡库区调查研究也以 16 种典型多环芳烃为研究对象。它们分别是萘（naphthalene，Nap）、苊（acenaphthene，Ace）、二氢苊（acenaphthylene，Acy）、芴（fluorene，Flu）、菲（phenanthrene，Phe）、蒽（anthracene，Ant）、荧蒽（fluoranthene，Fla）、芘（pyrene，Pyr）、苯并蒽（benzo[a]anthracene，BaA）、䓛（chrysene，Chr）、苯并 [b] 荧蒽（benzo[b]fluoranthene，BbF）、苯并 [k] 荧蒽（benzo[k]fluoranthene，BkF）、苯并 [a] 芘（benzo[a]pyrene，BaP）、茚并芘（indeno[1，2，3-c，d]pyrene，InP）、二苯并 [a，h] 蒽（dibenzo[a，h]anthracene，DahA）和苯并 [g，h，i] 芘（benzo[g，h，i]perylene，BghiP）。

　　表 9.3.1 与表 9.3.2 分别显示了 2015 年、2016 年三峡水库水位消落期（6 月）和高水位期（12 月）16 种多环芳烃在地表水与淤积物中浓度的最小值、最大值、均值、中值和标准偏差。基于 2015 年和 2016 年的调查分析，三峡库区水样中多环芳烃的总浓度分别为 8.7～101.7 ng/L（均值为 36.4 ng/L）和 3.9～107.6 ng/L（均值为 39.9 ng/L），均低于文献报道的 2011 年水体浓度 18～159 ng/L（平均为 44.1 ng/L）（Wang et al.，2013），以及 2012 年水体浓度 131～228 ng/L（平均为 155 ng/L）（Zhu et al.，2015）。

表 9.3.1　三峡库区水体和淤积物中多环芳烃的浓度（2015 年）

采样断面	数值	水体/（ng/L）		淤积物/（ng/g）	
		6 月	12 月	6 月	12 月
干支流（M1～M14、T1～T4）	最小值	8.7	23.8	202.0	568.2
	最大值	101.7	72.6	1 618.2	2 291.3
	均值	36.4	41.6	990.3	1 182.5
	中值	25.3	43.5	962.5	1 146.5
	标准偏差	25.6	14.3	310.2	433.9
干流（M1～M14）	最小值	8.7	23.8	688.1	590.8
	最大值	101.7	72.6	1 486.4	2 291.3
	均值	37.6	41.5	968.2	1 248.6
	中值	26.1	39.9	919.2	1 200.7
	标准偏差	28.0	16.0	223.5	492.2
支流（T1～T4）	最小值	10.9	27.0	202.0	568.2
	最大值	67.1	52.9	1 618.2	1 313.1
	均值	34.0	41.6	1 034.6	1 050.5
	中值	25.3	45.4	1 111.5	1 121.6
	标准偏差	19.5	9.9	431.1	232.6

表 9.3.2　三峡库区水体和淤积物中多环芳烃的浓度（2016 年）

采样断面	数值	水体/（ng/L）		淤积物/（ng/g）	
		6 月	12 月	6 月	12 月
干支流（M1～ M14、T1～T4）	最小值	5.2	3.9	267.9	287.1
	最大值	107.6	52.1	1 018.1	991.0
	均值	63.5	16.2	457.4	524.5
	中值	64.3	14.6	397.3	517.6
	标准偏差	25.3	10.3	173.6	162.5
干流（M1～M14）	最小值	5.2	4.3	267.9	287.1
	最大值	88.4	52.1	1 018.1	991.0
	均值	58.1	16.5	457.5	553.0
	中值	61.3	14.3	397.3	552.9
	标准偏差	23.0	11.1	189.2	169.7
支流（T1～T4）	最小值	43.1	3.9	348.5	314.6
	最大值	107.6	21.9	601.7	510.8
	均值	82.3	15.5	456.8	424.8
	中值	89.3	18.1	438.5	436.9
	标准偏差	24.0	6.9	102.0	72.5

由表 9.3.1 可知，蓄水后三峡水库的多环芳烃总浓度降低。与支流相比，干流水样多环芳烃浓度显示出较大波动。与水位消落期（34.0～37.6 ng/L）相比，多环芳烃在水中的平均浓度在高水位期（41.5～41.6 ng/L）更高。这种变化主要归因于河流流速的变化，因为高水位期流速的降低会减弱多环芳烃的扩散和自净能力。然而，在水位消落期，多环芳烃浓度的波动比高水位期更加明显。在淤积物中，多环芳烃的浓度为 202.0～2 291.3 ng/g，平均浓度为 990.3 ng/g，远低于 2005 年长江武汉段报告的 1 334.5 ng/g（Feng et al.，2007），但高于 2010 年、2011 年长江口的 128.5～307.8 ng/g（Wang et al.，2015）。支流与干流淤积物中多环芳烃的平均浓度并无显著差异。相比于水位消落期（968.2～1 034.6 ng/g），淤积物中多环芳烃的平均浓度在高水位期（1 050.5～1 248.6 ng/g）更高，这可能是由多环芳烃在高水位期的沉积作用所致。

表 9.3.2 也表明三峡库区水体中多环芳烃的浓度有降低的趋势。水体中多环芳烃的平均浓度干流和支流均为低水位期（6 月）高于高水位期（12 月）。2016 年淤积物中多环芳烃的浓度为 267.9～1 018.1 ng/g（均值为 490.9 ng/g），浓度均值也远低于 2005 年长江武汉段淤积物中多环芳烃的浓度均值 1 334.5 ng/g（Feng et al.，2007），高于长江口 2010年、2011 年的浓度 128.5～307.8 ng/g（Wang et al.，2015）。淤积物中多环芳烃的平均浓度干流和支流差异不大。干流中淤积物多环芳烃的平均浓度高水位期（12 月）高于低水

位期（6月），可能是由高水位期水体中多环芳烃的沉淀作用所致。

图9.3.1给出了2015年不同时期16种多环芳烃单体在水和淤积物中的浓度。无论是高水位期还是低水位期，Phe均为水体中浓度最高的多环芳烃。BaP浓度在所有采样点均低于0.7 ng/L，低于《地表水环境质量标准》（GB 3838—2002）的限值（2.8 ng/L）。

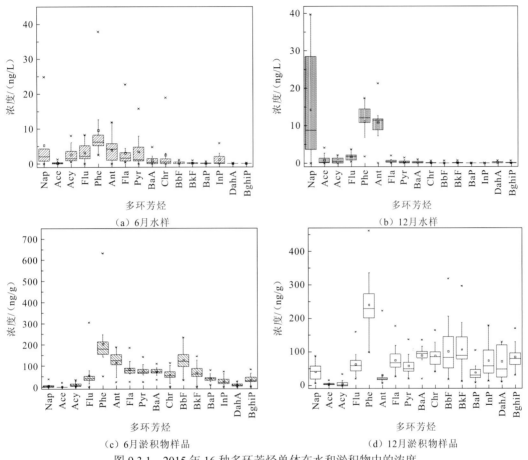

（a）6月水样　　　　　　　　　　　　　　（b）12月水样

（c）6月淤积物样品　　　　　　　　　　　　（d）12月淤积物样品

图9.3.1　2015年16种多环芳烃单体在水和淤积物中的浓度

在淤积物样品中，无论是水位消落期还是高水位期，Phe明显是三峡水库水与淤积物中的基础多环芳烃，这与长江口的观测结果一致（Wang et al.，2015）。在水位消落期（枯水季），各多环芳烃单体的变异系数均高于高水位期，这与长江口表层淤积物的变化趋势相同（Wang et al.，2015）。

图9.3.2给出了2016年不同时期16种多环芳烃单体在水和淤积物中的浓度。由图9.3.2可知，各采样断面检出的BaP浓度范围为0～0.64 ng/L，未超过《地表水环境质量标准》（GB 3838—2002）的限值2.8 ng/L。淤积物中，低水位期（6月）比高水位期（12月）多环芳烃单体浓度变化幅度大。淤积物中多环芳烃单体Phe浓度较高，与2015年三峡库区的调查结论基本一致。

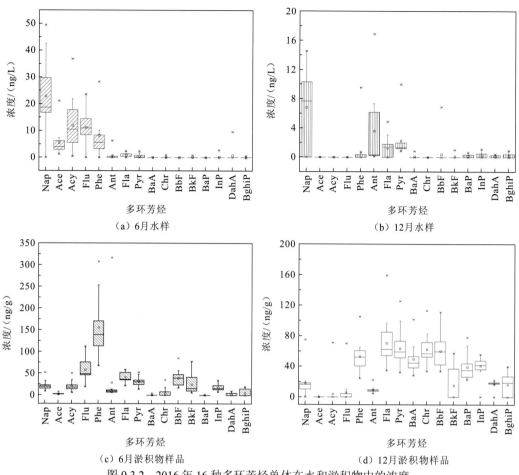

（a）6月水样　　　　　　　　　　　　　　　（b）12月水样

（c）6月淤积物样品　　　　　　　　　　　　（d）12月淤积物样品

图 9.3.2　2016 年 16 种多环芳烃单体在水和淤积物中的浓度

三峡库区水体和淤积物中 2～6 环多环芳烃单体的平均浓度和百分比见图 9.3.3。由图 9.3.3 可知，16 种多环芳烃可根据含有的苯环数量被划分为 2～3 环、4 环和 5～6 环，分别代表低分子、中分子和高分子多环芳烃。在三峡水库所有水样中，3 环多环芳烃单体是主要化合物，平均值为 23.9 ng/L，占 2015 年多环芳烃均值的 59.0%，其次是 2 环多环芳烃单体和 4 环多环芳烃单体，2 环多环芳烃单体和 4 环多环芳烃单体的平均值分别为 11.1 ng/L、4.6 ng/L，分别占多环芳烃均值的 27.4% 和 11.3%。分析 2016 年监测结果发现，三峡库区水样中 16 种多环芳烃单体的比例与 2015 年类似，主要也是 3 环多环芳烃单体，均值为 25.7 ng/L，占多环芳烃的 58.0%，其次也是 2 环多环芳烃单体和 4 环多环芳烃单体，2 环多环芳烃单体和 4 环多环芳烃单体的均值分别为 14.9 ng/L、2.8 ng/L，分别占多环芳烃均值的 33.6% 和 6.2%。基于 2015 年和 2016 年监测数据，三峡库区水体 5～6 环多环芳烃不超过多环芳烃均值的 5%。简言之，三峡库区水体多环芳烃单体以 2～3 环和 4 环为主。

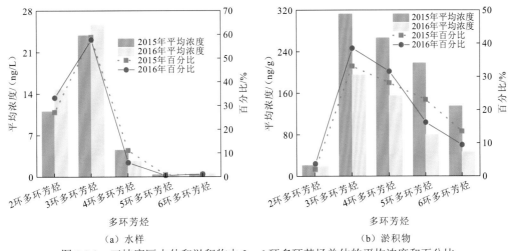

图 9.3.3　三峡库区水体和淤积物中 2～6 环多环芳烃单体的平均浓度和百分比

对于淤积物，2015 年 3～5 环多环芳烃单体是主要化合物，占 2015 年多环芳烃均值的 84.4%，而 2 环多环芳烃单体仅占多环芳烃均值的 2.1%。2016 年，淤积物中多环芳烃单体的比例与 2015 年相似，3～5 环多环芳烃单体也是其主要成分，占 2016 年多环芳烃均值的 86.6%，而 2 环多环芳烃单体仅占多环芳烃均值的 3.8%。总之，三峡库区淤积物中的多环芳烃以 3～5 环为主。

综合分析，三峡库区水体中的多环芳烃以 2～3 环为主，淤积物中以 3～5 环为主。这可能是因为环数较小的多环芳烃更易挥发和随水相迁移，不容易沉积到底部；而环数大的多环芳烃更容易沉降和被淤积物吸附。

表 9.3.3 是三峡库区与国内外其他河流水体和淤积物中多环芳烃的污染状况比较（Dong et al.，2019）。从表 9.3.3 中可以得出，三峡库区水体中的多环芳烃浓度约为塞纳河的 2 倍，与密西西比河的浓度大致相等。三峡库区水体中的多环芳烃浓度高于发达国家。然而，三峡库区水体中多环芳烃的浓度低于国内的一些河流，如黄河、通惠河及长江武汉段。相对于其他河流而言，三峡库区水体中的多环芳烃浓度较低。

表 9.3.3　国内外其他河流水体和淤积物中多环芳烃的污染状况

相	位置	年份	多环芳烃数	多环芳烃浓度范围	均值	标准偏差
	塞纳河	1993	12	4～36	20.0	13.0
	密西西比河	1999	18	5.6～68.5	40.8	32.9
水体/(ng/L)	黄河	2004	15	179～369	248	78
	通惠河	2002	16	192.9～2651	762.3	777.4
	三峡库区干流（本书）	2015、2016	16	3.9～139.3	42.4	20.4

续表

相	位置	年份	多环芳烃数	多环芳烃浓度范围	均值	标准偏差
	萨凡纳河	2001	16	29.0～5 375.0	1 216.0	—
	珠江三角洲	2001	15	156.3～9 219.8	1 863.0	—
	长江中下游	2015	16	221.0～2 418.8	751.5	—
淤积物/（ng/g）	戈默蒂河	2010	16	5.24～3 365.13	687.1	—
	通惠河	2002	16	127.1～927.7	540.4	—
	长江口	2009	16	316.0～792.0	—	—
	三峡库区干流（本书）	2015、2016	16	185.5～2 055.6	726.1	270.0

注："—"表示无数据。

与世界上其他河流相比，三峡库区淤积物中多环芳烃的浓度低于某些流域，如萨凡纳河、珠江三角洲、长江中下游，但高于戈默蒂河、通惠河和长江口。相对于其他河流而言，三峡库区淤积物中的多环芳烃浓度处于中等水平。

9.3.2　邻苯二甲酸酯浓度特征

邻苯二甲酸酯又称为酞酸酯，是一类广泛应用的塑料改性添加剂，并广泛运用于工农业生产和日常生活中。邻苯二甲酸酯又是一种激素类内分泌干扰化合物，在大剂量的情况下，有致畸胎和降低生育力等毒性作用。目前，随着大量塑料制品的全球性应用，邻苯二甲酸酯在环境中无处不在，大气、地表水体、土壤、淤积物及地下水等环境中都有检出。因此，EPA 将邻苯二甲酸二甲酯（dimethyl phthalate，DMP）、邻苯二甲酸二乙酯（diethyl phthalate，DEP）、DBP、邻苯二甲酸苯基丁酯（butyl benzyl phthalate，BBP）、DEHP、邻苯二甲酸二正辛酯（di-n-octyl phthalate，DNOP）6 种邻苯二甲酸酯化合物列为优先控制的有毒污染物。由于邻苯二甲酸酯化合物污染的全球严重性，它已成为国内外学者研究的热门课题，故此次三峡库区调查开展了邻苯二甲酸酯污染情况研究。

2015 年、2016 年三峡库区水样与淤积物干流和支流样品中邻苯二甲酸酯浓度的最小值、最大值、均值、中值和标准偏差在表 9.3.4 及表 9.3.5 中给出。在 18 个取样点的水与淤积物的样品中，邻苯二甲酸酯均可检测出，这表明邻苯二甲酸酯在环境中普遍存在。

表 9.3.4　三峡库区水体与淤积物中邻苯二甲酸酯的浓度（2015 年）

采样断面	数值	水体/（ng/L）		淤积物/（ng/g）	
		6 月	12 月	6 月	12 月
干支流（M1～	最小值	4.0	269.5	177.3	915.0
M14、T1～T4）	最大值	1 169.7	689.6	4 744.4	4 072.2

采样断面	数值	水体/（ng/L）		淤积物/（ng/g）	
		6 月	12 月	6 月	12 月
干支流（M1～ M14、T1～T4）	均值	341.9	454.2	1 878.1	2 574.1
	中值	215.7	433.5	1 674.3	2 332.4
	标准偏差	305.6	126.1	1 160.5	1 041.4
干流（M1～M14）	最小值	62.4	272.4	671.6	1 373.6
	最大值	1 169.7	689.6	4 744.4	3 950.3
	均值	421.8	456.0	2 045.1	2 383.4
	中值	268.4	456.9	1 732.3	2 164.2
	标准偏差	323.6	123.9	1 078.8	771.1
支流（T1～T4）	最小值	4.0	269.5	177.3	915.0
	最大值	569.5	673.1	3 609.8	4 072.2
	均值	182.1	450.5	1 544.1	2 955.6
	中值	133.3	428.4	1 234.3	3 769.6
	标准偏差	179.8	130.2	1 243.1	1 358.6

表 9.3.5　三峡库区水体和淤积物中邻苯二甲酸酯的浓度（2016 年）

采样断面	数值	水体/（ng/L）		淤积物/（ng/g）	
		6 月	12 月	6 月	12 月
干支流 （M1～M14、 T1～T4）	最小值	122.4	635.1	436.9	192.9
	最大值	1 577.0	2 884.7	3 127.7	3 473.4
	均值	740.7	955.6	1 800.4	706.3
	中值	709.8	807.0	2 022.1	477.7
	标准偏差	345.5	492.7	822.7	716.6
干流（M1～M14）	最小值	122.4	635.1	436.9	192.9
	最大值	1 246.9	2 884.7	2 959.8	3 473.4
	均值	710.3	987.9	1 918.4	742.7
	中值	709.8	807.0	2 061.6	461.3
	标准偏差	294.5	552.1	707.3	801.2

续表

采样断面	数值	水体/（ng/L）		淤积物/（ng/g）	
		6月	12月	6月	12月
	最小值	359.6	753.6	641.6	310.3
	最大值	1 577.0	983.8	3 127.7	859.7
支流（T1~T4）	均值	846.9	842.8	1 298.8	579.0
	中值	725.4	816.9	713.0	573.0
	标准偏差	468.1	95.3	1 056.8	208.5

　　由表 9.3.4 可知，基于 2015 年数据，三峡库区水中邻苯二甲酸酯的浓度为 4.0～
1 169.7 ng/L（平均为 341.9 ng/L），低于长江武汉段的 34～91 220 ng/L（平均为
23 613 ng/L）（Wang et al.，2008），也低于 2010 年长江口的 61～28 550 ng/L（平均为
4 536 ng/L）（Zhang et al.，2012）。总体来说，邻苯二甲酸酯的平均浓度在干流中（421.8～
456.0 ng/L）高于支流（182.1～450.5 ng/L）。相比于高水位期（12 月），邻苯二甲酸酯
浓度在水位消落期（6 月）采集的样品中波动更加明显。然而，邻苯二甲酸酯在干流与
支流的平均浓度在 12 月（450.5～456.0 ng/L）均高于 6 月（182.1～421.8 ng/L），这主
要是因为 6 月的更高流速造成了比 12 月更强的邻苯二甲酸酯自净程度。在淤积物中，邻
苯二甲酸酯的浓度为 177.3～4 744.4 ng/g。干流中邻苯二甲酸酯在 6 月和 12 月的浓度分
别为 671.6～4 744.4 ng/g、1 373.6～3 950.3 ng/g。长江武汉段干流中邻苯二甲酸酯的浓
度在涨水期和枯水期分别为 151 700～450 000 ng/g、76 300～275 900 ng/g（Wang et al.，
2008），三峡库区中邻苯二甲酸酯的浓度低于武汉段，远低于中国广州城市河流淤积物中
的浓度（Zeng et al.，2008）。12 月邻苯二甲酸酯在淤积物中的平均浓度高于 6 月，这与
多环芳烃的变化趋势相似。12 月淤积物更高的邻苯二甲酸酯浓度可能在于沉积作用的影
响。支流的淤积物样品在邻苯二甲酸酯浓度上显示出比干流更强的波动。

　　表 9.3.5 显示了 2016 年三峡库区水体和淤积物中邻苯二甲酸酯浓度的最小值、最大
值、均值、中值和标准偏差。18 个采样点中均检测到邻苯二甲酸酯，说明邻苯二甲酸酯
在环境中广泛存在。水体中邻苯二甲酸酯的浓度为 122.4～2 884.7 ng/L（均值为
848.1 ng/L），低于长江武汉段的浓度 34～91 220 ng/L（均值为 23 613 ng/L）（Wang et al.，
2008），以及长江口的浓度 61～28 550 ng/L（均值为 4 536 ng/L）（Zhang et al.，2012）。
干流水体中邻苯二甲酸酯的平均浓度高水位期（12 月）显著高于低水位期（6 月），可能
是由高水位期干流水体流速慢，自净能力弱造成的。支流水体中邻苯二甲酸酯的浓度高
水位期和低水位期无显著差异，但低水位期（6 月）水体邻苯二甲酸酯浓度的变化幅度
大于高水位期（12 月），可能与外源污染物的汇入有关。淤积物中邻苯二甲酸酯的浓度
在 6 月和 12 月分别为 436.9～3 127.7 ng/g（均值为 1 800.4 ng/g）、192.9～3 473.4 ng/g（均
值为 706.3 ng/g），显著低于长江武汉段淤积物中邻苯二甲酸酯的浓度（76 300～
450 000 ng/g）（Wang et al.，2008）。同时，各邻苯二甲酸酯单体的浓度也显著低于广
州某湖泊淤积物中各邻苯二甲酸酯单体的浓度。淤积物中邻苯二甲酸酯的平均浓度低水

位期（6 月）显著高于高水位期（12 月）（Zeng et al.，2008）。

图 9.3.4 显示了三峡库区 2015 年、2016 年水体和淤积物中 6 种邻苯二甲酸酯单体的浓度。水体中 DEHP 和 DBP 是主要污染物，浓度分别为 41.0～2 425.6 ng/L 和 75.6～722.5 ng/L。所有采样点水体中 DEHP 和 DBP 的浓度均低于《地表水环境质量标准》（GB 3838—2002）的限值（8 000 ng/L 和 3 000 ng/L）。淤积物中主要污染物仍然为 DEHP 和 DBP，浓度分别为 201.8～3 278.46 ng/g 和 35.6～1 796.3 ng/g。无论是水体中还是淤积物中，DEHP 均为浓度最高的邻苯二甲酸酯类污染物。

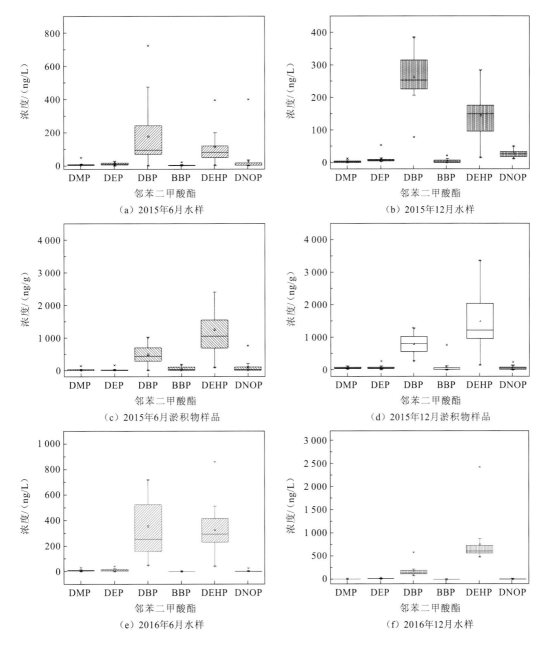

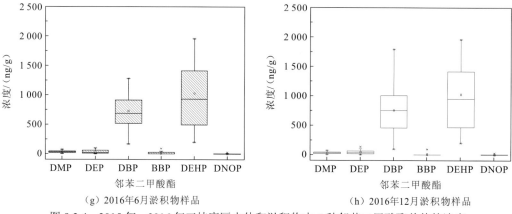

（g）2016年6月淤积物样品　　　　　　　　（h）2016年12月淤积物样品

图 9.3.4　2015 年、2016 年三峡库区水体和淤积物中 6 种邻苯二甲酸酯单体的浓度

9.4　三峡水库水体和淤积物中有机污染物的来源分析

9.4.1　多环芳烃来源分析

1. 2015 年调查结果分析

水和淤积物中多环芳烃的来源对水环境保护及水资源管理具有重要意义。不同来源的多环芳烃有特定的组成特征，其同分异构体比值常用于指示多环芳烃在环境介质中的来源（Floehr et al.，2015；Zhu et al.，2015；Li et al.，2006）。由于 Ant、Phe、Fla、Pyr、BaA、Chr 等相对稳定的特性，Ant/(Phe+Ant)、Fla/(Fla+Pyr)、BaA/(BaA+Chr)通常用于确定多环芳烃的来源。Ant/(Phe+Ant)<0.1 表明多环芳烃主要来自开采、运输和生产过程中的石油泄漏与排放，或者来自工业废水、城市排放和其他来源；而 Ant/(Phe+Ant)>0.1 表示主要来自生物质、煤和石油的燃烧。Fla/(Fla+Pyr)<0.4 表示其主要来源为石油源；介于 0.4 和 0.5 之间时，来源为液态石油类产品（汽油、煤油、原油等）的燃烧；>0.5 时，来源为煤和草、木柴等生物燃料的燃烧。当 BaA/(BaA+Chr)<0.2 时，其主要来源为石油源；>0.35 时，来源为燃烧源；介于 0.2 和 0.35 之间时，来源为混合源。分析表明，2015 年 6 月和 12 月大部分水样中的多环芳烃来自燃烧（包括石油、生物质和煤的燃烧等）。2015 年 6 月和 12 月淤积物样品中的多环芳烃也主要来自燃烧（包括石油、生物质和煤的燃烧等）。

2015 年 6 月和 12 月三峡库区水与淤积物中 16 种多环芳烃的主成分分析如图 9.4.1 所示。从水样中提取了三个主成分，累积方差分别占 6 月和 12 月总方差的 89.65%、99.19%。因为 PC3 相关性较弱（分别占总方差的 9.32%和 6.01%），所以 PC3 没有出现在图 9.4.1（a）和（b）中。对于淤积物样品，提取了两个样本，累积方差分别占 6 月和 12 月总方差的 94.61%与 87.95%，如图 9.4.1（c）和（d）所示。

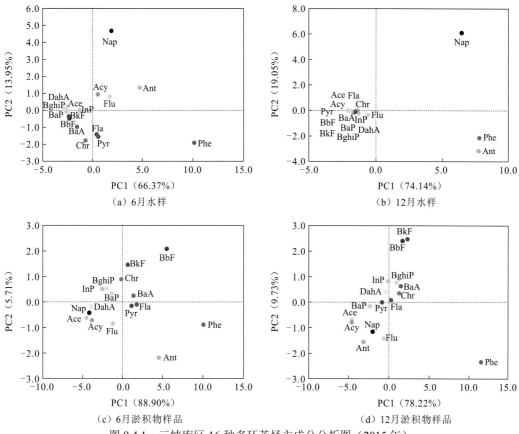

图 9.4.1　三峡库区 16 种多环芳烃主成分分析图（2015 年）

在水中，Phe 和 Ant 是 PC1 的主要成分，而 Nap 在 PC2 中载荷最高。Phe、Ant、Nap 是具有 2～3 个环的低分子量多环芳烃，据报道它们与煤的燃烧和生物质燃烧有关，也是石油的主要成分。Nap 是木馏油或煤焦油挥发特性的标记。因此，三峡水库水中多环芳烃的主要来源是石油及煤与生物质的燃烧排放。

在淤积物样品中，低分子量的 Phe 在 PC1 中载荷最高。Phe 与煤和生物质燃烧的排放，以及原油和石油的泄漏有关。因此，影响 PC1 的主要因素是煤和生物质的燃烧及石油。高分子量的多环芳烃，如 BbF、BkF，在 PC2 中载荷高，高分子量多环芳烃主要热解衍生物。此外，BkF 相对于其他多环芳烃水平升高，表明柴油也是一种来源。因此，PC2 的主要影响因素是热解（化石燃料）和柴油。因此，三峡水库淤积物中多环芳烃的主要来源包括燃煤、生物质燃烧、石油和石油燃烧。这一结果与比率点图的结果是一致的。

2. 2016 年调查结果分析

2016 年三峡库区水体中 16 种多环芳烃的主成分分析见图 9.4.2。水样中的多环芳烃共提取了 3 种主成分，主成分的提取以特征根大于 1 为标准。6 月和 12 月水样中 PC3 的方差贡献率分别仅为 6.10%和 9.52%，贡献率较低，而 PC1 和 PC2 的累积方差分别达到了 87.41%、2.89%，可以代表水体和淤积物中多环芳烃的大多数信息。因此，图 9.4.2

中未展示 PC3 的结果，仅显示 PC1 和 PC2 的结果。淤积物样品在 6 月和 12 月均只提取出 1 个主成分，成分的方差贡献率分别达到 88.90%和 86.28%。

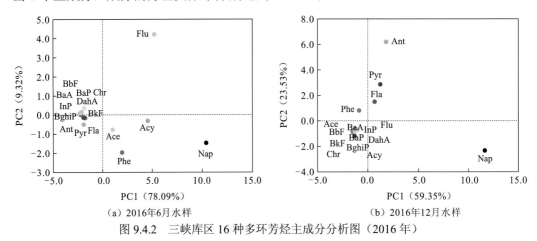

（a）2016年6月水样 （b）2016年12月水样

图 9.4.2　三峡库区 16 种多环芳烃主成分分析图（2016 年）

可见，水样中的 Nap 在两个水期均为 PC1 的主要贡献者。Flu、Ant 分别是低水位期（6 月）和高水位期（12 月）样品中 PC2 的主要贡献者。由于 Nap 是焦化或煤焦油挥发的特征标志物，通常代表大气传输。Nap、Flu 和 Ant 均为 2～3 环的多环芳烃，通常来自石油源及燃料的中低温燃烧。因此，水体中多环芳烃的主要来源是焦化或煤焦油挥发、石油源及燃料的中低温燃烧。淤积物中，6 月 PC1 中 Phe 的贡献率最高，12 月以 Fla 的贡献率最高。Phe 与煤和生物质的燃烧排放有关，同时与原油和石油的泄漏有关，这表明 6 月淤积物中 PC1 的主要贡献为煤和生物质的燃烧，以及石油源。Fla 主要来源于工业燃煤和民用燃煤。因此，三峡库区淤积物中多环芳烃的主要来源为煤和生物质燃烧，以及石油源。

综上，结合 2015 年、2016 年现场调查和分析，三峡库区水体中多环芳烃的主要来源是焦化或煤焦油挥发、石油源及燃料的中低温燃烧；淤积物中多环芳烃的主要来源为煤和生物质的燃烧，以及石油源。

9.4.2　邻苯二甲酸酯来源分析

1. 2015 年调查结果分析

本小节采用主成分分析来评估 2015 年三峡水库地表水和淤积物中邻苯二甲酸酯的来源，结果见图 9.4.3。基于 2015 年数据，在水样中，DBP 和 DEHP 在 PC1 中载荷高，而 DEHP 在 PC2 中载荷高；在淤积物样品中，DBP 和 DEHP 是 PC1 的主要影响因素。

DEHP 主要由塑料和重化工工业制造产生。DBP 广泛用于化妆品和个人护理产品中，也常见于生活垃圾中。因此，三峡库区水体和淤积物中邻苯二甲酸酯的主要来源是生活垃圾、塑料和重化工工业等。

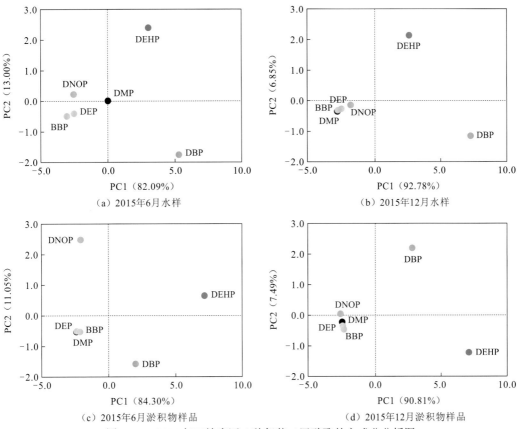

（a）2015年6月水样

（b）2015年12月水样

（c）2015年6月淤积物样品

（d）2015年12月淤积物样品

图 9.4.3　2015 年三峡库区 6 种邻苯二甲酸酯的主成分分析图

2. 2016 年调查结果分析

同样，采用主成分分析来评估 2016 年三峡库区水体和淤积物中邻苯二甲酸酯的来源，结果如图 9.4.4 所示。对于 6 月水体和淤积物样品，均提取出 2 个主成分，每个主成分的特征根均大于 1。6 月水体样品前两个主成分的方差贡献率分别为 92.60%和 7.28%，

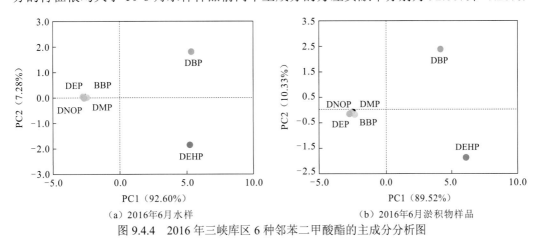

（a）2016年6月水样

（b）2016年6月淤积物样品

图 9.4.4　2016 年三峡库区 6 种邻苯二甲酸酯的主成分分析图

淤积物样品分别为 89.52% 和 10.33%。对于 12 月水体和淤积物样品，均提取出 1 个主成分，成分的方差贡献率分别达到 97.63% 和 96.94%。

对于水体样品，6 月样品 PC1 中 DBP 和 DEHP 的载荷最高，PC2 中 DBP 的载荷最高；12 月样品 PC1 中 DEHP 的载荷最高。对于淤积物样品，6 月 PC1 中 DEHP 和 DBP 的载荷最高，PC2 中 DBP 的载荷最高；12 月样品 PC1 中 DEHP 的载荷最高。总体而言，水体和淤积物样品中，载荷最高的均为 DEHP，其次为 DBP。DEHP 主要来源于塑料和重化工产业，同时也是家庭垃圾滤出液中主要的邻苯二甲酸酯类污染物（Zhang et al.，2015）。DBP 被广泛应用于化妆品和个人护理品中（Zeng et al.，2008），是生活垃圾中的主要邻苯二甲酸酯类污染物（Koniecki et al.，2011）。可见，与 2015 年结论一致，2016 年三峡库区水体和淤积物中的邻苯二甲酸酯也主要来源于塑料和重化工工业，以及生活垃圾等。

9.5 三峡水库水体和淤积物中有机污染物的风险评估

9.5.1 多环芳烃风险评估

一些国家和国际组织通过大量毒理学数据与一系列推论方法，为暴露于多环芳烃污染水域的水生生物制定了安全标准（表 9.5.1）。安全标准中的数据指示的是水生生物，尤其是牡蛎等滤食软体动物通过食物链能够对人类健康构成威胁的多环芳烃浓度。如表 9.5.1 所示，2015 年、2016 年对三峡库区干流水体中多环芳烃单体的综合分析表明，在某些采样点，Ant 浓度水平超过了丹麦的标准。而多环芳烃的总浓度超过 EPA 的标准。因此，由于部分多环芳烃单体（如 Ant）的生物累积，水体中的多环芳烃可能对人类健康构成潜在风险。

表 9.5.1 水生生物暴露多环芳烃水体的安全标准 （单位：µg/L）

多环芳烃	荷兰最大允许浓度	加拿大治理标准草案	丹麦水质量评价标准	美国环境质量标准	欧盟最高允许浓度	本书	
						（2015 年 6 月/12 月）$/10^{-3}$	（2016 年 6 月/12 月）$/10^{-3}$
Nap	—	11.0	1.0	—	—	0.0~24.9/0.0~39.8	0.0~50.1/0.0~14.6
Phe	2.0	0.8	—	4.6	—	0.0~15.2 / 0.0~21.3	0.0~6.3/ 0.2~16.9
Ant	—	0.12	0.01	—	0.4	2.5~37.9 / 1.4~17.4	0.0~37.2/ 0.0~9.6
Fla	0.5	—	—	—	1	0.7~4.8 / 0.0~2.1	0.0~2.4 / 0.0~4.9
BaA	0.2	—	—	—	—	0.0~4.7 / 0.0~1.1	0.0/ 0.0~0.8
BkF	0.1	—	—	—	—	0.0~0.9 / 0.0~0.7	0.0~0.8 / 0.0~1.0
BaP	0.1	0.008	—	—	0.1	0.0~0.7/ 0.0~0.1	0.0/ 0.0~0.6
BghiP	0.02	—	—	—	—	0.0~0.2/ 0.0~0.7	0.0~0.6 / 0.0~0.9
总多环芳烃	—	—	—	0.03	—	8.7~101.7/ 3.9~72.6	5.2~139.3/ 3.9~52.1

注："—"表示无数据。

相关研究提出了最广泛使用的淤积物中多环芳烃的潜在生态风险评估方法（Long et al.，1995）。当环境中多环芳烃的浓度低于生物影响范围低值（ERL）时，对生物的毒性副作用不明显，若高于生物影响范围中值（ERM），对生物会产生毒性副作用，等于和高于 ERL 但低于 ERM 的浓度表示可能产生毒性副作用的浓度范围。根据 2015 年、2016 年的监测数据（表 9.5.2），三峡水库所有淤积物中的多环芳烃单体浓度均低于 ERM，而一些采样点多环芳烃单体（如 Flu、Phe、Ant、DahA 等）的浓度超过了 ERL。因此，三峡水库淤积物中的多环芳烃对周围生物具有潜在的毒性作用，特别是 Flu、Phe、Ant 和 DahA，必须对其进行密集监测。

表 9.5.2　三峡水库淤积物中多环芳烃的生态风险评估　　　　　（单位：ng/g）

多环芳烃	ERL	ERM	本书	
			2015 年 6 月/12 月	2016 年 6 月/12 月
Nap	160	2 100	0.0～38.3/7.4～72.7	8.9～33.9/0.0～74.9
Ace	16	500	0.0～5.68/0.9～10.4	1.0～3.5/0.0
Acy	44	640	0.0～34.3/0.0～21.8	6.3～31.2/0.0
Flu	19	540	0.0～81.9/15.3～116.1	19.4～112.5/0.0～10.1
Phe	240	1 500	50.9～254.9/4.3～223.2	3.6～383.4/4.6～13.8
Ant	85.3	1 100	23.9～195.27/66.3～376.1	68.1～372.7/24.6～64.9
Fla	600	5 100	25.6～96.4/16.5～133.6	10.0～68.5/34.8～125.6
Pyr	665	2 600	24.1～85.8/12.5～112.2	7.5～48.1/32.0～98.7
BaA	261	1 600	34.9～90.7/20.7～127.9	0.0～4.2/28.0～83.1
Chr	384	2 800	0.0～102.91/30.9～129.6	0.0～35.1/33.5～84.4
BbF	—	—	32.7～196.4/9.5～237.9	12.0～56.8/33.6～83.8
BkF	—	—	0.0～127.4/12.8～194.5	5.8～52.2/0.0～57.4
BaP	430	1 600	9.8～65.4/4.7～137.9	0.0～1.7/22.7～67.7
InP	—	—	0.0～63.5/7.0～143.1	3.7～32.5/0.0～55.6
DahA	63.4	260	0.0～22.27/6.8～131.9	0.0～9.6/0.0～21.8
BghiP	—	—	0.0～65.36/26.7～128.0	0.0～18.4/0.0～39.7

注："—"表示无数据。

9.5.2　邻苯二甲酸酯风险评估

环境水质基准是制定水体环境质量标准限值的基础，对于预测、评价、控制和治理进入水环境中的污染物质，维护良好生态环境具有重要意义。如表 9.5.3 所示，根据毒理学数据和数值计算,美国 EPA 制定了邻苯二甲酸酯的人体健康水质基准。人体健康水质基准代表的是通过饮水和食用水生生物或只通过食用水生生物而对人类不产生有害影响的污染物的最大可接受浓度。参考水质基准,三峡水库水体中 DMP、DEP、DBP、BBP 的浓度均未超过人体健康水质基准,但部分样点 DEHP 的浓度超过了人体健康水质基准(饮水+食用水生生物)。DEHP 通过食物链富集于鱼类、贝类等水生生物体内,进而通过饮水、皮肤接触、食用鱼类或贝类等途径进入人体内,对人类健康产生潜在有害影响。

表 9.5.3　美国 EPA 邻苯二甲酸酯人体健康水质基准　　　　　　　(单位:μg/L)

邻苯二甲酸酯	人体健康水质基准		本书浓度
	饮水+食用水生生物	食用水生生物	(2015 年、2016 年)/10^{-3}
DMP	2 000	2 000	0.0~47.5(均值为 8.4)
DEP	600	600	0.0~24.1(均值为 9.6)
DBP	20	30	0.0~724.1(均值为 180.4)
BBP	0.10	0.10	0.0~21.2(均值为 2.0)
DEHP	0.32	0.37	1.7~394.3(均值为 102.1)
DNOP	—	—	0.0~400.1(均值为 24.9)

注:"—"表示无数据。

目前有关沉积物中邻苯二甲酸酯环境风险评价的研究较少,尚未建立起统一的评价标准。通过大量的体内和体外毒理试验,研究人员建议 DBP 和 DEHP 的生物影响范围低值(ERL)分别为 700 ng/g 和 1 000 ng/g,当相对污染系数(RCF = 邻苯二甲酸酯 / ERL)小于 1 时,不存在邻苯二甲酸酯的内分泌干扰和生态毒性风险;当 RCF 大于 1 时,存在邻苯二甲酸酯的内分泌干扰和生态毒性风险(van Wezel et al.,2000)。结合 2015 年、2016 年现场调查数据,三峡水库淤积物普遍受到 DBP 和 DEHP 的污染,对人类健康会产生潜在有害影响。

9.6　本 章 小 结

本章系统查明了三峡水库水体、淤积物中典型持久性有机污染物多环芳烃类和邻苯二甲酸酯类的时空分布特征,探索了水库在不同调度方式下的污染机理,评价了其给城市安全供水和流域水生态系统健康带来的风险。

(1)2015 年三峡水库水体和淤积物中多环芳烃的浓度分别是 8.7~101.7 ng/L(均值为 36.4 ng/L)和 202.0~2 291.3 ng/g(均值为 990.3 ng/g);邻苯二甲酸酯的浓度分别是 4.0~1 169.7 ng/L(均值为 341.9 ng/L)和 177.3~4 744.4 ng/g(均值为 1 826.15 ng/g)。2016 年多环芳烃浓度分别为 3.9~107.6 ng/L(均值为 39.9 ng/L)和 267.9~1 018.1 ng/g

（均值为 490.9 ng/g），邻苯二甲酸酯浓度分别为 122.4～2 884.7 ng/L（均值为 848.1 ng/L）和 192.9～3 473.4 ng/g（均值为 1 253.35 ng/g）。三峡库区水体和淤积物中多环芳烃及邻苯二甲酸酯的浓度均低于《地表水环境质量标准》（GB 3838—2002）的限值。三峡库区干流低水位期水体中的多环芳烃浓度比高水位期显示出更大的波动性。

（2）三峡库区水体中的多环芳烃单体以 2～3 环为主，Ant、Nap 和 Phe 是库区水体含量较高的多环芳烃单体，淤积物中的多环芳烃以 3～5 环为主，Phe、BbF 和 BkF 是沉积物中含量较高的多环芳烃单体。库区水体和沉积物中的多环芳烃主要来源于生物质、煤、石油和其他燃料的燃烧。三峡库区水体和淤积物中的邻苯二甲酸酯以 DEHP 和 DBP 为主，主要来源于塑料和重化工工业，以及生活垃圾；与国内外其他河流相比，三峡库区水体中多环芳烃含量较低，沉积物中的多环芳烃含量处于中等水平。

（3）评价了多环芳烃和邻苯二甲酸酯给城市供水安全与流域水生态系统健康带来的风险，发现三峡库区水体中的部分多环芳烃单体由于在水生生物中的累积可能对人类健康构成潜在威胁，淤积物中的部分多环芳烃单体也对周围生物具有潜在毒性作用；三峡水库水体中的 DEHP，淤积物中的 DBP 和 DEHP 对人体健康可能产生潜在风险。目前，三峡水库多环芳烃和邻苯二甲酸酯的生态风险较小，建议加强对这两类有机污染物的监测，控制其来源。

第 10 章

三峡水库蓄水后库区
水生态系统的响应特征

10.1　研 究 背 景

10.1.1　研究意义

长江水生态系统具有重要的生态功能，系统内的物质循环和能量流动是生物地球化学循环的重要组成部分，在维持流域生态平衡、保障水资源和生态安全方面具有十分重要的作用。长江流域是我国重要的清洁能源战略基地、生物多样性典型代表区域、淡水渔业的摇篮和重要经济鱼类的种质资源库（万成炎和陈小娟，2018）。与此同时，也承载了区域经济社会发展的巨大负荷。流域开发与保护之间的不平衡问题凸显，局部区域表现出生物多样性受到威胁、水生态系统退化、生态功能与服务功能下降等现象。

三峡工程是治理开发和保护长江的关键工程,在保护长江生态环境中具有关键地位。随着三峡工程的全面竣工，三峡库区已进入正常蓄水运行阶段，三峡工程给三峡库区生态环境带来了广泛而深远的影响。三峡水库蓄水运行后，库区泥沙及水文情势发生显著改变，干流水体断面平均流速由原来的 2.00 m/s 下降到 0.17 m/s，水体滞留时间变幅为 20~100 d，垂向紊动相对强烈。支流库湾水体流速由蓄水前的 1.00~3.00 m/s 下降到 0.05 m/s，处于准静止状态，水体滞留时间长，属于典型的湖泊型水体（刘德富 等，2016；郑丙辉 等，2006；张远 等，2005），库区支流的局部水域也多次发生水华。三峡水库蓄水运行后，库区水位抬高，部分生物的栖息地环境显著改变；水生生物群落结构发生变化，生态过程和完整性受损；库区江段少数长江上游部分特有鱼类产卵和卵苗存活条件得不到满足，种群数量下降或在库区消失；鱼类组成结构发生改变，一些适应于静水条件的鱼类比例上升，水生生物群落结构稳定性与多样性下降（李迎喜和王孟，2011）。

党中央、国务院高度重视三峡工程建设对生态环境的影响，并要求研究降低工程对生态环境不利影响的对策措施。加强三峡水库水环境保护和水生态修复研究，是认真落实习近平总书记保护长江生态环境重要指示的具体举措，直接关系国家战略淡水资源库的水生态环境安全、三峡工程长期运行安全，也关系三峡库区、长江中下游干流及通江湖泊、长江口水生态安全和长江经济带的可持续发展（郑守仁，2018）。

10.1.2　研究现状

三峡工程蓄水后，库区及坝下游水文情势、水环境等均发生一定变化，库区水生态变化较明显，由以底栖附着生物为主的河流型异养体系向以浮游生物为主的湖沼型自养体系演化（Ward and Stanford，1979）。库区的生态环境问题一直成为公众和舆论关注的焦点，与此同时，围绕三峡库区蓄水引发的生态环境问题，不少学者进行了针对性的探讨和研究。目前，三峡库区生态环境效应研究工作得到大力开展，研究领域多、范围广，大到整个库区，小至库区支流小流域（程辉 等，2015）。

1. 底栖动物研究现状

大型底栖动物是水生态系统中的重要组成部分，在渔业饵料利用、水域环境指示、生态系统的物质循环和能量流动中都具有重要的功能。建坝后，水文、底质、悬浮物和水位波动的改变往往会使底栖动物发生次生演替，进而改变原有的群落结构。库区干流江段喜流水性底栖动物物种减少，支流回水区喜静水性底栖动物物种增多（邹家祥和翟红娟，2016）。水库蓄水后，摇蚊科和颤蚓科成为第一批定殖者，并以摇蚊科为主；随后，颤蚓科中的霍甫水丝蚓逐渐成为优势类群；2004 年 4 月仙女虫科的肥满仙女虫与霍甫水丝蚓共同主导群落（张敏 等，2017）。与建坝前相比，三峡水库底栖动物密度和生物量趋于减少，流速减缓、水深增加、水位波幅加大和沉积物中营养盐的升高可能是造成三峡水库底栖动物群落结构改变的主要因素（王宝强 等，2015）。此外，非回水区底栖动物生物量显著高于回水区，底栖动物多样性和丰富度极显著高于回水区（杨振冰 等，2018）。

三峡水库底栖动物的研究在支流和库区的部分江段开展较多，关于整个库区的系统研究仍较为缺乏，且研究内容多集中于群落结构现状和多样性格局的描述、不同水位时期底栖动物群落结构的研究、时空分布及其与环境因子的关系等方面。关于三峡水库蓄水前后底栖动物群落结构的变化及环境干扰（如水位波动）对底栖动物的影响研究尚需深入开展。邵美玲等（2006）从底栖动物的角度对香溪河库湾在三峡水库蓄水初期的群落结构和周年变化情况进行了调查。蒋万祥等（2009a，2009b，2008）对香溪河及其主要支流底栖动物群落结构的季节动态、空间分布及功能摄食群进行了报道。刘向伟等（2009）对长江上游及干流局部江段和三峡库区干流的底栖动物进行了较为系统的调查。宋明江等（2015）研究了不同水位时期大宁河底栖动物群落的结构特征及其差异。王宝强等（2015）对三峡水库库首、库中及库尾的底栖动物进行了调查，比较了不同区域底栖动物的群落结构、受干扰程度及历史变化，探讨了流速、水深、水位波动及环境污染对底栖动物群落结构的影响。张敏等（2017）以三峡水库香溪河库湾的底栖动物为研究对象，分析了 2003～2010 年 3 个不同蓄水阶段底栖动物群落的演变状况，并对库湾纵向分区格局的动态变化进行了探讨。杨振冰等（2018）分别对周期性受蓄水影响的支流的非回水区与回水区和长期受蓄水影响的支流的非回水区与回水区内的大型底栖动物的群落结构进行了比较研究。

2. 浮游植物研究现状

水库蓄水后，库区自然水文情势消失与水动力学条件的空间差异引起了水库浮游植物群落结构的变化。库区水流减缓、透明度增加、水温分层、水体营养升高等为浮游植物生长创造了有利条件，库区干流藻类平均密度显著增加，硅藻所占比例降低，绿藻比例升高，库首水体喜静水性藻类的检出频次增加（陈小娟，2014）。蓄水对支流浮游植物的影响比对干流大，即支流浮游植物密度升高的幅度更大（夏志强，2014）。支流局部水域在适宜光照和水温条件等交互作用下容易暴发水华，且藻类水华优势种已逐渐由蓄水初期的以硅藻、甲藻为主的河道型藻类向以蓝藻、绿藻为主的湖泊型藻类演替（刘德富 等，2016）。

自 135 m 蓄水以来，有关三峡水库浮游植物的研究较多，主要包括：对不同蓄水位蓄水过程（蓄水前、蓄水中、蓄水后）、蓄水完成后一段时间和不同时间尺度（包括周变化、月变化、不同季节、枯水期、平水期、丰水期、年际等），探讨干流和支流回水区浮游植物的变化与水平分布及其影响因素，以及支流回水区浮游植物多样性的比较和藻类水华机理、预警研究等（朱爱民 等，2013）。

黄钰玲（2007）以香溪河库湾为对象，研究了流速对叶绿素浓度及水华暴发的影响，认为蓄水后香溪河库湾水华频繁暴发的主要原因是在营养条件具备和环境条件适宜的情况下，库湾水动力条件的改变。曾辉（2006）研究了三峡水库浮游植物的季节变动情况及其与营养盐和水文条件之间的关系。叶麟（2006）研究了 135 m 蓄水位前后香溪河库湾春季水华暴发期间藻类密度变化及其种类的演替规律，并分析了影响藻类种群动态的主要环境因子。罗专溪等（2005）研究了三峡水库蓄水初期的水生态环境特征，认为水温及流速已成为三峡水库水生态环境特征的控制性因子。韩德举等（2005）研究了 135 m 水位蓄水期间坝前区域浮游生物群落结构对相关环境因子变化的响应机制，并对其发展趋势进行了预测。杨浩等（2012）分析了三峡库区长江干流重庆段因蓄水产生的三类不同水体（自然河流型、过渡型、类湖泊型）对浮游植物的影响。朱爱民等（2013）对长江干流和 26 条支流未淹没区与回水区的浮游植物进行了调查，发现三峡工程蓄水对回水区浮游植物的影响比长江干流更大。史邵华（2018）对三峡水库干流的浮游植物进行了大范围的调查和研究，发现浮游植物种类以硅藻、绿藻、蓝藻为主，甲藻、裸藻、隐藻较少。张静等（2019）基于 2004～2015 年三峡库区支流春季水华的监测数据，开展了三峡库区不同蓄水位下春季水华特征及趋势分析。王顺天等（2020）基于 2003～2017 年三峡水库浮游植物群落结构、优势种群的变化和 2017 年水库干支流水质数据，全面分析了浮游植物群落结构和演替特征，并运用综合营养状态指数法对水体富营养化程度进行了评价。

3. 鱼类研究现状

三峡大坝修建所导致的生境破碎化及水文情势的改变，一方面直接导致库区江段鱼类群落结构的变动（如部分喜流水性鱼类向上迁徙），改变了部分江段的食物网结构，许多鱼类在坝前区域消失，这些鱼类能够补充到长江中游江段的概率降低，其遗传交流的机会也会减少；另一方面，蓄水倒灌淹没了部分重要栖息地，压缩了部分鱼类的适宜生境空间，是库区江段鱼类群落结构变化的最重要因素（杨志 等，2012）。三峡蓄水后，渔业资源状况不容乐观，主要经济鱼类减少，渔获物小型化和低龄化现象严重（陈虹均，2017），从上游至坝前适应流水的鱼类比例逐渐减小，适应静水的鱼类比例逐渐增大。

三峡大坝截流之后，改变了原有的水域生境，为了评估三峡工程对长江渔业资源的影响，各研究机构和相关部门对长江渔业资源、群落结构及鱼类时空分布格局一直进行着动态监测。段辛斌等（2002）在 1997～2000 年，对三峡库区万州和巴南江段的鱼类资源进行了监测，共采集鱼类 30 种，库区渔获物组成与 20 世纪 70 年代相比已经发生了很大变化。段辛斌（2008）在 2000～2005 年，对长江上游鱼类资源进行了调查研究，在长江上游宜昌—宜宾段采集到鱼类 51 种，与三峡蓄水前相比，长江巴南、宜宾段主要渔获物没有明显的变化，而库区万州江段铜鱼、圆口铜鱼等的数量明显减少，鲢、鲤、南方鲇成为主要渔获对象。2005 年、2006 年，吴强（2007）为研究长江三峡库区蓄水后鱼类资源的现状，对库区长江干流及主要支流进行了调查。杨志等（2017）调查了三峡水库正常运行期（2011～2015 年）库区干流 5 个江段（秭归、巫山、云阳、涪陵、江津）的鱼类资源，对库区干流四大家鱼的时空分布特征进行了研究，并探讨了三峡库区四大家鱼受上游水电开发及库区其他因素影响的情况。

目前国内外对于三峡水库建成蓄水以来泥沙淤积所产生的生态效应的认识相对片面和模糊，亟须通过长期跟踪式原位观测及全方位立体式调查研究，系统、客观地揭示三峡水库蓄水运行前后库区干支流重点生物群落的演替过程及其驱动机制，形成对三峡水库泥沙淤积产生生态效应的科学认知。本章在三峡成库 10 年后对水生生物现状监测的基础上，对三峡水库蓄水前后生态系统演替过程及规律进行归纳和总结，以期为三峡水库生态系统管理和充分发挥三峡工程的综合效益提供参考。

10.2　三峡库区水生生物响应特征

10.2.1　底栖动物响应特征

根据三峡水库蓄水情况，于 2015 年 6 月、12 月及 2016 年 6 月、12 月共开展了 4 次现场调查。调查河段为坝前—朱沱段（图 8.2.1），按照调查样点位置的不同，将调查样点分为坝前河段（与坝址的距离<10 km）、支流入口、城市河段和自然河段（坝前河段、支流入口、城市河段以外的河段）。

1. 底栖动物种类组成

4 次调查共采集底栖动物 50 种，隶属于 19 科 40 属，其中水生昆虫 19 种（38.0%）、寡毛类 15 种（30.0%）、软体动物 11 种（22.0%），另外还发现端足类、等足类、蛭、涡虫等其他类群动物 5 种（10.0%）。其中，2015 年 6 月采集 35 种，12 月采集 27 种，2016年 6 月采集 31 种，12 月采集 39 种。

调查期间采集到的底栖动物种类名录见表 10.2.1，各类群所占比例及种类数变化见图 10.2.1。不同水位期条件下，均以水生昆虫中的摇蚊科为优势类群。整体上底栖动物以水生昆虫和寡毛类为主，高水位期时所占比例至少为 70%，低水位期也高达 62%。高水位期，寡毛类所占的比例较低水位期更大，达到 30%以上。

表 10.2.1　三峡库区底栖动物种类名录表

类群	纲/科	属种	拉丁学名
寡毛类	颤蚓科	管水蚓属	*Aulodrilus* sp.
		多毛管水蚓	*Aulodrilus pluriseta*
		苏氏尾鳃蚓	*Branchiura sowerbyi*
		霍甫水丝蚓	*Limnodrilus hoffmeisteri*

续表

类群	纲/科	属种	拉丁学名
寡毛类	颤蚓科	巨毛水丝蚓	*Limnodrilus grandisetosus*
		简单水丝蚓	*Limnodrilus simplex*
		水丝蚓属	*Limnodrilus* sp.
		厚唇嫩丝蚓	*Teneridrilus mastix*
		颤蚓属	*Tubifex* sp.
		单孔蚓属	*Monopylephorus* sp.
		尾鳃蚓属	*Branchiura* sp.
	带丝蚓科	带丝蚓属	*Lumbriculus* sp.
	仙女虫科	仙女虫属	*Nais* sp.
		肥满仙女虫	*Nais inflata*
		吻盲虫属	*Pristina* sp.
软体动物	狭口螺科	光滑狭口螺	*Stenothyra glabra*
	田螺科	环棱螺属	*Bellamya* sp.
	扁卷螺科	旋螺属	*Gyraulus* sp.
		圆扁螺属	*Hippeutis* sp.
	黑螺科	方格短沟蜷	*Semisulcospira cancellata*
		放逸短沟蜷	*Semisulcospira libertina*
	椎实螺科	狭萝卜螺	*Radix lagotis*
		椭圆萝卜螺	*Radix swinhoei*
		萝卜螺属	*Radix* sp.
	蚬科	河蚬	*Corbicula fluminea*
	贻贝科	湖沼股蛤	*Limnoperna lacustris*
水生昆虫	畸距石蛾科	畸距石蛾属	*Dipseudopsis* sp.
	剑石蛾科		Xiphocentronidae
	摇蚊科	新花托摇蚊属	*Neostempellina* sp.
		摇蚊属	*Chironomus* sp.
		隐摇蚊属	*Cryptochironomus* sp.
		哈摇蚊属	*Harnischia* sp.
		直突摇蚊属	*Orthocladius* sp.
		多足摇蚊属	*Polypedilum* sp.

续表

类群	纲/科	属种	拉丁学名
水生昆虫	摇蚊科	前突摇蚊属	*Procladius* sp.
		斑摇蚊属	*Stictochironomus* sp.
		菱跗摇蚊属	*Clinotanypus* sp.
		二叉摇蚊属	*Dicrotendipes* sp.
		小摇蚊属	*Microchironomus* sp.
		梯形多足摇蚊	*Polypedilum scalaenum*
		环足摇蚊属	*Cricotopus* sp.
		克鲁斯摇蚊属	*Kloosia* sp.
	蠓科	蠓蚊属	*Ceratopogonidae* sp.
	春蜓科	春蜓属	*Gomphus* sp.
		长腹春蜓属	*Gastrogomphus* sp.
其他动物	涡虫纲		Turbellaria
	等足类		Isopoda
	钩虾科		Gammaridae
	沙蛭科	巴蛭属	*Barbronia* sp.
	舌蛭科	舌蛭属	*Glossiphonia* sp.

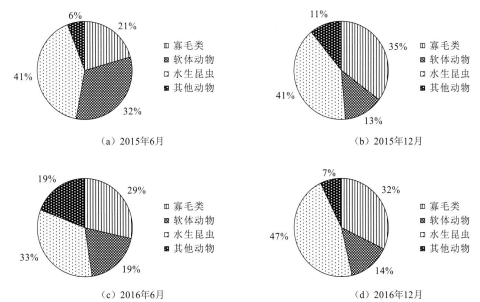

图 10.2.1　不同水位期三峡库区底栖动物各类群种类数百分比

2. 底栖动物现存量

不同水位期（按时间先后顺序）时三峡库区底栖动物的密度均值分别为 311.8 ind./m²、176.5 ind./m²、147.2 ind./m² 和 409.5 ind./m²。不同河段底栖动物的密度如图 10.2.2 所示，坝前河段底栖动物的密度始终较低。不同水位运行期时底栖动物密度均在城市河段达到最高，且支流入口和自然河段的底栖动物密度相差不明显。2016 年低水位期的三峡库区底栖动物密度要低于 2016 年高水位期，对于 2015 年而言，除支流入口外，其余河段低水位期底栖动物密度高于高水位期。

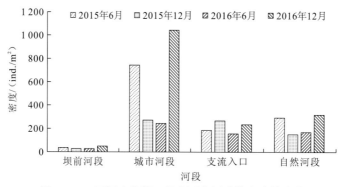

图 10.2.2　不同水位期三峡库区底栖动物密度的变化

不同水位期（按时间先后顺序）时三峡库区底栖动物的生物量均值分别为 3.61 g/m²、2.47 g/m²、4.52 g/m² 和 3.65 g/m²。不同河段底栖动物的生物量如图 10.2.3 所示，其中 2016 年低水位期时城市河段底栖动物的生物量最大，2015 年高水位期坝前河段底栖动物的生物量最小。总体上，坝前河段生物量最小，城市河段生物量最大，支流入口生物量略大于自然河段。不同水位条件下，坝前河段的底栖动物生物量无显著差异。对于城市河段而言，低水位期的生物量要高于高水位期，自然河段中恰好相反，即高水位期的生物量要高于低水位期。

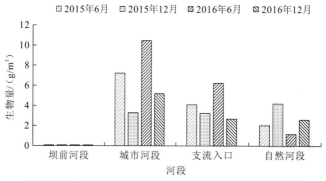

图 10.2.3　不同水位期三峡库区底栖动物生物量的变化

3. 底栖动物优势类群

将相对密度或相对生物量≥10%作为优势种标准。2015 年、2016 年三峡库区底栖动物优势种有 7 种（表 10.2.2）。其中，寡毛类 2 种，苏氏尾鳃蚓和仙女虫属；软体动物 2 种，河蚬和湖沼股蛤；水生昆虫 2 种，直突摇蚊属和多足摇蚊属；以及钩虾科。

表 10.2.2　三峡库区底栖动物优势类群种类名录表

类群		相对密度/%	相对生物量/%
寡毛类	苏氏尾鳃蚓	21.8	2.54
	仙女虫属	29.3	0.05
软体动物	河蚬	0.4	27.9
	湖沼股蛤	1.6	18.5
水生昆虫	直突摇蚊属	17.3	14.8
	多足摇蚊属	12.8	4.5
其他动物	钩虾科	30.2	24.5

10.2.2　浮游植物响应特征

根据三峡水库蓄水情况，于 2015 年 6 月和 12 月共开展了 2 次浮游植物现场调查。调查河段为从坝前到重庆干流江段，按照调查样点位置的不同，将调查样点分为坝前区（与坝址的距离<10 km）、常年回水区、变动回水区、城市河段和支流入口。

1. 浮游植物种类组成

2 次调查共采集到浮游植物 6 门 100 种，常见种类名录详见表 10.2.3。其中，2015 年 6 月（低水位期）共采集到浮游植物 6 门 82 种（图 10.2.4），其中绿藻门最多，共 37 种（占 45%），硅藻门次之，共 24 种（占 29%），蓝藻门共 12 种（占 15%），甲藻门、裸藻门和隐藻门分别为 5 种、3 种和 1 种（各占 6%、4% 和 1%）；12 月（高水位期）共采集到浮游植物 6 门 55 种（图 10.2.4），与 6 月调查结果相似，绿藻门最多，共 23 种（占 42%），硅藻门次之，共 21 种（占 38%），蓝藻门略低于硅藻门，共 8 种（占 14%），隐藻门、裸藻门和甲藻门各 1 种（占 2%）。

表 10.2.3　三峡库区浮游植物常见种类名录表

门类	属种	拉丁学名
蓝藻门	色球藻属	*Chroococcus* sp.
	鱼腥藻属	*Anabaena* sp.
	微囊藻属	*Microcystis* sp.
	伪鱼腥藻属	*Pseudanabaena* sp.
	泽丝藻属	*Limnothrix* sp.
	浮鞘丝藻	*Planktolyngbya*
	平裂藻属	*Merismopedia* sp.
	蓝纤维藻属	*Dactylococcopsis* sp.
	尖头藻属	*Raphidiopsis* sp.
绿藻门	镰形纤维藻	*Ankistrodesmus falcatus*
	卷曲纤维藻	*Ankistrodesmus convolutus*
	狭形纤维藻	*Ankistrodesmus angustus*
	针形纤维藻	*Ankistrodesmus acicularis*
	蹄形藻属	*Kirchneriella* sp.
	四集藻属	*Palmella* sp.
	集星藻属	*Actinastrum* sp.
	卵囊藻属	*Oocystis* sp.
	弓形藻属	*Schroederia* sp.
	空球藻属	*Eudorina* sp.
	月牙藻属	*Selenastrum* sp.
	四足十字藻	*Crucigenia tetrapedia*
	拟菱形弓形藻	*Schroederia nitzschioides*
	球囊藻属	*Sphaerocystis* sp.
	单生卵囊藻	*Oocystis solitaria*
	扁鼓藻	*Cosmarium depressum*
	胶网藻属	*Dictyosphaerium* sp.
	四尾栅藻	*Scenedesmus quadricauda*
	二尾栅藻	*Scenedesmus bicauda*
	双对栅藻	*Scenedesmus bijuga*
	尖细栅藻	*Scenedesmus acuminatus*
	丝藻属	*Ulothrix* sp.

续表

门类	属种	拉丁学名
绿藻门	转板藻属	*Mougeotia* sp.
	三角四角藻	*Tetraedron trigonum*
	小球藻属	*Chlorella* sp.
	微小四角藻	*Tetraëdron minimum*
	绿球藻属	*Chlorococcum* sp.
	四星藻属	*Tetrastrum* sp.
硅藻门	小环藻属	*Cyclotella* sp.
	针杆藻属	*Synedra* sp.
	异极藻属	*Gomphonema* sp.
	菱形藻属	*Nitzschia* sp.
	曲壳藻属	*Achnanthes* sp.
	桥弯藻属	*Cymbella* sp.
	卵形藻属	*Cocconeis* sp.
	舟形藻属	*Navicula* sp.
	脆杆藻属	*Fragilaria* sp.
	直链藻属	*Melosira* sp.
	变异直链藻	*Melosira varians*
	模糊直链藻	*Melosira ambigua*
	颗粒直链藻极狭变种	*Melosira granulate* var. *angustissima*
	布纹藻属	*Gyrosigma* sp.
隐藻门	隐藻属	*Cryptomonas* sp.
裸藻门	裸藻属	*Euglena* sp.
	绿色裸藻	*Euglena viridia Ehrenberg*
甲藻门	裸甲藻属	*Gymnodinium* sp.

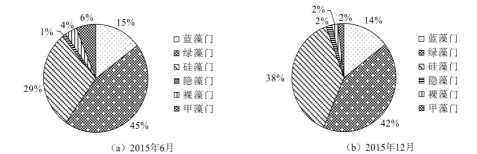

(a) 2015年6月　　　　　　　　　　　(b) 2015年12月

图 10.2.4　不同水位期三峡库区浮游植物种类组成

不同水位期时，浮游植物均以绿藻门、硅藻门和蓝藻门为主，6月（低水位期）优势种（>10%）为硅藻门的小环藻属、直链藻属，绿藻门的丝藻属和蓝藻门的微囊藻属；12月（高水位期）优势种为蓝藻门的微囊藻属、伪鱼腥藻属和硅藻门的小环藻属（表10.2.4）。

表 10.2.4 三峡库区浮游植物优势类群种类名录表

类群		相对密度/%	
		6月	12月
蓝藻门	微囊藻属	30.2	24.5
	伪鱼腥藻属		12.0
绿藻门	丝藻属	10.7	
硅藻门	小环藻属	23.4	22.2
	直链藻属	26.0	

不同河段的浮游植物种类数也存在明显差异（图10.2.5），整体上，低水位运行时，浮游植物种类数均大于高水位。由于变动回水区受水位波动影响较大，不利于浮游植物生长，故浮游植物种类数较少；坝前区流速基本为零，为静水河段，生境较为稳定，较易形成适宜的、特定的藻类群落，故浮游植物种类也较少。常年回水区、城市河段和支流入口水体富营养化较为严重，故浮游植物种类较多，均明显高于坝前区和变动回水区。

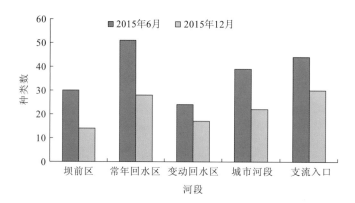

图 10.2.5 不同河段三峡库区浮游植物种类数

2. 浮游植物现存量

不同水位时期不同河段浮游植物的密度如图10.2.6所示，2015年6月（低水位期）浮游植物的平均密度为 4.143×10^6 ind./L，12月（高水位期）远低于6月，为 3.14×10^5 ind./L。不同河段浮游植物的平均密度也存在一定的差异，坝前区、常年回水区、变动回水区、城市河段和支流入口的平均密度分别为 2.11×10^5 ind./L、4.62×10^5 ind./L、3.16×10^5 ind./L、2.923×10^6 ind./L 和 7.228×10^6 ind./L。由图 10.2.6 可知，6月（低水位期）浮游植物的平均密度明显大于12月（高水位期），支流入口浮游植物的平均密度均明显大于其他河段,造成该现象的主要原因是 6 月水温升高,支流部分水域发生水华。

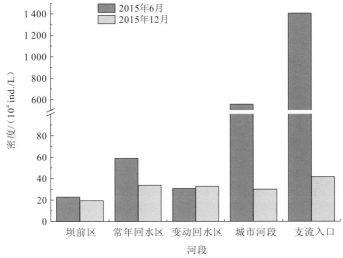

图 10.2.6 不同水位时期不同河段浮游植物的密度

3. 浮游植物多样性指数

不同水位时期不同河段浮游植物的多样性指数如图 10.2.7 所示。2015 年 6 月(低水位期)浮游植物的多样性指数为 1.701,高于 12 月(高水位期,多样性指数为 1.297);坝前区、常年回水区、变动回水区、城市河段和支流入口浮游植物的多样性指数分别为 1.952、1.425、1.337、1.306 和 1.475,坝前区略高于其余河段,其中城市河段最低。

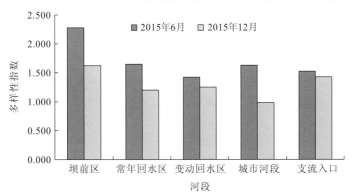

图 10.2.7 不同水位时期不同河段浮游植物的多样性指数

10.2.3 微生物响应特征

三峡库区淤积物中的微生物样品分别采集于 2015 年 6 月、2015 年 12 月、2016 年 12 月、2017 年 6 月。选取三峡库区的典型断面进行采样,包括坝前(3 个)、库区干流(4 个)、主要城市江段(4 个)及支流汇入口(3 个)等,详见表 10.2.5。

表 10.2.5　三峡库区淤积物中的微生物群落分析断面情况

分段	断面	备注
坝前	S30+1（中）	
	S32（左）	
	S36（左）	
库区干流	S169（右）	
	S182	
	S219（左）	
	S243（右）	
主要城市江段	S70（右）	巴东
	S95（左）	巫山
	S139（左）	云阳
	S169（左）	万州
支流汇入口	XX01（左）	香溪河
	DN01	大宁河
	MX01	梅溪河

1. 微生物群落结构

以 2015 年 6 月第一次现场采样结果为例，其微生物群落特征如下。

1）微生物群落结构组成——门级水平

如图 10.2.8 所示，三峡库区淤积物中含量较多的微生物种类有变形菌门（Proteobacteria）、酸杆菌门（Acidobacteria）、绿弯菌门（Chloroflexi）、拟杆菌门（Bacteroidetes）、厚壁菌门（Phylum Firmicutes）、硝化螺旋菌门（Nitrospirae）和放线菌门（Actinobacteria）。

如图 10.2.9 所示，不同类型断面的微生物群落组成不同，库区干流、支流汇入口断面的变形菌较多，坝前、库区干流、主要城市江段断面的酸杆菌、绿弯菌较多，坝前、支流汇入口断面的厚壁菌较多。

图 10.2.10 给出了门级水平的样品与物种的关系，变形菌、硝化螺旋菌在库区干流断面分布最多，酸杆菌多分布于坝前，绿弯菌、拟杆菌和放线菌均在主要城市江段断面分布最多，厚壁菌在支流汇入口断面分布最多。

2）样本比较分析

对距离矩阵进行层级聚类，分析结果如图 10.2.11 所示。各样品按照其不同的取样位置（即坝前、库区干流、主要城市江段和支流汇入口），呈现出一定程度的聚类；整体上，相同类型取样点的样品间距离更近，微生物群落特征更为相似。但也有一些例外，如大宁河汇入长江的断面 DN01，因其距离城市较近，受城市的影响更为明显，故其微生物群落特征与城市断面，如巴东（S70）、万州（S169）等，更为接近。

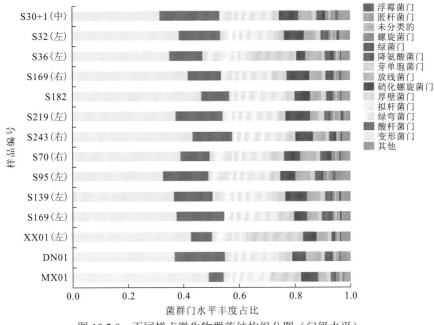

图 10.2.8　不同样点微生物群落结构组分图（门级水平）

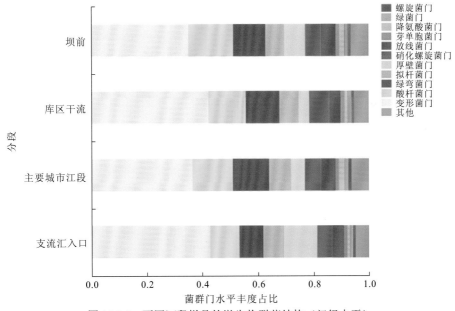

图 10.2.9　不同河段样品的微生物群落结构（门级水平）

3）物种差异分析

图 10.2.12 为各组样品间微生物群落门类水平的差异显著性分析。各组样品中的变形菌门、酸杆菌门和厚壁菌门等的丰度呈现一定程度的差异，但其 p 值均大于 0.05，即尚无显著性差异。

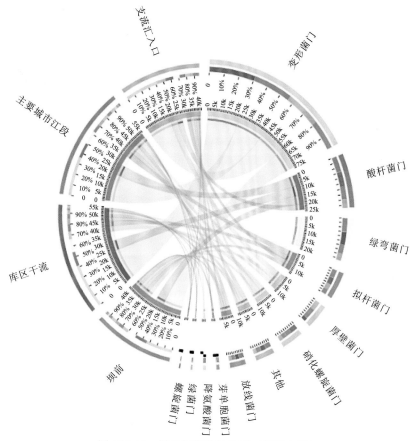

图 10.2.10　样品与物种的关系（门级水平）

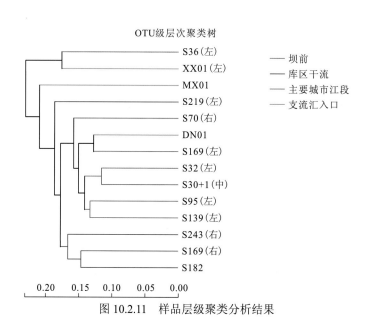

图 10.2.11　样品层级聚类分析结果

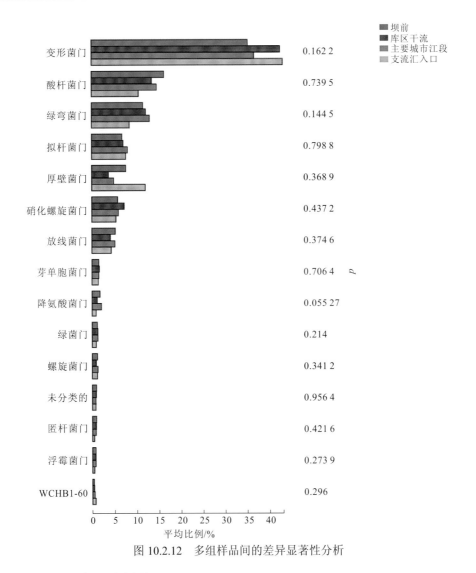

图 10.2.12　多组样品间的差异显著性分析

2. 微生物功能多样性

1）淤积物中微生物的总活性

图 10.2.13（a）～（d）分别为 2015 年 6 月、2015 年 12 月、2016 年 12 月、2017 年 6 月调查的三峡库区淤积物中微生物的总活性。整体上，坝前微生物活性较低，其他研究区微生物活性受环境变量的影响，表现出较大的组内差异。

2015 年 6 月，研究区淤积物中微生物的总活性为 0.08～0.74，其中，支流汇入口 DN01 和主要城市江段 S169（右）最高，主要城市江段 S70（左）和 S95（左）次之，三峡水库坝前 S30+1（中）和 S32（左）最低。2015 年 12 月，微生物总活性在 0.05 和 0.78 之间，其中，变动回水区 S323（左）最高，三峡水库坝前 S30+1（中）和主要城市江段 S114（左）最低。另外，主要城市江段的几个断面微生物的总活性表现出较大差异。

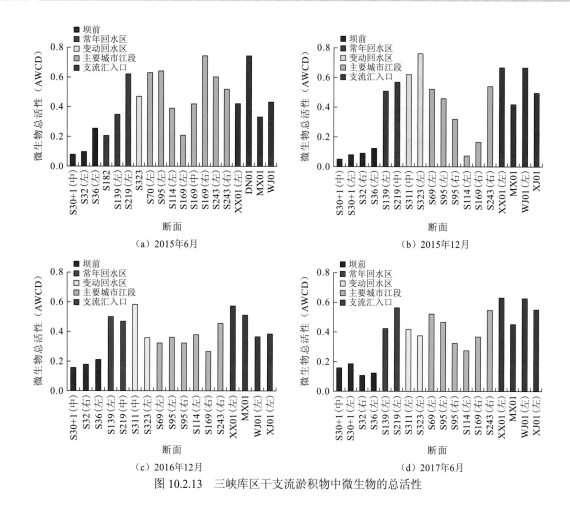

图 10.2.13　三峡库区干支流淤积物中微生物的总活性

2016 年 12 月，微生物总活性在 0.17 和 0.59 之间，其中，变动回水区 S311（中）和支流汇入口 XX01（左）最高，三峡水库坝前 S30+1（中）最低。2017 年 6 月，微生物总活性在 0.1 和 0.6 之间，其中，支流汇入口较高，XX01（左）和 WJ01（左）最高，三峡水库坝前 S32（右）最低。另外，主要城市江段的几个断面的微生物总活性表现出较大差异，S69（左）和 S243（右）最高，S114（左）最低。

2）微生物碳源利用多样性指数

由图 10.2.14 可以看出，2015 年 6 月，变动回水区微生物丰富度指数最高，其次为主要城市江段，坝前微生物丰富度指数最低；Shannon-Wiener 指数与丰富度指数一致，即变动回水区最高，坝前最低；微生物 Simpson 指数差异不大。2015 年 12 月，变动回水区微生物丰富度指数最高，其次为常年回水区，坝前微生物丰富度指数最低；Shannon-Wiener 指数与丰富度指数一致，即变动回水区最高，坝前最低；微生物 Simpson 指数差异不大。2016 年 12 月和 2017 年 6 月，支流汇入口微生物丰富度指数最高，其次为常年回水区，坝前微生物丰富度指数最低；Shannon-Wiener 指数与丰富度指数基本一致；微生物 Simpson 指数差异不大。

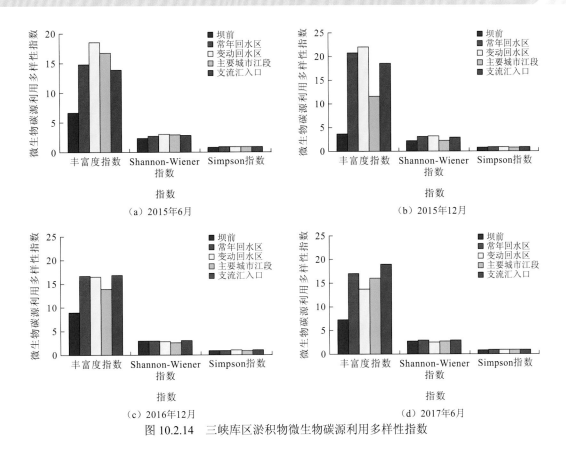

图 10.2.14　三峡库区淤积物微生物碳源利用多样性指数

3）微生物对不同种类的碳源的利用

由图 10.2.15 可知，坝前微生物对六大类碳源的利用率均最低。主要城市江段淤积物中的微生物对氨基酸类、酸类、醇类、胺类和酯类碳源的利用率较高。主要城市江段淤积物中的优势微生物以氨基酸类、酸类、醇类、胺类和酯类为主要碳源，其碳源代谢功能多样性较丰富。

2015 年 6 月，坝前淤积物中的优势微生物是一些以醇类（25.81%）、酯类（24.67%）和胺类（22.84%）为主要碳源的微生物。常年回水区微生物对酯类碳源的利用率最高（30.42%），其次是氨基酸类（20.32%）。变动回水区微生物对氨基酸类、胺类和酯类碳源的利用率相近，均在 20%左右。主要城市江段微生物对氨基酸类碳源的利用率最高（26.16%），其次是酯类（23.82%）。支流汇入口微生物对酯类碳源的利用率最高（25.06%），其次是氨基酸类（22.75%）。2015 年 12 月，坝前微生物对醇类碳源的利用率最高，常年回水区和支流汇入口微生物对氨基酸类、胺类、酯类碳源的利用率较高，变动回水区微生物对醇类碳源的利用率最高，主要城市江段微生物对氨基酸类和胺类碳源的利用率较高。

2016 年 12 月，坝前微生物对酯类碳源的利用率最高，常年回水区和支流汇入口微生物对醇类、胺类、酯类碳源的利用率较高，变动回水区和主要城市江段微生物分别对

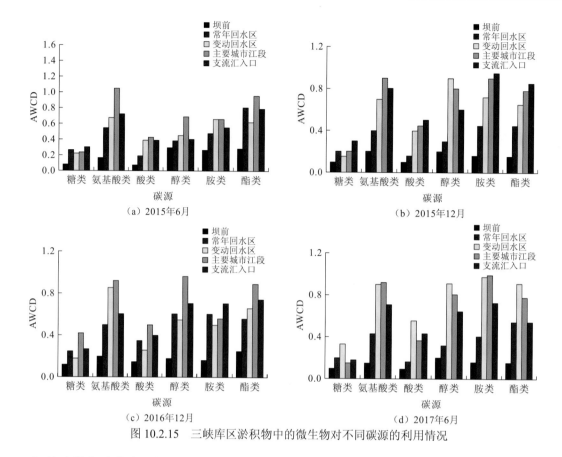

图 10.2.15　三峡库区淤积物中的微生物对不同碳源的利用情况

氨基酸类和醇类碳源的利用率最高。2017 年 6 月，坝前微生物对醇类碳源的利用率最高，常年回水区、变动回水区、支流汇入口微生物分别对酯类、胺类和胺类碳源的利用率最高，主要城市江段微生物对胺类碳源的利用率最高。

10.2.4　鱼类响应特征

　　针对三峡区域渔业资源的研究始于 20 世纪 50 年代末，根据丁瑞华（1987）建坝前的调查可知，三峡库区有鱼类 127 种，其中圆口铜鱼、南方鲶、鲤、长吻鮠、铜鱼、草鱼、黄颡鱼、中华倒刺鲃、白甲鱼、翘嘴鲌、鲫、鳙、吻鮈、岩原鲤、大鳍鳠、蒙古鲌、鳊、赤眼鳟、鳜等为三峡库区各江段的常见鱼类。相对于 20 世纪 70 年代，80 年代库区渔获物发生较大变化，中华鲟、白鲟已失去渔业效益，胭脂鱼在库区产量大大减少，黄颡鱼、岩原鲤和铜鱼的资源逐渐减少，南方鲶、圆口铜鱼、鲤、长吻鮠等种类逐渐成为库区的主要经济鱼类。根据段辛斌等（2002）的监测结果，三峡水域的渔获物种类和结构较 20 世纪 70 年代发生了更明显的变化，白鲟、中华鲟已近绝迹，胭脂鱼、白甲鱼和岩原鲤等鱼类资源量进一步下降，鲤、南方鲶、长吻鮠、铜鱼、圆口铜鱼及黄颡鱼为主要经济鱼类。

　　三峡库区 2003 年蓄水后，吴强（2007）于 2005 年、2006 年对三峡库区长江干流及主要支流的鱼类资源进行了调查，监测到鱼类 108 种，鲢、南方鲇、鲤、黄颡鱼、铜鱼、圆口铜鱼、长鳍吻鮈、圆筒吻鮈、长吻鮠、草鱼成为三峡库区主要经济鱼类。部分喜急流性的鱼类如圆口铜鱼、圆筒吻鮈、长鳍吻鮈等逐渐从库区静水江段向上游流水江段迁徙。这些鱼类的适应生境空间减少，间接导致其种群数量减少，与建坝前相比，长江三峡库区渔获物中鱼的种类下降了 19 种。

2006 年 10 月库区水位达 156 m，陶江平等（2008）于 2007 年 4 月、5 月对库区的鱼类空间分布特征进行了研究，发现从三峡水库的库首到库尾鱼类密度总体上呈现不断上升的趋势，且库区鱼类个体大小呈现偏态分布，小型鱼体占绝大多数，中大型鱼体很少，特大型鱼体极少。

2008 年 10 月三峡水库蓄水至 172 m，2010 年 10 月 26 日，成功蓄水至 175 m，杨志等（2015）于 2010～2012 年在三峡水库及其上游江段对渔获物进行了调查，共收集到鱼类 87 种，喜流水、静缓流类群分别占 49.43%和 50.57%，喜流水类群在秭归、巫山、云阳和江津江段渔获物中的种类数上升，而在涪陵江段渔获物中的种类数明显减少。175 m 试验性蓄水对库中和库尾江段的鱼类群落结构的影响较大，但对库首及库尾以上流水江段的影响均较小。

10.3　三峡库区水生态要素的演替过程

10.3.1　底栖动物演替过程

结合三峡水库 20 世纪 80 年代库区河段底栖动物的调查资料，以及邵美玲（2008）、王宝强等（2015）、Li 等（2015）和本章的调查结果（图 10.3.1），可以看出：相较于蓄水前，三峡水库蓄水后底栖动物密度锐减，可能受水利工程建设影响，水体在垂直方向上的交换也较为频繁，底栖生境遭受一定的破坏；经历不同蓄水阶段时，底栖动物种类数先上升后下降，这可能与受干扰影响的时长有关。最初蓄水阶段，由于水位波动的加剧和群落内部的演替过程，底栖动物种类数呈略有增加的趋势。当水位波动连续增大时，底栖动物的适应性变弱，故种类数开始减少。

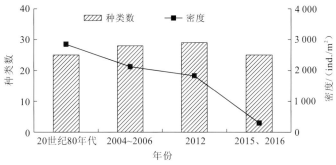

图 10.3.1　三峡库区底栖动物种类数和密度的演变特征

根据三峡水库的地理特征，将调查区域划分为秭归—巫山（库首）段和云阳—木洞（库中）段，比较了不同江段底栖动物的群落演替特征：①在种类上，三峡库区秭归—巫山段的种类数呈现减少的趋势，而云阳—木洞段的种类数总体上较为稳定，变化趋势不明显，这是因为库首断面受外界干扰的程度较大；②在密度上，秭归—巫山段从 20 世纪 80 年代至今变化不显著，而云阳—木洞段却呈现明显的递减趋势，而且减少程度较大，主要是因为蓄水前木洞断面（库尾）多为浅滩生境，且入库水流带来的有机碎屑多，为底栖动物提供了充分的发展空间，而蓄水后，木洞断面位于激流和缓流交汇处，底栖生境不稳定；③在生物量上，库区蓄水 10 年后秭归—巫山段底栖动物生物量增加 1 倍多，而云阳—木洞段生物量也有增长的趋势，这与优势种具有较大的生物量有关；④在优势种上，三峡库区底栖动物的优势类群已经发生了显著变化，由蓄水前的颤蚓科、仙女虫科（20 世纪 80 年代）变为仙女虫科（2012 年），再发展为河蚬、苏氏尾鳃蚓和钩虾科（2015年、2016 年）。此外，李斌（2016）在蓄水 10 年期间（2003～2013 年）对底栖动物进行了调查，发现三峡水库的先锋物种是梯形多足摇蚊，而在第二个蓄水年开始的非汛期，肥满仙女虫为优势种，相对丰度极高（高达 97%），第三个蓄水阶段水位波动范围的增加并没有显著改变第二个蓄水年后形成的底栖动物群落的稳定季节格局，即从 2005 年开始，在春季，底栖动物群落中，肥满仙女虫一直是优势种，2005～2007 年冬季以梯形多足摇蚊为主，之后被肥满仙女虫或斑摇蚊属所取代，夏季和秋季群落的演化呈现出随机的动态变化。

10.3.2　浮游植物演替过程

1. 干流浮游植物演变过程

根据三峡水库 20 世纪 80 年代库区河段浮游植物的调查资料，以及韩德举等（2005）、曾辉（2006）、王英才等（2012）、王静雅等（2015）和本章的调查数据，对蓄水前后干流浮游植物的演变过程进行归纳，见图 10.3.2。

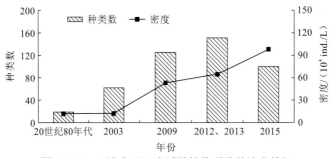

图 10.3.2　三峡库区干流浮游植物群落的演变特征

20 世纪 80 年代，对坝前江段进行调查，采集到的浮游藻类有 4 门 19 种。坝前江段的主要类群是硅藻，优势种有异极藻属、舟形藻属、桥弯藻属、直链藻属、小环藻属等，出现率几乎达到 100%，浮游植物的平均密度为 1.208×10^5 ind./L。

2003 年 5 月、6 月，共采集到坝前水域浮游植物 5 门 62 种。其中，硅藻门 35 种，绿藻门 16 种，蓝藻门 9 种，甲藻门和裸藻门各 1 种。优势种有曲壳藻属、脆杆藻属、直链藻属和小环藻属等，浮游植物平均密度达 1.231×10^5 ind./L。

2009 年三峡水库共发现浮游植物 6 门 48 属 125 种，其中绿藻门 48 种，硅藻门次之，为 45 种，蓝藻门 19 种，裸藻门 8 种，甲藻门和隐藻门分别为 3 种和 2 种。可见，绿藻门和硅藻门种类较多，其次为蓝藻门，其他种类较少。就全年而言，平均密度为 5.3×10^5 ind./L，优势种有硅藻门的颗粒直链藻（*Melosira granulata*）、变异直链藻、梅尼小环藻（*Cyclotella meneghiniana*）、美丽星杆藻（*Asterianella formosa*）、克洛脆杆藻（*Fragilaria crotomensis*）、尖针杆藻（*Synedra acus*）、肘状针杆藻（*Synedra ulna*），甲藻门的埃尔多拟多甲藻（*Peridiniopsis elpatiewskyi*），隐藻门的卵形隐藻（*Cryptomonas ovata*），以及绿藻门的单角盘星藻（*Pediastrum simplex*）。

2012 年、2013 年，三峡水库坝前水域共鉴定浮游植物 151 种，其中绿藻门 71 种，硅藻门 47 种，蓝藻门 20 种，隐藻门和甲藻门各 4 种，裸藻门和金藻门各 2 种，黄藻门 1 种。干流浮游植物的平均密度为 6.47×10^5 ind./L，浮游植物优势种的季节更替明显，夏季与秋季优势种类为硅藻和绿藻，冬季为硅藻、蓝藻和绿藻，春季为绿藻、硅藻和隐藻。

2015 年 6 月（低水位期）和 12 月（高水位期），三峡库区干流共检测出浮游植物 6 门 100 种，干流浮游植物的平均密度为 9.78×10^5 ind./L。低水位时，优势种为硅藻门的小环藻属、直链藻属，绿藻门的丝藻属，以及蓝藻门的微囊藻属；高水位时，优势种为蓝藻门的微囊藻属、伪鱼腥藻属和硅藻门的小环藻属。

由上述可知，三峡水库从建库至蓄水，对于干流而言，浮游植物仍以硅藻为主，但占比有所下降，种类数和密度也增加明显，即蓄水后均高于蓄水前。邱光胜等（2011）结合 1999~2008 年监测资料，也发现蓄水后，库区总磷含量、高锰酸盐指数等总体稳定，水体悬浮物含量下降，藻类光合作用条件改善，使库区干流藻细胞密度总体增加，且呈现出从库尾至库首逐步上升的趋势。藻密度峰值出现的季节由蓄水前的冬季转变为蓄水后的春季；但蓄水前后，库区干流浮游藻类种群结构的组成基本一致，均是硅藻、绿藻、蓝藻占主体，蓄水后群落结构总体仍表现为河流型生态群落的结构特点，只是在库首段水体喜静水性的藻类在蓄水后的检出频次有所上升。

2. 支流浮游植物演变过程

二期蓄水后，三峡库区重庆段主要支流春季的浮游植物中，下游主要以小环藻属为优势种；部分流量不大的较短支流，下游以拟多甲藻属（*Peridiniopsis* sp.）为亚优势种，且中游、上游或下游附近库湾有甲藻水华发生（胡建林 等，2006）。河流中游浮游植物分布或以拟多甲藻属为优势种，发生了甲藻水华；或以实球藻属（*Pandorina morum* sp.）为优势种。多数河流的上游主要以针杆藻属、舟形藻属为优势种，少数河流上游以颤藻属（*Oscillatoria* sp.）为优势种。大部分支流采样点的藻类密度超过了 10^6 ind./L，局部水华区域超过了 10^7 ind./L。

　　三期蓄水后，5 条支流（乌江、磨刀溪、梅溪河、大宁河、香溪河）的浮游植物以硅藻和绿藻为主（陈勇 等，2009）。支流的优势种类比较多，随采样点的不同和季节的变化而变化。春季，支流中河口多数以美丽星杆藻为优势种；香溪河的中游和上游均以拟多甲藻属为优势种，磨刀溪的上游以尖针杆藻为优势种，大宁河的中游以飞燕角甲藻（*Ceratium hirundinella*）和实球藻属为优势种。夏季，实球藻属成为大宁河、梅溪河、磨刀溪等多数支流的优势种；秋季，铜绿微囊藻（*Microcystis aeruginosa*）是大宁河中游和上游采样点的优势种。冬季，各采样点浮游植物的种类数和密度均较低，未见明显的优势种。支流中浮游植物现存量以春季最大（平均密度 2.69×10^6 ind./L），冬季最小（平均密度 4.89×10^5 ind. /L）。Shannon-Wiener 指数在支流中夏季最高，其次为冬季、秋季、春季。

　　在香溪河库湾，二期蓄水前共鉴定藻类 72 种，硅藻、绿藻、蓝藻分别占 38.9%、37.5% 和 9.7%，无明显优势种；浮游植物平均密度为 1.04×10^7 ind./L（况琪军 等，2005）。二期蓄水一年后，藻类种类数增至 132 种，硅藻、绿藻、蓝藻所占比例依次为 22.0%、56.8% 和 9.1%，优势种为拟多甲藻属和小环藻属；藻类密度平均增幅 92.7%，并随蓄水时间的延长而增加，藻类密度春夏季较高，秋冬季较低（况琪军 等，2007）。

　　三峡水库蓄水至 156 m 后，小江回水区春季（4 月）的浮游植物中鉴定出藻类 7 门 36 属 73 种（郭劲松 等，2008），以硅藻为主，绿藻次之。藻类密度为 $2.97 \times 10^5 \sim 8.44 \times 10^5$ ind./L，平均值为 4.85×10^5 ind./L。藻类密度和种类组成与 139 m 水位下无明显差异。现有藻类中绿藻占优势，主要种类是小空星藻（*Coelastrum microporum*）。在 4 月下旬，水华鱼腥藻（*Anabaena flos-aquae*）开始出现，并在 5 月成为绝对优势种，占浮游植物生物量的 81.4%。研究期间，Shannon-Wiener 指数、丰富度指数和 Pielou 均匀度指数的平均值分别为 1.59、1.58 和 0.36。

　　2007 年 3～12 月，在童庄河河口段共采集到浮游植物 133 种，以硅藻门、绿藻门和蓝藻门种类居多，春夏季以拟多甲藻属、秋冬季以隐藻属为主要优势种（朱爱民 等，2009）。夏季和冬季上游断面生物量显著高于中下游。多样性指数从高至低依次为夏季、冬季、秋季和春季。上游断面至下游断面，多样性指数秋季小幅下降，冬季呈升高趋势。与 156 m 蓄水前同期相比，蓄水后种类数增加了 1.88 倍。春季优势种由 3 种减少到 1 种，秋季新出现了 1 种。现有藻类组成变得单一，多样性指数下降了 8.5%～32.3%。

　　整体来看，蓄水后各支流的藻类组成以硅藻和绿藻为主，种类数增加。春季，多数支流下游的优势种由二期蓄水后的小环藻属转变为三期蓄水后的美丽星杆藻。部分支流的中游以拟多甲藻属、飞燕角甲藻和实球藻属为优势种；多数支流的上游以硅藻，如针杆藻属、尖针杆藻为优势种。浮游植物优势种或功能类群随时间有序演替。藻类现存量春夏季较高，秋冬季较低。Shannon-Wiener 指数在支流中夏季最高，其次为冬季、秋季、春季（王松波 等，2013）。

　　此外，成库前，三峡库区支流基本上未观测到水华现象，但自试验性蓄水以来，每年都不同程度地在某些支流发生水华现象。三峡水库水华发生的总频次呈先升高后降低的变化过程；库区水华发生相对集中的支流为香溪河，其次为小江；水华年内发生规律特征明显，发生时间集中在每年的 3～9 月，其中 3 月和 6 月为水华高发期。

　　根据相关文献资料（张静 等，2019；况琪军 等，2005），对三峡库区不同蓄水位下春季水华期间支流的藻类进行特征及趋势分析，如图 10.3.3 所示。通过对其在不同蓄水阶段浮游植物的研究发现，135 m 蓄水前，春季藻类密度、叶绿素 a 浓度较低；在 135 m、156 m、172.5 m 分阶段蓄水期间，藻类密度、叶绿素 a 浓度均有明显的提升；175 m 蓄水持续几年后，叶绿素 a 浓度有下降趋势，可能是因为在蓄水之后，春、夏季水位变幅大，水体扰动大，在一定程度上抑制了藻类水华的发生。但是 175 m 蓄水对于三峡支流水华发生的影响，以及水华的发展趋势，还需要进一步的长期监测。

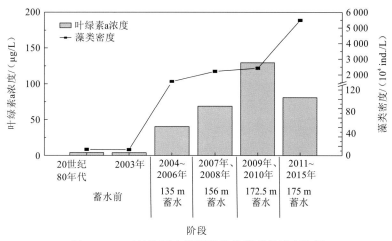

图 10.3.3　三峡库区支流浮游植物群落的演变特征

10.4　水生生物演替与泥沙环境变化的关系

10.4.1　底栖动物与泥沙环境变化的关系

1. 底栖动物与水环境因子的关系

　　一般来说，底栖动物主要受生境的多样性和稳定性，以及总氮、总磷等营养盐的影响（Cummins and Lauff，1969）。三峡水库蓄水后形成一个河道型水库，各项水文、理化环境要素均发生了较大的变化。

　　三峡库区氮磷营养盐总体上较建库前呈增加的趋势。总氮、总磷反映的是水体的污染或营养状况，一般与底栖动物多样性呈正相关关系（Greenwood and Rosemond，2005）。但当其含量超过阈值时，底栖动物多样性一般会下降。目前，三峡库区底栖动物密度较 20 世纪 80 年代大幅下降，而生物量在增加，这与营养盐的含量的差异结论相左，可见影响三峡库区底栖动物的关键因素并不是氮磷营养盐。Scarsbrook（2002）对新西兰的大型无脊椎动物群落进行了 9 年的研究，结果表明，无脊椎动物群落的持久性和稳定性与水流条件显著相关，而对水质变化没有显著的响应。

三峡水库蓄水后水深发生了较大的变化，建库前三斗坪和青滩河段的水深为 15～38 m，而 2015 年秭归—巫山段的水深为 32～115 m（指调查样点水深）。水深的变化可以引起水体底部内源性初级生产力的变化，同时，温度和光强也受水深影响，进而对底栖动物食物来源和栖息地生境产生影响。

2. 底栖动物与水动力的关系

1）流速

三峡水库建库后枯水期库区平均流速由 0.85 m/s 下降到 0.17 m/s，比天然河道减小了 80%，特别是坝前河段流速仅为 0.04 m/s（李锦秀 等，2002）。流速的大幅降低，主要会影响底栖动物群落结构的变化，一些滤食者的种类会减少，而刮食者种类会增多。马雅雪等（2019）在 2016 年 5～6 月和 10～12 月对长江干流宜昌—安庆段底栖动物的群落结构进行了调查，发现与建坝前资料相比，大型底栖动物的群落结构发生了较大改变，种类数增加，现存量下降。环境分析表明，影响大型底栖动物分布的主要因素是流速，底质和水质的影响不大。当近底流速超过 0.7 m/s 时，大型底栖动物现存量随流速的增加而下降；在流速超过 1.3 m/s 的区域，没有发现大型底栖动物的分布，这与流速过大、冲刷加剧有关。底质中值粒径的均值为 0.63 mm，对应的起动流速为 0.5～0.8 m/s。当近底流速超过起动流速时，底质移动加剧，冲刷作用加强，导致大型底栖动物现存量的减少。同时，由于目前中下游悬移质粒径偏细，泥沙以搬运为主，沉积过程很弱，有机质等营养物质不易积累，对大型底栖动物的生存和建群不利。在三峡大坝建坝后，出库泥沙偏细，使中下游河床冲刷加剧，目前已发展至大通段，这是目前干流大型底栖动物现存量大幅减少的主要原因。

2）水位波动

适度的波动有利于大型无脊椎动物群落的发展，而剧烈且持续的波动则可能会减少物种多样性，甚至破坏大型无脊椎动物群落的结构。三峡水库的水位波动主要有两种：水库调度引起的周期性变化和在短时间内由洪水引发的剧烈波动。从第二个蓄水阶段以来，三峡水库的大型无脊椎动物群落已经形成了稳定的季节性模式。在第三个蓄水阶段，水位波动幅度为 173%，从 11 m 至 30 m，但第三个阶段的差异不明显。周期性波动对三峡水库大型无脊椎动物群落的影响不显著。此前，已有研究证实，夏季洪水引起的水位波动对香溪河库湾河口地区的大型无脊椎动物群落没有统计学影响。受长江干流的强烈影响，香溪河库湾河口地区的大型无脊椎动物群落与三峡干流相似（Shao et al.，2010）。

3）泥沙

沉积物输入改变了底栖动物的栖息地，引发了群落结构的变化。沉积作用会严重破坏底栖动物群落的食物质量，阻碍它们的正常摄食。蓄水后，三峡水库的底栖动物群落主要由摇蚊科、颤蚓科和仙女虫科组成。仙女虫科对悬浮物敏感，倾向于选择透明度高、悬浮物少的清水。摇蚊科、颤蚓科对生境有不同的偏好，且对胁迫环境的耐受性更高。颤蚓科可以适应细泥沙和丰富有机物的环境，而摇蚊科可以适应水扰动和颗粒沉积。冬季和春季，由于入库流量和输沙量的减少，水力停留时间的增加，以及水干扰的减少，三峡库区内形成了最佳栖息地环境，这促使了底栖动物群落的扩张。夏季，受挟带大量泥沙的高速水流的强烈扰动，仙女虫科的密度急剧下降，而一些耐性高的颤蚓科和摇蚊科得以存活。在总密度急剧下降的情况下，丰富度仍然维持在一个较高的水平。当洪水季节结束时，三峡水库开始蓄水。随着水位的升高，流速降低，水力停留时间延长。三峡水库的沉积作用在秋季达到高峰，大量泥沙淤积、掩埋了底栖动物，并破坏了群落，秋季底栖动物的丰度较低（Li et al., 2015）。

　　Buss 等（2004）认为，底质的适宜性是控制底栖动物分布最重要的影响因素，如栖息在不适的底质上，其生活就会受到抑制并逐渐死亡。颗粒间隙对底栖动物具有明显的影响，一般来说，松散底质中的物种多样性高于密实底质，只有那些能钻行在底质颗粒间隙的底栖动物才能生存。不同粒径的床沙中底栖动物的密度不同，段学花等（2007）比较分析了细沙、粗沙、卵砾石、形状不规则的粗糙片石及光滑大卵石等底质中底栖动物的密度大小，结果显示，五种底质中底栖动物的密度顺序为卵砾石＞片石＞大卵石＞粗沙＞细沙，即砾石底质中底栖动物的生物量体现出较大值。

10.4.2　浮游植物与泥沙环境变化的关系

　　浮游植物分布不仅受泥沙、水文的影响，而且会受其他条件的限制，如水温、透明度、浊度、总氮、总磷等环境因素。现对三峡水库 2015 年不同水位运行下的浮游植物群落（如种类数、密度、多样性指数）与环境因子（如电导率、溶解氧、总溶解性固体 TDS、浊度、水深、水温、水体流速、泥沙中值粒径等）进行相关性分析（表 10.4.1），结果显示，三峡水库浮游植物种类与电导率、总溶解性固体 TDS、水温和总氮呈显著正相关关系，与水中溶解氧、水体流速呈显著负相关关系，而浮游植物多样性指数与电导率、TDS、水温、总氮存在正相关关系，与溶解氧呈负相关关系。

表 10.4.1　三峡库区浮游植物群落与环境因子的相关性分析

参数	电导率	溶解氧	TDS	水深	水温	流速	总氮	总磷	种类	密度	多样性指数
电导率	1										
溶解氧	-0.634[**]	1									
TDS	0.788[**]	-0.471[**]	1								
水深	-0.497[**]	0.156	-0.449[**]	1							
水温	0.858[**]	-0.692[**]	0.476[**]	-0.351[**]	1						
流速	-0.125	0.071	-0.201	-0.475[**]	-0.082	1					

参数	电导率	溶解氧	TDS	水深	水温	流速	总氮	总磷	种类	密度	多样性指数
总氮	0.455**	-0.495**	0.370**	-0.018	0.440**	-0.276	1				
总磷	0.011	-0.032	0.037	-0.119	0.008	0.326*	0.273*	1			
种类	0.516**	-0.526**	0.467**	-0.125	0.477**	-0.356*	0.371**	-0.095	1		
密度	0.206	-0.018	0.104	-0.086	0.178	-0.280	0.041	-0.156	0.129	1	
多样性指数	0.276*	-0.325**	0.225*	-0.048	0.277*	-0.250	0.277*	0.034	0.737**	-0.030	1

*表示在 0.05 水平（双侧）上显著相关；**表示在 0.01 水平（双侧）上显著相关。

在水库兴建和形成过程中，由于水动力学条件的变化，浮游植物的种属和数量通常会发生改变。水位是另一个影响浮游植物群落结构的水文因子，水位变化与浮游植物现存量相关。水体流速的季节性和短期性变化也是控制水库浮游植物生物量的重要因素之一。流速对浮游植物的影响可以分为直接和间接两种：直接影响是水的流动性改变对浮游植物产生生理方面的作用，使其生长、繁殖、富集发生变化；间接影响主要是泥沙的悬浮、透明度等水环境条件的变化对浮游植物产生影响。三峡水库蓄水后，库区长江干流和支流的藻类组成以硅藻和绿藻为主，种类数和数量均有所增加。这是因为水体流速减小，水力停留时间延长，营养盐浓度偏高，引起了藻类的大量生长、繁殖。而且硅藻不具有鞭毛等运动器官，也不具备伪空泡等利于在水中漂浮的结构，随着水体逐渐向大坝靠近，水体流速减小，硅藻便开始逐渐沉降，导致越靠近大坝，硅藻的数量越少。随着大坝"蓄清排浑"的运行，以及蓄水后水位的升高，泥沙逐渐沉降，水体透明度越大，越有利于蓝藻、绿藻等对营养物质与光的获取，故其在浮游植物群落所占的比例逐步升高。

泥沙是影响浮游植物群落结构最重要的物理因素，泥沙的沉积、冲刷、输运过程的变化，对浮游植物的生长会产生显著影响。泥沙通过表面作用对氮、磷等营养物质进行吸附和解吸，影响水体中营养盐的分布与转化，进而影响浮游植物的水质生存环境。泥沙等悬浮物决定水体的浑浊度和透明度，泥沙含量的多少会通过影响水体的透明度而改变浮游植物的生存环境。泥沙含量高，透明度就低，此时水中光线较弱，对浮游植物的生长具有决定性作用。此外，泥沙的沉降对水体中的溶解氧、氮、磷、有机细屑等都会产生影响。泥沙表面会吸附大量的氮磷化合物、有机细屑和微生物，当水流减缓时，泥沙带着吸附物逐渐沉降到水底，从而使水中的微生物和有机细屑及溶解在水中的氮、磷减少，影响浮游植物的生长。阮嘉玲（2014）根据三峡库区干流（朝天门—秭归段）2006年11月~2007年11月的监测资料，对浮游植物密度、生物量与其他水体变量因子进行了相关性分析，认为泥沙是影响浮游植物生长的主要因子之一，三峡库区泥沙含量与浮游植物生物量呈负相关关系。

10.5　本章小结

本章基于建库前（20 世纪 80 年代）、运行初期、运行至今长时间序列的野外观测数据，研究了三峡水库蓄水前后库区底栖动物、浮游植物等生物类群的演替规律，阐释了水库蓄水后库区水生态系统的响应特征。

（1）三峡库区目前共采集底栖动物 50 种，其中水生昆虫 19 种；坝前河段底栖动物密度较低，城市河段生物量最大，支流入口生物量略大于自然河段；底栖动物优势种为苏氏尾鳃蚓、仙女虫属、河蚬、湖沼股蛤、直突摇蚊属、多足摇蚊属、钩虾科。梯形多足摇蚊是三峡水库的先驱物种，从蓄水第二年开始，肥满仙女虫在春季和冬季占主导地位；2015 年、2016 年三峡库区底栖动物优势类群演变为河蚬、苏氏尾鳃蚓和钩虾科。底质类型、流速和水深是影响底栖动物群落演替的主要因素。蓄水后期，入库流量和输沙量是影响底栖动物群落总密度和丰富度的重要因素。

（2）三峡水库干流目前的浮游植物以硅藻、绿藻、蓝藻为主，但绿藻、蓝藻所占比例相比于建库前有所上升；蓄水前库区干流以硅藻为主，蓄水后水位升高，泥沙沉降，水体透明度变大，蓝藻和绿藻所占比例逐步升高，库区泥沙含量及其絮凝沉降行为显著影响浮游植物的总密度；水库干流浮游植物平均密度为 9.78×10^5 ind./L。水位、泥沙含量和透明度是影响浮游植物群落特征的主要因子。

（3）三峡库区淤积物中的微生物均以变形菌为主，酸杆菌、厚壁菌、硝化螺旋菌分别在坝前、支流汇入口、库区干流断面分布最多，绿弯菌、拟杆菌和放线菌均在主要城市江段分布最多。变动回水区和支流汇入口微生物的丰富度指数与 Shannon-Wiener 指数较高，坝前最低。坝前微生物活性较低，常年回水区、变动回水区、主要城市江段和支流汇入口微生物的活性受环境变量的影响表现出较大的组内差异。

（4）三峡工程蓄水后，主要渔业对象的种类从建坝前的 127 种减少到全面蓄水后（2010～2012 年）的 87 种。库区鱼类主要包括喜流水性鱼类及喜静缓流水性鱼类，鱼类分布直接取决于库区的水文情势，其中在万州以下江段受蓄水影响较为明显。喜流水性的主要鱼类如圆口铜鱼、长鳍吻鮈等在蓄水开始后向上迁徙，导致该江段喜流水性鱼类显著减少，而万州及其以上江段受蓄水影响较小，鱼类的组成结构改变较小。

第 11 章

三峡水库汛期泥沙
输移特性

11.1　研　究　背　景

11.1.1　研究意义

　　洪峰、沙峰输移特性研究一直都受到众多学者的关注，从理论上讲，洪水的流动属于不稳定流，水流或洪水是按波动条件传递的波动过程，而河流泥沙输移则是按质点速度传递的对流过程。河流洪峰是以波的形式传播的，而沙峰输移则与水流平均流速有关，两者的传播速度是不相同的。天然河道由于水深较小，泥沙运动与水流运动的相位之间没有很大差别，沙峰过程一般还是与洪峰过程相近。在河流上修建水库后，由于水深加大，库区洪峰传播速度加快，而沙峰传播速度明显减缓，水沙过程的相位差大幅度增加，越靠近坝前，沙峰传播过程滞后洪峰越多。根据实测资料，三峡水库蓄水运用后，入库洪峰传到坝前的时间已经由蓄水前的约 54 h 缩短到了 6～12 h，而入库沙峰传到坝前的时间则由蓄水前的 2～3 d 延长到了 3～8 d。水沙相位异化使经过水库的沙峰滞后于洪峰，水库输沙出库的水动力学条件减弱，沙峰沿程衰减，水库排沙能力降低。水库调度排沙是一项非常重要的非工程措施，在水库汛期实时调度中，掌握沙峰输移特性，预判库区沙峰传播时间和峰值大小，可以指导水库实时调度，把握有利排沙时机，提高水库排沙效率。图 11.1.1 为三峡水库库区干支流河道及水文站位置图，图 11.1.2 为三峡水库蓄水前后干流入库寸滩站至出库宜昌站（2003 年三峡蓄水后出库站采用黄陵庙站）洪峰、沙峰的沿程变化图。由图 11.1.2 可见，与建库前的天然河道相比，三峡建库后库区洪峰传播速度加快，洪峰入出库时间缩短 1～2 d，沙峰传播速度减慢，沙峰、洪峰相位差进一步加大，且沙峰衰减程度加剧。

图 11.1.1　三峡水库库区干支流河道及水文站位置图

　　三峡水库属典型河道型水库，库区河道长，坝前水深大，水库调度复杂，泥沙问题是三峡水库的关键技术问题之一，按初步设计规定，三峡水库汛期一般维持在防洪限制水位运行，以满足防洪和排沙的要求。在目前的实际调度中，由于入库泥沙明显减少、各方面对三峡水库优化调度的要求提高等，三峡水库已经探索采用了汛期水位浮动、中

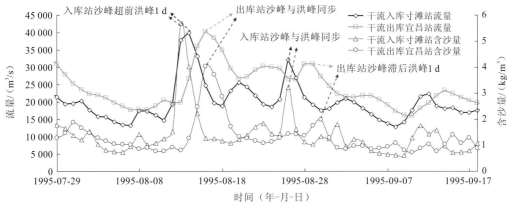

（a）三峡水库蓄水前干流寸滩站至宜昌站洪峰、沙峰的沿程变化图

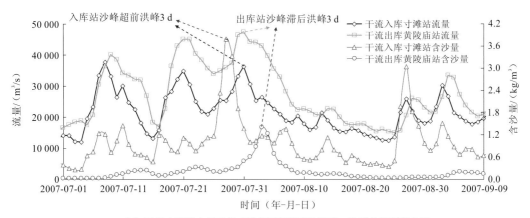

（b）三峡水库蓄水后干流寸滩站至黄陵庙站洪峰、沙峰的沿程变化图
图 11.1.2　三峡水库蓄水前后洪峰、沙峰的沿程变化图

小洪水调度、汛末提前蓄水等优化调度方式，三峡水库汛期平均水位与设计调度方式相比有所抬高，但优化调度方式在取得良好的社会经济效益的同时，也造成了水库排沙比较小，2008 年试验性蓄水以来，三峡水库年排沙比一般在 20%以内，有的年份甚至在 10%以内（黄仁勇 等，2013），在入库泥沙变少、变细的情况下，依然明显小于初步设计前 10 年的水库排沙比。显然，在通过水库优化调度提高综合效益的同时，如何利用沙峰输移规律对水库调度方式进行进一步的优化以兼顾排沙减淤已经成为三峡水库调度面临的一个突出问题。

　　在 2012 年和 2013 年的三峡水库汛期洪水调度过程中，为兼顾水库排沙，在实时调度中已开展了沙峰排沙调度的初步尝试，沙峰调度实践已走在了沙峰输移理论研究的前面，但水库沙峰输移特性研究的滞后制约了调度方案的制订和调度效果的发挥。目前关于三峡水库沙峰输移特性的研究较少，且仅限于沙峰传播时间的粗略统计，缺乏深入的规律总结和机理探索，因此，充分利用三峡水库已有实测资料，开展三峡水库沙峰输移特性及其与影响因素的响应关系研究，有利于揭示三峡水库沙峰输移机理，形成沙峰传播时间和沙峰出库率的快速测算方法，可为基于沙峰预报的三峡水库水沙实时优化调度提供技术支撑。

11.1.2　研究现状

开展水库泥沙输移规律研究，有助于研究入库水沙及水库调度对库区泥沙输移和泥沙淤积的影响，可为水库调度方式优化提供技术支撑。水库泥沙输移的一般规律是非均匀悬移质不平衡输沙规律，主要表现在含沙量的沿程变化、冲淤过程中悬移质泥沙级配的分选及床沙级配的粗化等，水库泥沙输移规律还包括异重流输沙、溯源冲刷、干支流倒灌、泥沙絮凝、浑水静水沉降等特殊规律。悬移质不平衡输沙研究基本上是从 20 世纪 60 年代开始的，国内窦国仁（1963）较早提出不平衡输沙理论，并提出了初步的理论体系，其后，韩其为（1979）进一步开展了非均匀沙一维不平衡输沙的研究，并给出了含沙量的沿程变化方程。国内在水库泥沙输移规律研究方面的成果非常丰富，其中的典型代表是黄河调水调沙过程中小浪底水库调度方式研究中关于小浪底水库泥沙输移规律的深入研究（水利部黄河水利委员会，2013），三峡水库蓄水运用后也开展了大量的水库泥沙输移规律研究。

长江上游大型梯级水库蓄水运用后的实测水沙资料，为开展三峡及长江上游大型梯级水库泥沙输移规律的研究提供了良好的条件。三峡水库 2003 年蓄水运用以来，长江水利委员会水文局持续不断地开展了库区原型资料观测，泥沙科技工作者依据这些资料相继开展了大量的研究工作，把对三峡水库泥沙输移规律的认识不断向前推进。董年虎等（2010）对三峡水库 2007 年汛期的泥沙输移资料进行了分析，认为大流量时库区沙峰传播时间大致为 6 d，比天然情况下增加 2～3 d，小流量时增加更多，并指出三峡水库存在泥沙絮凝现象，且絮凝作用是三峡水库细泥沙淤积比例较大的主要原因。清华大学（2007）对三峡水库 2003 年实测资料进行了分析，认为三峡库区沙峰传播时间要比洪峰长 3～4 d 或更长，并对沙峰传播滞后洪峰的原因进行了分析。毛红梅等（2012）根据实测资料对三峡库区泥沙分布规律进行了研究，认为在库区水体大水深、小含沙量情况下，泥沙的横向分布趋于均匀，垂向底部区域泥沙输移占比较大。陈桂亚等（2012）对三峡水库蓄水运用后的排沙效果进行了研究，认为库区河道特性、入库水沙条件及坝前水位的高低是水库排沙比变化的主要影响因素。王俊等（2007）在三峡水库 2003 年首次蓄水时对泥沙输移影响因素的研究成果认为，三峡水库输沙特性主要受库区地形、水面比降、流量、含沙量等因素的影响，全年约 85% 的泥沙输移是在两次洪水过程中完成的，来水、来沙量大时，泥沙主要淤积在万州—大坝段，来水、来沙量小时，主要淤积在清溪场—万州段。代文良和张娜（2011）、代文良等（2009）对三峡水库 156 m、175 m 蓄水期间库区不同水文站的含沙量变化、输沙量变化、级配变化等进行了分析。黄仁勇等（2013）对三峡水库蓄水前后库区不同水文站年均输沙量的变化进行了对比分析。陈绪坚等（2013）采用随机统计理论对三峡水库泥沙的运动规律进行了分析。

向家坝水库和溪洛渡水库分别于 2012 年、2013 年开始蓄水运用，水库运用时间较短，关于溪洛渡水库和向家坝水库泥沙输移规律的研究成果也较少，目前关于溪洛渡水库和向家坝水库 2013 年与 2014 年排沙比的研究成果表明，不考虑区间来沙，2013 年溪洛渡水库和向家坝水库的排沙比分别为 10.4%、36%，两水库作为一个整体的排沙比为 3.76%，2014 年（1～9 月）两水库作为一个整体的排沙比为 3.14%，几乎所有的入库泥沙都被两水库拦截。

已有的研究工作在三峡水库沙峰输移规律研究方面做出了有益的探索。但受到实测资料较短等因素的限制，已有成果均未就三峡水库沙峰输移特性及其与影响因素之间的关系开展全面、深入的研究，所以有必要进一步深入开展三峡水库蓄水运用后泥沙输移规律的研究，为新的水沙条件和水库优化调度条件下的水库泥沙调度提供理论基础。

11.2　三峡水库汛期沙峰输移特性

以三峡水库蓄水运用后实测沙峰输移资料为基础，分别研究了三峡水库汛期沙峰传播时间和沙峰出库率与不同影响因素之间的关系。采用理论推导和逐步回归相结合的方法，找到了沙峰传播时间和沙峰出库率的主要影响因素，确定了沙峰传播时间和沙峰出库率的公式结构形式，回归建立了拟合效果较好的三峡水库沙峰传播时间公式和沙峰出库率公式，揭示了各主要影响因素对沙峰输移特性的作用机制，并采用实测资料对公式进行了初步验证（黄仁勇 等，2019a）。

11.2.1　三峡水库沙峰输移实测资料选取

选择三峡水库库尾干流寸滩站为入库代表站，坝下游黄陵庙站为出库代表站。为了研究沙峰从入库寸滩站到出库黄陵庙站的传播时间和沿程衰减情况，首先在寸滩站实测日均水沙过程中挑选较为明显的沙峰过程，其中被选中的沙峰必须在清溪场站、万县站、黄陵庙站中依次出现，同一沙峰在下游站的出现时间应不早于上游站，要能够呈现出一个较为完整的库区输移过程，各水文站资料均统一采用日均水沙过程，洪水含沙量过程资料可作为参考。最终从三峡水库蓄水运用以来的库区实测资料中，选取了 28 组沙峰输移资料。所选沙峰输移资料的时间范围为 2003 年 6 月～2013 年 12 月，寸滩站至黄陵庙站实测沙峰传播时间的变化范围为 2～8 d，入库寸滩站沙峰含沙量的变化范围为 0.842～5.45 kg/m^3，出库黄陵庙站沙峰含沙量的变化范围为 0.007～1.4 kg/m^3，沙峰入库时寸滩站流量的变化范围为 13 100～63 200 m^3/s，沙峰入库时黄陵庙站流量的变化范围为 12 900～43 800 m^3/s，沙峰入库时坝前水位的变化范围为 135.1～162 m，沙峰输移过程中坝前水位的变化幅度范围为-1.18～11.37 m。这套资料的沙峰含沙量、沙峰传播时间、入库流量、坝前水位变化范围较广，资料代表性较强，最后的研究成果具有较大的适用范围。

11.2.2　沙峰传播时间与不同影响因素关系的研究

水库泥沙颗粒是随着水流的运动向前运动的，沙峰传播时间与入库水沙、库区河道边界及水库运用方式等密切相关。本章对三峡水库沙峰传播时间 T_{cunhuang} 与库区流量 Q、沙峰含沙量 S、滞洪库容 V 等影响因素的相关关系分别进行了统计分析。滞洪库容 V 为坝前某一水位下的总库容，可根据水位库容曲线直线插值求出；用 T_{cunhuang} 表示三峡水库入库寸滩站至出库黄陵庙站沙峰的传播时间，单位为 d；用 Q_{cun1} 表示寸滩站出现沙峰时的寸滩站流量，用 Q_{huang1} 表示寸滩站出现沙峰时的黄陵庙站流量，用 Q_{huangsha} 表示黄陵庙站出现沙峰时的黄陵庙站流量，流量单位均为 m³/s；用 S_{cun} 表示寸滩站沙峰含沙量，单位为 kg/m³；用 V_{qishi} 表示沙峰入库时坝前水位对应的滞洪库容，单位为 10^8 m³。

从沙峰传播时间与单一影响因素之间的相关关系研究发现，T_{cunhuang} 与不同库区流量 Q（如 Q_{cun1}、Q_{huang1}、Q_{huangsha} 等不同入出库特征流量）之间的相关关系均比较差；T_{cunhuang} 与沙峰输移过程中不同坝前水位对应的滞洪库容 V（如 V_{qishi} 等）之间的相关关系也均比较差；在各站沙峰含沙量中，T_{cunhuang} 与寸滩站沙峰含沙量 S_{cun} 之间的相关关系相对最好，两者的线性回归决定系数 R^2 达到了 0.595 2[图 11.2.1（a）]。

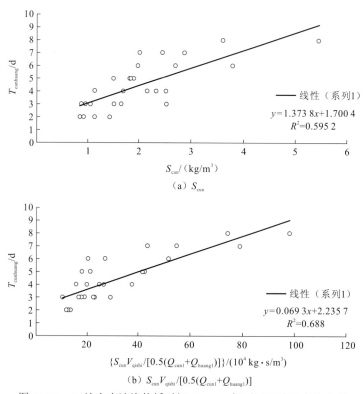

图 11.2.1　三峡水库沙峰传播时间 T_{cunhuang} 与不同影响因素的关系

定义 V/Q 为洪水滞留系数（V 为滞洪库容，Q 为库区流量），V/Q 表征了入库洪水在水库中滞留时间的长短。从三峡水库沙峰传播时间与影响因素组合之间的相关关系研究发现，当 V/Q 的形式取为 $V_{\text{qishi}}/[0.5(Q_{\text{cun1}}+Q_{\text{huang1}})]$ 时，T_{cunhuang} 与 V/Q 的线性回归决定系数 R^2 达到最大，为 0.206；T_{cunhuang} 与组合变量 $S_{\text{cun}}V_{\text{qishi}}/[0.5(Q_{\text{cun1}}+Q_{\text{huang1}})]$ 的相关关

系较好，两者的线性回归决定系数 R^2 达到了 0.688[图 11.2.1（b）]。

11.2.3　沙峰传播时间公式研究

1. 理论推导

用 T_{shui} 表示水流质点输移时间，用 L 表示河段长度，用 A 表示河段平均过水面积，用 U 表示河段内断面平均流速，用 Q 表示河段平均流量（对应库区流量），用 V 表示河段内蓄水体积（对应水库滞洪库容），则有流量 $Q = AU$，河段蓄水体积 $V = AL$，故水流质点输移时间公式为

$$T_{shui} = \frac{L}{U} = \frac{AL}{AU} = \frac{V}{Q} \tag{11.2.1}$$

沙峰的传播时间 T_{sha} 与水流质点的输移时间 T_{shui} 成正比，即有

$$T_{sha} = f(T_{shui}) = f\left(\frac{V}{Q}\right) \tag{11.2.2}$$

泥沙颗粒的跟随性随容重和粒径的增大而减小，三峡水库汛期入库悬沙的平均粒径一般随含沙量的增大而增大。因此，三峡水库汛期沙峰对水流的跟随性将随含沙量的增大而减小，沙峰含沙量越大，泥沙颗粒的跟随性越差，沙峰传播的时间越长，沙峰传播时间 T_{sha} 与沙峰含沙量 S 成正比，即有

$$T_{sha} = f(S) \tag{11.2.3}$$

由式（11.2.2）、式（11.2.3）可得，沙峰传播时间 T_{sha} 与研究河段蓄水体积 V、河段内平均流量 Q、沙峰含沙量 S 的关系式为

$$T_{sha} = f(ST_{shui}) = f\left(S\frac{V}{Q}\right) \tag{11.2.4}$$

理论分析结果表明，当研究河段为水库库区时，水库沙峰传播时间 T_{sha} 的主要影响因素包括水库滞洪库容 V、库区流量 Q、含沙量 S 等，且沙峰传播时间 T_{sha} 与含沙量 S 成正比，与水库滞洪库容 V 成正比，与库区流量 Q 成反比。

2. 逐步回归

以 11.2.2 小节研究成果为基础，以三峡水库沙峰传播时间 $T_{cunhuang}$ 为因变量，以三峡水库入库寸滩站沙峰含沙量 S_{cun} 和洪水滞留系数 V/Q 为自变量进行沙峰传播时间公式的研究，首先构建多元非线性回归方程的表达式：

$$y = \alpha_0 x_1^{\alpha_1} x_2^{\alpha_2} \tag{11.2.5}$$

式中：y 为三峡水库沙峰传播时间 $T_{cunhuang}$；x_1 为寸滩站沙峰含沙量 S_{cun}；x_2 为洪水滞留系数 $V_{qishi} / [0.5(Q_{cun1} + Q_{huang1})]$；$\alpha_i (i = 0, 1, 2)$ 为模型参数。

对式（11.2.5）左右两边取自然对数后可得如下多元线性回归表达式：

$$\ln y = \ln \alpha_0 + \alpha_1 \ln x_1 + \alpha_2 \ln x_2 \qquad (11.2.6)$$

用 SPSS 统计分析软件进行逐步回归分析，通过逐步回归挑选出对因变量影响显著的自变量，同时剔除不显著自变量及与显著变量存在共线性的自变量。式（11.2.6）的逐步回归结果表明，入库寸滩站沙峰含沙量 S_{cun} 和洪水滞留系数 $V_{qishi}/[0.5(Q_{cun1}+Q_{huang1})]$ 均为三峡水库沙峰传播时间 $T_{cunhuang}$ 的主要影响因素，模型回归决定系数 R^2 等于 0.843，方差的无偏估计值 S^2 为 0.059，回归方程及其回归系数都通过了 0.05 的显著性检验，逐步回归得到的多元非线性回归方程如下：

$$\begin{cases} T_{cunhuang} = 22.153 S_{cun}^{0.685}\{V_{qishi}/[0.5(Q_{cun1}+Q_{huang1})]\}^{0.407} \\ 0.842 \leqslant S_{cun} \leqslant 5.45 \\ 0.003\,0 \leqslant V_{qishi}/[0.5(Q_{cun1}+Q_{huang1})] \leqslant 0.012\,8 \end{cases} \qquad (11.2.7)$$

洪水滞留系数 V/Q 的单位为 $10^8 s$，体现了库区水流输移时间 T_{shui} 的长短，故从式（11.2.7）看，沙峰传播时间 T_{sha} 可以看作入库沙峰含沙量 S 和库区水流输移时间 T_{shui} 的函数，且与入库沙峰含沙量 S 和水流输移时间 T_{shui} 的大小成正比。11.2.2 小节的研究表明，$T_{cunhuang}$ 与 S_{cun} 和 $V_{qishi}/[0.5(Q_{cun1}+Q_{huang1})]$ 的线性回归决定系数 R^2 分别为 0.595 2 和 0.206，因此，式（11.2.7）中 S_{cun} 对 $T_{cunhuang}$ 的影响程度要大于 $V_{qishi}/[0.5(Q_{cun1}+Q_{huang1})]$。

式（11.2.7）给出了一个拟合度较好的三峡水库沙峰传播时间公式，但动库容、坝前水位变化幅度、入库泥沙级配等影响因素在式（11.2.7）中未能体现，而沙峰传播时间与组合因素 $S_{cun}V_{qishi}/[0.5(Q_{cun1}+Q_{huang1})]$ 相关关系点群的带状分布[图 11.2.1（b）]反映了其他因素的影响，因此沙峰传播时间公式[式（11.2.7）]还存在一定程度的不确定性。当回归决定系数 R^2 在 0.8 以上时，一般就可以认为拟合度较高，本章得到的三峡水库沙峰传播时间回归模型的回归决定系数达到了 0.843，拟合度较高。本章所选 28 个样本的实测沙峰传播时间的平均值为 4.429 d，式（11.2.7）计算的各样本的沙峰传播时间的平均值为 4.452 d，与实测值的差值为 0.023 d，计算值与实测值比较接近，计算值与实测值之差的变化范围为 $-1.884 \sim 1.685$ d。

11.2.4　沙峰出库率与不同影响因素关系的研究

定义 S_{huang} 为出库黄陵庙站沙峰含沙量，单位为 kg/m^3；以出库黄陵庙站沙峰含沙量 S_{huang} 与入库寸滩站沙峰含沙量 S_{cun} 的比值 S_{huang}/S_{cun} 为沙峰出库率；用 $Q_{huanghong}/Q_{cunhong}$ 表示进出库洪峰流量的沿程变化系数。

对三峡水库沙峰出库率 S_{huang}/S_{cun} 与不同影响因素之间的相关关系进行了统计分析。研究发现，在流量 Q_{cun1}、Q_{huang1}、$Q_{huangsha}$ 中，S_{huang}/S_{cun} 与 $Q_{huangsha}$ 的相关关系最好，两者的幂函数回归决定系数 R^2 为 0.683 8[图 11.2.2（a）]；S_{huang}/S_{cun} 与三峡水库沙峰传播时间 $T_{cunhuang}$、入库寸滩站沙峰含沙量 S_{cun}、出库黄陵庙站沙峰含沙量 S_{huang}、$Q_{huanghong}/Q_{cunhong}$ 之间的相关关系均很差；S_{huang}/S_{cun} 整体上与滞洪库容 V 均成反比，与 V_{qishi} 的幂函数回归决定系数最大为 0.248 4。

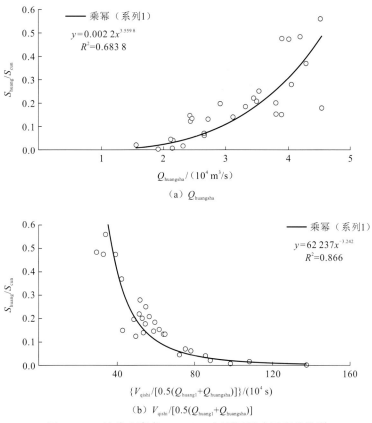

图 11.2.2　沙峰出库率 S_{huang}/S_{cun} 与不同影响因素的关系

统计分析发现，当 V/Q 的形式取为 $V_{qishi}/[0.5(Q_{huang1}+Q_{huangsha})]$ 时，S_{huang}/S_{cun} 与 V/Q 的相关关系相对最好，其幂函数回归决定系数 R^2 达到了 0.866［图 11.2.2（b）］。

11.2.5　沙峰出库率公式研究

1. 理论推导

针对一维非恒定流泥沙模型，韩其为（谢鉴衡，1990）通过一系列假设后，推导出了恒定流泥沙模型的含沙量计算公式：

$$S' = S_* + (S_0 - S_*)e^{-\frac{\alpha\omega L}{q}} + (S_{0*} - S_*)\frac{q}{\alpha\omega L}(1 - e^{-\frac{\alpha\omega L}{q}}) \tag{11.2.8}$$

式中：S_0、S' 分别为进口和出口断面的含沙量；S_{0*}、S_* 分别为进口和出口断面的水流挟沙能力；α 为恢复饱和系数；ω 为泥沙沉速；L 为进出口距离（河段长度）；q 为单宽流量，$q = Q/B$，B 为断面宽度。

河流上建库后，库区水流的挟沙能力减小，当假设库区水流的挟沙能力为零时，式（11.2.8）中等号右端第一项和第三项为零，式（11.2.8）可以转化为

$$S' = S_0 \mathrm{e}^{\frac{\alpha\omega L}{q}} \tag{11.2.9}$$

定义沙峰出库率为 S'/S_0，则有沙峰出库率公式：

$$S'/S_0 = \mathrm{e}^{\frac{\alpha\omega L}{q}} = \mathrm{e}^{\frac{\alpha\omega AL}{Aq}} = \mathrm{e}^{\frac{\alpha\omega V}{hQ}} \tag{11.2.10}$$

式中：h 为水深。

理论分析结果表明，当研究河段为水库库区时，水库沙峰出库率的主要影响因素包括水库滞洪库容 V、库区流量 Q 等，且沙峰出库率与水库滞洪库容 V 成反比，与库区流量 Q 成正比。

2. 逐步回归

以三峡水库沙峰出库率 $S_{\mathrm{huang}}/S_{\mathrm{cun}}$ 为因变量，以三峡水库洪水滞留系数 $V_{\mathrm{qishi}}/[0.5(Q_{\mathrm{huang1}}+Q_{\mathrm{huangsha}})]$、沙峰传播时间 T_{cunhuang}、进出库洪峰流量的沿程变化系数 $Q_{\mathrm{huanghong}}/Q_{\mathrm{cunhong}}$ 为自变量，构建多项式回归表达式：

$$y = \alpha_0 + \alpha_1 x_1 + \alpha_2 x_2 + \alpha_3 x_3 + \alpha_4 x_1^2 + \alpha_5 x_2^2 + \alpha_6 x_3^2 + \alpha_7 x_1 x_2 + \alpha_8 x_1 x_3 + \alpha_9 x_2 x_3 + \varepsilon \tag{11.2.11}$$

式中：y 为沙峰出库率；x_1 为洪水滞留系数；x_2 为沙峰传播时间；x_3 为进出库洪峰流量的沿程变化系数；$\alpha_i(i=0,1,\cdots,9)$ 为模型参数；ε 为随机误差。

对式（11.2.11）进行逐步回归，得到如下两个回归方程。

（1）$y = 0.507 - 50.743x_1$，相关系数 R 为 0.791，校正的决定系数 Ra^2 为 0.611，方差的无偏估计值 S^2 等于 0.009，方差膨胀因子 VIF 等于 1.0，回归方程和回归系数都通过了 0.05 的显著性检验。

（2）$y = 0.963 - 186.332x_1 + 8\,738.494x_1^2$，相关系数 R 为 0.917，校正的决定系数 Ra^2 为 0.827，方差的无偏估计值 S^2 等于 0.004，方差膨胀因子 VIF 等于 21.747，回归方程和回归系数都通过了 0.05 的显著性检验。

上述回归方程（2）中的自变量 x_1 与 x_1^2 是高度相关的，相关系数 R 达到了 0.917，方差膨胀因子 VIF 为 21.747，两自变量之间显然存在着较强的共线性问题；沙峰出库率与洪水滞留系数成反比，而共线性问题导致回归方程（2）中自变量 x_1^2 的回归系数 8738.494 的正负方向与实际相反。综上可知，回归方程（1）为最优回归方程。

逐步回归结果说明，洪水滞留系数是三峡水库沙峰出库率的主要影响因素，且沙峰出库率可近似看成洪水滞留系数的单值函数。通过逐步回归得到的回归方程（1）给出了沙峰出库率关于洪水滞留系数的线性表达式，为了确定是否还有其他更优的表达形式，下面采用 SPSS 软件提供的线性函数、指数函数、对数函数、幂函数等 11 种模型进行曲线回归，并进行回归模型优选。优选结果表明，指数函数的回归效果最好，回归决定系数 R^2 等于 0.919，方差的无偏估计值 S^2 等于 0.132，回归方程和回归系数都通过了 0.05 的显著性检验，三峡水库沙峰出库率指数函数形式的回归方程如下：

$$
\begin{cases}
S_{\text{huang}} / S_{\text{cun}} = 2.572\mathrm{e}^{-496.546\frac{V_{\text{qishi}}}{0.5(Q_{\text{huang1}}+Q_{\text{huangsha}})}} \\
0.002\,962 \leqslant V_{\text{qishi}} / [0.5(Q_{\text{huang1}} + Q_{\text{Huangsha}})] \leqslant 0.013\,734
\end{cases}
\tag{11.2.12}
$$

本章得到的三峡水库沙峰出库率回归模型的回归决定系数 R^2 达到了 0.919，拟合度较高。本章所选 28 个样本的实测沙峰出库率的平均值为 0.190，根据式（11.2.12）计算出的各样本的沙峰出库率的平均值为 0.185，与实测值的差值为 0.005，计算值与实测值比较接近，计算值与实测值之差的变化范围为-0.159～0.094。

11.2.6 公式验证

从 2014 年和 2015 年三峡水库实测资料中选取了两组沙峰资料，对建立的沙峰传播时间公式和沙峰出库率公式进行了初步验证。对于 2014 年 9 月 17 日实测入库沙峰，入库寸滩站沙峰含沙量为 0.979 kg/m³，出库黄陵庙站沙峰含沙量为 0.027 kg/m³，沙峰传播时间、沙峰出库率的实测值分别为 4 d 和 0.028，公式计算值分别为 3.283 d 和 0.029，误差分别为-0.717 d 和 0.001；对于 2015 年 6 月 30 日实测入库沙峰，入库寸滩站沙峰含沙量为 0.957 kg/m³，出库黄陵庙站沙峰含沙量为 0.054 kg/m³，沙峰传播时间、沙峰出库率的实测值分别为 2 d 和 0.056，公式计算值分别为 2.762 d 和 0.127，误差分别为 0.762 d 和 0.071。

公式计算值与实测值相比，绝对误差较小，相对误差较大。公式结构揭示了三峡水库沙峰传播时间和沙峰出库率与主要影响因素之间的多元非线性关系，并反映出了各主要影响因素对沙峰传播时间和沙峰出库率的影响程度与作用机制。但由于影响因素多，用于计算某一个具体沙峰样本时，公式计算结果仍然可能出现较大的误差，公式存在一定程度的不确定性。受上游水库蓄水拦沙及三峡水库优化调度等影响，2014 年和 2015 年三峡水库入出库沙峰含沙量均很小，使可用于公式验证的实测资料较少。同时，需要说明的是，入库沙峰含沙量较小时，公式的计算精度较低对公式应用的影响不大，因为此时往往没有沙峰调度需求，这也是 2014 年和 2015 年汛期三峡水库没有开展沙峰调度的原因。

11.3 三峡水库汛期场次洪水排沙比

三峡水库自 2003 年 6 月蓄水运用以来，分别经历了围堰发电期（2003 年 6 月～2006 年 8 月）、初期运行期（2006 年 9 月～2008 年 9 月）、试验性蓄水期（2008 年 10 月至今）三个阶段。由于入库沙量与论证阶段相比明显减少，库区淤积大为减轻，这为三峡水库实施优化调度以进一步提高综合效益创造了有利条件。但在不同蓄水阶段，随着水库蓄水位的逐步上升和水库运用方式的不断优化，三峡水库排沙比出现了明显减小，围堰发电期、初期运行期、试验性蓄水期三峡水库的年排沙比分别为 37.0%、18.8%、17.6%（长江水利委员会水文局，2015）。新的水沙条件和水库运用条件下三峡水库排沙比的变化机理及其变化趋势，正日益引起三峡泥沙研究者及工程运行管理层的关注。三峡入库泥沙主要集中在汛期,汛期主要的 1～3 次大洪水的水沙过程排出的泥沙可占主汛期和全年出库沙量的 50%～90%（黄仁勇，2016），汛期洪水过程（场次洪水）的排沙量在水库汛期总排沙量中占有很大比重，因此开展汛期洪水排沙比问题研究，对于三峡水库汛期运行方式的优化、泥沙调度、充分发挥综合效益，具有十分重要的意义。

以三峡水库运用后实测场次洪水排沙比资料为基础，对三峡水库汛期场次洪水排沙比与不同影响因素之间的关系进行了研究。采用逐步回归的方法，找到了场次洪水排沙比的主要影响因素，建立了一个拟合效果较好的排沙比公式，并以此为基础，提出了一个便于在实时调度决策时使用的汛期场次洪水排沙比公式，并指出三峡水库汛期泥沙调度应以调节入库流量和坝前水位为主（黄仁勇 等，2013）。

11.3.1　汛期场次洪水资料的选取

将水文站实测水沙资料中具有明显洪水波形状的过程线部分视为一个洪水场次，所选汛期场次洪水过程的起止时间点分别为相邻洪水过程的起涨点；在水沙过程方面，要求起止时间点内应包括相对完整的洪峰和沙峰的入出库过程，且入出库水沙过程的起止时间点相同；在坝前水位方面，要求整个洪水过程中的坝前水位基本不变，或者坝前水位是一个完整的涨落过程，即所选场次洪水起止时间点的坝前水位相差很小。在场次洪水过程中，当入出库平均流量相差较大时，由于影响因素复杂，会对排沙比的研究产生较大影响，而入出库平均流量基本相等的情况研究起来更为容易，故主要选取入出库平均流量相差较小的场次洪水过程进行研究。最终，从三峡水库蓄水运用以来的库区实测洪水资料中，选取了 34 组场次洪水资料。所选场次洪水资料的时间范围为 2003 年 6 月～2011 年 12 月，排沙比的变化范围为 3.4%～78.2%，入库平均流量的变化范围为 11 069～35 500 m^3/s，入库洪峰流量的变化范围为 14 600～64 060 m^3/s，入库平均含沙量的变化范围为 0.303～1.683 kg/m^3，坝前平均水位的变化范围为 135.12～158.96 m。所选场次洪水起止时间点的坝前水位的变化一般在 1 m 以内，出库与入库平均流量比值的变化范围为 0.99～1.19，洪水过程历时一般在 50 d 以内。这套场次洪水资料的入库流量、含沙量及坝前水位范围较广，能够体现不同的组合状况，代表性较强，研究成果具有较大的适用范围。

11.3.2　汛期排沙比的主要影响因素

水库排沙比与入库水沙、库区河道边界及水库运用方式等密切相关，对三峡水库实测汛期场次洪水排沙比 SDR 与入库平均流量 Q_{in}、入库平均含沙量 S_{in}、平均滞洪库容 V（为坝前某一水位下的总库容，可根据水位库容曲线求出）等主要影响因素的关系进行了统计分析（图 11.3.1）。根据三峡水库蓄水位的逐步抬升情况，并考虑与长江水利委员会水文局三峡工程水文泥沙观测年度分析报告保持一致，本次在三峡水库场次洪水排沙比研究中设定的入库站如下：2003 年 6 月～2006 年 8 月以清溪场站为入库控制站，2006 年 9 月～2008 年 9 月以寸滩站+武隆站为入库控制站，2008 年 10 月以后以朱沱站+北碚站+武隆站为入库控制站。

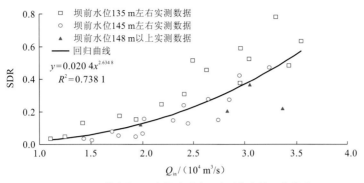

（a）排沙比SDR与场次洪水入库平均流量Q_{in}的关系

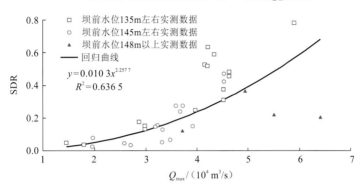

（b）排沙比SDR与场次洪水入库洪峰流量Q_{max}的关系

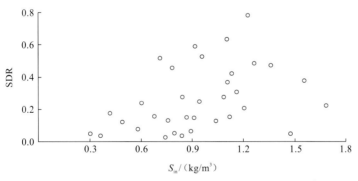

（c）排沙比SDR与场次洪水入库平均含沙量S_{in}的关系

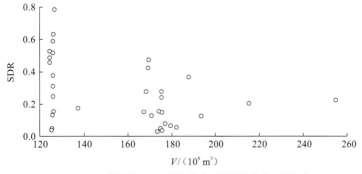

（d）排沙比SDR与场次洪水平均滞洪库容V的关系

图 11.3.1　三峡水库排沙比 SDR 与各影响因素的关系

（1）排沙比与入库平均流量的关系。

由图 11.3.1（a）可知，三峡水库汛期场次洪水排沙比 SDR 与入库平均流量 Q_{in} 成正比，且随 Q_{in} 的增大呈加速增大趋势，两者的幂函数回归决定系数 R^2 为 0.738 1；两者关系图上的点群分布呈一定宽度的带状，说明排沙比除受入库平均流量影响外，还受到滞洪库容大小等其他因素的影响；入库平均流量越大，点群分布越散乱，点群分布的带状也越宽，说明入库平均流量越大，其对应的排沙比对滞洪库容等其他影响因素的反应越敏感，排沙比变幅也就越大。

当 Q_{in} 小于 15 000 m³/s 时，排沙比较小，且基本小于 10%，排沙比与其他影响因素的关系不大；当 Q_{in} 小于 20 000 m³/s 时，排沙比一般在 20% 以内；当 Q_{in} 小于 25 000 m³/s 时，排沙比一般在 30% 以内；当 Q_{in} 大于 25 000 m³/s 时，相关关系点的分布变得较为散乱，同流量时排沙比变化较大，这主要是因为坝前水位变化较大，同时，当坝前水位较低时，排沙比的增加速度明显加快。

（2）排沙比与入库洪峰流量的关系。

由图 11.3.1（b）可知，场次洪水排沙比 SDR 与入库洪峰流量 Q_{max} 之间同样成正比，两者的幂函数回归决定系数为 0.636 5。当 Q_{max} 小于 25 000 m³/s 时，排沙比基本小于 10%；当 Q_{max} 小于 35 000 m³/s 时，排沙比一般在 20% 以内；当 Q_{max} 小于 40 000 m³/s 时，排沙比一般在 30% 以内；当 Q_{max} 大于 40 000 m³/s 时，同流量下排沙比变化较大，当坝前水位为 135～145 m 时，可将 40 000 m³/s 视为排沙比加速增大的临界洪峰流量，坝前水位越高，排沙比加速增大所需的临界洪峰流量越大。

（3）排沙比与入库平均含沙量和平均滞洪库容的关系。

由图 11.3.1（c）可知，场次洪水排沙比 SDR 与入库平均含沙量 S_{in} 的关系较为散乱，但是两者之间也存在正比关系，即随着入库平均含沙量的增加，排沙比有增加趋势。平均滞洪库容主要由坝前水位决定，从排沙比与平均滞洪库容 V 的关系［图 11.3.1（d）］看，随着平均滞洪库容的增大，水库排沙比整体上呈明显减小趋势，同时，相同平均滞洪库容条件下，排沙比变化幅度很大，这主要由入库流量变化很大所致。

11.3.3　汛期场次洪水排沙比公式

影响三峡水库汛期场次洪水排沙比的因素很多，除入库平均流量、入库洪峰流量、入库平均含沙量和平均滞洪库容外，还有洪水历时 T 和出库平均流量 Q_{out} 等。从有利于排沙比公式使用和有利于主要问题研究的角度出发，通过简化和组合，初步选择以下 5 个变量进行研究：洪水滞留系数 V/Q_{in}、入库平均含沙量 S_{in}、洪水历时 T、洪水峰型系数 Q_{max}/Q_{in}、进出库平均流量变化系数 Q_{out}/Q_{in}。这 5 个变量能够反映洪水的水沙基本特征，能够综合体现以上多个因素对排沙比的影响，图 11.3.2 给出了排沙比与所选各变量的关系。

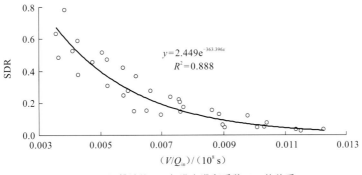

（a）排沙比SDR与洪水滞留系数V/Q_{in}的关系

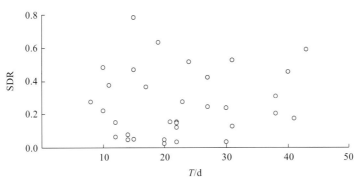

（b）排沙比SDR与洪水历时T的关系

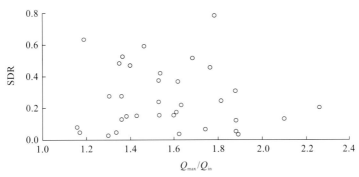

（c）排沙比SDR与洪水峰型系数Q_{max}/Q_{in}的关系

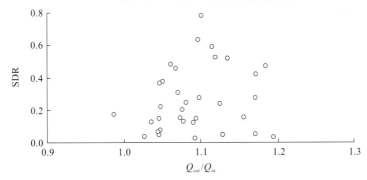

（d）排沙比SDR与进出库平均流量变化系数Q_{out}/Q_{in}的关系

图 11.3.2　三峡水库排沙比 SDR 与所选各变量的关系

　　洪水滞留系数表征入库洪水在水库中滞留时间的长短，坝前水位越高，相应的滞洪库容越大，洪水在水库中滞留的时间就越长，越不利于水库排沙；滞洪历时越短，对水库排沙越有利。洪水历时和洪水峰型系数能进一步反映入库洪水特性，而进出库平均流量变化系数反映的是输沙水量的沿程变化。

　　由图 11.3.2 可知，排沙比与洪水滞留系数的非线性相关关系较好，两者的指数函数模型的回归决定系数达到了 0.888；排沙比与洪水历时、洪水峰型系数及进出库平均流量变化系数之间的关系散乱，很难判断它们之间是否存在线性或曲线关系。显然，从排沙比与所选各变量的拟合关系看，洪水滞留系数是主要影响因素，但能否剔除其他影响因素，而将三峡水库场次洪水排沙比近似看成洪水滞留系数的单值函数呢？为进一步研究各因素的非线性作用，以及相互叠加作用对排沙比的影响，将各影响因素的高阶项及交叉项引入多项式回归表达式中，以上述 5 个变量为自变量，以排沙比为因变量，构建如下多项式回归表达式：

$$y = \alpha_0 + \alpha_1 x_1 + \alpha_2 x_2 + \alpha_3 x_3 + \alpha_4 x_4 + \alpha_5 x_5 + \alpha_6 x_1^2 + \alpha_7 x_2^2 + \alpha_8 x_3^2 + \alpha_9 x_4^2 + \alpha_{10} x_5^2$$
$$+ \alpha_{11} x_1 x_2 + \alpha_{12} x_1 x_3 + \alpha_{13} x_1 x_4 + \alpha_{14} x_1 x_5 + \alpha_{15} x_2 x_3 + \alpha_{16} x_2 x_4 + \alpha_{17} x_2 x_5 + \alpha_{18} x_3 x_4 \qquad (11.3.1)$$
$$+ \alpha_{19} x_3 x_5 + \alpha_{20} x_4 x_5 + \varepsilon$$

式中：y 为排沙比；x_1 为洪水滞留系数；x_2 为入库平均含沙量；x_3 为洪水历时；x_4 为洪水峰型系数；x_5 为进出库平均流量变化系数；$\alpha_i (i = 0, 1, \cdots, 20)$ 为模型参数；ε 为随机误差。

　　回归分析的任务就是用数学表达式来描述相关变量之间的关系，找出哪些是重要因素，哪些是次要因素，这些因素之间又有什么关系。采用逐步回归的方法，从所建立的多元回归模型中挑选出对因变量影响显著的自变量，剔除不显著变量，回归分析采用的是 SPSS 统计分析软件，得到如下两个回归方程。

　　回归方程 a：$y = 0.771 - 71.29 x_1$，相关系数 R 为 0.877，校正的决定系数 Ra^2 为 0.762，方差的无偏估计值 S^2 等于 0.009，方差膨胀因子 VIF 等于 1.0，回归方程和回归系数都通过了 0.05 的显著性检验。

　　回归方程 b：$y = 1.285 - 223.063 x_1 + 10\,012.25 x_1^2$，相关系数 R 为 0.926，校正的决定系数 Ra^2 为 0.848，方差的无偏估计值 S^2 等于 0.006，方差膨胀因子 VIF 等于 40.757，回归方程和回归系数都通过了 0.05 的显著性检验。

　　回归方程 b 中自变量 x_1 与 x_1^2 是高度相关的，相关系数 R 达到了 0.926，方差膨胀因子 VIF 为 40.757，显然，两自变量之间存在着较强的共线性问题；排沙比与洪水滞留系数成反比，而共线性问题导致回归方程 b 中自变量 x_1^2 的回归系数 10 012.25 的正负方向与实际情况相反。综合以上分析可知，回归方程 a 为最优回归方程。

　　逐步回归结果说明，洪水滞留系数是三峡水库汛期场次洪水排沙比的主要影响因素，且排沙比可以近似看成洪水滞留系数的单值函数。上面通过逐步回归得到了排沙比关于洪水滞留系数的线性表达式，但排沙比是否还有关于洪水滞留系数的其他更优的表达形式呢？由图 11.3.2（a）可知，排沙比与洪水滞留系数呈非线性相关关系，以洪水滞留系数为自变量，以排沙比为因变量，采用 SPSS 软件提供的线性函数、对数函数、指数函数、幂函数等 11 种模型进行曲线回归，并根据拟合结果进行回归模型优选，优选结果表明指数函数的回归效果最好，回归决定系数 R^2 等于 0.888，方差的无偏估计值 S^2 等于 0.104，回归方程和回归系数都通过了 0.05 的显著性检验，指数函数形式的回归方程如下：

$$SDR = 2.449e^{-363.396\frac{V}{Q_{in}}}, \quad 0.0036 \leqslant V/Q_{in} \leqslant 0.0123 \tag{11.3.2}$$

$$SDR_{95\%预测上限} = 3.477e^{-316.885\frac{V}{Q_{in}}} \tag{11.3.3}$$

$$SDR_{95\%预测下限} = 1.725e^{-409.908\frac{V}{Q_{in}}} \tag{11.3.4}$$

式中：SDR 为场次洪水排沙比；Q_{in} 为入库平均流量，m^3/s；V 为平均滞洪库容（为坝前平均水位下的总库容，可根据水位库容曲线插值求出），$10^8\ m^3$。

式（11.3.2）给出了一个拟合度较优的三峡水库汛期场次洪水排沙比公式的结构形式，但反映洪水特性的峰型系数、进出库平均流量变化系数及洪水历时等在式（11.3.2）中未能体现，而排沙比与洪水滞留系数关系点群的带状分布[图 11.3.2（a）]也反映了其他因素的影响，因此排沙比公式[式（11.3.2）]还存在一定程度的不确定性。

为便于排沙比公式在三峡水库汛期实时调度中的使用，根据三峡水库中短期水文预报时限和预报水平情况，作为一种尝试，将排沙比公式[式（11.3.2）]中的平均滞洪库容 V 改为洪水过程中的最大滞洪库容 V_{max}，将入库洪水平均流量 Q_{in} 分别改为洪水过程中的最大 6 日平均流量 Q_{6max}、最大 3 日平均流量 Q_{3max} 和洪峰流量 Q_{max}，采用 SPSS 软件进行回归分析，通过优选得到 3 个回归方程：

$$SDR = 1.893e^{-400.978\frac{V_{max}}{Q_{6max}}}, \quad 0.0027 \leqslant V_{max}/Q_{6max} \leqslant 0.0104 \tag{11.3.5}$$

$$SDR = 1.752e^{-435.107\frac{V_{max}}{Q_{3max}}}, \quad 0.0024 \leqslant V_{max}/Q_{3max} \leqslant 0.0095 \tag{11.3.6}$$

$$SDR = 1.0 \times 10^{-6}\left(\frac{V_{max}}{Q_{max}}\right)^{-2.243}, \quad 0.0022 \leqslant V_{max}/Q_{max} \leqslant 0.0092 \tag{11.3.7}$$

式（11.3.5）～式（11.3.7）的回归决定系数 R^2 分别等于 0.846、0.819、0.781，方差的无偏估计值 S^2 分别等于 0.142、0.168、0.203，各回归方程和回归系数都通过了 0.05 的显著性检验。与式（11.3.2）相比，在排沙比对应的统计时段不变（仍对应一个完整的洪水过程）的情况下，将自变量对应的时段缩短后，所采用的自变量对应的时段越短，其最优回归方程的回归决定系数越小，方差的无偏估计值越大。

一般，当回归决定系数 R^2 在 0.8 以上时，可以认为拟合度较高，各回归方程中式（11.3.2）相对最优，式（11.3.7）相对最差，因此，推荐将式（11.3.2）作为三峡水库汛期场次洪水的排沙比公式。在实时调度决策中，综合考虑水文预报水平和排沙比公式使用的方便，作为一种较为粗略的预估，可选择式（11.3.5）、式（11.3.6）进行排沙比预测和调度决策，其中式（11.3.6）所需资料的预报精度较高且更容易获得，使用起来更为方便，因此，在实时调度决策中推荐式（11.3.6）。

11.3.4　汛期场次洪水排沙比公式的应用

由式（11.3.2）可得，当 V/Q_{in} 小于 0.008 8 时，三峡水库场次洪水排沙比小于 10%，而排沙比 20%、30%、40% 和 50% 对应的 V/Q_{in} 的临界值分别为 0.006 9、0.005 8、0.005 0 和 0.004 4；由式（11.3.5）可得，当 V/Q_{6max} 小于 0.007 3 时，三峡水库场次洪水排沙比小于 10%，而排沙比 20%、30%、40% 和 50% 对应的 V/Q_{6max} 的临界值分别为 0.005 6、0.004 6、0.003 9 和 0.003 3；由式（11.3.6）可得，当 V/Q_{3max} 小于 0.006 6 时，三峡水库场次洪水排沙比小于 10%，而排沙比 20%、30%、40% 和 50% 对应的 V/Q_{3max} 的临界值分别为 0.005 0、0.004 0、0.003 4 和 0.002 9。

为便于排沙比公式在实际调度中的使用，根据水位库容曲线将平均滞洪库容 V 转化为对应的坝前水位 Z_s，根据式（11.3.2）、式（11.3.5）和式（11.3.6）对不同坝前水位和不同入库流量对应的三峡水库场次洪水排沙比进行了计算，并将计算结果绘制成图 11.3.3。由图 11.3.3 可知，在入库流量相同的条件下，流量较小时，由坝前水位不同带来的排沙比差别并不大，随着流量的增大，由坝前水位不同带来的排沙比差别呈逐步增大趋势。实际调度中，根据某时段内的预报流量，按需要选定适当的排沙比，即可查出满足所需滞洪库容的坝前水位。

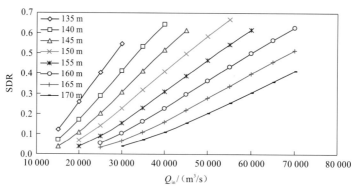

（a）以平均坝前水位和平均入库流量为自变量

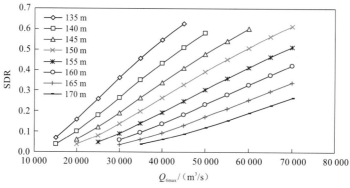

（b）以最大坝前水位和最大6日平均流量为自变量

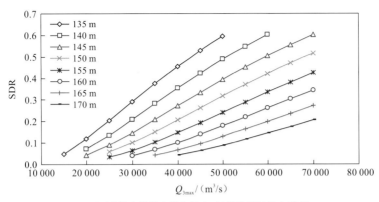

（c）以最大坝前水位和最大3日平均流量为自变量

图 11.3.3　不同坝前水位和入库流量下三峡水库排沙比计算图

以三峡运用初期排沙比的初步设计值 30%为比较目标，分别采用式（11.3.2）、式（11.3.5）～式（11.3.7）对不同入库流量下场次洪水排沙比达到 30%时所需的坝前水位进行了计算，计算结果见表 11.3.1。

表 11.3.1　排沙比为 30%时不同场次洪水入库流量对应的坝前水位统计表

入库流量 / （m³/s）	坝前水位/m			
	式（11.3.2）	式（11.3.5）	式（11.3.6）	式（11.3.7）
20 000	134.0	127.0	124.1	121.3
30 000	145.4	138.0	134.4	131.2
40 000	153.6	147.4	143.1	139.5
50 000	163.5	153.4	151.0	146.8
60 000	170.3	161.8	157.3	153.2
70 000	176.1	168.1	162.9	158.7

追求汛期场次洪水的较高排沙比，是三峡水库汛期调度的重要目标之一，从上面的研究结果看，若以排沙比为调度目标，因为对排沙比起主要作用的是入库流量和滞洪库容大小，所以三峡水库汛期场次洪水的排沙比调度应以调节入库流量和坝前水位为主；若以水库排沙量为调度目标，则在预报和决策时，除了对入库流量和坝前水位进行调度外，还应同时考虑入库含沙量及其过程的影响。

11.4　寸滩站沙峰洪峰相位关系及其对三峡库区沙峰输移的影响

本节选取三峡水库蓄水运用前后实测沙峰资料，开展了三峡水库入库寸滩站沙峰洪峰相位关系及其对三峡库区沙峰输移的影响研究。研究结果表明：1991～2013 年寸滩站实测沙峰洪峰资料中，沙峰超前于洪峰、沙峰与洪峰同步、沙峰滞后于洪峰三种相位关系的占比分别约为40%、40%和20%。从有利于提高沙峰出库率和减小库区沙峰传播时间的角度看，沙峰与洪峰同步时最有利于输沙排沙，其次是沙峰超前于洪峰，最差的是沙峰滞后于洪峰（黄仁勇 等，2017）。

11.4.1　寸滩站沙峰洪峰相位关系

三峡水库入库寸滩站沙峰与洪峰的相位关系可分为三种：沙峰超前于洪峰、沙峰与洪峰同步、沙峰滞后于洪峰。根据寸滩站1991～2002年实测水文资料，统计了47场寸滩站洪水过程，其中沙峰超前于洪峰的有 15 场，占比为 31.9%；沙峰与洪峰同步的有24场，占比为 51.1%；沙峰滞后于洪峰的有8场，占比为17.0%。根据寸滩站2003～2013年实测水文资料，统计了42场寸滩站洪水过程，其中沙峰超前于洪峰的有20场，占比为47.6%；沙峰与洪峰同步的有13场，占比为31.0%；沙峰滞后于洪峰的有9场，占比为21.4%。

综上，寸滩站1991～2013年89场实测洪水过程中，沙峰超前于洪峰的有35场，占比为39.3%；沙峰与洪峰同步的有37场，占比为41.6%；沙峰滞后于洪峰的有17场，占比为19.1%。可见，1991年以来，三峡水库入库洪水过程中，沙峰滞后于洪峰较少，一般占比约为20%，沙峰超前于洪峰和沙峰与洪峰同步一般各占约40%。其中，三峡水库试验性蓄水以来的入库洪水中，沙峰超前于洪峰、沙峰与洪峰同步、沙峰滞后于洪峰分别约占30%、50%和20%。

寸滩站沙峰洪峰呈现出三种相位关系的原因主要是：①三峡水库上游降雨在时空上的分布不均、地形地貌的差异、溪沟汇流及重力侵蚀的随机性，使寸滩站洪峰和沙峰呈现出多种相位组合；②三峡入库水沙异源，也是寸滩站沙峰与洪峰不同步的一个原因；③河道中沙峰洪峰传播速度的差异是两者不同步的另一个原因，对于宽浅河道，洪峰波速远小于断面平均流速，沙峰比洪峰传播快，对于窄深河道，洪峰波速远大于断面平均流速，沙峰比洪峰传播慢。

11.4.2　寸滩站沙峰洪峰相位关系对三峡库区沙峰输移的影响

表11.4.1是为研究三峡水库蓄水后库区沙峰输移特性所选的28个沙峰样本的入库沙峰洪峰相位关系统计表，由表可知，以干流寸滩站为三峡沙峰洪峰入库统计站，在三峡水库蓄水后的28个沙峰样本中，入库沙峰超前于入库洪峰的有13个，占比为46.4%；入库沙峰与入库洪峰同步的也有13个，占比为46.4%；入库沙峰滞后于入库洪峰的有2个，占比为7.2%。

表 11.4.1　入库沙峰洪峰相位关系统计表

序号	沙峰入库时间 （年-月-日）	沙峰传播时间 /d	沙峰出库率	洪峰入库时间 （年-月-日）	入库沙峰洪峰相位关系	寸滩站入库洪峰 流量/（m³/s）
1	2003-07-04	2	0.476	2003-07-05	沙峰超前洪峰 1 d	30 700
2	2003-09-01	5	0.474	2003-09-03	沙峰超前洪峰 2 d	46 500
3	2005-08-15	6	0.485	2005-08-12	沙峰滞后洪峰 3 d	43 200
4	2005-08-27	3	0.560	2005-08-30	沙峰超前洪峰 3 d	40 100
5	2005-10-05	2	0.197	2005-10-05	沙峰洪峰同步	30 300
6	2006-07-09	3	0.123	2006-07-09	沙峰洪峰同步	28 300
7	2006-09-07	3	0.023	2006-09-07	沙峰洪峰同步	18 500
8	2007-06-20	2	0.150	2007-06-20	沙峰洪峰同步	22 600
9	2007-07-28	6	0.369	2007-07-31	沙峰超前洪峰 3 d	36 100
10	2007-09-02	3	0.132	2007-09-02	沙峰洪峰同步	30 100
11	2007-09-18	3	0.140	2007-09-19	沙峰超前洪峰 1 d	30 000
12	2008-07-03	5	0.062	2008-07-07	沙峰超前洪峰 4 d	23 200
13	2008-07-24	4	0.146	2008-07-24	沙峰洪峰同步	27 900
14	2008-08-10	7	0.202	2008-08-12	沙峰超前洪峰 2 d	33 400
15	2008-09-12	2	0.249	2008-09-12	沙峰洪峰同步	33 600
16	2008-06-15	7	0.007	2008-06-17	沙峰超前洪峰 2 d	18 200
17	2009-07-19	5	0.134	2009-07-19	沙峰洪峰同步	32 500
18	2009-08-18	3	0.184	2009-08-21	沙峰超前洪峰 3 d	30 700
19	2010-07-19	4	0.220	2010-07-19	沙峰洪峰同步	62 400
20	2010-07-26	4	0.154	2010-07-27	沙峰超前洪峰 1 d	50 000
21	2011-06-22	7	0.040	2011-06-24	沙峰超前洪峰 2 d	30 000
22	2011-07-08	4	0.045	2011-07-08	沙峰洪峰同步	32 300
23	2011-08-06	3	0.071	2011-08-07	沙峰超前洪峰 1 d	30 900
24	2011-09-20	5	0.004	2011-09-21	沙峰超前洪峰 1 d	41 700
25	2012-07-02	6	0.279	2012-07-02	沙峰洪峰同步	36 400
26	2012-07-24	4	0.178	2012-07-24	沙峰洪峰同步	63 200
27	2012-09-06	8	0.016	2012-09-03	沙峰滞后洪峰 3 d	47 300
28	2013-07-13	8	0.207	2013-07-13	沙峰洪峰同步	37 400

表 11.4.1 的 28 个沙峰输移资料样本中，前 7 组沙峰资料对应的三峡水库汛限水位为 135 m，沙峰入库时及沙峰输移过程中库水位均在 135 m 附近，而后 21 组沙峰资料对应的三峡水库汛期水位最低为 144 m，一般在 145 m 及以上，考虑到今后沙峰调度的运用背景均是汛限水位 145 m，这里选择第 8～28 组共 21 组实测资料样本进行沙峰输移特性与入库沙峰洪峰相位关系的研究。21 个实测沙峰样本中，入库沙峰超前于洪峰的有 10 个，实测沙峰传播时间的平均值为 5.0 d，实测沙峰出库率的平均值为 0.123；入库沙峰与洪峰同步的有 10 个，实测沙峰传播时间的平均值为 4.2 d，实测沙峰出库率的平均值为 0.174；沙峰滞后于洪峰的有 1 个，实测沙峰传播时间的平均值为 8.0 d，实测沙峰出库率的平均值为 0.016。

可见，从定性上看，入库沙峰与洪峰同步时，沙峰传播时间最短，沙峰出库率最高；入库沙峰滞后于洪峰时，沙峰传播时间最长，沙峰出库率最低；入库沙峰超前于洪峰时，沙峰传播时间居中，沙峰出库率也居中。因此，从有利于提高沙峰出库率和减小库区沙峰传播时间的角度看，入库沙峰与入库洪峰的三种相位关系中，沙峰与洪峰同步时最有利于输沙排沙，其次是沙峰超前于洪峰，最差的是沙峰滞后于洪峰。需要说明的是，该定性认识是在统计平均意义的基础上的，对于同一场次洪水是适用的，对于不同的场次洪水则不一定适用，主要因为沙峰传播时间和沙峰出库率受到多个因素的复杂影响，其大小并不是仅由入库站沙峰和洪峰之间的相位关系就能够完全确定的。

11.5　三峡水库调度运用对出库水沙过程的影响

采用三峡水库干支流河道一维非恒定流水沙数学模型，进行了三峡水库蓄水后 2003 年 6 月～2012 年 12 月出库水沙过程还原计算，以对比分析三峡水库调度运用对出库水沙过程的影响。结果表明：2008 年以前，受建库影响，出库洪峰过程变得更加尖瘦，峰值增大，大流量天数增多，出库时间提前；2008 年以后，受汛期洪水调度影响，出库洪峰过程变得更加矮胖，峰值减小，大流量天数减少，出库时间滞后；受水库枯期补水影响，建库后出库小流量天数显著减少，出库最小流量明显提高；建库后出库沙峰过程坦化，峰值减小，出库时间滞后，出库含沙量基本维持在 0.5 kg/m³ 以下；汛期坝前水位保持不变时，建库后出库洪峰流量增大值在 2 000 m³/s 以内，洪峰出库时间提前 1～2 d，沙峰出库时间滞后 1～5 d（黄仁勇 等，2019b）。

11.5.1　出库水沙过程还原计算

1. 计算条件

三峡水库干支流河道一维非恒定流水沙数学模型为树状河网模型，采用三级解法对水流方程进行求解，水流方程离散采用 Preissmann 四点隐式差分格式，泥沙方程采用显格式进行离散求解。出库控制站采用位于三峡大坝下游的黄陵庙站。进口边界条件：模型进口采用干流朱沱站、嘉陵江北碚站、乌江武隆站 2003 年 6 月 1 日～2012 年 12 月 31 日逐日平均流量和含沙量过程。出口边界：还原计算时，出口边界采用坝下游黄陵庙站水位流量关系。区间来流量在计算河段内通过分配到入汇支流上来加入。三峡水库区间来沙量较少且无实测资料，因此模型还原计算中没有考虑区间入库沙量的影响。

2. 区间流量计算

本模型针对库区区间流量较大的特点，以库区各小支流流域面积、水库水位库容曲线和库区水文站逐日流量过程等资料为基础，基于水量平衡原则，采用水流水动力逐日演进计算的方法，将区间流量按各支流流域面积比例合理分配到各入汇支流上以加入计算河段，从而解决进出库水量闭合及区间流量分配问题，提高库区洪水演进计算精度。图 11.5.1 是区间流量考虑前后出库流量计算结果与实测结果的比较图（以 2009 年为例），考虑区间入库流量后，出库流量过程的计算结果与实测结果的吻合程度明显提高。

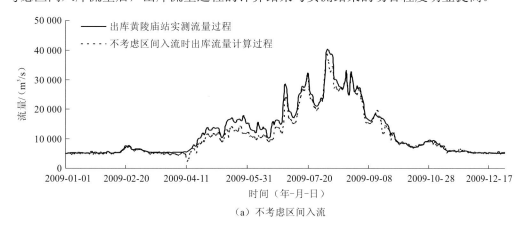

（a）不考虑区间入流

（b）考虑区间入流

图 11.5.1　三峡水库出库流量计算结果与实测结果的比较图（以 2009 年为例）

2003 年 6 月 1 日三峡库水位为 106.76 m，2012 年 12 月 31 日三峡库水位为 173.7 m。三峡水库 106.76～173.7 m 库水位对应的静库容为 $3.433\,5\times10^{10}\ \mathrm{m}^3$，2003 年 6 月 1 日～

2012 年 12 月 31 日三峡出库黄陵庙站实测累积水量为 $3.900\,125\times10^{12}$ m³，加上 $3.433\,5\times10^{10}$ m³ 的水库蓄水量后为 $3.934\,46\times10^{12}$ m³，本次还原计算得到的黄陵庙站累积水量为 $3.956\,6.73\times10^{12}$ m³，计算结果偏大 $2.221\,3\times10^{10}$ m³，相对偏大 0.56%，总水量误差较小。因此，本模型出库流量过程及出库水量计算结果与实测值吻合较好，本模型还原计算得到的出库流量过程结果是可信的。

11.5.2　三峡水库调度运用对出库特征流量天数的影响

对三峡水库出库流量还原计算结果与实测结果进行了对比（表 11.5.1 和图 11.5.2），与无库时的还原计算结果相比，建库后 2003～2008 年出库 40 000 m³/s 以上大流量的天数一般是增加的，而 2009～2012 年出库 40 000 m³/s 以上大流量的天数是减少的，2008 年以后汛期出库洪峰流量大于 50 000 m³/s 的天数为 0。其主要原因为：2008 年以前，三峡水库汛期库水位按汛限水位控制，汛期运行水位基本保持不变，与天然河道相比，由于三峡水库蓄水位的升高，上游及区间洪水传播至坝址时洪量更加集中，出库洪峰流量加大，故 2008 年以前汛期大流量的天数是增加的；2008 年以后，三峡水库汛期开展了中小洪水调度，汛期实际运行水位是高于汛限水位的，由于拦蓄了洪水，大的洪峰流量普遍被削减，故 2008 年以后汛期出库大流量的天数是减少的。2003～2012 年三峡水库坝前水位过程见图 11.5.2，2009 年、2010 年、2011 年、2012 年汛期实际运行水位的变化范围分别为 145～153 m、145～161 m、145～154 m、145～163 m。

表 11.5.1　三峡水库出库黄陵庙站特征流量天数的对比表（大流量）

年份	流量大于 55 000 m³/s 的天数		流量大于 50 000 m³/s 的天数		流量大于 45 000 m³/s 的天数		流量大于 40 000 m³/s 的天数	
	实测	还原	实测	还原	实测	还原	实测	还原
2003	0	0	0	0	2	1	9	7
2004	2	2	4	3	5	4	5	6
2005	0	0	0	0	5	1	23	21
2006	0	0	0	0	0	0	0	0
2007	0	0	0	0	3	2	10	10
2008	0	0	0	0	0	0	0	0
2009	0	0	0	1	0	3	2	4
2010	0	2	0	3	0	7	5	12
2011	0	0	0	0	0	0	0	0
2012	0	2	0	3	2	10	17	21
小计 1	2	2	4	3	15	8	47	44
小计 2	0	4	0	7	2	20	24	37
总计	2	6	4	10	17	28	71	81

注：表中 2003 年为 2003 年 6 月 1 日～12 月 31 日；小计 1 为 2003～2008 年合计，小计 2 为 2009～2012 年合计。

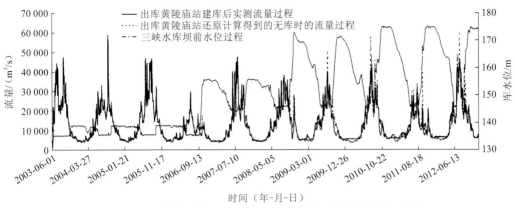

图 11.5.2　三峡水库出库流量还原计算结果与实测结果的比较图

与无库时的还原计算结果相比，建库后出库小流量天数显著减少，出库最小流量值明显提高（表 11.5.2）。2007 年以后出库流量小于 4 000 m³/s 的天数减小为 0，2009 年以后出库流量小于 5 000 m³/s 的天数减小为 0，2011 年以后出库流量小于 5 500 m³/s 的天数减小为 0。其主要原因是随着长江中下游河道的不断冲刷下切，为兼顾航运、供水、生态等需求，三峡水库对枯期最小下泄流量进行了控制，逐步提高了最小下泄流量。

表 11.5.2　三峡水库出库黄陵庙站特征流量天数的对比表（小流量）

年份	流量小于 4 000 m³/s 的天数		流量小于 4 500 m³/s 的天数		流量小于 5 000 m³/s 的天数		流量小于 5 500 m³/s 的天数	
	实测	还原	实测	还原	实测	还原	实测	还原
2003	5	0	10	0	15	2	21	9
2004	11	4	36	32	75	73	96	96
2005	8	5	26	17	56	47	85	80
2006	11	3	39	24	57	61	90	77
2007	0	16	92	67	127	114	134	136
2008	0	8	65	41	94	87	103	97
2009	0	0	0	19	0	93	108	133
2010	0	37	0	70	0	95	105	108
2011	0	4	0	17	0	30	0	49
2012	0	0	0	0	0	19	0	57
总计	35	77	268	287	424	621	742	842

注：表中 2003 年为 2003 年 6 月 1 日～12 月 31 日。

11.5.3　三峡水库调度运用对出库特征含沙量天数的影响

将三峡水库出库含沙量还原计算结果与实测结果进行了对比（表 11.5.3 和图 11.5.3），从对比结果看，与无库时的还原计算结果相比，建库后出库沙峰含沙量出现了显著减小，2005 年以后出库含沙量大于 1.5 kg/m³ 的天数减少为 0，2008 年以后出库含沙量大于 1.0 kg/m³ 的天数减少为 0，2010 年以后出库含沙量大于 0.5 kg/m³ 的天数也同样出现了大幅度减少。可见，随着三峡水库汛期运行水位的抬高，特别是 2009 年开始开展汛期中小洪水调度后，三峡水库出库含沙量将基本维持在 0.5 kg/m³ 以下。

表 11.5.3　三峡水库出库黄陵庙站特征含沙量天数统计表

年份	含沙量大于 1.5 kg/m³ 的天数		含沙量大于 1.0 kg/m³ 的天数		含沙量大于 0.5 kg/m³ 的天数	
	实测	还原	实测	还原	实测	还原
2003	0	0	0	13	20	113
2004	3	0	4	11	7	79
2005	0	6	2	33	23	105
2006	0	5	0	14	0	55
2007	0	9	2	25	5	96
2008	0	10	0	24	4	105
2009	0	2	0	17	4	81
2010	0	12	0	26	0	65
2011	0	0	0	3	0	50
2012	0	0	0	18	4	68
总计	3	44	8	184	67	817

注：表中 2003 年为 2003 年 6 月 1 日～12 月 31 日。

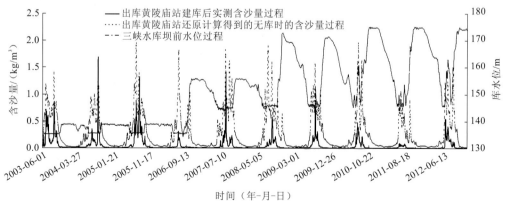

图 11.5.3　三峡水库出库含沙量还原计算结果与实测结果的比较图

11.5.4　三峡水库调度运用对出库洪峰、沙峰过程的影响

以 2007 年和 2012 年汛期为例，对三峡水库出库洪峰、沙峰过程的还原计算结果与实测结果进行了对比（图 11.5.4），2007 年三峡水库汛期水位变幅很小，基本保持在 145 m 附近不变，2012 年三峡水库开展了汛期洪水调度，汛期水位变幅很大，汛期水位基本在 145～163 m 变化。从对比结果看，当汛期坝前水位保持不变时［图 11.5.4（a）］，河道调蓄能力减小、库区汇流加快等使得建库后出库洪峰流量有所增大，但增大值并不大，均在 2 000 m³/s 以内，洪峰出库时间提前 1～2 d；出库沙峰减小，沙峰出库时间滞后 1～5 d，出库沙峰洪峰相位差进一步拉大；洪峰形状变得更为尖瘦，但变化幅度较小，沙峰形状明显坦化，出库流量越小，沙峰坦化越严重。当水库汛期开展防洪调度，坝前水位抬高时［图 11.5.4（b）］，建库后出库洪峰流量减小，洪峰出库时间滞后，出库沙峰减小，沙峰出库时间滞后；洪峰形状变得矮胖，且变化幅度较大，沙峰形状明显坦化，库水位越高，沙峰坦化越严重。与 2007 年相比，2012 年汛期三峡水库调度对出库水沙过程的改变程度更大，主要是因为 2012 年三峡水库实施了汛期中小洪水调度和汛末提前蓄水，进一步抬高了水库汛期的实际运行水位，更大程度地改变了出库水沙过程及其特性。2012

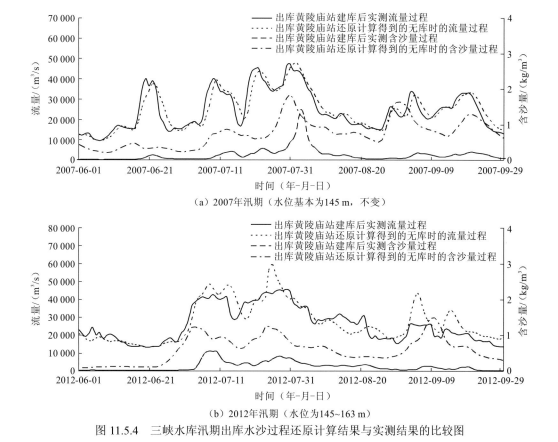

（a）2007年汛期（水位基本为145 m，不变）

（b）2012年汛期（水位为145～163 m）

图 11.5.4　三峡水库汛期出库水沙过程还原计算结果与实测结果的比较图

年汛期中小洪水调度造成的三峡水库出库含沙量最大的减小值为 $0.223\,\text{kg/m}^3$，中小洪水调度进一步减小了出库含沙量，增大了出库沙峰的坦化程度，延长了沙峰在库区内的传播时间，对沙峰出库时间及沙峰形状的改变程度加大。可见，建库后的出库洪峰、沙峰过程特性与建库前相比产生了显著改变，而汛期中小洪水调度又进一步改变了建库后的出库洪峰、沙峰过程特性。三峡水库建库及水库调度运用方式显著改变了出库径流、泥沙过程，与实时入库水沙过程相对应的水库实时调度方式变化越大，其对出库径流、泥沙过程的改变程度越大。

11.6 本 章 小 结

本章通过理论研究和模拟计算，揭示了三峡水库汛期泥沙输移机理，发展了三峡水库汛期泥沙调度理论，主要认识如下。

（1）揭示了三峡水库汛期泥沙输移机理，发现汛期 1～2 次主要大洪水过程排出的泥沙可占三峡水库全年出库沙量的 50%～90%，指出三峡水库汛期泥沙调度应以调节入库流量和坝前水位为主。

（2）发展了三峡水库汛期泥沙调度理论，揭示了影响汛期泥沙输移特性的控制性主导因子及水沙相互作用机制，建立了沙峰传播时间公式、沙峰出库率公式和场次洪水排沙比公式，首次构建了沙峰输移和场次洪水排沙比的快速预判公式，得到了最有利于库区输排沙的入库沙峰洪峰相位关系是沙峰与洪峰同步，其次是沙峰超前于洪峰，最差是沙峰滞后于洪峰的重要规律认识。

第 12 章

三峡水库汛期泥沙调度
关键技术及应用

12.1 研 究 背 景

12.1.1 研究意义

20 世纪 90 年代以来，长江上游干支流水库建设进展迅速，长江上游地区投入运用且总库容达 $1×10^8$ m^3 以上的水库已经接近 80 座（2015 年统计）（水利部长江水利委员会，2015）。受水库群拦沙、水土保持减沙等多种因素影响，长江上游水沙情势发生了显著改变，三峡水库入库径流量出现了一定幅度的减少，而入库沙量出现了大幅度的减少。2003~2018 年三峡入库（寸滩+武隆）年均径流量为 $3.739×10^{11}$ m^3，较论证值减少 $2.47×10^{10}$ m^3，减幅为 6.2%（长江水利委员会水文局，2019）。2003~2018 年三峡水库年均入库（寸滩+武隆）沙量为 $1.48×10^8$ t，较论证值减少了 $3.45×10^8$ t，减幅为 70%。金沙江溪洛渡水库、向家坝水库运用后，金沙江来沙的 99% 都被溪洛渡水库和向家坝水库拦截。2014~2018 年三峡水库年均入库（寸滩+武隆）沙量为 $6.08×10^7$ t，与 2003~2013 年的年均 $1.86×10^8$ t 相比，三峡入库沙量出现了进一步的大幅度减少。

入库沙量的大幅减少，使得三峡水库泥沙淤积大为减轻，也为水库调度方式优化提供了良好的条件，但调度方式优化又会相应增大库区淤积，三峡水库泥沙淤积问题又是社会各界普遍关心的问题。以实测资料为基础，开展三峡水库泥沙调度方式研究，有助于减轻调度方式优化给库区淤积带来的不利影响，并响应社会关切。同时，从生态环境保护的角度，尽可能多地排沙出库也符合长江大保护的客观要求，对上下游都是有利的。

12.1.2 研究现状

河流上修建水库后，库区水深增加、流速减缓，必然引起库区泥沙淤积，泥沙淤积到一定程度，会减小其有效库容，影响水库综合效益。水库淤积是世界级难题，如何有效控制水库淤积，长期保持一定的有效库容，是水库泥沙淤积研究的重要课题。影响水库淤积的因素主要有上游来水来沙过程、库区边界条件和水库调度方式，其中水库调度方式是可以主动控制和决定淤积的因素。泥沙调度是指，"为控制入库泥沙在库内的淤积部位和高程，达到排沙减淤目的所进行的水库运行水位调度"（电力工业部，1999）。通过水库泥沙调度减淤，是目前控制大型水库泥沙淤积行之有效的方法，也是主要的方法（甘富万，2008）。

水库淤积防治的现实需求及防治经验的不断积累推动了水库泥沙调度技术的不断进步。最早的水库泥沙调度设想由葛罗同等（1988）在治理黄河的初步报告中提出，其思想为在八里胡同建坝以控制洪水并发电，坝底设排沙设备，每年放空排沙一次。Churchill（1948）在 1948 年较早地开展了水库泥沙调节问题的研究，随后引发了许多学者对水库泥沙调控问题的关注。李书霞等（2006）开展了小浪底水库塑造异重流技术及调度方案研究，在研究异重流发生、运行及排沙等基本规律的基础上，根据水库的上下游实际条件制订了黄河调水调沙试验水库联合调度预案，在 2004 年成功塑造异重流并排沙出库，达到了减少水库淤积、优化出库水沙组合等多项预期目标。水库泥沙调度在黄河流域得到了广泛的应用与实践，其中利用小浪底水库和黄河干支流其他水库进行的黄河调水调沙，在推动泥沙调度实践和泥沙调度理论进步方面起到了积极的作用，总结出了基于小浪底水库以单库调节为主的调水调沙、基于空间尺度水沙对接的调水调沙和基于干流水库群联合调度及人工异重流塑造的调水调沙三种泥沙调度模式（水利部黄河水利委员会，2013），并通过泥沙调度成功实现了小浪底库尾淤积形态优化、小浪底水库排沙减淤和黄河下游河道冲刷等多个泥沙调度目标。山西恒山水库采用定期泄空排沙的泥沙调度方式实现了水库的长期使用（郭志刚和李德功，1984）。新疆头屯河水库采用低水位泄空冲刷、"高渠"拉沙、异重流排沙的泥沙调度方式，增加有效库容 $8.28 \times 10^6 \text{ m}^3$，其防洪调蓄能力增加，延长了水库寿命，也扩大了水库的兴利效益（许杰庭，2009）。我国学者在探索三峡水库长期使用的过程中，总结提出了"蓄清排浑"的泥沙调度方式，并在大量的水库调度实践中得到了成功应用，也得到了国际同行的认可（韩其为和何明民，1993）。从 20 世纪 60 年代开始，林一山（1978）、唐日长（1964）提出了水库长期使用的设想和概念，韩其为（1978）对长期使用水库的平衡形态及冲淤变形进行了详细的研究论证。论证与初步设计阶段的大量研究成果表明，三峡水库采用"蓄清排浑"的泥沙调度方式，可以保证水库的长期使用。林秉南和周建军（2004）针对减少重庆段淤积，提出了三峡水库双汛限水位运行的设想。长江上游乌东德、白鹤滩、溪洛渡、向家坝等大型水库也都采用了"蓄清排浑"的泥沙调度方式。

在水库水沙联合调度研究方面，张玉新和冯尚友（1986）运用多目标规划的方法，建立了水库水沙联调的多目标动态规划模型。杜殿勖和朱厚生（1992）采用系统分析的方法，建立了水库水沙联调随机动态规划模型，并进行了三门峡水库水沙综合调节、优化、调度、运用的研究。张金良（2004）、胡明罡（2004）、刘媛媛（2005）以三门峡水库为例，开展了水库泥沙冲淤计算和快速预测的研究。刘素一（1995）针对水库汛期降低水位排沙与电能损失的情况，建立了研究水沙联调的动态规划模型，研究了水库排沙与发电的关系。万新宇（2008）开展了基于相似性的三门峡水库水沙调度研究，对水库坝址附近的泥沙变化情况进行了预测，据此进行水库水沙调度。万毅（2008）开展了黄河梯级水库水电沙一体化调度研究，提出了实现一体化调度需要应用的多学科理论体系，研究了黄河梯级水库实行一体化调度的可行性和关键技术。陶春华等（2012）开展了大渡河瀑布沟以下梯级水库水沙联合调度研究，提出了利用弃水造峰的梯级水库水沙联合调度方案，研究表明，瀑布沟、龚嘴和铜街子三座水库水位与流量的合理控制，可有效减少龚嘴和铜街子水库的泥沙淤积。详细考虑三峡水库泥沙淤积与水库综合效益多目标优化的水沙联调的研究较少，彭杨（2002）建立了水库水沙联合调度多目标决策模型，并将该模型应用于三峡水库汛末蓄水研究中，得出了一个能够满足水库防洪、发电及航运等要求的运行方案。纪昌明等（2013）以三峡水库为例，开展了基于鲶鱼效应粒子群算法的水库水沙调度模型研究，研究表明，在考虑水库汛期排沙的基础上，针对来水来沙情势，有目的地提前蓄水可以很好地解决发电和泥沙淤积的矛盾。肖杨等（2013）以三峡水库为例，开展了基于遗传算法与神经网络的水库水沙联合优化调度模型研究，研究表明，利用加速遗传算法和自适应神经网络来模拟水沙联合优化调度是有效、可行的。随着大量水库的修建，长江上游梯级水库水沙联合优化调度将是今后更重要的研究方向，甘富万（2008）开展了基于遗传算法的三峡水库排沙调度与效益优化计算，还进一步开展了梯级水库排沙与效益联合优化调度算例的研究。

　　三峡水库 2008 年汛后 175 m 试验性蓄水运用以来，库尾河段出现了自然情况下的汛后走沙现象消失，走沙期后移至汛前消落期的新现象，同时，三峡水库开展了汛后提前蓄水和汛期中小洪水调度等优化调度实践，使汛期水位抬高运行的时间比初步设计方式有较多增加，也相应降低了水库输沙排沙能力和库尾走沙能力。针对库区泥沙冲淤规律的新变化及水库优化调度中的泥沙问题，三峡水库在近年来的实际调度中成功开展了多次库尾消落期减淤调度试验（周曼 等，2015）和汛期沙峰调度试验（董炳江 等，2014），取得了较好的水库减淤效果。已有研究主要是针对三峡水库的，没有考虑上游梯级水库的作用，水库排沙主要在汛期，已有的三峡水库汛期沙峰调度研究成果，主要是根据三峡入库洪峰、沙峰传播的时间差异性，提出了"洪峰到来时拦洪削峰，沙峰临近时加大泄量排沙"的沙峰调度模式，但只是提出了一个调度模式，并没有归纳、总结出具体的沙峰调度方案，也没有给出具体的入出库流量、含沙量等关键调度控制指标。

　　受水库河道地形、河床组成、入库水沙、泥沙组成、泥沙来源、水库壅水程度、水库运用方式、泄流规模、排沙设施、水库大小、水库上下游流域环境等众多因素的影响，不同的水库有着不同的泥沙淤积特性和不同的泥沙淤积问题，也有着不同的泥沙调度需求，众多的影响因素和约束条件增加了泥沙调度的复杂性，也构成了泥沙调度的技术难点。水库泥沙调度的技术难点之一是泥沙调度理论的建立，具体包括水库调度方式影响下的库区泥沙输移规律和泥沙淤积规律的揭示、泥沙调度目标的确定、泥沙调度过程中合理水沙关系的确定等。水库泥沙调度的技术难点还包括泥沙调度过程中合理水沙关系的塑造技术、泥沙调度过程中的水文监测和预报技术、泥沙调度模拟技术、梯级水库泥沙联合调度技术等。"蓄清排浑"的泥沙调度方式已被证明是有利于水库长期使用的行之有效的泥沙调度方式，但由于"蓄清排浑"要求水库汛期长时间保持在较低的库水位，对提高水资源的利用效率不利，如何在充分发挥水库综合效益的同时，通过适时开展泥沙调度，以兼顾水库排沙减淤，也是目前水库泥沙调度的一个难点。

　　"蓄清排浑"是保障长江上游大型梯级水库长期使用的泥沙调度原则，但在目前入库泥沙大幅减少的背景下，如果不考虑水库平衡时间大幅延长的实际情况，继续僵硬地执行"蓄清排浑"泥沙调度原则，会失去充分发挥梯级水库综合效益的有利时机，造成资源的巨大浪费。这就需要在水库实时调度中，在"蓄清排浑"调度原则的具体执行中，结合水库调度方式优化，给"蓄清排浑"的泥沙调度原则赋予新的意义，创新"蓄清排浑"泥沙调度原则的使用方法，丰富"蓄清排浑"泥沙调度原则的具体内容，研究提出水库优化调度背景下适用于实时调度的三峡及长江上游大型梯级水库的泥沙调度方式。

12.2　三峡水库泥沙模拟技术

12.2.1　三峡水库干支流河道一维非恒定流水沙数学模型

三峡库区支流众多，建立三峡水库一维非恒定流水沙数学模型应同时考虑干支流水沙运动，将水库干支流河道分别视为单一河道，河道汇流点称为汊点，则水沙数学模型应包括单一河道水沙运动方程、汊点连接方程和边界条件三部分（黄仁勇和黄悦，2009）。

1. 模型方程

1）单一河道水沙运动方程

模型计算选用的描述水沙运动的基本方程如下。

水流连续方程：

$$\frac{\partial A_i}{\partial t} + \frac{\partial Q_i}{\partial x} - q_{Li} = 0 \tag{12.2.1}$$

水流运动方程：

$$\frac{\partial Q_i}{\partial t} + \frac{\partial}{\partial x}\left(\frac{Q_i^2}{A_i}\right) + gA_i\left(\frac{\partial Z_i}{\partial x} + \frac{|Q_i|Q_i}{K_i^2}\right) + \frac{Q_i}{A_i}q_{Li} = 0 \tag{12.2.2}$$

悬移质泥沙连续方程：

$$\frac{\partial Q_i S_i}{\partial x} + \frac{\partial A_i S_i}{\partial t} + \alpha_i \omega_i B_i(S_i - S_{*i}) - S_{Li}q_{Li} = 0 \tag{12.2.3}$$

悬移质河床变形方程：

$$\rho'\frac{\partial A_d}{\partial t} = \alpha_i \omega_i B_i(S_i - S_{*i}) \tag{12.2.4}$$

式中：下角标 i 为断面号；ω 为泥沙沉速；Q 为流量；A 为过水面积；t 为时间；x 为沿流程的坐标；Z 为水位；K 为断面流量模数；S 为含沙量；S_* 为水流挟沙能力；ρ' 为淤积物干容重；B 为断面宽度；g 为重力加速度；α 为恢复饱和系数；A_d 为悬移质河床冲淤面积；q_L、S_L 分别为河段单位长度侧向入流量及相应的含沙量。

2）汊点连接方程

（1）流量衔接条件。

进出每一汊点的流量必须与该汊点内实际水量的增减率相平衡，即

$$\sum Q_i = \frac{\partial \Omega}{\partial t} \tag{12.2.5}$$

式中：Ω 为汊点的蓄水量。若将该点概化为一个几何点，则 $\Omega = 0$。

（2）动力衔接条件。

如果汊点可以概化为一个几何点，出入各个汊道的水流平缓，不存在水位突变的情

况，那么各汊道断面的水位应相等，即

$$Z_i = Z_j = \cdots = \bar{Z} \tag{12.2.6}$$

3）边界条件

计算中不对某单一河道单独给出边界条件，而是将纳入计算范围的三峡水库干支流河道作为一个整体给出边界条件，对各干支流进口给出流量过程，对模型出口给出水位过程、流量过程或水位流量关系。

2. 模型数值方法

式（12.2.1）、式（12.2.2）采用 Preissmann 四点隐式差分格式离散。Preissmann 四点隐式差分格式是对邻近四点平均（或加权平均）的向前差分格式。对 t 的微商取相邻节点上向前时间差商的平均值，对 x 的微商则取相邻两层向前空间差商的平均值或加权平均值。

3. 模型求解

1）水流方程求解

采用三级解法对水流方程进行求解，首先对水流方程式（12.2.1）和式（12.2.2）采用 Preissmann 四点隐式差分格式进行离散，可得如下差分方程：

$$B_{i1}Q_i^{j+1} + B_{i2}Q_{i+1}^{j+1} + B_{i3}Z_i^{j+1} + B_{i4}Z_{i+1}^{j+1} = B_{i5} \tag{12.2.7}$$
$$A_{i1}Q_i^{j+1} + A_{i2}Q_{i+1}^{j+1} + A_{i3}Z_i^{j+1} + A_{i4}Z_{i+1}^{j+1} = A_{i5} \tag{12.2.8}$$

式中的系数均按实际条件推导得出；上标 $j+1$ 表示第 $j+1$ 时刻。

假设某河段中有 mL 个断面，将该河段中通过差分得到的微段方程式（12.2.7）和式（12.2.8）依次进行自相消元，再通过递推关系式将未知数集中到汊点处，即可得到该河段首尾断面的水位流量关系：

$$Q_1 = \alpha_1 + \beta_1 Z_1 + \delta_1 Z_{mL} \tag{12.2.9}$$
$$Q_{mL} = \theta_{mL} + \eta_{mL}Z_1 + \gamma_{mL}Z_{mL} \tag{12.2.10}$$

其中，系数 α_1、β_1、δ_1、θ_{mL}、η_{mL}、γ_{mL} 由递推公式求解得出。

将边界条件和各河段首尾断面的水位流量关系代入汊点连接方程，就可以建立起以三峡水库干支流河道各汊点水位为未知量的代数方程组，求解此方程组可得各汊点水位，逐步回代可得河段端点流量，以及各河段内部的水位和流量。

2）悬移质泥沙方程求解

对悬移质泥沙连续方程式（12.2.3）用显格式离散，得

$$S_i^{j+1} = \frac{\Delta t \alpha_i^{j+1} B_i^{j+1} \omega_i^{j+1} S_{*i}^{j+1} + A_i^j S_i^j + \dfrac{\Delta t}{\Delta x_{i-1}} Q_{i-1}^{j+1} S_{i-1}^{j+1} + \Delta t (S_L q_L)_i^{j+1}}{A_i^{j+1} + \Delta t \alpha_i^{j+1} B_i^{j+1} \omega_i^{j+1} + \dfrac{\Delta t}{\Delta x_{i-1}} Q_i^{j+1}} \tag{12.2.11}$$

将式（12.2.3）代入式（12.2.4），然后对河床变形方程式（12.2.4）进行离散，得

$$\Delta A_{di} = \frac{\Delta t(Q_{i-1}^{j+1} S_{i-1}^{j+1} - Q_i^{j+1} S_i^{j+1})}{\Delta x \rho'} + \frac{A_i^j S_i^j - A_i^{j+1} S_i^{j+1}}{\rho'} \qquad （12.2.12）$$

式中：Δx 为空间步长；Δt 为时间步长；ΔA_{di} 为悬移质河床变形面积；上角标 j 为时间层。

在求出干支流河道所有断面的水位与流量后，即可根据式（12.2.11）自上而下依次推求各断面的含沙量，汊点分沙计算采用分沙比等于分流比的模式，最后根据式（12.2.12）进行河床变形计算。

3）有关问题的处理

（1）床沙交换及级配调整。

关于床沙交换及级配调整，本模型采用三层模式，即把河床淤积物概化为表、中、底三层，表层为泥沙的交换层，中层为过渡层，底层为泥沙冲刷极限层。规定在每一计算时段内，各层间的界面都固定不变，泥沙交换限制在表层内进行，中层和底层暂时不受影响。在时段末，根据床面的冲刷或淤积向下或向上输送表层和中层级配，但这两层的厚度不变，而底层厚度随冲淤厚度的变化而变化。

（2）水流挟沙能力计算。

水流挟沙能力的计算公式为

$$S_* = \kappa \frac{u^{2.76}}{h^{0.92} \omega_m^{0.92}} \qquad （12.2.13）$$

$$\omega_m^{0.92} = \sum_{L=1}^{8} p_L \omega_L^{0.92} \qquad （12.2.14）$$

式中：p_L 为第 L 组泥沙的级配；ω_L 为第 L 组泥沙的沉速；u 为断面平均流速；h 为断面平均水深；ω_m 为非均匀沙平均沉速；S_* 为水流总挟沙能力；κ 为挟沙力系数，水库为0.03，天然河道为 0.02。

（3）糙率系数 n 的确定。

糙率系数是反映水流条件与河床形态的综合系数，其影响主要与河岸、主槽、滩地、泥沙粒径、沙波及人工建筑物等有关。阻力问题通过糙率反映出来，河道发生冲淤变形时，床沙级配和糙率都会做出相应的调整。当河道发生冲刷时，河床粗化，糙率增大；反之，河道发生淤积，河床细化，糙率减小。长系列年计算中需要考虑在初始糙率的基础上对 n 进行修正。本模型根据实测水位流量资料进行初始糙率率定，各河段分若干个流量级逐级试糙。

（4）节点分沙。

进出节点各河段的泥沙分配，主要由各河段邻近节点断面的边界条件决定，并受上游来沙条件的影响。本模型采用分沙比等于分流比的模式，即

$$S_{j,\text{out}} = \frac{\sum Q_{i,\text{in}} S_{i,\text{in}}}{\sum Q_{i,\text{in}}} \qquad （12.2.15）$$

式中：$S_{j,\text{out}}$ 为节点出流含沙量；$Q_{i,\text{in}}$ 为节点入流流量；$S_{i,\text{in}}$ 为节点入流含沙量。

12.2.2 模型改进

1. 三峡水库库容闭合计算改进

三峡水库库区支流总库容达 60 多亿立方米，而库区很多小支流缺乏实测断面，且由库区干支流固定大断面所反映出来的库容与三峡水库实际库容仍有差别，进而造成模型计算所用库容与实测库容之间不闭合的问题。

库容闭合计算改进：本章在以往考虑库区嘉陵江和乌江两大支流的基础上，进一步增加了其他一些库区支流进行水沙输移计算，如綦江、木洞河、小江、大宁河、香溪河等其他共 12 条支流。对于剩下的库容不闭合的差值部分，则根据水位逐步补齐，并按静库容计算，需要补齐的这部分库容根据水位的不同形成一个水位库容修正曲线，并将这个修正库容作为一个装水的"水塘"放在位于坝前 6.5 km 的左岸太平溪处，其水位和进出流量通过与干支流的整体耦合求解得出。

初步设计正常蓄水位 175 m 对应的三峡水库总库容为 $3.93 \times 10^{10} \text{ m}^3$，长江水利委员会水文局以 2011 年的地形为基础对三峡水库库容曲线进行了复核，复核结果为 175 m 水位对应的三峡水库总库容为 $4.09031 \times 10^{10} \text{ m}^3$，本章采用 2015 年三峡库区实测断面对库容进行了计算，计算结果为 175 m 水位对应的三峡水库总库容为 $3.56179 \times 10^{10} \text{ m}^3$（其中，干流库容为 $3.17727 \times 10^{10} \text{ m}^3$，14 条小支流的库容为 $3.8452 \times 10^9 \text{ m}^3$）。本章以 2011 年长江水利委员会水文局复核值为基础，对根据 2015 年断面计算出的三峡水库水位库容曲线进行了修正（图 12.2.1 和图 12.2.2）。

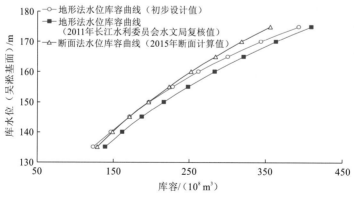

图 12.2.1 三峡水库水位库容曲线初步设计值、2011 年长江水利委员会水文局复核值和 2015 年断面计算值的比较图

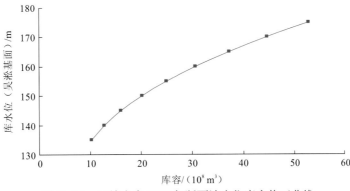

图 12.2.2　三峡水库 2015 年断面法水位库容修正曲线

2. 三峡水库区间流量计算改进

三峡水库存在着无水文站控制的较大区间流量，三峡库区的区间流量占出口宜昌站流量的百分比，20 世纪 60 年代系列为 12.2%，90 年代系列为 13.3%，2003～2015 年为出口黄陵庙站流量的 9.7%。区间流量往往会集中汇入，其影响不容忽视。本模型将区间流量通过分配到各入汇支流上加入计算河段，各入汇支流流量根据进出库控制站已有实测水文资料通过计算得到。

以 2009 年为例（图 12.2.3），不考虑区间入流时，计算得到的 2009 年三峡水库出库水量与实测值相比偏小 8.18%，出库总水量的误差较大；考虑区间入流后，计算得到的 2009 年出库水量与实测值相比偏大 0.84%，出库总水量的误差较小。可见，区间流量计算改进后，提高了出库流量的计算精度。

3. 恢复饱和系数计算改进

恢复饱和系数是水沙数学模型计算中的重要参数，是一个综合系数，需要由实测资料反求。但是其影响因素有很多，既与水流条件有关，又与泥沙条件有关，随时随地都在变化，在大多数泥沙冲淤计算中都将其假定为一个正的常数，通过验证资料逐步调整。本模型对泥沙冲淤采用分粒径组算法进行计算，如果对各粒径组都取同样的 α，因为各组间的沉速差可达几倍甚至几百倍，所以从计算结果看，在同一断面上小粒径组相对于大粒径组来说其冲淤量常常可以忽略不计，这往往与实际不符。从三峡水库蓄水运用以来进出库的各粒径组泥沙的实测资料来看，各粒径组泥沙的沿程分选现象均非常突出。目前，对恢复饱和系数 α 取值的研究非常多，基本上有如下共识：①不同粒径组泥沙的恢复饱和系数不同；②恢复饱和系数取值应随泥沙粒径的增大而减小；③恢复饱和系数应随空间和时间的变化而变化。在前人研究的基础上，提出了一个计算不同粒径组泥沙恢复饱和系数 α_L 的经验公式，公式形式如下：

$$\alpha_L = 0.25\left(\frac{\omega_5}{\omega_L}\right)^{\frac{0.833\times10^{-10}\overline{Q}}{J}} \tag{12.2.16}$$

式中：ω_L 为第 L 粒径组泥沙的沉速；ω_5 为第 5 粒径组泥沙的沉速；$\overline{Q}$ 为坝址处多年平均流量，m^3/s；J 为水力坡度，由曼宁公式求出。式（12.2.16）中的相关变量、系数及指数是根据三峡水库和丹江口水库实测淤积资料通过率定得到的。水力坡度 J 是流量、水位和河道地形变化的综合反映，水力坡度 J 的引入，达到了恢复饱和系数取值随空间和时间变化的要求。

（a）不考虑区间入流（2009年）

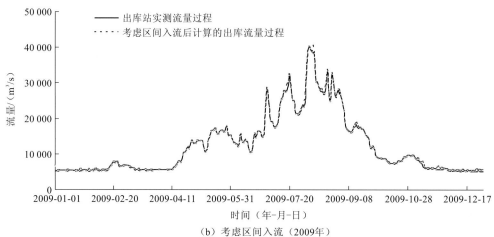

（b）考虑区间入流（2009年）

图 12.2.3　三峡水库出库流量计算结果与实测结果的比较图

12.2.3　模型验证

1. 淤积量及排沙比验证

1）淤积量及过程

三峡水库 2003 年 6 月 1 日蓄水，水库运用至 2017 年底，水库总体处于淤积状态。以朱沱至坝址为库区淤积统计范围，输沙量法库区总淤积量实测值为 1.7921×10^9 t

（表 12.2.1），模型计算值为 1.7929×10^9 t，计算值偏大 8×10^5 t，相对误差约为 0.0。从淤积过程看，各年淤积量误差除 2013 年稍大外，其他各年误差均较小，其他各年淤积量实测值与计算值的绝对误差均在 7×10^6 t 以内，相对误差均在 4.5% 以内。

表 12.2.1　三峡水库蓄水后库区淤积量及过程验证（输沙量法）

年份	实测值/（10^8 t）	计算值/（10^8 t）	绝对误差/（10^8 t）	相对误差/%
2003	1.481	1.415	−0.066	−4.5
2004	1.284	1.301	0.017	1.3
2005	1.745	1.711	−0.034	−1.9
2006	1.111	1.105	−0.006	−0.5
2007	1.883	1.882	−0.001	−0.1
2008	1.992	1.954	−0.038	−1.9
2009	1.469	1.47	0.001	0.1
2010	1.963	1.952	−0.011	−0.6
2011	0.947	0.968	0.021	2.2
2012	1.733	1.757	0.024	1.4
2013	0.940	1.011	0.071	7.6
2014	0.449	0.455	0.006	1.3
2015	0.278	0.287	0.009	3.2
2016	0.334	0.347	0.013	3.9
2017	0.312	0.314	0.002	0.6
合计	17.921	17.929	0.008	0.0

注：2003 年为 2003 年 6 月 1 日～12 月 31 日。

可见，模型计算的总淤积量及过程与实测结果基本相符。

2）排沙比

排沙比验证分别对计算河段入库总沙量（朱沱站+北碚站+武隆站）和入库控制站输沙量（清溪场站或寸滩站+武隆站）进行统计比较，见表 12.2.2。从统计结果看，以朱沱站、北碚站、武隆站三站输沙量之和为入库沙量，2003 年 6 月～2017 年水库排沙比实测值为 22.6%，模型计算值为 22.8%，两者仅差 0.2%；以入库控制站输沙量为入库沙量，2003 年 6 月～2017 年水库排沙比实测值为 23.9%，模型计算值为 24.1%，两者相差 0.2%。

表 12.2.2　排沙比计算值与实测值的对比表

时间	入库沙量/ (10^8t)		出库沙量 / (10^8t)		排沙比 $= \dfrac{\text{出库沙量}}{a} \times 100\%$		排沙比 $= \dfrac{\text{出库沙量}}{b} \times 100\%$	
	a=朱沱站+北碚站+武隆站	b=入库控制站	实测值	计算值	实测值	计算值	实测值	计算值
2003 年 6～12 月	2.322	2.08	0.841	0.908	36.2%	39.1%	40.4%	43.7%
2004 年	1.921	1.66	0.637	0.623	33.2%	32.4%	38.4%	37.5%
2005 年	2.777	2.54	1.032	1.074	37.2%	38.7%	40.6%	42.3%
2006 年	1.2	1.021	0.089	0.096	7.4%	8.0%	8.7%	9.4%
2007 年	2.392	2.204	0.509	0.514	21.3%	21.5%	23.1%	23.3%
2008 年	2.314	2.178	0.322	0.366	13.9%	15.8%	14.8%	16.8%
2009 年	1.829	1.829	0.36	0.363	19.7%	19.8%	19.7%	19.8%
2010 年	2.291	2.291	0.328	0.346	14.3%	15.1%	14.3%	15.1%
2011 年	1.016	1.016	0.069	0.05	6.8%	4.9%	6.8%	4.9%
2012 年	2.186	2.186	0.453	0.436	20.7%	19.9%	20.7%	19.9%
2013 年	1.268	1.268	0.328	0.262	25.9%	20.7%	25.9%	20.7%
2014 年	0.554	0.554	0.105	0.1	19.0%	18.1%	19.0%	18.1%
2015 年	0.32	0.32	0.042	0.033	13.1%	10.3%	13.1%	10.3%
2016 年	0.422	0.422	0.088	0.075	20.9%	17.8%	20.9%	17.8%
2017 年	0.344	0.344	0.032	0.032	9.3%	9.3%	9.3%	9.3%
合计	23.156	21.913	5.235	5.278	22.6%	22.8%	23.9%	24.1%

注：入库沙量 b 为三峡入库控制站输沙量的统计值，其中 2003 年 6 月～2006 年 8 月三峡入库控制站为清溪场站，2006 年 9 月～2008 年 9 月三峡入库控制站为寸滩站+武隆站，2008 年 10 月～2017 年 12 月三峡入库控制站为朱沱站+北碚站+武隆站。

上述结果表明，本模型计算的排沙比与实测情况基本吻合。

2. 模型改进对模拟精度的影响

表 12.2.3 给出了模型改进前（即不考虑恢复饱和系数计算改进、区间流量计算改进、库容闭合计算改进）三峡水库淤积量及过程验证计算结果。由表 12.2.3 可知，年淤积量最大误差为 39.8%。可见，模型改进后相对误差一般在 4.5%以内，较改进前最大误差减小了 35.3%。图 12.2.4 为模型改进前后三峡水库淤积过程计算结果与实测值的对比图。

表 12.2.3　模型改进前三峡水库蓄水后库区淤积量及过程验证计算结果（输沙量法）

年份	实测值/（10^8 t）	计算值/（10^8 t）	绝对误差/（10^8 t）	相对误差/%
2003	1.481	1.25	-0.231	-15.6
2004	1.284	1.092	-0.192	-15.0
2005	1.745	1.476	-0.269	-15.4
2006	1.111	0.669	-0.442	-39.8
2007	1.883	1.379	-0.504	-26.8
2008	1.992	1.345	-0.647	-32.5
2009	1.469	1.001	-0.468	-31.9
2010	1.963	1.402	-0.561	-28.6
2011	0.947	0.704	-0.243	-25.7
2012	1.733	1.344	-0.389	-22.4
2013	0.940	0.797	-0.143	-15.2
2014	0.449	0.32	-0.129	-28.7
2015	0.278	0.201	-0.077	-27.7
2016	0.334	0.252	-0.082	-24.6
2017	0.312	0.215	-0.097	-31.1
合计	17.921	13.447	-4.474	-25.0

注：2003 年为 2003 年 6 月 1 日～12 月 31 日。

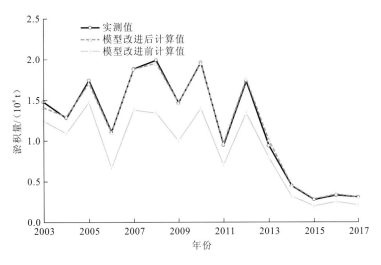

图 12.2.4　模型改进前后三峡水库淤积过程计算结果与实测值的对比图

分别计算、比较了库容闭合计算改进、区间流量计算改进、恢复饱和系数计算改进等不同改进对三峡水库泥沙冲淤模拟计算精度提升的效果（表 12.2.4）。

表 12.2.4　库容闭合计算改进、区间流量计算改进、恢复饱和系数计算改进前后三峡水库泥沙冲淤模拟精度的变化（2003～2017 年，输沙量法）

实测值 /（10^8 t）	项目	改进前		改进后		模拟精度 提高/%
		计算值/（10^8 t）	误差/%	计算值/（10^8 t）	误差/%	
17.921	仅库容闭合计算不改进	17.881	-0.2	17.929	0.0	0.2
	仅区间流量计算不改进	18.928	5.6	17.929	0.0	5.6
	仅恢复饱和系数计算不改进	12.842	-28.3	17.929	0.0	28.3
	三者合计	13.447	-25.0	17.929	0.0	25.0

从 2003～2017 年计算结果看，库容闭合计算改进、区间流量计算改进、恢复饱和系数计算改进后三峡水库泥沙冲淤模拟计算精度分别提高了 0.2%、5.6%、28.3%，各改进技术合计提高三峡水库泥沙冲淤模拟精度 25.0%。可见，库容闭合计算改进后，库容增大，使得库区淤积量计算结果相应有所增大；区间流量计算改进后，流量增大，使得库区淤积量计算结果相应有所减小；恢复饱和系数计算改进后，细沙更易落淤，使得库区淤积量计算结果相应增大，其中恢复饱和系数计算改进对本模型计算精度的提升最大。

从计算结果看，库容闭合计算改进对三峡水库 2003～2017 年库区泥沙冲淤的数学模型计算的模拟精度影响很小。分析认为，2003～2017 年库区泥沙冲淤计算时水库坝前按水位控制是库容闭合计算改进前后计算结果精度提升较小的主要原因，如果坝前按水库下泄流量控制，库容不闭合对泥沙冲淤的影响将会突显出来，同时考虑到库容闭合问题直接关系到水库水量调蓄计算的精度和库容保留问题，且从更长时间的水库冲淤对库容影响的角度看，尽可能地让计算库容与实际库容保持闭合无疑是很重要的。

12.3　长江上游梯级水库泥沙模拟技术

12.3.1　长江上游梯级水库联合调度水沙数学模型

1. 模型系统组成框架及原理

从研究对象和研究范围上看，根据长江上游梯级水库情况及具体研究需要，可以考虑建立的长江上游梯级水库联合调度水沙数学模型包括溪洛渡-向家坝-三峡梯级水库联合调度水沙数学模型、乌东德-白鹤滩-溪洛渡-向家坝-三峡梯级水库联合调度水沙数学模型、乌东德-白鹤滩梯级水库联合调度水沙数学模型等。考虑到溪洛渡水库、向家坝水库、三峡水库均已建成运用，下面就以溪洛渡-向家坝-三峡梯级水库联合调度水沙数学模型为例进行模型介绍。

溪洛渡-向家坝-三峡梯级水库联合调度水沙数学模型的计算范围包含溪洛渡水库、向家坝水库和三峡水库三个水库，以及向家坝水库坝下游天然河道和各水库之间的多条入汇支流，研究范围为一个树状河网。各水库的河道计算范围以枢纽工程为界（黄仁勇　等，2012），划分成计算河段 1、计算河段 2 和计算河段 3，每个计算河段的非恒定流水沙计算可按一般单一水库处理（图 12.3.1）。以溪洛渡和向家坝枢纽工程为内边界，将溪洛渡水库库尾至三峡坝址的长江干流和部分主要支流作为一个整体，结合三个枢纽拟定的调度方式，将枢纽调度和水沙计算完全结合在一起，进行梯级水库群联合运用条件下的泥沙冲淤同步联合计算。

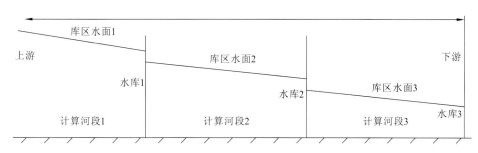

图 12.3.1　梯级水库水沙计算河道划分概化图

本节以自主研发并经过实测资料验证的三峡水库干支流河道一维非恒定流水沙数学模型为基础，将溪洛渡水库及向家坝水库纳入整体计算范围，建立溪洛渡-向家坝-三峡梯级水库联合调度水沙数学模型。梯级水库联合调度水沙数学模型是由多个单一水库的水沙数学模型组成的（图 12.3.1）。计算时，在一个计算步长内，先进行最上游水库的泥沙冲淤计算，计算完成后，将上游水库的出库水沙作为下游水库的进口边界，进行下游第二个水库的冲淤计算，依此类推，直至计算完最下游水库的泥沙冲淤，然后再从最上游的水库开始进行下一个时间步长的泥沙冲淤计算。在计算过程中，当某个计算时刻发现计算结果不合理或不满足给定的限制条件时，可停止计算，或者及时调整相关参数并回到上一个计算时刻重新计算。

模型方程：单一水库一维非恒定流水沙数学模型是建立长江上游梯级水库水沙数学模型的基础，单一水库一维非恒定流水沙数学模型的基本方程及方程求解同 12.2.1 小节。

2. 模型功能

图 12.3.2 为溪洛渡-向家坝-三峡梯级水库联合调度水沙数学模型计算范围内的河段划分图，本模型具有的特点和功能包括：①为树状河网模型。干流计算范围从溪洛渡水库库尾至三峡水库坝址，长约 1400 km；在三峡库区，根据已有的入汇支流实测断面资料情况，计算中考虑嘉陵江、乌江、綦江、木洞河、大洪河、龙溪河、渠溪河、龙河、小江（支流小江又包含南河、东河、普里河、彭河等支流）、梅溪河、大宁河、沿渡河、清港河、香溪河共 14 条支流；在向家坝坝址—三峡库尾段，考虑支流横江、岷江、沱江及赤水河共 4 条支流，这 4 条支流以节点入汇方式参与水沙计算。②可进行多水库同步

冲淤计算。计算范围内包括溪洛渡水库、向家坝水库和三峡水库三个水库，以三峡水库为外边界，以溪洛渡水库和向家坝水库为内边界，结合三个枢纽拟定的调度方式，可以将枢纽调度和水沙计算完全结合在一起，对溪洛渡水库、向家坝水库和三峡水库三库进行不同调度组合方案下的泥沙冲淤同步联合计算。③具有水库调度功能。本模型在水动力模块和泥沙输移模块的基础上增加了水库调度模块，可将泥沙冲淤计算与水库调度计算耦合在一起，实现泥沙冲淤与水库调度的一体化同步模拟计算，水库调度模块可以提供多种方式的水库调度控制方法（包括给定坝前水位过程、下泄流量过程和控制发电出力过程等调度方式），还可以根据给定的水库调度图、发电通航调度原则、防洪调度原则及其他水库水位泄量限制条件等调度要求对各水库实现自动调度。④具有可扩展性。可以根据研究需要及对地形等基本资料的掌握情况，将更多干支流水库纳入梯级水库群水沙联合计算的计算范围。⑤为全沙模型，可同时模拟悬移质泥沙输移运动和推移质泥沙输移运动。⑥可在计算过程中"自动"实现上下游水库之间的水沙衔接。若各水库分开计算，则需要等上游水库完全计算完之后，再通过"手动"操作方式将上游水库的出库水沙过程赋给下游水库的进口，而建立梯级水库联合调度水沙数学模型后，可以在计算过程中通过程序"自动"将上游水库的出库水沙过程实时赋给下游水库的进口。⑦具有联合调度功能。若各水库分别单独计算，则上游水库主要通过出库水沙影响下游水库冲淤及调度，而下游水库则无法影响上游水库，与单库计算相比，在梯级水库联合调度水沙数学模型中，下游水库可以通过库尾水位影响上游水库的调度运行，同时，下游水库的联合调度目标也可以通过调度需求实时影响上游水库的调度运行，即梯级水库联合调度水沙数学模型具有单库模型无法具备的上下游水库联合调度功能和相互影响功能。

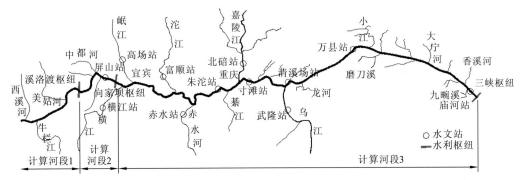

图 12.3.2　溪洛渡-向家坝-三峡梯级水库联合调度水沙数学模型计算范围内的河段划分图

12.3.2　模型改进

1．溪洛渡水库、向家坝水库库容闭合计算改进

1）溪洛渡水库断面法水位库容曲线修正

溪洛渡水库计算中考虑了尼姑河、西溪河、牛栏江、金阳河、美姑河、西苏角河共

6 条支流,以尽可能多地反映支流库容的影响。对于剩下的库容不闭合的差值部分,根据水位逐步补齐并按静库容计算,需要补齐的这部分库容根据水位的不同形成一个水位库容修正曲线,并将这个修正库容作为一个装水的"水塘"放在位于坝前 9.7 km 的左岸小支流处,其水位和进出流量通过与干支流的整体耦合求解得出。

初步设计正常蓄水位 600 m 对应的溪洛渡水库总库容为 1.15738×10^{10} m³,本节采用 2015 年溪洛渡库区实测断面对库容进行了计算,计算结果为,600 m 水位对应的溪洛渡水库总库容为 1.10823×10^{10} m³(其中干流库容为 1.05696×10^{10} m³,6 条小支流的库容为 5.127×10^{8} m³)。本节以溪洛渡水库水位库容曲线初步设计值为基础,对根据 2015 年断面计算出的溪洛渡水库水位库容曲线进行了修正(图 12.3.3 和图 12.3.4)。

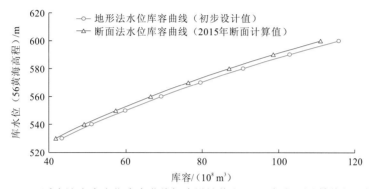

图 12.3.3 溪洛渡水库水位库容曲线初步设计值和 2015 年断面计算值的比较图

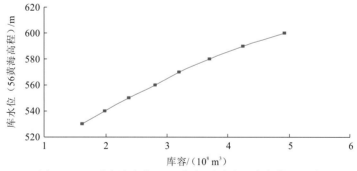

图 12.3.4 溪洛渡水库 2015 年断面法水位库容修正曲线

2)向家坝水库断面法水位库容曲线修正

向家坝水库计算中考虑了团结河、细沙河、西宁河、中都河、大汶溪共 5 条支流,以尽可能多地反映支流库容的影响。对于剩下的库容不闭合的差值部分,根据水位逐步补齐并按静库容计算,需要补齐的这部分库容根据水位的不同形成一个水位库容修正曲线,并将这个修正库容作为一个装水的"水塘"放在位于坝前 18.1 km 的左岸小支流处,其水位和进出流量通过与干支流的整体耦合求解得出。

初步设计正常蓄水位 380 m 对应的向家坝水库总库容为 4.9767×10^{9} m³,本节采用 2015 年向家坝库区实测断面对库容进行了计算,计算结果为,380 m 水位对应的向家坝

水库总库容为 $4.8181 \times 10^9\,\text{m}^3$（其中干流库容为 $4.6648 \times 10^9\,\text{m}^3$，5 条小支流的库容为 $1.533 \times 10^8\,\text{m}^3$）。本节以向家坝水库水位库容曲线初步设计值为基础，对根据 2015 年断面计算出的向家坝水库水位库容曲线进行了修正（图 12.3.5 和图 12.3.6）。

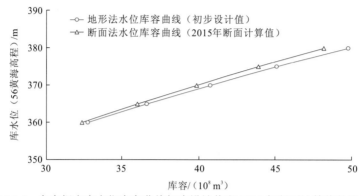

图 12.3.5　向家坝水库水位库容曲线初步设计值和 2015 年断面计算值的比较图

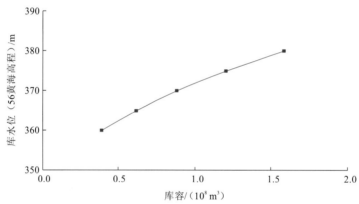

图 12.3.6　向家坝水库 2015 年断面法水位库容修正曲线

2. 溪洛渡水库、向家坝水库区间流量计算改进

1）溪洛渡水库区间流量计算

溪洛渡水库区间多年平均入库流量之和约为 $300\,\text{m}^3/\text{s}$，本模型将区间流量通过分配到各入汇支流上加入计算河段，各入汇支流流量根据进出库控制站已有实测水文资料通过计算得到。

以 2014 年为例（图 12.3.7），不考虑区间入流时，计算得到的 2014 年出库水量与实测值相比偏小 14.24%，出库总水量的计算误差较大；考虑区间入流后，计算得到的 2014 年出库累积水量与实测值相比偏大 0.22%，出库总水量的计算误差较小。可见，区间流量计算改进后，提高了模型出库流量的计算精度。

（a）不考虑区间入流（2014年）

（b）考虑区间入流（2014年）

图 12.3.7　溪洛渡水库出库流量计算结果与实测结果的比较图

2）向家坝水库区间流量计算

向家坝水库区间多年平均入库流量之和约为 110 m³/s。图 12.3.8 为 2014 年向家坝水库区间流量对出库流量计算结果影响的比较图，由图 12.3.8 可知，与出库流量实测结果相比，不考虑区间入流时，枯期出库流量计算结果有所偏大，汛期洪峰时刻出库流量的计算结果也略有偏大，汛期部分出库流量较小时，出库流量计算结果小于实测结果，与溪洛渡水库不同，向家坝水库出库流量的计算结果与实测结果相比没有出现系统偏小现象，而是年内不同时刻互有大小，全年整体基本接近。考虑区间入流后，汛期计算的出库流量过程与实测出库流量过程吻合得更好。

3. 恢复饱和系数计算改进

与三峡水库恢复饱和系数计算改进一样，在溪洛渡-向家坝-三峡梯级水库联合调度水沙数学模型计算中，同样对溪洛渡水库、向家坝水库泥沙恢复饱和系数进行了改进。溪洛渡水库、向家坝水库泥沙恢复饱和系数的计算方法与三峡水库相同，不同之处在于需要将坝址处的多年平均流量$\overline{Q}$取为屏山站多年平均流量。

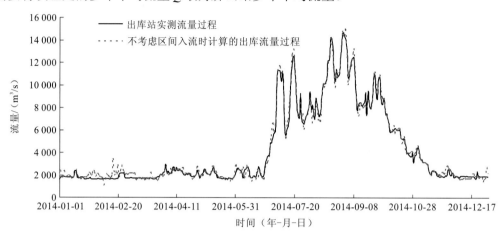

（a）不考虑区间入流（2014年）

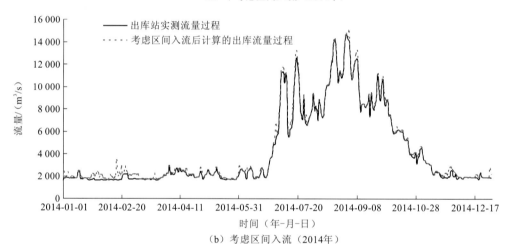

（b）考虑区间入流（2014年）

图 12.3.8　向家坝水库出库流量计算结果与实测结果的比较图

12.3.3　模型验证

溪洛渡水库、向家坝水库、三峡水库中，三峡水库实测水沙过程的验证结果在本书12.2.3 小节已经进行了介绍，这里主要介绍溪洛渡水库、向家坝水库实测水沙资料的验证结果。采用数学模型进行水库水沙模拟计算时产生误差是难免的，为尽量减少验证误差，提高模型率定和验证计算的精度，本节在验证计算时没有将溪洛渡水库、向家坝水库、三峡水库作为一个整体，而是采用了溪洛渡水库、向家坝水库单独验证的方式。

1. 淤积量及排沙比验证

根据溪洛渡水库、向家坝水库 2014～2017 年实测资料，对溪洛渡水库、向家坝水库实测淤积量和排沙比进行了验证，验证结果见表 12.3.1～表 12.3.6。

表 12.3.1 溪洛渡水库 2014～2017 年库区淤积量及过程验证（输沙量法）

年份	实测值/（10^8t）	计算值/（10^8t）	绝对误差/（10^8t）	相对误差/%
2014	0.898	0.903 6	0.005 6	0.6
2015	1.096 8	1.106 2	0.009 4	0.9
2016	1.209 2	1.198 6	-0.010 6	-0.9
2017	1.148 7	1.144	-0.004 7	-0.4
合计	4.352 7	4.352 4	-0.000 3	0.0

表 12.3.2 溪洛渡水库 2014～2017 年排沙比验证

年份	实测入库沙量/（10^8t）	出库沙量/（10^8t）		排沙比/%	
		实测值	计算值	实测值	计算值
2014	0.961 9	0.063 9	0.058 4	6.6	6.1
2015	1.114 7	0.017 9	0.008 2	1.6	0.7
2016	1.221 7	0.012 5	0.010 7	1.0	0.9
2017	1.165 4	0.016 7	0.010 9	1.4	0.9
合计	4.463 7	0.111	0.088 2	2.5	2.0

注：溪洛渡水库 2014 年入库站为华弹站，2015 年入库站为白鹤滩站；出库站为溪洛渡站。

表 12.3.3 向家坝水库 2014～2017 年库区淤积量及过程验证（输沙量法）

年份	实测值/（10^8t）	计算值/（10^8t）	绝对误差/（10^8t）	相对误差/%
2014	0.078 4	0.075	-0.003 4	-4.3
2015	0.047 4	0.042 4	-0.005	-10.5
2016	0.037 8	0.051 1	0.013 3	35.2
2017	0.045 3	0.050 1	0.005 1	11.3
合计	0.208 9	0.218 9	0.01	4.8

表 12.3.4 向家坝水库 2014～2017 年排沙比验证

年份	实测入库沙量/（10^8t）	出库沙量/（10^8t）		排沙比/%	
		实测值	计算值	实测值	计算值
2014	0.100 5	0.022 1	0.025 6	22.0	25.5
2015	0.053 4	0.006	0.011 3	11.2	21.2
2016	0.059 5	0.021 7	0.008 5	36.5	14.3
2017	0.060 1	0.014 8	0.009 8	24.6	16.3
合计	0.273 5	0.064 6	0.055 2	23.6	20.2

注：向家坝水库入库站为溪洛渡站，出库站为向家坝站。

表 12.3.5　溪洛渡水库、向家坝水库 2014～2017 年联合淤积量及过程验证（输沙量法）

年份	实测值/(10^8t)	计算值/(10^8t)	绝对误差/(10^8t)	相对误差/%
2014	0.976 4	0.978 6	0.002 2	0.2
2015	1.144 2	1.148 6	0.004 4	0.4
2016	1.247	1.249 7	0.002 7	0.2
2017	1.194	1.194 4	0.000 4	0.0
合计	4.561 6	4.571 3	0.009 7	0.2

表 12.3.6　溪洛渡水库、向家坝水库 2014～2017 年联合排沙比验证

年份	实测入库沙量/(10^8t)	出库沙量/(10^8t)		排沙比/%	
		实测值	计算值	实测值	计算值
2014	0.998 5	0.022 1	0.025 6	2.2	2.6
2015	1.150 2	0.006	0.011 3	0.5	1.0
2016	1.268 7	0.021 7	0.008 5	1.7	0.7
2017	1.208 8	0.014 8	0.009 8	1.2	0.8
合计	4.626 2	0.064 6	0.055 2	1.4	1.2

注：向家坝水库入库站为溪洛渡站，出库站为向家坝站。

1）淤积量验证

从溪洛渡水库淤积量验证结果看，2014～2017 年溪洛渡水库实测淤积量为 $4.352\ 7\times10^8$ t，模型验证计算值为 $4.352\ 4\times10^8$ t，计算值偏小 3×10^4 t，相对误差约为 0.0；从溪洛渡水库淤积过程的验证结果看，各年淤积量验证误差均较小，绝对误差在 1.06×10^6 t 以内。

从向家坝水库淤积量验证结果看，2014～2017 年向家坝水库实测淤积量为 2.089×10^7 t，模型验证计算值为 2.189×10^7 t，计算值偏大 1×10^6 t，相对误差为 4.8%；从向家坝水库淤积过程验证结果看，各年淤积量的验证误差均较小，绝对误差在 1.33×10^6 t 以内。

从溪洛渡水库、向家坝水库两库联合淤积量验证结果看，2014～2017 年两库实测淤积量合计为 $4.561\ 6\times10^8$ t，模型验证计算值为 $4.571\ 3\times10^8$ t，计算值偏大 9.7×10^5 t，相对误差为 0.2%。

可见，模型计算的溪洛渡水库、向家坝水库的总淤积量及过程与实测结果基本相符。

2）排沙比验证

从溪洛渡水库排沙比验证结果看，2014～2017 年溪洛渡水库实测总排沙比为 2.5%，

模型计算值为 2.0%，两者仅差 0.5%。

从向家坝水库排沙比验证结果看，2014～2017 年向家坝水库实测总排沙比为 23.6%，模型计算值为 20.2%，两者相差 3.4%。

从溪洛渡水库、向家坝水库两库联合排沙比验证结果看，2014～2017 年两库联合排沙比为 1.4%，模型计算值为 1.2%，两者仅差 0.2%。

上述结果表明，本模型计算的排沙比与实测情况基本吻合。

2. 模型改进对模拟结果的影响

分别计算、比较了库容闭合计算改进、区间流量计算改进、恢复饱和系数计算改进、絮凝计算改进等不同改进对溪洛渡水库、向家坝水库泥沙冲淤模拟计算精度提升的效果（表 12.3.7、表 12.3.8）。图 12.3.9、图 12.3.10 为模型改进前后计算结果的对比。

表 12.3.7　库容闭合计算、区间流量计算、恢复饱和系数计算、絮凝计算都改进时改进前后溪洛渡水库泥沙冲淤模拟精度的变化（2014～2017 年，输沙量法）

实测值/（10^8 t）	都不改进		都改进		模拟精度提高/%
	计算值/（10^8 t）	误差/%	计算值/（10^8 t）	误差/%	
4.3527	2.995 1	−31.2	4.352 4	0.0	31.2

表 12.3.8　库容闭合计算、区间流量计算、恢复饱和系数计算、絮凝计算都改进时改进前后向家坝水库泥沙冲淤模拟精度的变化（2014～2017 年，输沙量法）

实测值/（10^8 t）	都不改进		都改进		模拟精度提高/%
	计算值/（10^8 t）	误差/%	计算值/（10^8 t）	误差/%	
0.208 9	0.146 8	−29.7	0.218 9	4.8	24.9

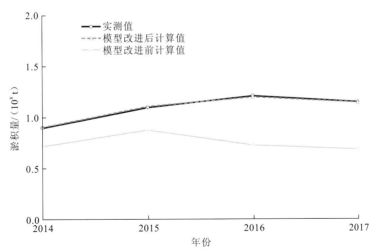

图 12.3.9　模型改进前后溪洛渡水库淤积过程模拟结果对比图

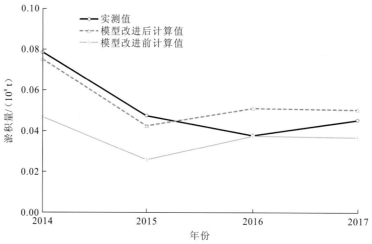

图 12.3.10　模型改进前后向家坝水库淤积过程模拟结果对比图

从 2014~2017 年计算结果看，库容闭合计算改进、区间流量计算改进、恢复饱和系数计算改进、絮凝计算改进合计提高溪洛渡水库泥沙冲淤模拟精度 31.2%，合计提高向家坝水库泥沙冲淤模拟精度 24.9%。

12.4　三峡水库泥沙调度技术

12.4.1　兼顾排沙的三峡水库沙峰调度方案

选取三峡水库蓄水运用后实测沙峰资料，开展了兼顾排沙的三峡水库沙峰调度关键指标、调度方案制订流程及调度方案研究。研究结果表明：出库沙峰含沙量不小于 0.3 kg/m³ 可作为三峡水库汛期沙峰调度的启动条件，相应地，可启动沙峰调度的入库沙峰大小为不小于 2.0 kg/m³，作为沙峰调度启动条件的沙峰入库时对应的入库流量值不小于 25 000 m³/s，开展沙峰调度情况下，沙峰到达坝前时三峡水库的增泄排沙流量应不小于 35 000 m³/s。

1. 实测沙峰资料选取

从三峡水库蓄水运用以来 2007 年 1 月~2013 年 12 月的库区实测水沙资料中，选取了 21 组沙峰输移资料。沙峰入库站为干流库尾寸滩站，沙峰出库站为坝下游黄陵庙站。

2. 启动沙峰调度所需的入出库沙峰大小

从 2007~2013 年汛期选取的 21 组实测沙峰样本中得到以下两点认识：①入库沙峰含沙量大于等于 2.0 kg/m³ 时，其出库沙峰含沙量不一定大于 0.3 kg/m³，但出库沙峰含沙量大于 0.3 kg/m³ 时，其入库沙峰含沙量一定不小于 2.0 kg/m³；②入库沙峰含沙量小于

2.0 kg/m³ 时，其出库沙峰含沙量一定小于 0.3 kg/m³。

从已开展的三峡水库沙峰调度实践看，已开展的三峡水库沙峰调度的出库沙峰含沙量均大于 0.3 kg/m³。显然，如果出库沙峰含沙量太小，开展水库沙峰调度将会失去实际意义，因此，本节将出库沙峰含沙量不小于 0.3 kg/m³ 作为三峡水库汛期沙峰调度的目标。如果选择将出库沙峰含沙量达到 0.3 kg/m³ 作为沙峰调度的启动条件，根据已有的研究，相应地，可作为沙峰调度启动条件的入库沙峰大小应选为 2.0 kg/m³。

3. 启动沙峰调度所需的入库流量大小

已有研究以三峡水库蓄水后实测沙峰资料为基础，通过统计回归得到了沙峰传播时间公式

$$T_{\text{cunhuang}} = 22.153\, S_{\text{cun}}^{0.685} \{V_{\text{qishi}} / [0.5(Q_{\text{cun1}} + Q_{\text{huang1}})]\}^{0.407}$$

和沙峰出库率公式

$$S_{\text{huang}} / S_{\text{cun}} = 2.572\mathrm{e}^{-496.546\frac{V_{\text{qishi}}}{0.5(Q_{\text{huang1}}+Q_{\text{huangsha}})}}$$

公式结构形式表明，沙峰入库时对应的入库寸滩站流量越小，沙峰传播时间越长，相应的出库沙峰含沙量就会越小。从实测沙峰资料看，当沙峰入库时对应的寸滩站流量小于 25 000 m³/s 时，出库沙峰含沙量均小于 0.3 kg/m³。

因此，为了达到出库沙峰值不小于 0.3 kg/m³ 的沙峰调度目标，启动沙峰调度时，除了需要满足入库沙峰大小一般不小于 2.0 kg/m³ 的条件以外，还需要增加一个沙峰入库时对应的寸滩站最小流量限制条件，该最小流量可取为 25 000 m³/s，即作为沙峰调度启动条件的沙峰入库时，对应的入库寸滩站流量宜不小于 25 000 m³/s。

4. 沙峰调度过程中水库增泄流量大小

对所选实测沙峰样本进行研究后发现：①出库沙峰含沙量大于 0.3 kg/m³ 的沙峰样本，其沙峰出库时的黄陵庙站流量基本在 35 000 m³/s 以上；②入库沙峰不小于 2.0 kg/m³ 且沙峰出库时黄陵庙站流量在 35 000 m³/s 以上的样本，其出库沙峰含沙量均大于 0.3 kg/m³。因此，开展沙峰调度的情况下，沙峰到达坝前时三峡水库的增泄排沙流量应不小于 35 000 m³/s。

5. 沙峰调度方案制订流程

1）初步拟定的沙峰调度方案制订流程

（1）收集沙峰入库日入库寸滩站沙峰含沙量 S_{cun}、寸滩站流量 Q_{cun1}、出库黄陵庙站流量 Q_{huang1}、坝前水位 $Z_{\text{s起始}}$，当入库寸滩站沙峰含沙量 S_{cun} 小于 2.0 kg/m³ 或者沙峰入库日寸滩站流量 Q_{cun1} 小于 25 000 m³/s 时，可考虑取消本次沙峰调度。

（2）根据三峡水库水位库容曲线插值求得沙峰入库日坝前水位 $Z_{\text{s起始}}$ 所对应的水库库容 V_{qishi}。

（3）根据沙峰传播时间公式 $T_{cunhuang} = 22.153 S_{cun}^{0.685} \{V_{qishi} / [0.5(Q_{cun1} + Q_{huang1})]\}^{0.407}$ 计算得出沙峰传播时间 $T_{cunhuang}$，进而可以得到可为泥沙调度决策提供参考的沙峰出库日期。

（4）给沙峰出库日出库黄陵庙站流量 $Q_{huangsha}$ 一个假定值，如 40 000 m³/s，然后根据沙峰出库率公式 $S_{huang} / S_{cun} = 2.572e^{-496.546 \frac{V_{qishi}}{0.5(Q_{huang1} + Q_{huangsha})}}$ 计算得出沙峰出库率 S_{huang} / S_{cun}，进而可求出出库沙峰含沙量 S_{huang}；当求出的出库沙峰含沙量 S_{huang} 小于 0.3 kg/m³ 时，可考虑取消本次沙峰调度。

（5）考虑到沙峰传播时间公式和沙峰出库率公式计算结果的不确定性，开展三峡水库沙峰调度时，应在由沙峰传播时间公式计算得出的沙峰出库日期的基础上提前 1～2 d 开始增泄排沙，且排沙过程中水库泄量应不小于 35 000 m³/s。

（6）水库增泄排沙过程至少应持续到沙峰出库后 1～2 d，之后再视出库含沙量及库水位情况择机结束沙峰调度。

2）三峡水库沙峰调度方案制订案例示范

以 2012 年汛期 7 月 2 日入库沙峰、7 月 24 日入库沙峰、9 月 6 日入库沙峰三个典型沙峰过程为例，进行三峡水库汛期沙峰调度方案制订案例示范。

（1）7 月 2 日、7 月 24 日、9 月 6 日入库寸滩站沙峰含沙量分别为 1.98 kg/m³（约为 2.0 kg/m³）、2.33 kg/m³、3.6 kg/m³，均基本满足入库沙峰含沙量 S_{cun} 不小于 2.0 kg/m³ 的沙峰调度启动条件。

（2）7 月 2 日、7 月 24 日、9 月 6 日寸滩站流量分别为 36 400 m³/s、63 200 m³/s、22 900 m³/s，9 月 6 日入库沙峰不满足沙峰入库日寸滩站流量 Q_{cun1} 不小于 25 000 m³/s 的沙峰调度启动条件。

（3）根据三峡水库水位库容曲线插值，可得 7 月 2 日、7 月 24 日、9 月 6 日入库沙峰的沙峰入库日库水位 146.18 m、157.16 m、160.05 m 对应的库容 V_{qishi}，分别为 1.7749×10^{10} m³、2.4269×10^{10} m³、2.6239×10^{10} m³，然后收集沙峰入库日入库寸滩站含沙量 S_{cun}、寸滩站流量 Q_{cun1}、出库黄陵庙站流量 Q_{huang1}，根据沙峰传播时间公式可计算得到 7 月 2 日、7 月 24 日、9 月 6 日入库沙峰的沙峰传播时间 $T_{cunhuang}$，分别为 4.576 d、4.693 d、8.922 d。

（4）假设沙峰出库日出库黄陵庙站流量 $Q_{huangsha}$ 为 40 000 m³/s，则根据沙峰出库率公式可计算得到 7 月 2 日、7 月 24 日、9 月 6 日入库沙峰的沙峰出库率 S_{huang} / S_{cun}，分别为 0.195、0.145、0.048，可进一步计算得到出库沙峰含沙量 S_{huang}，分别为 0.386 kg/m³、0.338 kg/m³、0.173 kg/m³。

（5）可见，9 月 6 日根据入库沙峰计算得到的出库沙峰含沙量 0.173 kg/m³ 小于 0.3 kg/m³ 的启动沙峰调度所需的出库沙峰含沙量条件。因此，7 月 2 日和 7 月 24 日入库沙峰满足沙峰调度启动要求，可开展沙峰调度，而 9 月 6 日入库沙峰不满足沙峰调度启动要求，不宜开展沙峰调度。

6. 兼顾排沙的三峡水库沙峰调度方案拟定

综合前面的研究成果，拟定兼顾排沙的三峡水库沙峰调度方案，具体如下。

（1）当入库沙峰含沙量 S_{cun} 小于 2.0 kg/m^3 或者沙峰入库日寸滩站流量 Q_{cun1} 小于 25 000 m^3/s 时，不开展本次沙峰调度。

（2）当根据沙峰出库率公式求出的出库沙峰含沙量 S_{huang} 小于 0.3 kg/m^3 时，不开展本次沙峰调度。

（3）沙峰调度时，应在沙峰传播时间公式计算得出的沙峰出库日期的基础上提前 1~2 d 开始增泄排沙，且排沙过程中水库泄量应不小于 35 000 m^3/s。

（4）水库增泄排沙过程应至少持续到沙峰出库后 1~2 d，之后再视出库含沙量及库水位情况择机结束沙峰调度。

（5）沙峰调度过程中，水库应尽量维持在较低库水位运行，且出库流量越大越好，当水库有部分泄量需要从水电站以外的泄水建筑物排出时，宜优先使用排沙孔泄洪排沙，其次是使用排漂孔和泄洪深孔，以优先排出坝前底部泥沙浓度较高的浑水，并有利于优化坝前淤积形态。

7. 三峡水库汛期沙峰调度实践

在调度实践方面，2012 年、2013 年、2018 年，三峡水库择机实施了沙峰排沙调度试验，沙峰调度期间排沙比较其他年份有明显增加，排沙效果良好（表 12.4.1）。

表 12.4.1　2009~2018 年三峡水库 7 月水库排沙对比表

时间	入库沙量/(10^4 t)	出库沙量/(10^4 t)	水库淤积/(10^4 t)	入库平均流量/(m^3/s)	坝前平均水位/m	水库排沙比/%
2009 年 7 月	5 540	720	4 820	21 600	145.86	13
2010 年 7 月	11 370	1 930	9 440	32 100	151.03	17
2011 年 7 月	3 500	260	3 240	18 300	146.25	7
2012 年 7 月	10 833	3 024	7 809	40 110	155.26	28
2013 年 7 月	10 313	2 812	7 501	30 630	150.08	27
2014 年 7 月	1 529	289	1 240	23 640	147.62	19
2015 年 7 月	624	182	442	16 580	145.90	29
2016 年 7 月	1 680	418	1 262	24 000	153.32	25
2017 年 7 月	310	81	229	19 000	151.45	26
2018 年 7 月	10 860	3 340	7 520	38 000	150.49	31

12.4.2　三峡水库汛期"蓄清排浑"动态使用的泥沙调度

三峡水库蓄水运用后入库沙量更加集中于汛期且汛期入库沙量大幅减少，上游溪洛渡水库和向家坝水库蓄水运用后三峡水库汛期 6～9 月部分时段的含沙量已经开始小于论证阶段 5 月和 10 月的含沙量,且汛期入出库沙量基本集中出现在 1～2 次大的沙峰过程中,即汛期不同时段也存在着相对的"浑"和"清"。因此,可考虑将运用在全年的"蓄清排浑"调度方式动态应用于三峡水库汛期,汛期入库沙量较小时抬高库水位蓄清水,入库沙量较大时降低库水位排浑水。本节利用水沙数学模型,开展了三峡水库汛期"蓄清排浑"动态运用方式的计算研究,提出了汛期"蓄清排浑"动态运用方案。计算结果表明:三峡水库汛期"蓄清排浑"动态运用方式可以同时兼顾排沙、发电和防洪,"蓄清"水位 150 m 要优于 155 m,"蓄清"运行期间库水位可选择在 145～150 m 浮动;建议将寸滩站含沙量达到 2.0 kg/m³ 且当日寸滩站入库流量≥25000 m³/s 作为水库增泄"排浑"的起始时间,将出库含沙量降至约 0.1 kg/m³ 作为"排浑"调度结束并重新进入"蓄清"调度的泥沙参考因素(黄仁勇 等,2020)。

1. 计算条件

采用长江科学院自主研发的三峡水库干支流河道一维非恒定流水沙数学模型进行计算。选择三峡水库 2013 年汛期 6 月 1 日～8 月 31 日实测水沙过程为计算研究的典型过程。

2. 计算方案

根据三峡水库 2013 年汛期入库水沙过程特性,拟定了如下 3 个计算方案(表 12.4.2)。

表 12.4.2　计算方案

方案	方案名称	方案说明
1	实际调度过程方案	2013 年 6 月 1 日～8 月 31 日,坝前水位按三峡水库实际调度过程控制
2	汛期"蓄清排浑"-150 m 方案	2013 年 6 月 1 日～8 月 31 日,沙峰入出库期间按 145 m 运行,其他时间按 150 m 运行
3	汛期"蓄清排浑"-155 m 方案	2013 年 6 月 1 日～8 月 31 日,沙峰入出库期间按 145 m 运行,其他时间按 155 m 运行

方案 1:实际调度过程方案,坝前水位按三峡水库实际调度过程控制。

方案 2:汛期"蓄清排浑"-150 m 方案,该方案为汛期"蓄清排浑"调度方式动态运用方案。6 月 1 日～7 月 12 日库水位按 150 m 运行,7 月 13～17 日库水位从 150 m 开始以 1 m/d 匀速下降至 145 m,7 月 18～31 日库水位按 145 m 运行,8 月 1～5 日库水位从 145 m 开始以 1 m/d 匀速上升至 150 m,8 月 6～31 日库水位按 150 m 运行。

方案 3:汛期"蓄清排浑"-155 m 方案,该方案为汛期"蓄清排浑"调度方式动态运用方案。6 月 1 日～7 月 12 日库水位按 155 m 运行,7 月 13～22 日库水位从 155 m 开始以 1 m/d 匀速下降至 145 m,7 月 23～31 日库水位按 145 m 运行,8 月 1～10 日库水位从 145 m 开始以 1 m/d 匀速上升至 155 m,8 月 11～31 日库水位按 155 m 运行。

3. 计算结果分析

从计算结果（表 12.4.3、图 12.4.1）看，采用汛期"蓄清排浑"调度方案后，在平均库水位抬高的条件下，出库沙量反而有明显增加，该调度方式可以同时兼顾发电和排沙，同时，由于在较大洪水入库时提前降低了库水位，腾出了防洪库容，也相应地降低了防洪风险。从控制防洪风险和减少泥沙淤积的角度看，"蓄清"水位 150 m 要优于 155 m。

表 12.4.3　不同方案出库沙量计算结果

方案	方案名称	出库沙量/（10^8 t）
1	实际调度过程方案	0.327
2	汛期"蓄清排浑"-150 m 方案	0.387
3	汛期"蓄清排浑"-155 m 方案	0.365

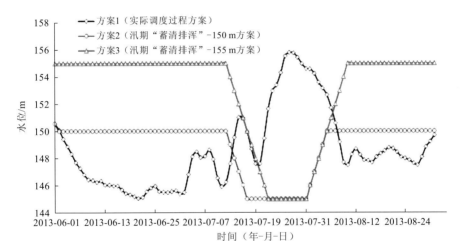

（a）坝前水位过程

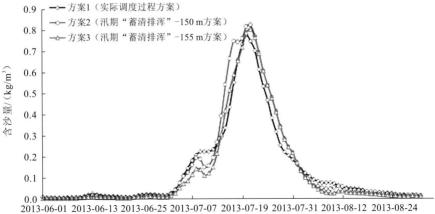

（b）出库含沙量过程

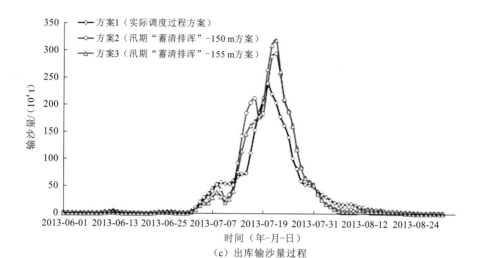

（c）出库输沙量过程

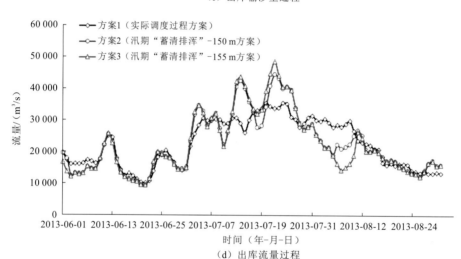

（d）出库流量过程

图 12.4.1　不同计算方案坝前水位、出库含沙量、出库输沙量、出库流量的过程曲线

4. 三峡水库汛期"蓄清排浑"动态运用方案拟定

综合前面的研究成果，拟定三峡水库汛期"蓄清排浑"动态运用方案，具体如下。

（1）汛期"蓄清排浑"动态运用的泥沙调度方式适用于三峡水库汛期 6 月 1 日～8 月 31 日，期间当水库需要开展防洪调度时，水库按防洪调度方式运行。

（2）当干流寸滩站含沙量＜2.0 kg/m³ 或者沙峰入库日寸滩站流量＜25 000 m³/s 时，水库按"蓄清"调度，可选择在 145～150 m 库水位动态运行。

（3）寸滩站含沙量增大到 2.0 kg/m³ 且当日寸滩站入库流量≥25 000 m³/s 时，可启动水库"排浑"调度。

（4）"排浑"调度启动时，如果坝前水位＞145 m，建议库水位尽快降至 145 m 以排沙，下泄流量在保证坝下游流量不超过河道安全泄量的前提下，宜≥35 000 m³/s 且大于入库流量，如果坝前水位为 145 m，库水位按 145 m 运行以排沙。

（5）将出库含沙量降至约 0.1 kg/m³ 作为"排浑"调度结束并重新进入"蓄清"调度的泥沙参考因素，同时，在实时调度中，还应综合考虑水库来水预报、水资源利用、防洪、航运等因素以确定水库结束"排浑"调度的具体时机，"排浑"调度结束时的出库含沙量可在参考值 0.1 kg/m³ 上下的一定范围适当浮动。

12.5　长江上游梯级水库泥沙调度技术

采用实测典型水沙过程，开展了溪洛渡水库、向家坝水库、三峡水库基于沙峰调度和基于汛期"蓄清排浑"动态使用的联合排沙调度方式计算研究。研究结果表明：基于沙峰调度的梯级水库联合排沙调度方式在定性上有利于提高梯级水库的出库沙量，但提高的幅度有限；基于汛期"蓄清排浑"动态使用的梯级水库联合排沙调度方式均有利于提高梯级水库的出库沙量，且提高的幅度较大。研究给出了基于沙峰调度和基于汛期"蓄清排浑"动态使用的溪洛渡水库、向家坝水库、三峡水库联合排沙调度方案（黄仁勇 等，2018）。

12.5.1　计算条件

采用自主研发的长江上游溪洛渡-向家坝-三峡梯级水库联合调度水沙数学模型进行不同方案的计算研究。计算时段为 2012 年 6 月 11 日～8 月 31 日，主要针对 7 月 2 日入库沙峰进行溪洛渡水库、向家坝水库、三峡水库联合排沙调度方式的计算研究。

12.5.2　基于沙峰调度的梯级水库联合排沙调度方式计算

拟定的计算方案如下。

方案 1：基础方案。三峡坝前水位按实际调度过程控制，溪洛渡水库和向家坝水库按设计调度方式运行。

方案 2：沙峰调度方案。2012 年 6 月 11 日～8 月 31 日，三峡水库坝前水位按实际调度过程控制，向家坝水库库水位按 370 m 不变运行；7 月 2～4 日溪洛渡水库库水位从 560 m 均匀降至 555 m，7 月 5～7 日库水位从 555 m 均匀回升至 560 m。

从三峡水库出库沙量的计算结果（表 12.5.1）看，在沙峰调度期间，基于沙峰调度的梯级水库联合排沙调度方式在定性上有利于提高梯级水库的出库沙量，但提高的幅度有限。

表 12.5.1　基础方案和沙峰调度方案出库沙量计算结果　　　（单位：10⁴ t）

方案名称	2012 年 6 月 11 日～8 月 31 日	2012 年 7 月 1～10 日
基础方案	2 234.4	389.5
沙峰调度方案	2 232.6	392.1

12.5.3　基于汛期"蓄清排浑"动态使用的梯级水库联合排沙调度方式计算

拟定的计算方案如下。

方案 1：基础方案。三峡水库坝前水位按实际调度过程控制，溪洛渡水库和向家坝水库按设计调度方式运行。

方案 2：溪洛渡水库、向家坝水库、三峡水库汛期"蓄清排浑"调度方式动态使用方案。6 月 11 日～7 月 1 日溪洛渡水库按 565 m 库水位运行，向家坝水库按 375 m 库水位运行，三峡水库按 150 m 库水位运行；7 月 2 日开始溪洛渡水库、向家坝水库、三峡水库三库按每天 1 m 均匀下降至汛限水位并运行至 7 月 8 日，7 月 9 日开始三库库水位逐步抬升至与基础方案相同。

从三峡水库出库沙量的计算结果（表 12.5.2）看，无论是在"排浑"调度期间，还是在整个汛期，基于汛期"蓄清排浑"动态使用的梯级水库联合排沙调度方式均有利于提高梯级水库出库沙量，且提高的幅度较大。

表 12.5.2　基础方案和汛期"蓄清排浑"方案出库沙量计算结果　　　（单位：10^4 t）

方案名称	2012 年 6 月 11 日～8 月 31 日	2012 年 7 月 1～10 日
基础方案	2 234.4	389.5
汛期"蓄清排浑"方案	2 447.6	581.9

12.5.4　溪洛渡水库、向家坝水库、三峡水库汛期联合排沙调度方案

1. 基于沙峰调度的溪洛渡水库、向家坝水库、三峡水库联合排沙调度方案

（1）梯级水库中的上游溪洛渡水库开展沙峰调度时，下游向家坝水库和三峡水库应尽量保持较低的库水位以提高梯级水库整体的排沙效果。

（2）梯级水库中的下游三峡水库开展沙峰调度时，在不增加下游防洪压力的前提下，上游溪洛渡水库可降水位增泄以提高三峡水库的输沙流量，溪洛渡水库启动增泄的时间应与寸滩站出现沙峰的时间一致，以增加下游干流寸滩站沙峰对应流量为目标，尽量使寸滩站洪峰与沙峰同步或者晚于沙峰，溪洛渡水库库水位回升时应避开较大的入库沙峰。

（3）开展基于沙峰调度的梯级水库联合排沙调度时，向家坝水库应尽量维持在汛限水位。

2. 基于汛期"蓄清排浑"动态使用的溪洛渡水库、向家坝水库、三峡水库联合排沙调度方案

（1）基于汛期"蓄清排浑"动态使用的溪洛渡水库、向家坝水库、三峡水库联合排

沙调度适用于汛期 6 月 1 日～8 月 31 日，期间当水库需要开展防洪调度时，水库按防洪调度方式运行。

（2）当溪洛渡水库入库含沙量＜2.0 kg/m³ 或者入库流量＜10 000 m³/s 时，溪洛渡水库和向家坝水库按"蓄清"调度，溪洛渡水库可选择在 560～565 m 库水位动态运行，向家坝水库可选择在 370～375 m 库水位动态运行；当干流寸滩站含沙量＜2.0 kg/m³ 或者沙峰入库日寸滩站流量＜25 000 m³/s 时，三峡水库按"蓄清"调度，三峡水库可选择在 145～150 m 库水位动态运行。

（3）当溪洛渡水库入库含沙量≥2.0 kg/m³ 且入库流量≥10 000 m³/s，寸滩站含沙量增大到≥2.0 kg/m³ 且当日寸滩站入库流量≥25 000 m³/s 时，可考虑启动溪洛渡水库、向家坝水库、三峡水库联合"排浑"调度。

（4）"排浑"调度启动时，如果溪洛渡水库、向家坝水库、三峡水库的库水位均高于汛限水位，三库应同时开始降低库水位，且要避免上游水库的下泄浑水进入下游水库时，下游水库仍处于高水位或处于库水位抬升状态，三库应在保证下游防洪安全的前提下尽快降低库水位至汛限水位，库水位下降时溪洛渡水库和向家坝水库的出库流量宜≥10 000 m³/s，三峡水库的出库流量宜≥35 000 m³/s，联合"排浑"调度开始时库水位等于汛限水位的水库，维持在汛限水位排沙。

（5）在实时调度中，应综合考虑出库含沙量变化、水库来水预报、水资源利用、防洪、航运等因素适时结束"排浑"调度。

12.6　本　章　小　结

本章构建了三峡水库干支流河道一维非恒定流水沙数学模型及长江上游梯级水库联合调度水沙数学模型，提出了三峡水库及长江上游梯级水库汛期泥沙调度方案，主要认识如下。

（1）基于对三峡水库调度运用出库水沙过程的研究成果，自主研发了三峡水库干支流河道一维非恒定流水沙数学模型和长江上游梯级水库联合调度水沙数学模型。模型改进后，三峡水库库容误差减小了 22.3%，出库流量计算误差从 8%以上降低到 1%以内；溪洛渡水库库容误差减小了 8.7%，出库流量计算误差从 14%以上降低到 1%以内；向家坝水库库容误差减小了 6.3%，出库流量计算过程与实测出库流量过程吻合得更好。模型改进后，溪洛渡水库、向家坝水库、三峡水库泥沙冲淤模拟精度可分别提高 31.2%、24.9%、24.6%，三峡水库年淤积量计算误差一般可以控制在 3.7%以内。

（2）研究提出了兼顾排沙的三峡水库沙峰调度关键指标及调度方案：出库沙峰含沙量不小于 0.3 kg/m³ 可作为三峡水库汛期沙峰调度的启动条件，相应地，可启动沙峰调度的入库沙峰大小为不小于 2.0 kg/m³，作为沙峰调度启动条件的沙峰入库时对应的入库流量值不小于 25 000 m³/s，开展沙峰调度情况下，沙峰到达坝前时三峡水库的增泄排沙流量应不小于 35 000 m³/s。

（3）提出了以防洪调度为主，兼顾排沙的沙峰调度方案，以及以排沙调度为主的汛期"蓄清排浑"动态使用方案。基于沙峰调度的梯级水库联合排沙调度方式在定性上有利于提高梯级水库的出库沙量，但提高的幅度有限；基于汛期"蓄清排浑"动态使用的梯级水库联合排沙调度方式均有利于提高梯级水库的出库沙量，且提高的幅度较大。研究提出了基于沙峰调度和基于汛期"蓄清排浑"动态使用的溪洛渡水库、向家坝水库、三峡水库联合排沙调度方案。

第 13 章

基于坝下游生态需求的坝前"生态补沙"关键技术研发

13.1 研 究 背 景

目前，对水库淤积泥沙的处理方式主要有水力学方法清淤和水下机械清淤两大类。对于水力学方法清淤，传统的排沙洞、排沙底孔等排沙范围有限，仅能带走冲沙漏斗范围内的泥沙，无法实现大范围的水库库容恢复。同时，需要的下泄流量也大，相应地，损失了发电水头。传统的排沙廊道存在廊道内流速不均匀，容易被泥沙淤塞堵死的问题。

前人多针对多台机组的底孔排沙方案存在的诸多不足进行研究，如需要针对每个进水口设置排沙孔并穿过坝体、每个排沙孔需设置独立的闸门启闭系统、多个排沙孔分别开闸排沙会造成较大的水量损失、排沙洞排沙效果不理想等。目前的水下机械清淤技术存在工作环境要求高，且需铺设专门的输沙管道，影响其他船舶航行，容易产生磨损，维护费用较高等不足。

传统的河道及水库清淤方式种类繁多，各有优劣。寻求一种清淤效率高、适用范围广、运行简单、价格低廉、安全可靠的清淤设备和方法依然是国内外设计人员与研究学者关注的热点。因此，针对现有技术存在的不足，本章提出了水电站进水口廊道排沙技术、近淤积面封闭式拉沙腔体拉沙技术、汛期利用水体自然动能的气动挟沙旋流清淤技术和微爆扬沙清淤技术，研究成果具有重要的工程意义和科研价值。

13.2 水电站进水口廊道排沙技术

13.2.1 技术方案

在多沙河流上，含沙水流对水轮机造成的磨损破坏作用是非常严重的。为了减少粗沙过机，工程实践中已经积累了丰富的经验，不同类型的工程措施被成功地应用。主要措施有：利用泥沙垂线分布上细下粗的特点，引取表层水流，底层含沙水流通过排沙底孔或导沙坎引向冲沙闸，排出库外；利用弯道环流的水流特点，正面引水，侧面排沙；利用排沙底孔、截沙槽或沉沙池排沙。

对于高水头枢纽，设置排沙底孔或泄洪排沙洞是减少粗沙过机的有效措施。排沙底孔一般布置在水电站进水口的下部，利用泄洪在水电站进水口前形成拉沙漏斗。对于低水头河床式枢纽，排沙底孔布置在水电站进水口下部比较困难，布置在水电站进水口两侧，拉沙漏斗范围较小，难以达到理想的排沙效果。

目前，针对多台机组的底孔排沙方案存在如下诸多不足：①因为需要针对每个进水口设置排沙孔并穿过坝体，所以需占用大量大坝空间，并在很大程度上破坏大坝的整体性；②每个排沙孔需设置独立的闸门启闭系统，并单独控制，调度复杂；③多个排沙孔分别开闸排沙会造成较大的水量损失，从而影响取水和发电效益；④因为单个排沙洞洞口较大，所以在流量一定时排沙洞洞口流速较小，导致排沙效果不理想。

　　针对现有技术存在的上述不足，本章提出一种水电站进水口廊道排沙系统(图 13.2.1)，且可以在低投资、统一调度简单、引用较小下泄流量的情况下，使水电站各个进水口附近区域的泥沙通过此廊道被输送至下游河道，从而减少过机泥沙，保证机组运行安全，延长设备的使用寿命（杨文俊 等，2018a，2018b）。

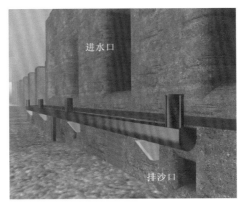

（a）进水口、排沙口位置示意图

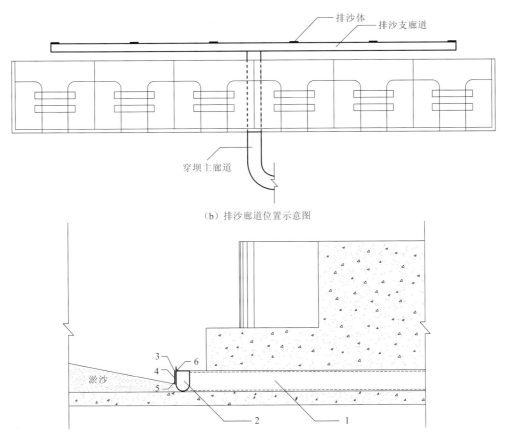

（b）排沙廊道位置示意图

（c）排沙廊道结构示意图

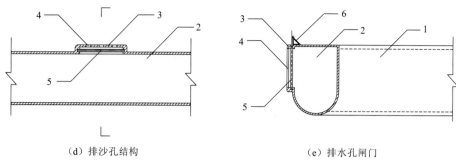

（d）排沙孔结构　　　　　　　　　　　（e）排水孔闸门

图 13.2.1　水电站进水口廊道排沙系统

1 为排沙穿坝主廊道；2 为排沙支廊道；3 为排沙单元；4 为排沙孔；5 为控制闸门；6 为控制闸门启闭装置

水电站进水口廊道排沙系统包括排沙穿坝主廊道和汇入所述排沙穿坝主廊道的排沙支廊道，排沙支廊道背对进水口的侧壁，针对每个机组进水口设有多个排沙单元，排沙单元设有排沙孔，以在某段时间内调动一个或者多个排沙单元进行排沙，如图 13.2.1 所示。

水电站进水口变截面廊道排沙系统包括排沙穿坝主廊道和汇入主廊道的一条排沙支廊道，排沙主廊道穿过坝体，可大幅节约工程量，最大限度地保证大坝的结构强度，并使廊道排沙系统实现排沙流量的实时统一控制；排沙支廊道可针对每一个水电站引水口实现排沙，从而有效降低过机泥沙含量。排沙支廊道与排沙穿坝主廊道可垂直设置。

排沙支廊道背对进水口的侧壁，针对每个机组进水口设有多个排沙单元，排沙单元设有多个排沙孔，所述排沙孔形状为竖向的窄缝状。该设计一方面在廊道排沙系统整体流量一定时，保证了排沙孔附近的流速远大于库底泥沙的启动流速，从而防止了排沙孔附近的泥沙淤积；另一方面有效控制了下泄流量，最大限度地保障了水库的经济效益和功能的发挥不受影响。

每个排沙单元的排沙孔后方设有控制闸门，控制闸门由控制闸门启闭装置控制，可以对整个系统灵活控制，在某段时间内调动一个或多个排沙单元进行排沙，同时还能精细化调节排沙孔的开启大小，从而针对不同工况和淤沙情况灵活控制。

13.2.2　水电站进水口排沙廊道拉沙效果模拟

通过数值计算方法模拟水电站进水口排沙廊道的泥沙输移过程，假设泥沙堆积深度为 4.75 m，接近排沙井顶端，计算工况水头为 127 m。水电站进水口排沙廊道排沙输移过程的数值计算结果表明，排沙廊道开始运行的前 3 s，在各排沙井附近就已冲蚀出冲沙漏斗的形状，随着廊道排沙的持续进行，冲沙漏斗逐渐扩大为平行于排沙支廊道的冲沙槽。在运行大约 20 s 时，趋于稳定，冲沙槽内的泥沙被排光。

经过约 30 s 的排沙过程后，最终在排沙支廊道两侧形成了平行于排沙支廊道的沟槽，排沙廊道控制了大约 10 倍排沙井管径范围内的泥沙（图 13.2.2）。

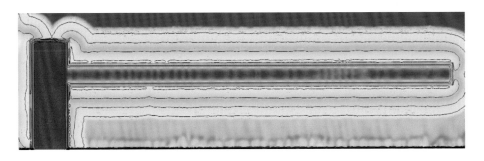

高程/m

4.75
3.06
1.38
-0.31
-2.00

图 13.2.2　水电站进水口排沙支廊道排沙后其附近泥沙的高程分布

13.2.3　小结

（1）在若干排沙井进流的工况下，水电站进水口排沙廊道的进流量随着运行水头的升高而增大，水头流量关系趋势大致符合二次曲线的形状。

（2）推导了管道沿程进流公式，在用于计算多个排沙井进流流量分布时，其最大相对误差<4%。

（3）排沙井周围（6～7 m）的流速分布等值线接近于圆形。在 127 m 水头工况下，在排沙井周围 6～7 m 半径范围内的流速大于 1 m/s。根据坝前泥沙特性，会在坝前形成排沙漏斗，排沙漏斗的坡度接近于淤积泥沙的水下休止角，从而排出更大范围内的泥沙。

（4）在 127 m 水头工况下，排沙廊道开始运行的前 3 s，在各排沙井附近就已冲蚀出冲沙漏斗的形状，随着廊道排沙的持续进行，冲沙漏斗逐渐扩大为平行于排沙支廊道的斜坡。在运行大约 20 s 时，趋于稳定，冲沙漏斗内的泥沙被排光。经过约 30 s 的排沙过程后，最终形成了平行于排沙支廊道的沟槽，排沙支廊道控制了其两侧大约 10 倍排沙井管径范围内的泥沙。

13.3　近淤积面封闭式拉沙腔体拉沙技术

13.3.1　技术方案

随着现代施工技术及设计水平的提高，人类对河流进行了大规模开发利用，兴建起了一批大型水库及跨流域调水工程，这些水利工程在为人类发挥巨大效益的同时也带来了不利影响。其中，水库造成的泥沙淤积问题为主要不利影响之一，泥沙淤积极大地影响了水库功能的长期发挥，破坏了自然水流中营养物质的输运，改变了下游河道的冲淤平衡状态，破坏了航运条件，缩短了水库寿命等。

目前，对上游水库淤积泥沙的处理方式，一方面是使其资源化利用，另一方面尽可能采取工程措施，使泥沙输送至下游河道，让其更接近自然状态。泥沙输送至下游的途径包括机械输送，其不足是成本高，且局限性较大，而工程措施一般是修建排沙洞、排沙底孔等，其缺点是排沙范围有限，仅能带走进口冲沙漏斗范围内的泥沙，无法实现大范围的水库库容恢复。同时，需要的下泄流量也大，相应地，损失了发电水头，间接地减少了发电量，影响经济效益。传统的排沙廊道存在廊道内流速不均匀，容易被泥沙淤塞堵死的问题。因此，探求一种排沙效率高、投资成本低、使用灵活的库容恢复设备是顺应实际工程运行现状的必然之举。

针对现有技术存在的上述不足，本书提出近淤积面封闭式拉沙腔体，可以在低投资、引用较小流量下，使较大区域的泥沙通过此设备，利用水库的自然落差输送至下游河道，从而实现水库兴利库容的恢复，保证水电站建筑物运行的安全，延长设备使用寿命，减少水电站过机泥沙，尽可能恢复下游近自然状态（杨文俊 等，2018b）。

水下封闭式淤沙高效输移技术，包括由连接件并排捆绑的若干个拉沙腔体、进水口、连接渐变段和一根排沙管道，拉沙腔体无底，其单个截面呈马蹄形，在上游末端处通过渐变段与进水口衔接；进水口垂直向上；拉沙腔体下游末端处通过渐变段与排沙管道连接；排沙管道采用高强度波纹管，其末端与水库排沙孔或泄洪底孔封闭连接，如图13.3.1所示。

每个拉沙腔体顶部设有两个通气孔和通气管道。通过设置底部开放的拉沙腔体，水流直接冲刷库底的淤沙表面，而非排沙孔或泥沙吸头式的间接冲刷，从而极大地提高拉沙效率。设备运行时产生的振动可以通过腔体底部作用于库底板结泥沙，使其"液化"，同时使拉沙腔体随着泥沙的排出自动下沉，实现由线状到截面式的排沙。垂直向上的进水口能保证不含沙水流以较大流速从上方集中进入拉沙腔体，冲沙和挟沙能力强，能迅速带走被拉沙腔体罩住的条状区域内的泥沙，且不易发生淤堵。排沙管道采用高强度波纹管，通过渐变段与拉沙腔体连接，柔性的排沙管道可以使拉沙腔体通过水底移动装置或船舶牵引在水库库底大范围移动。拉沙腔体顶部通气孔和通气管道的设置使得在移动拉沙腔体之前通过空气泵向腔体中注入空气，增加浮力，使其更加容易灵活移动，从而

（a）拉沙腔体示意图

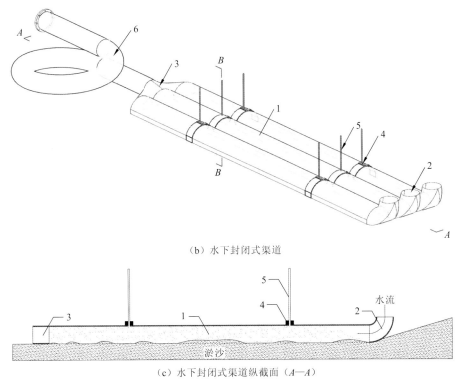

（b）水下封闭式渠道

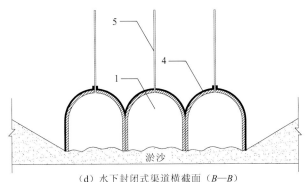

（c）水下封闭式渠道纵截面（A—A）

（d）水下封闭式渠道横截面（B—B）

图 13.3.1 近淤积面封闭式拉沙腔体

1 为拉沙腔体；2 为进水口；3 为下游端连接渐变段；4 为连接件；5 为通气管道；6 为排沙管道

实现较大范围内的库底灵活排沙，而不是局限于坝前的某一点，从而有效恢复水库的兴利库容。在排沙管末端设置止水密封装置并与水库现有排沙孔或泄洪底孔封闭连接，在不用改变工程主体结构的情况下，利用水库自然落差实现淤损库容的恢复。

13.3.2 近淤积面封闭式拉沙腔体拉沙效果模拟

通过数值计算方法模拟水电站进水口排沙廊道的泥沙输移过程，计算工况水头为 23 m。近淤积面封闭式拉沙腔体泥沙输移过程的数值计算结果表明，拉沙腔体开始运行的前 3 s，在库底淤积面底部开始产生冲刷，随着腔体拉沙的持续进行，冲刷范围逐渐向出口扩散。在运行大约 20 s 时，趋于稳定，在库底淤积面造成了平均 0.5～0.6 m 的冲刷坑。

经过约 30 s 的排沙过程后，最终在库底淤积面造成了平均 0.5～0.6 m 的冲刷坑。在靠近进水口和出口处，冲刷坑最深可达 0.8 m（图 13.3.2）。

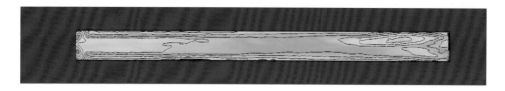

高程/m
0.00
-0.25
-0.50
-0.75
-1.00

图 13.3.2　近淤积面封闭式拉沙腔体冲刷后底部泥沙的高程分布

13.3.3　小结

（1）近淤积面封闭式拉沙腔体的进流量随着水头的升高而增大，水头流量关系趋势大致符合线性分布规律。

（2）腔体内平均临底流速与水头的关系大致符合线性规律。

（3）在各水头工况下，在拉沙腔体顶部，特别是进口顶部区域会形成高流速区域，该区域的形成会对拉沙腔体的拉沙效率造成影响。

（4）在 23 m 水头工况下，拉沙腔体开始运行的前 3 s，在库底淤积面底部开始产生冲刷，随着腔体拉沙的持续进行，冲刷范围逐渐向出口扩散。在运行大约 20 s 时，趋于稳定，在库底淤积面造成了平均 0.5～0.6 m 的冲刷坑。经过约 30 s 的排沙过程后，最终在库底淤积面造成了平均 0.5～0.6 m 的冲刷坑。在靠近进水口和出口处，冲刷坑最深可达 0.8 m。

13.4　移动式气动挟沙旋流清淤技术

13.4.1　技术方案

天然河道中的水流通常会挟带着泥沙，特别是在西北、华北地区，河道含沙量非常高。在高含沙河流上修建水库后，水位抬高，流速减小，必定会导致高浓度的泥沙在水库中淤积，从而造成各种不良的后果。例如：①水库的防洪和兴利库容减少，严重时甚至导致水库报废；②泥沙的淤积状态向上游发展，导致上游地区浸没，以致盐碱化，生态环境遭到破坏；③影响河道上下游的泥沙冲淤平衡，下游防洪压力增大；④破坏原本的航运条件；等等。

目前，对上游水库淤积泥沙的处理方式主要有水力学方法清淤和水下机械清淤两大类。水力学方法清淤主要是采用水力学方法疏浚水库，如异重流排沙、设冲沙孔冲沙、用泄水底孔排沙等，该方法的缺点是只能对清淤进行有限控制，而已清淤的区域可能再次淤塞，并且这些方法耗水量大，通常会牺牲水库的发电效益，排沙成本高。水下机械清淤一般指将清淤机具装备在船上，将清淤船作为施工平台在水面上操作清淤设备以开挖淤泥，并通过管道输送系统输送到岸上堆场中，它包括抓斗式、泵吸式、绞吸式等方式，这些方法在中小型水库清淤中较为常见，其优点是施工工艺简单，设备容易组织。

综上，亟待探求一种新型的、高效的、适用性广并且成本低的清淤排沙设备和方法。

针对现有技术存在的上述不足，本章提出了一种利用水体自然动能的移动式气动挟沙旋流清淤技术，其具有清淤效率高、成本低廉、作业安全、耗水量少、应用范围广等优势（杨文俊 等，2018c）。

如图 13.4.1～图 13.4.5 所示，该设备包括：置于河床上，用于混合水、气及泥沙的可移动清淤箱涵；空气压缩机；进气管；排沙囱道；水下牵引潜器。空气压缩机在运行时，高压空气经进气管进入清淤箱涵底部。高压空气在清淤箱涵内冲击河床，将河床板结的泥沙掀起。清淤箱涵内的高压空气与水和泥沙三者混合，混合体密度低于水体密度，将进行螺旋上升的混合流动。混合体上扬，从排沙囱道进入流速较大的剪切层。排沙囱道顶端采用空气浮筒保证其悬浮。流动的水体带动扬起的泥沙向坝体方向输移，并由大坝泄洪洞或排沙洞排至坝下游。清淤箱涵在一次清淤工作完毕后，将由水下牵引潜器牵引至其他区域，从而实现移动式的清淤排沙。

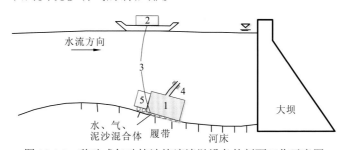

图 13.4.1　移动式气动挟沙旋流清淤设备的剖面工作示意图

1 为清淤箱涵；2 为空气压缩机；3 为进气管；4 为排沙囱道；5 为水下牵引潜器

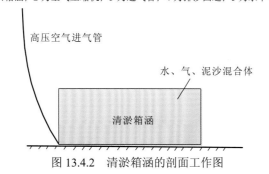

图 13.4.2　清淤箱涵的剖面工作图

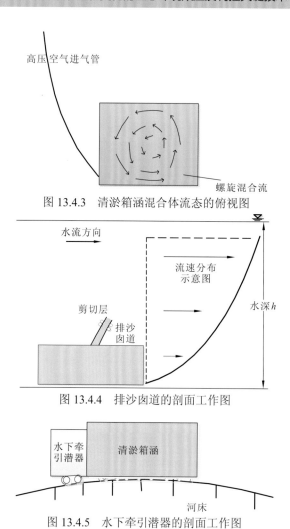

图 13.4.3　清淤箱涵混合体流态的俯视图

图 13.4.4　排沙函道的剖面工作图

图 13.4.5　水下牵引潜器的剖面工作图

　　清淤箱涵中的水和泥沙在高压空气的剪切力作用下做螺旋运动，并且由于空气的密度远远低于水的密度，混合体将呈螺旋上升的形态，空气将带动清淤箱涵中的泥沙一起上浮。

　　混合体被空气导入排沙函道并进入流速较大的剪切层。特别是在汛期，剪切层水体具有很大的动能，泥沙将被带动一起向坝前移动，并经大坝泄洪洞或排沙洞排入坝下游。该设计充分利用了水体的自然动能，以及挟带泥沙的能力，发挥了大坝泄洪洞的排沙功能，可有效节约机械排沙的经济成本。此外，排沙函道顶部布置空气浮筒，可利用水体浮力保证管道顶部的出沙口始终处于流速较大的剪切层。

　　清淤箱涵底部布置履带式运动装置，其在对一块区域完成清淤排沙工作后，将在水下牵引潜器的带动下对河床进行"扫雷"式清淤工作。该设计的水下牵引潜器具有定位、移动、探测障碍物的功能，可使得清淤工作在水下具有很好的稳定性和针对性。

　　相较于现有技术，该技术具有以下优点。

　　（1）该技术提供的移动式气动挟沙旋流清淤装置依靠水体的自然流动将泥沙排至大坝下游，在汛期充分利用大坝已修建的泄洪洞或排沙洞排沙，不需要进行专门的水力排沙调度，节约排沙成本。相较于传统的水下机械清淤方法，该技术具有维护简单、作业成本低、应用范围广、汛期施工安全等优势。

（2）该技术搭载履带式水下牵引平台，可带动清淤设备在水下自由移动，既能避免清淤过程中形成沙坑，又具有稳定和有针对性的清淤排沙功能。

13.4.2　进气速度对扬沙效率的影响

为分析气动扬沙时进气速度对扬沙效率的影响，比较分析了纯进气速度分别为 10 m/s、15 m/s、20 m/s、25 m/s、40 m/s 的情况下，单位时间内的排沙量。研究结果表明，进气速度越大，排沙速度的变化幅度越大，且扬沙所需时间越短。各种工况下的排沙速度存在一个明显的逐渐增大至峰值后降低的过程，考虑是底部泥沙含量逐渐减少造成的，如图 13.4.6 所示。

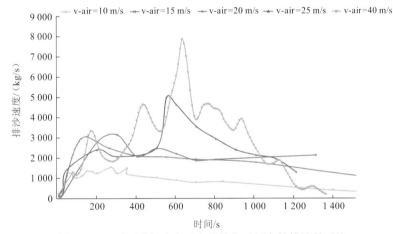

图 13.4.6　不同进气速度对应的单位时间内的排沙量对比

根据各工况下排沙浓度的对比情况，进气速度越大，排出的泥沙的浓度越高。当进气速度大于 10 m/s 时，排沙浓度的最大值为 57.78 kg/m^3，当进气速度大于 20 m/s 时，排出的泥沙浓度最大可超过 100 kg/m^3（表 13.4.1）。

表 13.4.1　不同进气速度的排沙浓度峰值

进气速度/（m/s）	出口流量/（m^3/s）	单位时间排沙量峰值/（kg/s）	排沙浓度峰值/（kg/m^3）
10	27	1 560	57.78
15	32	2 650	95.91
20	38	3 155	96.18
25	48	5 000	104.17
40	66	7 800	118.18

13.4.3　进气浓度对扬沙效率的影响

为分析进气浓度对扬沙效率的影响，仿真了气水占比分别为 0.3、0.5、0.8、1.0（纯进气）四种工况下的排沙效率。以进气浓度为 0.5 且速度为 15 m/s 的工况为例分析当腔体内冲入水、气混合体后的泥沙运动特征。纯进气与进气浓度为 0.5 两种工况下，高浓度泥沙（体积分数为 0.5）的运动对比情况如图 13.4.7 所示。

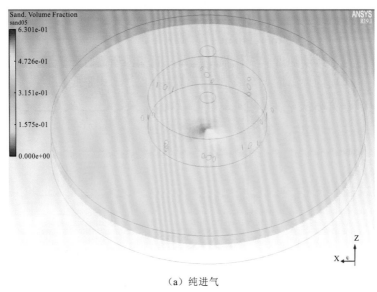

（a）纯进气

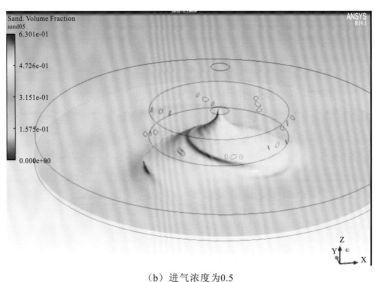

（b）进气浓度为0.5

图 13.4.7　纯进气与进气浓度为 0.5 工况下高浓度泥沙（体积分数为 0.5）的运动对比情况

腔体冲入水、气混合体后，低浓度泥沙在腔体内被提升并从扬沙通道排出，且多为体积分数为 0.1 的泥沙。高浓度的泥沙被提升形成尖峰进入排沙通道，提升量和提升高度更高，扬沙效果更好。腔体内冲入水、气混合体，库底受到的冲击力更大，泥沙被搅起并在气力提升的作用下快速排出。

图 13.4.8 为不同进气浓度对应的排沙流量。分析结果表明，进入腔体的气体浓度越高，排沙囵道出口处的流量越大，如纯进气时排沙囵道出口混合体的流量高达 32 m³/s，当冲入水、气混合体且气体占比为 0.3 时，排沙囵道出口混合体的流量仅有 6 m³/s。排沙囵道出口处混合体的流速大小有类似的现象。冲入纯气时，出口处流量（速）最大，腔体内水、气、泥沙混合体运动剧烈，排沙通道出口处流速约为 10.19 m/s。进口气体体积占比为 0.3 时，出口处流量仅在 6 m³/s 附近波动，混合体运动缓慢，排沙通道出口流速约为 2 m/s，如图 13.4.9 所示。

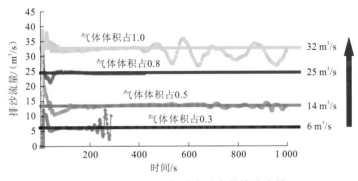

图 13.4.8　不同进气浓度对应的排沙流量

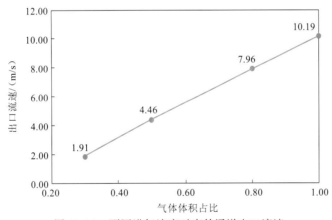

图 13.4.9　不同进气浓度对应的通道出口流速

与排沙囵道出口处的流量现象相反的是，进气浓度越大，排沙浓度越低。各工况的排沙浓度排序为气水占比为 0.3>气水占比为 0.5>气水占比为 0.8>气水占比为 1.0，对比结果如图 13.4.10 所示。这表明冲入腔体的混合体中气体浓度越高，排出泥沙的浓度越小。总而言之，进气浓度越高，出口流量越大，但排出泥沙的浓度越小。

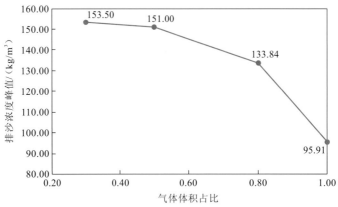

图 13.4.10　不同进气浓度下的排沙浓度峰值情况

　　图 13.4.11 和图 13.4.12 为不同进气浓度工况下排沙量的对比情况（排沙量=出口混合体流量×出口泥沙浓度）。对比结果表明，单位时间内，排沙量顺序为气水占比为 0.3<气水占比为 0.5<气水占比为 1.0<气水占比为 0.8。这表明排沙量与进气浓度并不是呈严格的单调关系，当气体中含有少量水时排沙量最高，但混合体中水占主要成分时排沙效

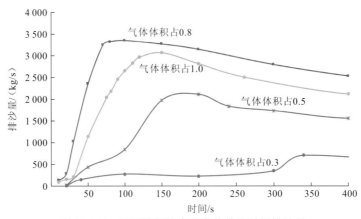

图 13.4.11　不同进气浓度对应的单位时间排沙量

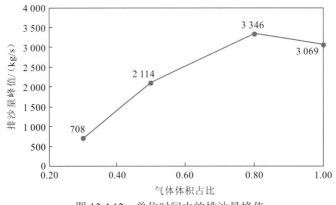

图 13.4.12　单位时间内的排沙量峰值

率反而下降。这是因为若冲入腔体的气体中含少量水，混合体对库底泥沙起到更好的搅拌效果，从而增加单位时间内的排沙量，提高扬沙效率；但如果冲入腔体的混合体中以水为主，腔体内缺少扬沙必需的密度差，进而排沙效率下降。

13.4.4　小结

（1）本节提出的移动式气动挟沙旋流清淤技术可以通过气力提升的方式将河床底部淤积的泥沙扬起并通过排沙囱道排出。

（2）进气速度对扬沙效率的影响研究表明，进气速度越大，出口流量越大，排出泥沙的浓度越高，但排出泥沙的浓度与进气速度并不是线性的正相关关系。当进气速度分别为 10 m/s、20 m/s、40 m/s 时，排沙浓度峰值分别为 57.78 kg/m³、96.18 kg/m³、118.18 kg/m³。此外，若进入腔体的气体中含少量水，扬沙效率更高。因此，若纯气力排沙，进气速度控制在 20 m/s 左右效率较高；若进入腔体的气体中含少量水，扬沙效率更高。

（3）与传统的水力机械泵清淤相比，气力排沙清淤技术具有结构简单、安全可靠、成本低、不受水深限制、易于控制和操作等显著优势，但相关研究尚处在设想和构思阶段，研究成果极少。本节成果仅来源于数值模拟，后续建议进一步开展物理模型试验和原型试验，探明气力提升技术的适应性和提升效率，并对清淤设备的设计参数进行改进。

13.5　微爆扬沙清淤技术

13.5.1　技术方案

1）淤泥爆破的扰动机理

淤泥具有松软、孔隙比大、天然含水量高、压缩性大、强度低、渗透性小和结构灵敏等特点，物理力学性质极差，厚度一般为几米到几十米不等。目前有关淤泥爆破的研究内容多集中在爆破挤淤和爆炸压密等基础处理工程中，通过爆破作用来扰动淤泥，使之变稀的试验资料很少。目前可检索的文献以爆破挤淤处理软基为主，相比本章关注的淤泥爆破的扰动机理，实际上在爆破挤淤的过程中处理软基同样是需要解决的关键问题，因此淤泥爆破的研究现状可以在很大程度上选择性地参考借鉴爆破挤淤处理淤泥软基的研究进展。

纵观目前在爆破清淤机理方面的研究成果，对于深水条件下爆破对淤泥的扰动机理的研究成果还极不成熟，如爆坑深度与药量的关系仍不明朗；应力波在不同介质界面的透反射过程尚未引入爆破清淤；动力载荷作用下淤泥软土的动态本构关系等理论在国内依旧处于空白状态。

2）高水压条件下的淤泥爆破试验技术

随着日益增加的工程需求，针对爆破扰动机理，不同时期研究者进行过相关的现场及室内模型试验。但已有研究均是基于某一特定工程对单一变量进行测试，目前尚未有人系统提出深水淤泥爆破的试验方法。

3）爆破清淤的参数确定与设计方法

在淤泥爆破参数的确定方面，埋药深度是影响复杂软基爆破挤淤效果的最关键的因素。

4）深水淤泥爆破挤淤施工关键工艺

深水淤泥爆破挤淤施工的关键工艺是装药，施工难点是装药机具的配备。目前已有的成功案例均是在海平面进行的，高水深水库怎么使大型海上机械入场，海上装药工艺不一定适用或者完全适用于高水深水库的装药。

本节针对以下内容开展重点研究。

（1）深水淤泥爆破扰动试验，揭示淤泥的爆破扰动机理。

研究深水条件下淤泥爆破动态响应的测试方法，针对水击波、淤泥容重及淤泥贯入阻力等指标，分析不同指标体现的内在机理，建立深水淤泥爆破动力效应测试的方法和评价依据。

进行爆破前后的淤泥密度测试和淤泥比贯入阻力测试，并辅以高速摄影和高清录像观察。前者用来研究淤泥扰动后的稀释情况及力学指标，后者主要是从直观上判断爆炸瞬间水面上的变化情况，并以此来分析、判断淤泥在爆破后的扰动范围。

（2）深水条件下的炸药选型与研发。

在深水压力长时间的作用下，乳化炸药的爆炸性能会明显下降。为此，需要针对常规的乳化炸药进行试验和研发，使其在深水条件下发挥性能。因此，选择我国某民爆公司的玻璃微球敏化乳化炸药进行各项性能试验，对试验结果与 ORICA 公司生产的赛能系列乳化炸药进行对比，看各项性能指标是否满足要求。

13.5.2 深水淤泥爆破扰动试验

共进行了 3 次爆破扰动试验。第一次爆破扰动试验，爆破对淤泥产生的扰动范围不是很大，距离爆破孔 0.4 m 处可能处于临界扰动状态，即爆破所产生的充分扰动区域不足 0.4 m（半径），同样，深度上也不超过药柱底部 0.5 m。

第二次爆破扰动试验起爆后，经过爆心的 3 条直线上的淤泥地形的变化总体上不大，仅斜指向岸边的 NW320° 和 SW230° 两条直线在近炮孔大约 4 m 范围内高程略有降低，而 NE50° 直线在近炮孔处略有升高。地形升降的幅度均在 0.5 m 以内，经过爆破调整后，近炮孔处的淤泥表面较爆破前更加平整。由此也可以看出，淤泥爆破扰动后，并未出现陆地爆破常见的"漏斗"地形。

第三次爆破扰动试验爆破后，经过爆心的 4 条直线上的淤泥地形基本不变（图 13.5.1），炮孔附近的最大差值只有 0.2 m，本次爆破也未见有常规爆破的"漏斗"地形。根据高速摄影资料，第三次爆破扰动试验水面鼓包出现的时刻为 32.238 s，上升截止时刻为

34.120 s（图13.5.2），泥水回落时刻大约为35.882 s。这样，水面鼓包上升时间持续了大约1.88 s，整个水面运动历时约3.64 s。借助高清录像资料及标识，本次爆破产生的水冢直径约为8 m。第三次爆破扰动试验爆破后，距离原炮孔0.1 m处，从淤泥表层至5.3 m深度范围内的Ps（静力触探仪的比贯入阻力）明显减小，个别地段甚至为0，扰动明显；但在5.4 m深度以后，该孔的Ps又逐渐达到爆破扰动前的测值水平。在距离原爆破孔0.8 m及其以远地段，触探孔的Ps处于爆破前勘探测值的较小值区域内，总体降幅不明显。距离爆破孔1.0 m处的淤泥密度未见明显减小，仅钻孔底部的密度略有增加迹象。这说明距离爆破孔0.8 m处淤泥扰动轻微，并未对其流动性造成明显改善。由此说明，通过爆破手段可以对流塑状—软塑状淤泥进行扰动，其扰动的范围有限，不超过0.8 m（半径），有可能仍在0.3 m左右。深度上，超过炮孔底部后，Ps下降不明显，超深仅有0.1 m左右。对于爆破前后的淤泥地形对比测试，炮孔附近的淤泥地形基本不变，最大差值只有0.2 m，并未出现"漏斗"地形。影像资料显示，第二次爆破扰动试验水面鼓包的上升时间持续了大约1.88 s，整个水面运动历时约3.64 s，产生的水冢直径大约为8 m。

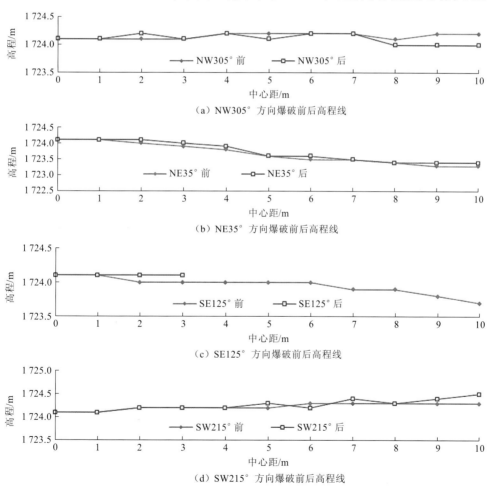

（a）NW305°方向爆破前后高程线

（b）NE35°方向爆破前后高程线

（c）SE125°方向爆破前后高程线

（d）SW215°方向爆破前后高程线

图13.5.1　第三次爆破时水下淤泥地形在爆破前后的高程变化过程

图 13.5.2　第三次爆破试验的水面鼓包上升截止时刻（34.120 s）

13.5.3　水下炸药的性能与改良

山西江阳兴安民爆器材有限公司将玻璃微球作为敏化剂制备了部分乳化炸药，其中使用的空心玻璃微球由美国 3M 公司生产，等级分为 K1 和 S15 两种，形状为薄壁的单个空心球体，成分是碱石灰硼硅酸盐玻璃，颜色为纯白色，软化温度为 600℃。K1 的粒径范围为 15～120 μm，其中约 10%≤30 μm，约 50%≤65 μm，约 90%≤110 μm，最大为 120 μm，堆积密度为 0.125 g/cm³；S15 的粒径范围为 15～95 μm，其中约 10%≤25 μm，约 50%≤55 μm，约 90%≤90 μm，最大为 95 μm，堆积密度为 0.15 g/cm³。

山西江阳兴安民爆器材有限公司于 2017 年 12 月 22 日将产品放入压力罐进行浸水，3 d 后取出进行靶试验，爆轰完全，然后于 2017 年 12 月 26 日再将产品放入压力罐密封浸水，于 2018 年 1 月 8 日取出进行各项性能试验。

具体测试内容包括密度测试、爆速测试、猛度测试、连续传爆性能测试、殉爆距离测试、0.45 MPa 条件下起爆测试、完全爆轰测试。测试后的试验结果表明，在 0.45 MPa 水压下浸泡十多天后，密度变大（在允许范围内），爆速、殉爆距离、连续传爆性能、有压条件下的起爆性能均不逊于 ORICA 公司生产的乳化炸药，将玻璃微球作为敏化剂的乳化炸药的各项性能指标均能满足本工程的要求，S15 型乳化炸药优于 K1 型乳化炸药。

13.5.4　小结

（1）综合各次试验的测试结果，静力触探反映出的淤泥爆破的扰动范围总体不大，达到表层淤泥这种比较稀释状态的，在水平向上大约为 0.3 m（半径），局部地段甚至不足 0.3 m；在大约 2.5 m 范围内可以存在轻微扰动，2.5 m 以外则基本未见扰动。纵向上，根据部分触探孔的测试结果，以及水平方向得出的结果，推测其扰动的深度（超过药柱底部的深度）也在 0.3 m 左右。

上述结论也间接说明，在线装药密度由 5.0 kg/m 调整到 6.5 kg/m，或者孔深由 3 m

增加到 10 m 时，淤泥的扰动范围并未发生明显改变，基本呈柱状形态出现，随着药柱的加深而逐渐加深。

（2）对于研制的 S15 型乳化炸药和 K1 型乳化炸药，在 0.45 MPa 水压下浸泡十多天后，密度变大（在允许范围内），爆速、殉爆距离、连续传爆性能、有压条件下的起爆性能均不逊于 ORICA 公司生产的乳化炸药，将玻璃微球作为敏化剂的乳化炸药的各项性能指标均能满足本工程的要求，S15 型乳化炸药优于 K1 型乳化炸药。

（3）通过试验证明微爆扬沙清淤技术具有一定的扰动排沙效果，但更具体的实用效果有待开展进一步的研究。

13.6　本章小结

为应对水库泥沙淤积严重的现实难题，本章针对不同淤积状况，研究提出了水电站进水口廊道排沙、近淤积面封闭式拉沙腔体拉沙、汛期气动挟沙和微爆扬沙等一系列清淤技术。

（1）坝前泥沙淤积的特点是淤积快、淤沙极细，磷截留量大，为减缓清水下泄对下游生境产生的冲刷影响，以及大坝总磷通量急剧变化产生的生源要素含量降低，汛期高速水流条件下在"蓄清排浑"调度基础上辅以水电站进水口廊道排沙技术以提高泥沙输沙比；非汛期采用封闭式拉沙腔体拉沙技术持续向下游"补沙"，可在一定程度上满足下游生态需求；同时，也发明了特定情况下的微爆扬沙清淤技术。研究了各技术的运用机理及在清淤排沙过程中的泥沙运动特性，分析了其可行性及工作效率，优化了其体型和技术性能。

（2）通过四种排沙技术的研发，在不用改变已建水利工程主体结构的情况下利用水库自然落差和汛期自然流速，在引用较小下泄流量条件下，实现了较大范围内的库底灵活排沙，从而形成了一整套适用性广、工作效率高、安全便捷的清淤排沙支撑技术，从而有效实现了水库清淤排沙，恢复了已建水库的功能。

蔡庆华, 孙志禹, 2012. 三峡水库水环境与水生态研究的进展与展望[J]. 湖泊科学, 24(2): 169-177.

曹广晶, 王俊, 2015. 长江三峡工程水文泥沙观测与研究[M]. 北京: 科学出版社.

柴朝晖, 杨国录, 陈萌, 2011. 淤泥絮体孔隙分形特性的提出、验证及应用[J]. 武汉大学学报(工学版), 44(5): 608-612.

长江流域规划办公室丹江水文总站, 1975. 丹江口水库淤积物干容重特性和影响因素的初步分析[R]. 武汉: 长江水利委员会长江科学院.

长江水利委员会, 1997. 三峡工程大坝及电站厂房研究[M]. 武汉: 湖北科学技术出版社.

长江水利委员会水文局, 2015. 2014 年度三峡水库进出库水沙特性、水库淤积及坝下游河道冲刷分析[R]. 武汉: 长江水利委员会水文局.

长江水利委员会水文局, 2019. 2018 年度三峡水库进出库水沙特性、水库淤积及坝下游河道冲刷分析[R]. 武汉: 长江水利委员会水文局.

陈桂亚, 袁晶, 许全喜, 2012. 三峡工程蓄水运用以来水库排沙效果[J]. 水科学进展, 23(3): 355-362.

陈虹均, 2017. 长江三峡库区渔业资源现状调查及鲢的遗传多样性分析[D]. 成都: 西南大学.

陈静, 陈中原, 2005. 长江三峡 ADP 流速剖面特征及其水文地貌环境意义分析[J]. 科学通报, 50(5): 464-468.

陈小娟, 2014. 水利水电工程建设运行对水生生物的影响与对策[J]. 人民长江, 45(15): 7-13.

陈绪坚, 郑邦民, 胡春宏, 2013. 三峡水库泥沙运动随机分析[J]. 泥沙研究, 6: 6-11.

陈勇, 段辛斌, 刘绍平, 等, 2009. 三峡水库三期蓄水后浮游植物群落结构特征初步研究[J]. 淡水渔业, 39(1): 10-15.

程辉, 吴胜军, 王小晓, 等, 2015. 三峡库区生态环境效应研究进展[J]. 中国生态农业学报, 23(2): 127-140.

程龙渊, 席占平, 1993. 三门峡水库淤积物干容重的研究与应用[J]. 人民黄河, 11: 8-10.

代文良, 张娜, 2011. 三峡水库 175 m 试验性蓄水过程水文泥沙分析[J]. 人民长江, 42(3): 9-12.

代文良, 张娜, 蒲蔽洪, 2009. 三峡库区 156 m 蓄水水文泥沙变化分析[J]. 人民长江, 40(9): 7-9.

戴卓, 李文杰, 杨胜发, 等, 2020. 三峡水库泥沙淤积对氮磷污染物的影响[J]. 人民长江, 51(2): 23-27.

电力工业部, 1999. 水利水电工程泥沙设计规范: DL/T 5089—1999[S]. 北京: 中国电力出版社.

丁瑞华, 1987. 三峡水库库区渔业环境和渔业现状分析[M]. 成都: 四川科学出版社.

丁武泉, 李强, 李航, 2010. 表面电位对三峡库区细颗粒泥沙絮凝沉降的影响[J]. 土壤学报, 47(4): 698-702.

董炳江, 乔伟, 许全喜, 2014. 三峡水库汛期沙峰排沙调度研究与初步实践[J]. 人民长江, 45(3): 7-11.

董年虎, 方春明, 曹文洪, 2010. 三峡水库不平衡泥沙输移规律[J]. 水利学报, 41(6): 653-658.

窦国仁, 1963. 潮汐水流中的悬沙运动及冲淤计算[J]. 水利学报, (4): 13-24.

杜殿勋, 朱厚生, 1992. 三门峡水库水沙综合调节优化调度运用的研究[J]. 水力发电学报, 2: 12-23.

杜娴, 罗固源, 许晓毅, 2013. 长江重庆段两江水相、间隙水和沉积物中邻苯二甲酸酯的分布与分配[J]. 环境科学学报, 33(2): 557-562.

段辛斌, 2008. 长江上游鱼类资源现状及早期资源调查研究[D]. 武汉: 华中农业大学.

段辛斌, 陈大庆, 刘绍平, 等, 2002. 长江三峡库区鱼类资源现状的研究[J]. 水生生物学报, 26(6): 605-611.

段学花, 王兆印, 程东升, 2007. 典型河床底质组成中底栖动物群落及多样性[J]. 生态学报, 4: 1664-1672.

方德胜, 陈新化, 冯正涛, 2011. 智能水文缆道测控系统的设计与应用[J]. 水文, (S1): 203-206.

方志青, 王永敏, 王训, 等, 2020. 三峡库区支流汝溪河沉积物重金属空间分布及生态风险[J]. 环境科学, 41(3): 1338-1345.

方宗岱, 尹学良, 1958. 水库淤积物干容重资料分析[J]. 泥沙研究, 3: 45-51.

甘富万, 2008. 水库排沙调度优化研究[D]. 武汉: 武汉大学.

高宏, 暴维英, 冯化涛, 1996. 黄河泥沙对重金属吸附与解吸特性的研究[J]. 人民黄河, 7: 19-28.

葛罗同, 萨凡奇, 雷巴特, 1988. 治理黄河初步报告（1946）[M]//历代治黄文选(下册). 郑州: 河南人民出版社.

关许为, 陈英祖, 杜心慧, 1996. 长江口絮凝机理的实验研究[J]. 水利学报, 6: 70-74.

郭劲松, 陈杰, 李哲, 等, 2008. 156 m 蓄水后三峡水库小江回水区春季浮游植物调查及多样性评价[J]. 环境科学, 10: 2710-2715.

郭志刚, 李德功, 1984. 恒山水库的水沙调节运用经验[J]. 水利水电技术, (5): 54-64.

国家环境保护局, 1990. 中国土壤元素背景值[M]. 北京: 中国环境科学出版社.

国务院三峡工程建设委员会办公室泥沙专家组, 中国长江三峡集团公司三峡工程泥沙专家组, 2013. 长江三峡工程泥沙问题研究 2006—2010 第四卷 三峡水库变动回水区河段冲淤规律分析和二维数学模型计算[M]. 北京: 中国科学技术出版社.

韩超南, 秦延文, 马迎群, 等, 2020. 三峡支流大宁河库湾水质分布变化原因及其生态效应[J]. 环境科学研究, 33(4): 893-900.

韩德举, 胡菊香, 高少波, 等, 2005. 三峡水库 135 m 蓄水过程坝前水域浮游生物变化的研究[J]. 水利渔业, 25(5): 55-58.

韩其为, 1978. 长期使用水库的平衡形态及冲淤变形研究[J]. 人民长江, 2: 18-35.

韩其为, 1979. 非均匀悬移质不平衡输沙的研究[J]. 科学通报, 17: 804-808.

韩其为, 1997. 泥沙淤积物干容重的分布及其应用[J]. 泥沙研究, 2: 10-16.

韩其为, 2003. 水库淤积[M]. 北京: 科学出版社.

韩其为, 何明民, 1993. 论长期使用水库的造床过程: 兼论三峡水库长期使用的有关参数[J]. 泥沙研究, 3: 1-22.

韩其为, 李云中, 2001. 三峡工程一、二期围堰阶段坝区河床演变研究[J]. 泥沙研究, 5: 1-13.

韩其为, 王玉成, 向熙珑, 1981. 淤积物的初期干容重[J]. 泥沙研究, 1: 1-13.

何建京, 王惠民, 2003. 光滑壁面明渠非均匀流水力特性[J]. 河海大学学报, 31(5): 513-517.

胡建林, 刘国祥, 蔡庆华, 等, 2006. 三峡库区重庆段主要支流春季浮游植物调查[J]. 水生生物学报, (1): 116-119.

胡江, 钟强, 任海涛, 等, 2015. 一种泥沙淤积物在大水压力下干容重变化的试验装置及其试验方法: ZL103558121B[P]. 2015-07-15.

胡明罡, 2004. 多沙河流水库电站优化调度研究[D]. 天津: 天津大学.

胡煜煊, 1985. 山东省水库总输沙量与实测悬移质输沙量比值及淤积泥沙干容重的变化规律[J]. 泥沙研究, (1): 70-78.

黄建维, 1989. 黏性泥沙在盐水中冲刷和沉降特性的实验研究[J]. 海洋工程, 1: 61-70.

黄仁勇, 2016. 长江上游梯级水库泥沙输移与泥沙调度研究[D]. 武汉: 武汉大学.

黄仁勇, 黄悦, 2009. 三峡水库干支流河道一维非恒定水沙数学模型初步研究[J]. 长江科学院院报, 26(2): 9-13.

黄仁勇, 舒彩文, 谈广鸣, 2019a. 三峡水库汛期沙峰输移特性初步研究[J]. 应用基础与工程科学学报, 27(6): 1203-1210.

黄仁勇, 舒彩文, 谈广鸣, 2019b. 三峡水库调度运用对出库水沙过程影响研究[J]. 应用基础与工程科学学报, 27(4): 734-743.

黄仁勇, 谈广鸣, 范北林, 2012. 长江上游梯级水库联合调度泥沙数学模型研究[J]. 水力发电学报, 31(6): 143-148.

黄仁勇, 谈广鸣, 范北林, 2013. 三峡水库蓄水运用后汛期洪水排沙比初步研究[J]. 水力发电学报, 32(5): 129-133.

黄仁勇, 王敏, 张细兵, 2017. 寸滩站洪峰沙峰相位关系及其对三峡库区沙峰输移影响初步研究[C]//第十届全国泥沙基本理论研究学术讨论会论文集. 北京: 中国水利水电出版社.

黄仁勇, 王敏, 张细兵, 等, 2018. 溪洛渡、向家坝、三峡梯级水库汛期联合排沙调度方式初步研究[J]. 长江科学院院报, 35(8): 6-10.

黄仁勇, 王敏, 张细兵, 等, 2020. 三峡水库汛期"蓄清排浑"动态运用方式计算研究[J]. 长江科学院院报, 37(1): 7-12.

黄钰玲, 2007. 三峡水库香溪河库湾水华生消机理研究[D]. 西安: 西北农林科技大学.

纪昌明, 刘方, 彭杨, 等, 2013. 基于鲶鱼效应粒子群算法的水库水沙调度模型研究[J]. 水力发电学报, 32(1): 70-76.

蒋国俊, 姚炎明, 唐子文, 2002. 长江口细颗粒泥沙絮凝沉降影响因素分析[J]. 海洋学报(中文版), 4: 51-57.

蒋万祥, 蔡庆华, 唐涛, 等, 2008. 香溪河大型底栖无脊椎动物空间分布[J]. 应用生态学报, (11): 2443-2448.

蒋万祥, 蔡庆华, 唐涛, 等, 2009a. 香溪河水系大型底栖动物功能摄食类群生态学[J]. 生态学报, 29(10): 5207-5218.

蒋万祥, 贾兴焕, 周淑婵, 等, 2009b. 香溪河大型底栖动物群落结构季节动态[J]. 应用生态学报, 20(4): 923-928.

况琪军, 毕永红, 周广杰, 等, 2005. 三峡水库蓄水前后浮游植物调查及水环境初步分析[J]. 水生生物学报, (4): 353-358.

况琪军, 周广杰, 胡征宇, 2007. 三峡库区藻类种群结构与密度变化及其与氮磷浓度的相关性分析[J]. 长江流域资源与环境, 2: 231-235.

李斌, 2016. 三峡水库底栖动物群落稳定性及其维持机制[D]. 北京: 中国科学院大学.

李健, 金中武, 蔺秋生, 2012. 香溪河水质的平面二维数值模拟[J]. 水动力学研究与进展, 6: 720-726.

李锦秀, 廖文根, 黄真理, 2002. 三峡工程队库区水流水质影响预测[J]. 水利水电技术, 33(10): 24-25.

李书霞, 张俊华, 陈书奎, 等, 2006. 小浪底水库塑造异重流技术及调度方案[J]. 水利学报, 37(5): 567-572.

李文杰, 杨胜发, 胡江, 等, 2015. 三峡库区细颗粒泥沙絮凝的实验研究[J]. 应用基础与工程科学学报, 5: 851-860.

李迎喜, 王孟, 2011. 三峡库区水资源保护规划的编制思路[J]. 人民长江, 42(2): 48-50.

李云中, 江玉姣, 2019. 三峡水库坝前泥沙絮凝沉降实证分析[J]. 水利水电快报, 40(2): 62-65.

林秉南, 周建军, 2004. 三峡工程泥沙调度[J]. 中国工程科学, 6(4): 30-33.

林一山, 1978. 水库长期使用问题(1966 年) [J]. 人民长江, 2: 1-8.

刘德富, 杨正健, 纪道斌, 等, 2016. 三峡水库支流水华机理及其调控技术研究进展[J]. 水利学报, 47(3): 443-454.

刘素一, 1995. 水库水沙优化调度的研究及应用[D]. 武汉: 武汉水利电力大学.

刘向伟, 杜浩, 张辉, 等, 2009. 长江上游新市至江津段大型底栖动物漂流调查[J]. 中国水产科学, 16(2): 266-273.

刘媛媛, 2005. 多沙河流水库多目标优化调度研究[D]. 天津: 天津大学.

龙天渝, 2011. 三峡库区低流速河段流速对蓝、绿、硅藻垂直分布的影响[J]. 科技信息, 13: 36-37.

卢金友, 1990. 长江河道水流流速分布研究[J]. 长江科学院院报, 7(1): 40-49.

罗专溪, 张远, 郑丙辉, 等, 2005. 三峡水库蓄水初期水生态环境特征分析[J]. 长江流域资源与环境, 14(6): 781-785.

马雅雪, 姚维林, 袁赛波, 等, 2019. 长江干流宜昌-安庆段大型底栖动物群落结构及环境分析[J]. 水生生物学报, 43(3): 634-642.

毛红梅, 刘少华, 周海燕, 2012. 三峡库区泥沙分布规律初探[J]. 水利水运工程学报, 5: 67-71.

孟春红, 2007. 三峡水库蓄水后水文特性和污染因素分析[J]. 人民长江, 38(8): 26-27.

彭杨, 2002. 水库水沙联合调度方法研究及应用[D]. 武汉: 武汉大学.

浦承松, 梅伟, 朱宝土, 等, 2010. 非均匀沙干容重计算方法的探讨[J]. 武汉大学学报(工学版), 43(3): 320-324.

钱宁, 万兆惠, 2003. 泥沙运动力学[M]. 北京: 科学出版社.

钱宁, 谢鉴衡, 1989. 泥沙手册[M]. 北京: 中国环境科学出版社.

清华大学, 2007. 三峡水库泥沙淤积计算成果[R]. 北京: 清华大学.

邱光胜, 叶丹, 陈洁, 等, 2011. 三峡水库蓄水前后库区干流浮游藻类变化分析[J]. 人民长江, 42(2): 83-86.

阮嘉玲, 2014. 三峡库区泥沙过程变异对浮游植物的影响及营养化评价方法研究[D]. 武汉: 武汉轻工大学.

邵美玲, 2008. 水库群底栖动物生态学研究: 以三峡水库湖北段和香溪河流域为例[D]. 北京: 中国科学院研究生院.

邵美玲, 谢志才, 叶麟, 等, 2006. 三峡水库蓄水后香溪河库湾底栖动物群落结构的变化[J]. 水生生物学报, 30(1): 64-69.

史邵华, 2018. 河流浮游植物群落对筑坝引发的异质性水文环境的响应[D]. 重庆: 西南大学.

水利部长江水利委员会, 2015. 长江流域水库群联合调度研究顶层设计报告[R]. 武汉: 水利部长江水利委员会.

水利部黄河水利委员会, 2013. 黄河调水调沙理论与实践[M]. 郑州: 黄河水利出版社.

宋明江, 邓华堂, 朱峰跃, 等, 2015. 三峡水库不同水位时期大宁河底栖动物群落结构[J]. 淡水渔业, 45(3): 33-39.

唐日长, 1964. 水库淤积调查报告[J]. 人民长江, 3: 8-20.

陶春华, 杨忠伟, 贺玉彬, 等, 2012. 大渡河瀑布沟以下梯级水库水沙联合调度研究[J]. 水力发电, 38(10): 73-80.

陶江平, 陈永柏, 乔晔, 等, 2008. 三峡水库成库期间鱼类空间分布的水声学研究[J]. 水生态学杂志, 29(5): 25-33.

万成炎, 陈小娟, 2018. 全面加强长江水生态保护修复工作的研究[J]. 长江技术经济, 2(4): 33-38.

万俊, 何建京, 王泽, 2010. 光滑壁面明渠陡坡流速分布特性[J]. 水动力学研究与进展, 25(1): 37-43.

万新宇, 2008. 基于相似性的三门峡水库水沙调度研究[D]. 南京: 河海大学.

万毅, 2008. 黄河梯级水库水电沙一体化调度研究[D]. 天津: 天津大学.

王宝成, 左训青, 车兵, 2006. 不同频率回声测深仪测量水库淤泥的初步研究[J]. 人民长江, 37(12): 84-88.

王宝强, 刘学勤, 彭增辉, 等, 2015. 三峡水库底栖动物群落结构特征及其与蓄水前资料的比较[J]. 水生生物学报, 39(5): 965-972.

王兵, 詹磊, 殷俊, 等, 2010. 泥沙干容重的预测计算[J]. 水道港口, 31(5): 352-356.

王超, 谭丽, 吕怡兵, 等, 2015. 长江重庆段表层水体中多环芳烃的分布及来源分析[J]. 环境化学, 34(1): 18-22.

王健康, 周怀东, 陆瑾, 等, 2014. 三峡库区水环境中重金属污染研究进展[J]. 中国水利水电科学研究院学报, 12(1): 49-53.

王静雅, 汪志聪, 李翀, 等, 2015. 三峡水库坝前水域浮游植物群落时空动态研究[J]. 水生生物学报, 39(5): 877-884.

王俊, 张欧阳, 熊明, 2007. 三峡水库首次蓄水对泥沙输移特性的影响[J]. 水力发电学报, 26(5): 102-106.

王顺天, 雷俊山, 贾海燕, 等, 2020. 三峡水库浮游植物群落特征及水体富营养化评价[J]. 三峡生态环境监测, 5(1): 32-41.

王松波, 耿红, 吴来燕, 2013. 三峡水库蓄水后库区浮游植物研究进展[J]. 中南民族大学学报(自然科学版), 32(4): 19-23.

王兴奎, 邵学军, 李丹勋, 2002. 河流动力学[M]. 北京: 中国水利水电出版社.

王英才, 邱光胜, 陈水松, 等, 2012. 三峡库区试验性蓄水期间浮游生物群落特点研究[J]. 人民长江, 43(12): 4-9.

吴强, 2007. 长江三峡库区蓄水后鱼类资源现状的研究[D]. 武汉: 华中农业大学.

伍文俊, 余新明, 2010. 三峡水库运行后库区航道条件变化及趋势[J]. 武汉大学学报(工学版), 43(3): 344-347.

夏志强, 2014. 三峡库区水华敏感期水质和浮游植物时空分布研究[D]. 成都: 西南大学.

肖杨, 彭杨, 王太伟, 2013. 基于遗传算法与神经网络的水库水沙联合优化调度模型[J]. 水利水电科技进展, 33(2): 9-13.

谢鉴衡, 1990. 河流模拟[M]. 北京: 水利电力出版社.

徐小清, 邓冠强, 惠嘉玉, 等, 1999. 长江三峡库区江段沉积物的重金属污染特征[J]. 水生生物学报, 23(1): 1-9.

许川, 舒为群, 罗财红, 等, 2007. 三峡库区水环境多环芳烃和邻苯二甲酸酯类有机污染物健康风险评价[J]. 环境科学研究, 20(5): 57-60.

许杰庭, 2009. 新疆头屯河水库排沙减淤技术的研究与应用[J]. 泥沙研究, 3: 725-731.

许全喜, 袁晶, 董炳江, 2019. 长江泥沙变化及河床冲淤研究[J]. 长江技术经济, 3(3): 58-68.

杨浩, 2012. 三峡水库蓄水对长江干流浮游植物群落物种组成的影响研究[D]. 成都: 西南大学.

杨浩, 曾波, 孙晓燕, 等, 2012. 蓄水对三峡库区重庆段长江干流浮游植物群落结构的影响[J]. 水生生物学报, 36(4): 715-723.

杨铁笙, 熊祥忠, 詹秀玲, 等, 2003. 粘性细颗粒泥沙絮凝研究概述[J]. 水利水运工程学报, (2): 65-77.

杨文俊, 毕胜, 许智生, 等, 2018c. 利用水体自然动能的移动式气动挟沙旋流清淤设备及方法: ZL201610922249. 7[P]. 2018-07-03.

杨文俊, 曹慧群, 李青云, 等, 2018a. 一种水库水下行走式吸排沙装置: ZL201610550403. 2[P]. 2018-05-25.

杨文俊, 胡晗, 周银军, 等, 2018b. 水下封闭式渠道淤沙高效输移装备: ZL201610922251. 4[P]. 2018-07-31.

杨振冰, 刘园园, 何蕊廷, 等, 2018. 三峡库区不同水文类型支流大型底栖动物对蓄水的响应[J]. 生态学报, 38(20): 7231-7241.

杨正健, 2014. 分层异重流背景下三峡水库典型支流水华生消机理及其调控[D]. 武汉: 武汉大学.

杨志, 龚云, 董纯, 等, 2017. 三峡水库正常运行期间四大家鱼的时空分布特征[J]. 水生态学杂志, 38(5): 72-79.

杨志, 唐会元, 朱迪, 等, 2015. 三峡水库175 m试验性蓄水期库区及其上游江段鱼类群落结构时空分布格局[J]. 生态学报, 35(15): 5064-5075.

杨志, 陶江平, 唐会元, 等, 2012. 三峡水库运行后库区鱼类资源变化及保护研究[J]. 人民长江, 43(10): 62-67.

叶麟, 2006. 三峡水库香溪河库湾富营养化及春季水华研究[D]. 武汉: 中国科学院水生生物研究所.

尹小玲, 刘青泉, 2009. 三峡库区水沙运动及环境灾害变化特点初步分析[J]. 水力发电学报, 28(6): 43-48.

尹则高, 曹先伟, 2010. 航道工程中的浮泥研究综述[J]. 水资源与水工程学报, 21(3): 92-94.

曾辉, 2006. 长江和三峡库区浮游植物季节变动及其与营养盐和水文条件关系研究[D]. 北京: 中国科学院研究生院.

张德茹, 梁志勇, 1994. 不均匀细颗粒泥沙粒径对絮凝的影响实验研究[J]. 水利水运科学研究, 1: 11-17.

张金良, 2004. 黄河水库水沙联合调度问题研究[D]. 天津: 天津大学.

张静, 叶丹, 朱海涛, 等, 2019. 在不同蓄水位下三峡库区春季水华特征及趋势分析[J]. 水生生物学报, 43(4): 884-891.

张敏, 蔡庆华, 渠晓东, 等, 2017. 三峡成库后香溪河库湾底栖动物群落演变及库湾纵向分区格局动态[J]. 生态学报, 37(13): 4483-4494.

张瑞瑾, 1998. 河流泥沙动力学[M]. 北京: 中国水利水电出版社.

张晟, 黎莉莉, 张勇, 等, 2007. 三峡水库 135 m 水位蓄水前后水体中重金属分布变化[J]. 安徽农业科学, 35(11): 3342-3343.

张耀哲, 王敬昌, 2004. 水库淤积泥沙干容重分布规律及其计算方法的研究[J]. 泥沙研究, 3: 54-58.

张玉新, 冯尚友, 1986. 多维决策的多目标动态规划及其应用[J]. 水利学报, 7: 1-10.

张远, 郑丙辉, 刘鸿亮, 等, 2005. 三峡水库蓄水后氮、磷营养盐的特征分析[J]. 水资源保护, 21(6): 23-26.

赵军, 于志刚, 陈洪涛, 等, 2009. 三峡水库 156 m 蓄水后典型库湾溶解态重金属分布特征研究[J]. 水生态学杂志, 2(2): 9-14.

郑丙辉, 张远, 富国, 等, 2006. 三峡水库营养状态评价标准研究[J]. 环境科学学报, 26(6): 1022-1030.

郑睿, 谌书, 王彬, 等, 2020. 三峡库区香溪河沉积物重金属含量分布及风险评价[J]. 生态环境学报, 29(1): 192-198.

郑守仁, 2018. 三峡工程在长江生态环境保护中的关键地位与作用[J]. 人民长江, 49(21): 1-8.

周曼, 黄仁勇, 徐涛, 2015. 三峡水库库尾泥沙减淤调度研究与实践[J]. 水力发电学报, 34(4): 98-104.

周琴, 辛小康, 尹炜, 等, 2019. 三峡水库磷污染特性及变化趋势研究[J]. 三峡生态环境监测, 4(1): 16-21.

朱爱民, 胡菊香, 李嗣新, 等, 2013. 三峡水库长江干流及其支流枯水期浮游植物多样性与水质[J]. 湖泊科学, 25(3): 378-385.

朱爱民, 吴广兵, 梁银铨, 等, 2009. 156 m 蓄水后三峡水库支流童庄河河口段浮游植物群落的时空动态[J]. 水生态学杂志, 30(2): 101-106.

卓海华, 邱光胜, 翟婉盈, 等, 2017. 三峡库区表层沉积物营养盐时空变化及评价[J]. 环境科学, 38(12): 5020-5031.

邹家祥, 翟红娟, 2016. 三峡工程对水环境与水生态的影响及保护对策[J]. 水资源保护, 32(5): 136-140.

BALACHANDAR R, HAGEL K, BLARKELY D, 2002. Velocity distribution in decelerating flow over rough surfaces[J]. Canadian journal of civil engineering, 29(2): 211-221.

BING H J, ZHOU J, WU Y H, et al., 2016. Current state, sources, and potential risk of heavy metals in sediments of Three Gorges Reservoir, China [J]. Environmental pollution, 214: 485-496.

BORUJENI H S, FATHI-MOGHADAM M, SHAFAEI-BEJESTAN M, 2009. Investigation on bulk density of deposited sediments in Dez Reservoir[J]. Trends in applied sciences research, 4: 148-157.

BROWN J N, PEAKE B M, 2003. Determination of colloidally-associated polycyclic aromatic hydrocarbons (PAHs) in fresh water using C_{18} solid phase extraction disks[J]. Analytica chimica acta, 486(2): 159-169.

BUSS D F, BAPTISTA D F, NESSIMIAN J L, et al., 2004. Substrate specificity, environmental degradation and disturbance structuring macroinvertebrate assemblages in neotropical streams[J]. Hydrobiologia, 518: 179-188.

CARDOSO A H, GRAF W H, GUST G, 1991. Steady gradually accelerating flow in a smooth open channel[J]. Journal of hydraulic research, 29(4): 525-543.

CHURCHILL M A, 1948. Discussion of analysis and use of reservoir sedimentation data[C]//Proceedings of the Federal Interagency Sedimentation Conference. Washington D.C.: Bureau of Reclamation, U. S. Department of the Interior.

CUMMINS K W, LAUFF G H, 1969. The influence of substrate particle size on the microdistribution of stream benthos[J]. Hydrobiologia, 34: 145-181.

DEYERLING D, WANG J, HU W, et al., 2014. PAH distribution and mass fluxes in the Three Gorges Reservoir after impoundment of the Three Gorges Dam[J]. Science of the total environment, 491: 123-130.

DONG L, LIN L, YANG W J, et al., 2019. Distribution, composition, levels, source, and risk assessment of PAHs in surface water and sediment from the mainstream Three Gorges Reservoir[J]. Desalination and water treatment, 168: 175-183.

DROPPO I G, ONGLEY E D, 1994. Flocculation of suspended sediment in rivers of southeastern Canada [J]. Water research, 28: 1799-1809.

DYER K R, 1989. Sediment processes in estuaries: Future research requirements[J]. Journal of geophysical research, 94(C10): 14327.

EINSTEIN H A, KRONE R B, 1962. Experiments to determine modes of cohesive sediment transport in salt water [J]. Journal of geophysical research, 67(4): 1451-1461.

EISMA D, 1986. Flocculation and de-flocculation of suspended matter in estuaries [J]. Netherlands journal of sea research, 20: 183-199.

FENG C, XIA X, SHEN Z, 2007. Distribution and sources of polycyclic aromatic hydrocarbons in Wuhan section of the Yangtze River, China [J]. Environmental monitoring and assessment, 133(1/2/3): 447–458.

FLOEHR T, SCHOLZ-STARKE B, XIAO H, et al., 2015. Yangtze Three Gorges Reservoir, China: A holistic assessment of organic pollution, mutagenic effects of sediments and genotoxic impacts on fish [J]. Journal of environmental sciences, 38: 63-82.

GAO L, GAO B, XU D Y, et al., 2019. Multiple assessments of trace metals in sediments and their response to the water level fluctuation in the Three Gorges Reservoir, China [J]. Science of the total environment, 648: 197-205.

GAO Q, LI Y, CHENG Q Y, et al., 2016. Analysis and assessment of the nutrients, biochemical indexes and heavy metals in the Three Gorges Reservoir, China, from 2008 to 2013 [J]. Water research, 92: 262-274.

GREENWOOD J L, ROSEMOND A D, 2005. Periphyton response to long-term nutrient enrichment in a shaded headwater stream[J]. Canadian journal of fishery aquatic science, 62: 2033-2045.

GUO L, HE Q, 2011. Freshwater flocculation of suspended sediments in the Yangtze River, China [J]. Ocean dynamics, 61: 371-386.

HEINEMANN H G, 1962. Volume-weight of reservoir sediment [J]. Journal of the hydraulics division, 5: 181-197.

HUANG L, FANG H W, REIBLE D, 2015. Mathematical model for interactions and transport of phosphorus and sediment in the Three Gorges Reservoir [J]. Water research, 85: 393-403.

HÄKANSON L, 1980. An ecological risk index for aquatic pollution control: A sedimentological approach[J]. Water research, 14: 975-1001.

KATUL G, WIBERG P, ALBERTSON J, et al., 2002. A mixing layer theory for flow resistance in shallow streams [J]. Water resources research, 38(11): 1250.

KOELZER V A, LARA J M, 1958. Densities and compaction rate of deposited sediment [J]. Journal of the hydraulics division, 84(2): 1-15.

KONIECKI D, WANG R, MOODY R P, et al., 2011. Phthalates in cosmetic and personal care products: Concentrations and possible dermal exposure [J]. Environmental research, 111 (3): 329-336.

LANE E W, KOELZER V A, 1943. Report No. 9: Density of sediments deposited in reservoirs [C]// A Study of Methods Used in Measurements and Analysis of Sediment Loads in Streams, Hydraulic Laboratory. Iowa: University of Iowa City.

LARA J M, PEMBERTON E L, 1963. Initial unit weight of deposited sediments [C]// Proceedings of the Federal Inter-Agency Sedimentation Conference. Washington D.C.: U. S. Department of Agriculture.

LEUSSEN W V, 1994. Estuarine macroflocs and their role in fine-grained sediment transport [D]. Utrecht: University of Utrecht, The Netherlands.

LI B, CAI Q H, ZHANG M, et al., 2015. Macroinvertebrate community succession in the Three-Gorges Reservoir ten years after impoundment [J]. Quaternary international, 380-381: 247-255.

LI B, LIU R, GAO H, et al., 2016. Spatial distribution and ecological risk assessment of phthalic acid esters and phenols in surface sediment from urban rivers in northeast China [J]. Environmental pollution, 219: 409-415.

LI G, XIA X, YANG Z, et al., 2006. Distribution and sources of polycyclic aromatic hydrocarbons in the middle and lower reaches of the Yellow River, China [J]. Environmental pollution, 144: 985-993.

LICK W, LICK J, 1988. Aggregation and disaggregation of fine-grained lake sediments [J]. Journal of great lakes research, 14: 514-523.

LIMAM I, DRISS M R, 2013. Off-line solid-phase extraction procedure for the determination of polycyclic aromatic hydrocarbons from aqueous matrices [J]. International journal of environmental science and technology, 10(5): 973-982.

LIN L, DONG L, MENG X Y, et al., 2018. Distribution and sources of polycyclic aromatic hydrocarbons and phthalic acid esters in water and surface sediment from the Three Gorges Reservoir [J]. Journal of environmental sciences, 69: 271-280.

LIN L, LI C, YANG W J, et al., 2020. Spatial variations, and periodic changes in heavy metals in surface water and sediments of the Three Gorges Reservoir, China [J]. Chemosphere, 240: 124837.

LIU S, XIA X, ZHAI Y, et al., 2011. Black carbon (BC) in urban and surrounding rural soils of Beijing, China: Spatial distribution and relationship with polycyclic aromatic hydrocarbons (PAHs) [J]. Chemosphere, 82(2): 223-228.

LONG E R, MACDONALD D D, SMITH S L, et al., 1995. Incidence of adverse biological effects within ranges of chemical concentrations in marine and estuary sediments [J]. Environmental management, 19(1): 81-97.

MANNING A J, BASS S J, DYER K R, 2006. Floc properties in the turbidity maximum of a mesotidal estuary during neap and spring tidal conditions [J]. Marine geology, 235: 193-211.

MANNING A J, BAUGH J V, SPEARMAN J R, et al., 2010. Flocculation settling characteristics of mud: Sand mixtures[J]. Ocean dynamics, 60(2): 237-253.

MANNING A J, DYER K R, 2002. A comparison of floc properties observed during neap and spring tidal conditions[J]. Proceedings in marine science, 5(2): 233-250.

MANNING A J, FRIEND P L, PROWSE N, 2007. Estuarine mud flocculation properties determined using an annular mini-flume and the LabSFLOC system [J]. Continental shelf research, 27(8): 1080-1095.

MURRAY S P, 1970. Settling velocities and vertical diffusion of particles in turbulent water[J]. Journal of geophysical research, 75(9): 1647-1654.

NEZU I, RODI W, 1986. Open channel flow measurements with a Laser Doppler Anemometer [J]. Journal of hydraulic engineering, 112(5): 335-355.

NIELSEN P, 1993. Turbulence effects on the settling of suspended particles[J]. Journal of sedimentary research, 63(5): 835-838.

PARDO M A D L, SARPE D, WINTERWERP J C, 2015. Effect of algae on flocculation of suspended bed sediments in a large shallow lake. Consequences for ecology and sediment transport processes [J]. Ocean dynamics, 65(6): 889-903.

SCARSBROOK M R, 2002. Persistence and stability of lotic invertebrate communities in New Zealand[J]. Freshwater biology, 47(3): 417-431.

SCHOFIELD R K, SAMSON H R, 1954. Flocculation of kaolinite due to the attraction of oppositely charged crystal faces [J]. Discussions of the faraday society, 18: 135-145.

SHAO M, XU Y, CAI Q H, 2010. Effects of reservoir mainstream on longitudinal zonation in reservoir bays [J]. Journal of freshwater ecology, 25: 107-117.

SONG T, CHIEW Y M, 2001. Turbulence measurement in nonuniform open-channel flow using Acoustic Doppler Velocimeter (ADV) [J]. Journal of engineering mechanics, 127(3): 219-232.

VAN LEUSSEN W, 1999. The variability of settling velocities of suspended fine-grained sediment in the Ems estuary [J]. Journal of sea research, 41(1/2): 109-118.

VAN OLPHEN H, 1977. An introduction to clay colloid chemistry [M]. 2nd ed. New York: John Wiley and Sons.

VAN WEZEL A P, VAN VLAARDINGEN P, POSTHUMUS R, et al., 2000. Environmental risk limits for two phthalates, with special emphasis on endocrine disruptive properties [J]. Ecotoxicology and environmental safety, 46(3): 305-321.

VERNEY R, LAFITE R, BRUN-COTTAN J C, 2009. Flocculation potential of estuarine particles: The importance of environmental factors and of the spatial and seasonal variability of suspended particulate matter[J]. Estuaries and coasts, 32(4): 678-693.

WALTER F M, 1972. Volume-weight of reservoir sediment in forested areas[J]. Journal of the hydraulics division, 98(8): 1335-1342.

WANG F, XIA X, SHA Y, 2008. Distribution of phthalic acid esters in Wuhan section of the Yangtze River, China [J]. Journal of hazardous materials, 154: 317-324.

WANG J, HENKELMANN B, BI Y, 2013. Temporal variation and spatial distribution of PAH in water of Three Gorges Reservoir during the complete impoundment period [J]. Environmental science and pollution research international, 20(10): 7071-7079.

WANG Y, SHEN C, SHEN Z, et al., 2015. Spatial variation and sources of polycyclic aromatic hydrocarbons (PAHs) in surface sediments from the Yangtze Estuary, China [J]. Environmental science processes & impacts, 17(7): 1340-1347.

WARD J R, STANFORD J A, 1979. The ecology of regulated streams [M]. New York: Plenum Press.

WEI X, HAN L F, GAO B, et al., 2016. Distribution, bioavailability, and potential risk assessment of the metals in tributary sediments of Three Gorges Reservoir: The impact of water impoundment [J]. Ecological indicators, 61: 667-675.

WILLIAMS N D, WALLING D E, LEEKS G J, 2007. High temporal resolution in situ measurement of the effective particle size characteristics of fluvial suspended sediment [J]. Water research, 41(5): 1081-1093.

WINTERWERP J C, 2002. On the flocculation and settling velocity of estuarine mud[J]. Continental shelf research, 22(9): 1339-1360.

XIANG Y P, WANG Y M, ZHANG C, et al., 2018. Water level fluctuations influence microbial communities and mercury methylation in soils in the Three Gorges Reservoir, China [J]. Journal of environmental sciences, 68: 206-217.

XU Z, ZHANG W, LV L, et al., 2010. A new approach to catalytic degradation of dimethyl phthlate by a macroporous OH-type strongly basic anion exchange resin [J]. Environmental science & technology, 44(8): 3130-3135.

YANG Z T, 2008. Velocity distribution and wake-law in gradually decelerating flow [J]. Journal of hydraulic research, 47(2): 177-184.

ZENG F, CUI K, XIE Z, et al., 2008. Occurrence of phthalate esters in water and sediment of urban lakes in a subtropical city, Guangzhou, south China [J]. Environment international, 34 (3): 372-380.

ZHANG L, DONG L, REN L, et al., 2012. Concentration and source identification of polycyclic aromatic hydrocarbons and phthalic acid esters in the surface water of the Yangtze River Delta, China [J]. Journal of environmental sciences, 24 (2): 335-342.

ZHANG L, LIU J, LIU H, et al., 2015. The occurrence and ecological risk assessment of phthalate esters in urban aquatic environments of China [J]. Ecotoxicology, 24(5): 967-984.

ZHU Y, YANG Y, LIU M, et al., 2015. Concentration, distribution, source, and risk assessment of PAHs and heavy metals in surface water from the Three Gorges Reservoir, China[J]. Human & ecological risk assessment, 21(6): 1593-1607.